高等院校大数据与人工智能应用人才培养系列教材

# Flink 实时大数据处理技术

刘月峰　主　编
刘　伟　副主编
顾瑞春　刘立新　祝铁芳　陈大伟　参编

机 械 工 业 出 版 社

本书从实践的角度出发，介绍了 Flink 实时大数据处理框架开发的技术知识，包括实时处理系统的相关概念、开发方法、分布式计算的体系结构，以及面向事件驱动的编程技术。书中详细探讨了 Flink 的流式处理和批处理融合的能力，以及它在大规模数据流处理中的优势，并通过一个具体的实例介绍大数据实时处理系统的开发方法和开发过程。此外，本书还介绍了实时数据仓库的设计与实现，包括数据抽取、数据转换、数据存储和数据可视化等方面的内容，以帮助读者构建强大而可扩展的实时数据处理系统。除第 10 章外，其余各章配有习题，以指导读者深入地进行学习。

本书既可作为高等学校计算机软件技术课程的教材，也可作为大数据开发人员的技术参考书。

本书配有授课电子课件，需要的教师可登录 www. cmpedu. com 免费注册，审核通过后下载，或联系编辑索取（微信：13146070618；电话：010-88379739）。

**图书在版编目（CIP）数据**

Flink 实时大数据处理技术/刘月峰主编．—北京：机械工业出版社，2024. 2（2025. 2 重印）

高等院校大数据与人工智能应用人才培养系列教材

ISBN 978-7-111-75200-4

Ⅰ. ①F… Ⅱ. ①刘… Ⅲ. ①数据处理软件-高等学校-教材 Ⅳ. ①TP274

中国国家版本馆 CIP 数据核字（2024）第 043501 号

机械工业出版社（北京市百万庄大街 22 号 邮政编码 100037）

策划编辑：郝建伟 责任编辑：郝建伟 张翠翠

责任校对：肖 琳 丁梦卓 闫 焱 封面设计：王 旭

责任印制：常天培

北京机工印刷厂有限公司印刷

2025 年 2 月第 1 版第 2 次印刷

184mm×260mm · 21 印张 · 546 千字

标准书号：ISBN 978-7-111-75200-4

定价：79. 90 元

电话服务

客服电话：010-88361066

010-88379833

010-68326294

网络服务

机 工 官 网：www. cmpbook. com

机 工 官 博：weibo. com/cmp1952

金 书 网：www. golden-book. com

机工教育服务网：www. cmpedu. com

# 高等院校大数据与人工智能应用人才培养系列教材

## 编　委　会

# 前言

大数据实时处理是一个不断发展的新兴领域，深刻地改变着数据处理和决策方式。随着数据规模的快速增长和实时决策需求的增加，大数据实时处理已经成为企业和组织中至关重要的关键技术。在这个快节奏和高竞争的时代，及时捕捉、分析和应用实时数据的能力对于企业的竞争力至关重要。

在实时数据处理领域，Apache Flink 凭借其卓越的性能、高可靠性和丰富的功能集成成为首选解决方案，拥有广泛的市场优势和地位。作为本书重点介绍的内容，Apache Flink 是一种强大而灵活的实时处理框架。在如今的大数据技术生态系统中，Flink 凭借其独特之处，成为实时数据处理领域的首选解决方案。

与其他流处理框架相比，Flink 的独特之处在于其支持真正的流式处理，并能够处理具有低延迟和高吞吐量要求的大规模数据流。这使得 Flink 在各行各业得到了广泛应用。

举例来说，在金融领域，Flink 被用于实时风险管理、交易监控和欺诈检测等关键业务场景。其强大的处理能力和低延迟的特性使得金融机构能够更及时地发现和应对风险，并保护客户资产的安全。在电子商务领域，Flink 可以实时处理用户行为数据，为个性化推荐、实时广告投放和库存管理等提供支持。通过实时数据处理，电子商务企业能够更好地了解用户需求，并提供更精准和个性化的服务。在物联网领域，Flink 能够处理海量的传感器数据，并实时进行数据分析和决策。这使得物联网设备能够及时响应和适应不同的环境条件，为智能城市、智能工厂等场景提供关键支持。在电信行业，Flink 可以应对高速的实时流量数据，实现实时网络监控和故障预测。这对于提供高质量的通信服务以及及时解决网络问题至关重要。

为了帮助读者更好地学习和应用 Flink，本书将逐步引导读者了解 Flink 的架构、API 和应用案例，帮助读者掌握实时数据处理的核心概念和技能。

第 1 章详细介绍了 Flink 的基本概念、Flink 层次架构、大数据处理架构的发展等内容。通过这一章的学习，读者能建立起对 Flink 整体架构和功能的全面认知，为后续章节的学习打下坚实的基础。

第 2 章专注介绍 Scala 编程语言。作为本书示例代码的主要编写语言，Scala 与 Java 兼容，并具备强大的函数式编程特性。书中详细讲解了 Scala 语言的集合、函数式编程及面向对象编程等内容。通过学习 Scala，读者将能够更灵活地编写 Flink 应用程序，充分利用 Scala 的函数式编程能力，提高代码的表达力和开发效率，发挥 Flink 框架的优势。

第 3、4 章重点讨论 Flink 开发和生产环境的配置与搭建，以及深入探究 Flink 的内部架构和工作原理。通过这些内容的学习，读者将对 Flink 的部署和运行有更深入的理解，为后续章节的学习奠定坚实的基础，并能够更好地优化和调优 Flink 应用程序。

第 5~9 章是本书的关键章节，深入介绍 Flink 的核心功能和 API，详细探讨流处理 API、时间和窗口、处理函数与状态管理、Table API 和 SQL API，以及 Flink Kafka 连接器。这些章节将帮助读者熟悉 Flink 的不同编程接口和数据处理模式，并掌握在实际场景中应用 Flink 的技巧等内容。

第 10 章提供了一个实时数据仓库的项目实战案例。实时数据仓库是大数据领域的一个重要应用，可以帮助企业和组织实现实时数据分析与决策，提高业务的竞争力和效益。通过这个案例，读者能够将之前章节中学到的概念、原理和技术应用到一个真实的数据仓库项目中。本章将引导读者从项目的需求分析和设计开始，逐步构建起一个具有实时处理能力的数据仓库系统。本章将介绍如何合理地组织和管理数据流，如何定义时间窗口和处理函数进行实时计算，以及如何利用 Flink 流处理 API 进行数据处理和分析等内容。同时，还会介绍一些常见的实时数据仓库架构，帮助读者构建高性能和可扩展的实时数据仓库系统。

本书还提供了丰富的实例，旨在帮助读者在实践中掌握 Flink 的应用技巧。读者可以通过实例代码，深入了解 Flink 的内部工作原理并掌握实际应用技巧。

所有实例都在 Flink 1.15 版本下进行了调试和运行验证，确保其可行性和有效性。从应用程序的设计到部署和监控，读者均可以按照书中的内容开展实施，以更好地理解和应用所学知识。为了巩固所学，除第 10 章外，其余各章最后都附有习题，以供读者进行练习和思考，帮助读者加深对 Flink 的理解并提升实际应用能力。

本书由刘月峰编写第 2、5、6 章，刘伟编写第 9、10 章，顾瑞春编写第 1、4 章，刘立新编写第 3 章，祝铁芳编写第 7 章，陈大伟编写第 8 章，全书由刘月峰负责统稿。荆明明和肖莉娟参与了本书的部分内容整理工作。

需要本书各章节实例代码的读者，请到 https://pan.baidu.com/s/1M4dxcNosnRa5DLeeSim5hA?pwd=dg73 下载。

虽然在编写本书时已尽量保证准确性和完整性，但由于水平有限，难免存在不妥之处，恳请读者提出宝贵的意见和反馈，以帮助我们改进和完善本书。

编　者

# 目录

# 第1章 Apache Flink概述

本章为Apache Flink的概述，介绍了其发展历程、核心概念和关键特性等内容。读者将了解Flink在大数据实时处理领域的地位和优势。

## 1.1 Flink是什么

### 1.1.1 Flink的起源

Apache Flink最早由德国柏林工业大学的研究团队于2010年开始开发，最初名为Stratosphere。该团队致力于开发一种高性能、灵活的分布式数据处理框架，以便能够在大规模数据处理和复杂数据分析方面取得突破性进展。Stratosphere是一款分布式计算平台，旨在提供高效、可扩展和可编程的数据分析。它提供了可编程的数据流和批处理模型，允许用户编写灵活、高度优化的数据分析任务，并提供了强大的优化引擎来自动优化任务。

在Stratosphere项目的早期阶段，研究团队关注于设计一个可扩展且易于使用的分布式数据处理引擎。随着研究的深入，他们开发了一个名为PACT的编程模型，以及一个基于PACT模型的分布式运行时系统Nephele。Nephele负责执行PACT程序，并具有处理底层资源管理、任务调度和故障恢复等功能。

随着项目的发展，研究团队发现了流处理在大数据处理领域的潜力，因此将重点放在了实时数据流处理上。为了支持高效的流处理，他们在Nephele之上构建了DataStream API，提供了一个易于使用的抽象层，以便用户可以构建复杂的流处理应用程序。

随着时间的推移，Stratosphere开始吸引越来越多的用户和开发者。该项目在开发和推广过程中获得了广泛的认可和用户的支持。2014年6月，该项目被捐赠给Apache软件基金会，正式成为ASF（Apache Software Foundation）的顶级项目，并被命名为Apache Flink。

ASF是一个非营利的开源软件基金会，致力于推动开源软件的开发和应用。成为ASF顶级项目，不仅意味着项目在技术方面的成熟和稳定，还意味着项目获得了ASF社区及其他顶级项目的支持和认可。

Flink自从成为Apache顶级项目以来，在社区中持续发展和壮大，吸引了越来越多的用户和贡献者，项目的最初代码贡献者中的很多至今仍活跃在Apache的项目管理委员会里。Flink的成功在于其高效的数据流处理引擎和优秀的生态系统，广泛应用于实时数据分析、流式ETL、数据管道等领域。

### 1.1.2 Flink的发展过程和主要版本

Flink在Apache众多的开源项目中名列前茅，是Apache社区最活跃的大数据项目之一。

自 Flink 成为 Apache 顶级项目以来，经历了多年的发展，版本不断迭代。Flink 的第一个正式版本 Flink 0.8.0 于 2014 年发布，截至 2023 年 3 月已经发展到 Flink 1.16 版本。

Flink 持续以一个季度一个版本的速度进行稳定更新，以不断提升性能和功能，并满足用户的需求。此外，Flink 生态系统不断增加新的组件和工具，如 Flink SQL、Flink ML 等，以应对实时数据处理的不断变化和增长的需求，为用户提供更加全面和完善的数据处理解决方案。Flink 社区也一直致力于优化和增强 Flink 的可靠性和可扩展性等性能，并不断推进 Flink 在大数据领域中的应用。

以下是 Flink 的主要版本及其发展历程。

- Apache Flink 1.0.0（2016 年）：这是 Flink 的第一个重要里程碑版本。Flink 1.0.0 发布于 2016 年 3 月，代表了 Flink 项目进入稳定阶段。从此版本开始，Flink 社区开始遵循更加严格的 API 兼容性规则，使得 Flink 用户可以更加放心地升级版本。
- Apache Flink 1.2.0（2017 年）：发布于 2017 年 2 月，此版本引入了对事件时间（Event Time）处理的改进，提供了更加强大的窗口函数支持，并改进了操作状态（Operator State）的实现。
- Apache Flink 1.3.0（2017 年）：发布于 2017 年 6 月，此版本引入了改进后的查询服务接口，支持查询和显示实时运行中的作业的内部状态。此外，还增强了对 Apache Mesos 的集成和支持。
- Apache Flink 1.5.0（2018 年）：发布于 2018 年 5 月，此版本主要关注大规模部署场景下的性能优化和稳定性改进。此外，还增强了对 Kubernetes 的集成和支持，并引入了广播状态（Broadcast State）的概念。
- Apache Flink 1.9.0（2019 年）：发布于 2019 年 8 月，此版本提供了对 Table API 和 SQL API 的大量改进，包括对 Blink 查询引擎的集成，并增加了对 Hive 元数据的支持。此外，还引入了对 Flink 作业的原生 Kubernetes 部署的支持。
- Apache Flink 1.12.0（2020 年）：发布于 2020 年 12 月，此版本继续扩展了对 SQL 和 Table API 的支持，增加了动态表（Dynamic Table）的功能，以及改进了对 Python 用户的支持，如引入了 PyFlink 的 Table API。
- Apache Flink 1.13.0（2021 年）：发布于 2021 年 5 月，此版本进一步增强了对 SQL 和 Table API 的支持，包括对 SQL CLI 的改进、对 DDL 语句的扩展支持，以及对长时间运行的作业的性能优化。同时，Flink 1.13.0 还提供了对 Apache Hudi 的深度集成，使用户可以在 Flink 中更加方便地处理变更数据捕捉（Change Data Capture，CDC）场景。
- Apache Flink 1.14.0（2021 年）：发布于 2021 年 9 月，此版本提供了对批处理和流处理统一 API 的改进，让用户可以在一个统一的 API 上构建批处理和流处理应用程序。同时，对于持续运行的流处理作业，Flink 1.14.0 还进一步改进了其状态后端的性能和可扩展性。此外，还增强了对 Python 用户的支持，包括对 PyFlink 的 DataStream API 的改进。
- Flink 1.15~Flink 1.16：引入了更多的 SQL 内置函数、窗口操作和 Join 支持，通过优化查询计划、使用编译器技术等方式提高了 SQL 引擎的执行效率和稳定性。

近年来，Flink 在国内大数据领域的发展一直由阿里巴巴推动。阿里巴巴是 Flink 在我国的最大应用者之一，也是 Flink 社区的主要贡献者。阿里巴巴在其内部基础设施中大规模地使用 Flink 来处理各种实时数据分析和计算任务，优化和扩展 Flink 的功能，以满足其业务需求。

阿里巴巴将 Flink 与自己的技术生态系统相融合，基于 Flink 研发了一个分支项目 Blink。Blink 是一个高性能的 SQL 查询引擎，主要关注于扩展 Flink 的功能、优化性能和提高稳定性。Blink 的许多创新和改进已经回馈给了 Flink 社区，Blink 查询引擎的很多改进都已经被合并到了 Flink 的主版本中，从而提升了 Flink 对 SQL 和 Table API 的支持。

随着大数据技术的迅速发展，Flink 在国内的用户群体逐渐扩大，越来越多的企业和组织开始使用 Flink 进行实时计算和流式处理。一些国内的互联网公司，如腾讯、百度、美团等，已经开始采用 Flink 技术，用于实时数据处理和分析。此外，国内的一些头部企业，如华为、中兴、大疆等，也开始使用 Flink 进行实时计算和数据处理。

另外，Flink 在国内的社区也在逐步壮大，一些技术爱好者和开发者积极参与 Flink 的开发和维护，并通过社区交流和分享来推动 Flink 技术在国内的应用和发展。

### 1.1.3　Flink 的定义

Flink 是一款高性能、分布式、开源的流处理框架，它能够高效地处理无界和有界数据流。Flink 最大的特点是流处理。与 Spark 不同，Spark 是基于批处理思想的，将流处理视为批处理的一种特殊情况，即将数据流拆分为微批处理。相比之下，Flink 提供了更低的延迟和更高的吞吐量，能更好地适应实时流处理的需求。此外，Flink 还提供了丰富的 API 和运行时组件，可支持更广泛的应用场景，使得开发人员能够更加灵活地使用 Flink 进行数据处理。

Flink 的官方 Logo 是一只松鼠，如图 1-1 所示。在德语中，Flink 这个词的意思是“快速移动”或“迅速变化”，而松鼠因为其快速的动作和灵活性而被用来代表这种速度和敏捷性。因此，Flink 的团队选择了松鼠作为它的官方形象，以表达这种速度和敏捷性的特点。

图 1-1　Apache Flink 官方 Logo

Flink 作为目前最新的流处理框架之一，它的创新性和技术优势主要包括以下几个方面。

1）真正的流处理：Flink 从一开始就是以流处理为核心设计的，它支持事件时间处理和水印机制，可以处理无序数据流和延迟数据，这使得 Flink 能够很好地处理实时数据，并提供低延迟和高吞吐量的数据处理能力。Flink 具有高性能的执行引擎，可以快速地处理大量数据。Flink 的执行引擎采用了数据流模型，并支持流水线执行和批处理优化，这使得 Flink 可以在流处理和批处理场景中提供高性能的数据处理能力。

2）强大的状态管理：Flink 具有强大的状态管理功能，它可以为有状态的计算任务提供容错保证。Flink 的状态后端负责存储和管理状态，支持可插拔的后端实现，如 RocksDB 等。此外，Flink 还支持保存点（Savepoint）和检查点（Checkpoint）机制，以实现数据的容错处理和故障恢复。

3）精确的事件时间处理：Flink 支持事件时间（Event Time）处理，它可以处理数据的乱序和延迟问题。事件时间处理使得 Flink 可以处理与时间相关的复杂的计算任务，如窗口聚合、会话窗口等。此外，Flink 还支持水印（Watermark）机制，以跟踪事件时间的进展。

4）易用性和高扩展性：Flink 提供了多种易用的 API，如 DataStream API、Table API 和 SQL API 等，用户可以根据自己的需求选择合适的 API 进行开发。Flink 还支持多种编程语言，如 Java、Scala 和 Python 等，用户可以使用自己熟悉的编程语言进行开发。Flink 具有良好的可扩展性和容错性，可以在大规模的集群环境中进行部署。Flink 支持动态扩缩容，可以根据数据处理需求进行自动调整。此外，Flink 还支持故障恢复和故障转移，可以在发生故障时自动恢复数据处理任务。

5）良好的生态兼容性：Flink 具有良好的生态兼容性，可以与其他开源项目和平台进行集成，如 Kafka、Hadoop、Hive 等。Flink 还支持多种数据存储系统，如 HDFS、S3、Cassandra 等，以满足不同的数据存储需求。

### 1.1.4 编程语言的选择

Flink 提供了多样化的编程语言 API，涵盖了 Java、Scala、Python 和 SQL 等多种语言，使得开发人员可以根据自身的技术背景、项目需求和团队资源等因素进行灵活选择。无论是使用 Java 或 Scala 进行编码，还是使用 Python 进行快速原型开发，抑或是使用 SQL 进行数据分析，Flink 都提供了相应的 API 和工具，可帮助开发人员实现对无界和有界数据流的高效处理。

对于 Java 和 Scala 开发人员，使用 Flink 提供的 DataStream 和 DataSet API 可以获得更好的性能和灵活性。这两种 API 分别提供了流处理和批处理的编程模型，可以处理大规模的数据集并提供高吞吐量和低延迟的数据处理能力。Java 和 Scala 也是 Flink 社区中广泛使用的编程语言，有更多的文档、示例和社区支持。

对于 Python 开发人员，Flink 提供了 PyFlink API，可以使用 Python 进行 Flink 编程。但是相比 Java 和 Scala API，PyFlink 的性能较低，并且不支持所有的 Flink API 功能。因此，如果需要更高的性能和更完整的 API 支持，则建议使用 Java 或 Scala API 进行开发。

对于 SQL 开发人员，Flink 提供了 SQL API 和 Table API。这两种 API 都支持标准的 SQL 语法和表达式，并提供了一些扩展功能，如窗口和聚合操作。使用 SQL API 或 Table API 可以简化开发过程，特别是对于一些简单的数据处理场景。但是，在某些情况下，使用 Java 或 Scala API 可能更加灵活和高效。

综上所述，编写 Flink 程序应该根据具体的项目需求和开发人员的技术背景来选择 API。大多数情况下，建议使用 Java 或 Scala API 进行开发。如果需要更加简单的数据处理，则可以考虑使用 SQL API 或 Table API。对于 Python 开发人员，可以使用 PyFlink 进行开发，但需要注意性能和 API 支持方面的限制。

Java 和 Scala 都是流行的编程语言，都可以用于编写 Flink 程序。在 Flink 中，Java 是主要的编程语言，Scala 也得到了很好的支持。

Java 是一种成熟的、稳定的编程语言，广泛应用于企业级应用开发。Flink 使用 Java API 作为主要的编程接口，因此对于想要使用 Flink 开发应用程序的 Java 开发人员而言，Java 是一个很好的选择。此外，Java 有非常完善的文档和社区支持，可以帮助开发人员快速上手并解决问题。

Scala 是一种功能强大的编程语言，具有丰富的函数式编程特性和面向对象的编程特性。Scala 语言本身与 Flink 的数据流编程模型非常相似，因此在使用 Flink 编写复杂的数据流应用程序时，Scala 可能比 Java 更容易编写和维护。此外，Scala 也具有与 Java 相似的优点，如完善的文档和社区支持。

具体使用哪种语言取决于个人偏好和应用场景。对于想要使用 Flink 的 Java 开发人员，Java 是一个很好的选择。对于有函数式编程经验的人员，Scala 可能是更好的选择。

# 1.2　Flink 层次架构

## 1.2.1　架构设计

Flink 采用分层的架构设计，从而保证各层在功能和职责上的清晰。如图 1-2 所示，由上而下分别是 API 和 Libraries 层、Runtime 核心层以及物理部署层。

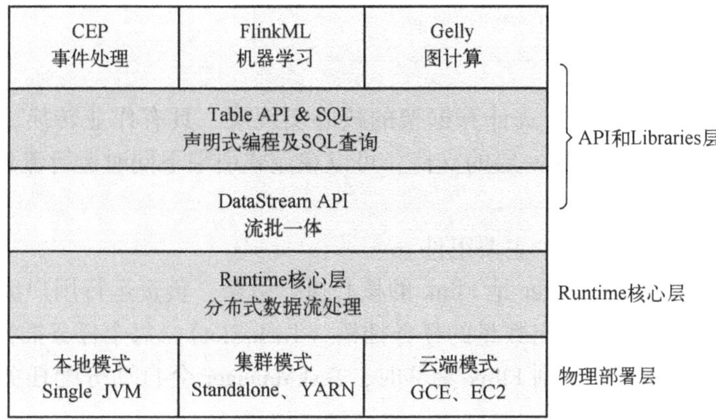


图 1-2　Flink 架构设计图

1）API 和 Libraries 层：此层是 Flink 提供的 API 和库的集合，包括 Flink 的批处理和流处理 API、连接器、窗口函数、状态管理和计算框架等。通过这一层，用户可以方便地使用 Flink 提供的各种功能。

2）Runtime 核心层：此层是 Flink 运行时的核心组件，包括 TaskManager、JobManager、数据缓冲区、任务调度器、运行时优化器等。这一层负责实现 Flink 的执行模型和运行时环境，为用户提供高效稳定的运行时支持。

3）物理部署层：此层是 Flink 在物理环境上的部署和运行支持，包括了资源管理、任务调度和容错机制等。在这一层中，Flink 可以通过各种资源管理器和部署方式（如 YARN、Mesos、Kubernetes 等）进行部署和管理。

## 1.2.2　API 和 Libraries 层

API 和 Libraries 层主要提供了编程 API 和顶层类库。其中，编程 API 包含了用于进行流处理的 DataStream API 和用于进行批处理的 DataSet API；顶层类库则提供了更高层次的抽象，包括用于复杂事件处理的 CEP 库、用于结构化数据查询的 SQL 和 Table 库，以及基于批处理的机器学习库 FlinkML 和图形处理库 Gelly。

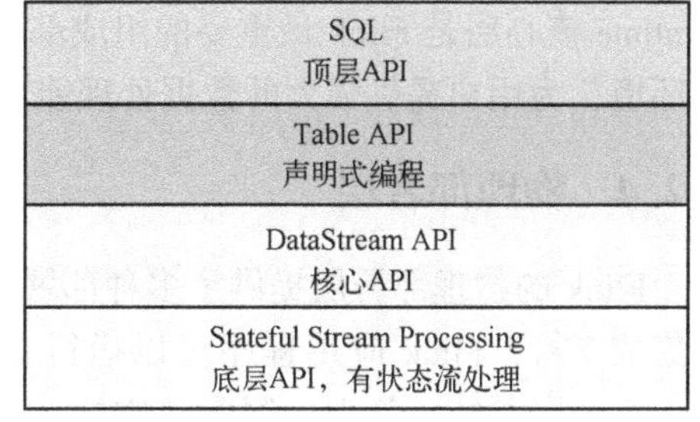


图 1-3　API 和 Libraries 组件图

API 和 Libraries 层还可以更进一步划分，组件图如图 1-3 所示。

在 SQL 和 Table API 层，提供了 SQL 语句支持及表格处理相关函数。该层除了基本查询外，还支持自定义的标量函数、聚合函数以及表值函数，可以满足多样化的查询需求，并同时适用于批处理和流处理。

DataStream API 是 Flink 数据处理的核心 API，支持使用 Java 语言或 Scala 语言进行调用，提供了数据读取、数据转换和数据输出等一系列常用操作的封装。

Stateful Stream Processing 是最低级别的抽象，它通过 Process Function 函数内嵌到 DataStream API 中。Process Function 是 Flink 提供的最底层 API，具有最大的灵活性，允许开发者对时间和状态进行细粒度的控制。

### 1.2.3 Runtime 核心层

Runtime 核心层是 Flink 分布式计算框架的核心实现层，具有作业转换、任务调度、资源分配、任务执行等功能。基于这一层的支持，可以在流式引擎下同时运行流处理程序和批处理程序。

Runtime 核心层包括以下几个主要组件。

1）TaskManager：TaskManager 是 Flink 的核心执行引擎，负责运行用户编写的 Flink 程序。每个 TaskManager 都会被分配一定数量的任务插槽（Task Slot），每个任务插槽都可以运行一个任务。当一个 Flink 程序被提交到 Flink 集群时，TaskManager 会自动分配任务插槽并启动对应数量的 Task。

2）JobManager：JobManager 是 Flink 集群的管理节点，它负责接收和处理 Flink 程序的提交请求，并将程序的执行计划分配给 TaskManager 执行。JobManager 还负责协调 TaskManager 之间的协作，以保证程序在整个 Flink 集群中的稳定执行。

3）数据缓冲区（Buffer）：数据缓冲区是 Flink 运行时的核心组件之一，它负责在 TaskManager 之间传输数据。在 Flink 中，数据缓冲区采用了基于内存的零拷贝技术，可以高效地实现数据传输。

4）任务调度器：任务调度器负责对任务进行调度，保证每个任务在执行时都有足够的计算资源和数据资源。任务调度器会根据任务的执行计划和当前集群资源情况，动态调整任务的执行位置和优先级，以达到最佳的执行效率。

5）运行时优化器：运行时优化器是 Flink 的一个核心功能，它能够在任务运行过程中实时地对任务执行计划进行优化，以提高任务的执行效率。在运行时优化器的支持下，Flink 可以根据数据流和计算负载的特性进行动态调整和优化，从而实现更加高效和灵活的计算。

除了以上几个组件，Runtime 核心层还包括了 Flink 的状态管理、容错机制和检查点等重要功能，这些功能在保证计算结果正确性和程序稳定性方面起到了关键作用。总的来说，Runtime 核心层是 Flink 最重要的组成部分之一，它能够为 Flink 提供高效、稳定、可靠的运行时环境，为用户提供强大的数据处理能力。

### 1.2.4 物理部署层

Flink 的物理部署层提供了多种部署模式，以适应不同的应用场景和部署环境。通过 Flink 的集成支持，Flink 应用程序可以运行在 YARN、Mesos、Kubernetes 等多种资源管理框架上，从而实现资源统一管理、调度和监控。此外，Flink 还支持在裸机集群上进行独立部署，可以通过 Flink 自带的 Standalone 模式来实现。具体来说，支持以下几种模式。

1）Standalone 模式：在一个独立的集群中部署 Flink 应用程序，通常使用 Flink 自带的

Standalone 模式来实现。

2）YARN 模式：将 Flink 应用程序部署到 YARN 集群上，可以利用 YARN 提供的资源管理和调度功能，同时也可以实现 Flink 集群的高可用性。

3）Mesos 模式：将 Flink 应用程序部署到 Mesos 集群上，可以利用 Mesos 提供的资源管理和调度功能。

4）Kubernetes 模式：将 Flink 应用程序部署到 Kubernetes 集群上，可以利用 Kubernetes 提供的资源管理和调度功能，同时也可以实现 Flink 集群的高可用性。

为了保证集群的高可用性和可靠性，Flink 还提供了一些高可用性选项，例如基于 HA 部署模式。此外，Flink 通过各种优化策略来保持高吞吐和低延迟，如内存管理和流水线处理等。所有这些特性都使 Flink 在大数据领域具有很高的竞争力和广泛的应用前景。Flink 的可扩展性也非常好，它可以轻松地扩展到数千核心，处理 TB 级别的状态，同时保持高吞吐、低延迟的特性。

其架构特点主要概述为以下 4 点：

- Flink 具备统一的框架，可同时处理有界和无界两种数据流。
- 部署灵活，Flink 底层支持多种资源调度器，包括 YARN、Kubernetes 等。Flink 自身带的 Standalone 的调度器，在部署上也十分灵活。
- 极高的可伸缩性，可伸缩性对于分布式系统十分重要，阿里巴巴“双 11”大屏采用 Flink 处理海量数据，使用过程中测得的 Flink 峰值可达 17 亿条每秒。
- 极致的流式处理性能。Flink 相对于 Storm 的最大的特点是将状态语义完全抽象到框架中，支持本地状态读取，从而避免了跨网络的数据传输开销，可以极大提升状态存取的性能。

## 1.3　大数据处理架构的发展

大数据处理架构的发展可以分为几个阶段。随着大数据技术的演进，各种处理框架和系统不断涌现，逐渐满足了大数据处理的各种需求。下面是大数据处理架构发展的几个关键阶段。

1）初始阶段（批处理）：在大数据处理刚刚兴起时，批处理是最常用的处理方式。在这个阶段，Hadoop 和 MapReduce 成为主导技术。Hadoop Distributed File System（HDFS）提供了一个可靠的分布式的文件存储系统，MapReduce 则提供了一个简单的数据处理模型。然而，MapReduce 的处理速度较慢，主要用于离线数据处理。

2）交互式查询阶段：随着数据处理需求的增加，对实时性的要求也逐渐提高。在这个阶段，许多交互式查询框架应运而生。例如，Apache Hive 和 Cloudera Impala 等，它们允许用户通过 SQL 进行数据查询，提供了更快的查询速度和更好的易用性。

3）实时数据处理阶段：随着实时数据处理需求的不断增长，实时数据处理架构开始受到关注。在这个阶段，许多实时数据处理框架和系统开始出现，如 Apache Storm、Apache Flink 和 Apache Kafka Streams。这些框架可以对数据流进行实时处理，提供了低延迟和高吞吐量的数据处理能力。

4）统一批处理和流处理阶段：为了简化大数据处理架构，许多框架开始尝试将批处理和流处理统一到一个框架中。例如，Apache Flink 和 Apache Beam 等。这些框架可以同时处理批数据和实时数据流，提供了统一的 API 和数据处理模型。这使得用户可以在一个统一的架构下构建批处理和实时处理应用程序。

5）云原生和弹性计算阶段：随着云计算的普及和发展，大数据处理架构也开始向云原生和弹性计算方向演进。在这个阶段，许多云服务提供商开始提供大数据处理相关的托管服务，如 Amazon EMR、Google Cloud Dataflow 和 Microsoft Azure HDInsight 等。这些服务使得用户可以在云环境中轻松部署和管理大数据处理任务，同时享受弹性计算资源和按需付费的优势。

传统的数据处理架构往往只能处理静态数据，而无法处理实时数据。在互联网和物联网应用的快速发展中，越来越多的数据以高速涌现的方式产生，并需要进行快速处理和分析。

传统的数据处理架构采用批处理方式处理数据，需要在数据存储后进行离线处理，以获取统计信息和建立模型。然而，这种方式存在一定的延迟，并且在对实时数据进行处理时的效率较低。为了解决这个问题，出现了两种大数据处理架构，分别是 Lambda 和 Kappa。

## 1.3.1 Lambda 架构

Lambda 架构是一种大数据处理架构，由 Twitter 的数据科学家 Nathan Marz 首次提出。它旨在解决实时大数据处理中的延迟和容错性问题，通过结合批处理和实时处理两种方式，实现对大数据的低延迟和高可靠性处理。

Lambda 架构的主要组成部分分为三层。

1）数据层（Data Layer）：数据层负责存储原始数据，通常采用分布式文件系统（如 HDFS）或其他分布式数据存储系统。这一层的目标是确保数据的持久性和可扩展性。

2）速度层（Speed Layer）：速度层负责处理实时数据流，它的主要目标是降低数据处理的延迟。速度层会对数据进行实时处理，并将结果存储在实时视图中。实时数据处理框架，如 Apache Storm、Apache Flink 或 Apache Kafka Streams 等，通常用于构建速度层。

3）批处理层（Batch Layer）：批处理层负责对历史数据进行批量计算和分析。它会周期性地对数据进行批处理，并将结果存储在批处理视图中。批处理层的主要目标是确保数据处理的准确性和可靠性。常用的批处理框架有 Apache Hadoop、Apache Spark 等。

在 Lambda 架构中，还有一个重要的组件是服务层（Serving Layer）。服务层主要负责对外提供数据查询接口。它会将批处理视图和实时视图的结果进行合并，以提供完整的数据视图。服务层可以采用各种数据库或查询引擎实现，如 Apache HBase、Apache Cassandra 或 Apache Druid 等。

Lambda 架构的优点。

1）低延迟：通过将实时数据处理和批处理分开处理，Lambda 架构可以实现对实时数据的低延迟处理。

2）高容错性：批处理层可以确保数据处理的准确性和可靠性。即使实时处理出现问题，批处理层仍然可以提供正确的数据结果。

3）可扩展性：Lambda 架构采用分布式处理和存储方式，具有良好的可扩展性。

Lambda 架构的缺点。

1）复杂性：Lambda 架构需要维护两套数据处理逻辑（实时处理和批处理），这可能会导致更高的开发和维护成本，以及更复杂的系统管理。

2）数据一致性：在某些情况下，实时视图和批处理视图的数据可能存在一定的不一致性，需要通过服务层进行合并和处理。

3）技术选型：实现 Lambda 架构可能需要使用多种技术和框架，这可能增加了系统的复杂性和学习曲线。

以电商网站为例，需要对用户行为数据进行实时分析和离线分析，以提高用户满意度和商业收益。在 Lambda 架构中，将数据流分为实时流和历史流。实时流包括实时产生的用户行为数据，如用户点击、浏览、下单等事件。历史流则包括过去一段时间内产生的用户行为数据，如过去一天或一周内的数据。

对于实时流，可以使用流处理引擎来实时处理和分析数据，如对用户行为进行实时推荐、实时个性化营销等。对于历史流，可以使用 Hadoop 生态圈中的工具（如 HDFS 和 MapReduce）来进行批处理和离线分析。例如，可以使用 MapReduce 来计算一段时间内用户的购买行为、消费习惯、地域分布等统计数据，以帮助制定商业策略和推出新的产品。

最后，需要将实时流和历史流的分析结果进行整合和展示。可以使用 NoSQL 数据库（如 HBase 和 Cassandra）来存储实时分析结果。同时，可以使用数据仓库（如 Hive）来存储离线分析结果。最终，可以使用 BI 工具（如 Tableau 和 PowerBI）来可视化展示数据，以帮助决策者更好地理解和利用数据。

## 1.3.2 Kappa 架构

尽管 Lambda 架构存在一定的缺点，但它仍然是一种在大数据处理场景中广泛应用的架构。为了解决 Lambda 架构的缺点，后续也出现了一些新的架构和技术，如 Kappa 架构。

Kappa 架构是一种大数据处理架构，由 LinkedIn 的数据工程师 Jay Kreps 首次提出。它专注于实时数据流处理，旨在简化 Lambda 架构的复杂性。Kappa 架构中的所有数据都以流的形式处理，无论是历史数据还是实时数据。这使得 Kappa 架构能够降低系统的复杂性，同时实现低延迟的数据处理。

Kappa 架构的主要组成部分有两层。

1）数据层（Data Layer）：数据层负责存储原始数据。这一层通常采用一个分布式日志存储系统，如 Apache Kafka，以确保数据的持久性和可扩展性。Kafka 可以提供低延迟的数据写入和读取，同时支持数据的长期存储。

2）流处理层（Stream Processing Layer）：流处理层负责处理实时数据流。这一层会对数据进行实时处理，并将结果存储在实时视图中。流处理层可以使用实时数据处理框架，如 Apache Flink、Apache Kafka Streams 或 Apache Samza 等。

Kappa 架构中还包括一个服务层（Serving Layer），负责对外提供数据查询接口。服务层会将流处理层的实时视图结果提供给用户，以满足实时数据查询和分析的需求。服务层可以采用各种数据库或查询引擎实现，如 Apache HBase、Apache Cassandra 或 Apache Druid 等。

Kappa 架构的优点。

1）简化架构：Kappa 架构仅使用实时处理引擎，这样可以简化数据处理逻辑，降低系统的复杂性。

2）低延迟：Kappa 架构专注于实时数据处理，可以实现对实时数据的低延迟处理。

3）可扩展性：Kappa 架构采用分布式处理和存储方式，具有良好的可扩展性。

Kappa 架构的缺点。

1）容错性：在某些场景下，Kappa 架构可能无法达到与 Lambda 架构相同的容错性和批处理能力。在数据处理的准确性和可靠性方面，Kappa 架构可能不如 Lambda 架构。

2）适用性：Kappa 架构主要适用于实时数据处理场景，对于一些需要高准确性或离线批处理的场景，Kappa 架构可能不是最佳选择。

### 1.3.3 流处理框架的发展

流处理框架的发展历程与大数据处理技术的演进密切相关。随着大量数据的产生和对实时数据处理需求的不断增长，流处理框架逐渐成为大数据处理领域的重要组成部分。下面是流处理框架的发展历程。

1）早期流处理框架：早期的流处理框架，如 Apache S4 和 Yahoo！Storm（后来演变为 Apache Storm），主要关注实时数据处理。这些框架为实时数据提供了低延迟处理能力，但相对较少关注数据处理的准确性和容错性。

2）微批处理：为了解决实时处理中的准确性和容错性问题，微批处理模式应运而生。微批处理框架，如 Apache Spark Streaming，将实时数据划分为小批量（Micro-batches），然后对这些小批量进行处理。这种方法提高了数据处理的准确性和容错性，但相对牺牲了一定的延迟。

3）状态管理和容错处理：随着对实时数据处理的准确性和容错性要求的增加，一些新的流处理框架开始引入更先进的状态管理和容错处理机制。例如，Apache Flink 通过引入精确一次（Exactly-once）处理语义和分布式状态管理，实现了高容错性和低延迟的实时数据处理。

4）统一批处理和流处理：随着大数据处理技术的发展，统一批处理和流处理的框架逐渐兴起。这些框架，如 Apache Flink 和 Apache Beam，为批处理和实时数据处理提供了统一的 API 和数据处理模型。这使得用户可以在一个统一的框架下构建批处理和实时处理应用程序，降低了系统的复杂性。

5）无服务器流处理：随着云计算和无服务器（Serverless）架构的普及，一些云服务提供商开始提供无服务器流处理解决方案，如 AWS Lambda、Google Cloud Dataflow 和 Azure Stream Analytics 等。这些无服务器流处理服务使得用户无须管理底层基础设施，就可以更轻松地构建和部署流处理应用程序。

这些新的架构和技术在一定程度上解决了 Lambda 架构的缺点，为实时大数据处理提供了更多选择。实际上，根据不同的业务需求和场景，开发者可以选择 Lambda 架构、Kappa 架构或统一批处理与流处理的框架来构建自己的大数据处理系统。重要的是，要根据实际需求和资源来选择合适的架构和技术，以实现高效、可靠且低延迟的大数据处理。

## 1.4 Flink 应用场景

Apache Flink 的功能强大，支持开发和运行多种不同种类的应用程序，其应用主要分为三大类，包括事件驱动型应用、数据分析应用、数据管道应用，如图 1-4 所示。

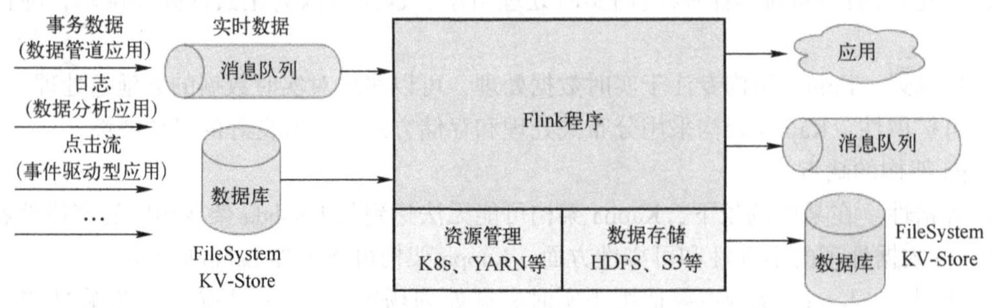


图 1-4　Flink 数据处理流程图

除了以上三大核心应用外，Apache Flink 还在不同行业领域中展现出了强大的实时数据处理能力，这些行业应用将在本节进行详细的探讨。

## 1.4.1　事件驱动型应用

事件驱动型应用是一种具有状态的应用，它可以从一个或多个事件流中提取数据，并根据到来的事件触发计算、状态更新或其他外部动作。相对于传统的计算存储分离的应用，事件驱动型应用是一种新的设计模式。在传统架构中，应用通常需要读写远程的事务型数据库，而事件驱动型应用则基于状态化流处理来完成。在该设计中，数据和计算不再分离，应用只需访问本地（内存或磁盘）即可获取数据，这种设计能够提高系统的性能和可伸缩性。

此外，事件驱动型应用还依赖于定期向远程持久化存储写入 Checkpoint 来实现系统的容错性。与传统应用相比，事件驱动型应用的架构具有更高的可靠性和弹性，因为它们能够容忍更多的故障，并且能够自动地适应负载的变化。

图 1-5 所示为传统应用和事件驱动型应用架构图。它们之间的区别：传统应用中，计算和存储是分离的，而事件驱动型应用中则是紧密耦合的。这种紧密的耦合关系能够为应用带来更高的性能和可靠性。

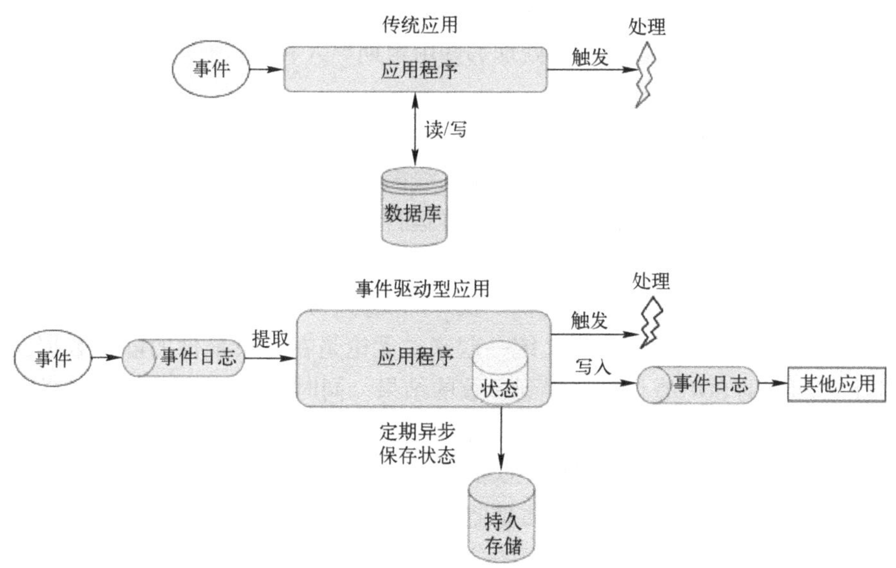


图 1-5　传统应用和事件驱动型应用架构图

事件驱动型应用无须查询远程数据库，本地数据访问使得它具有更高的吞吐和更低的延迟。典型的事件驱动型应用包括反欺诈、异常检测、基于规则的报警、业务流程监控等。

## 1.4.2　数据分析应用

数据分析应用旨在从原始数据中提取有价值的信息和指标。传统的分析方式通常采用批查询的处理形式，通过编写批处理程序，如 MapReduce 程序，进行周期性的处理和分析。此周期一般为一天、一周或一个月，如在当天处理前一天产生的数据。此种设计方式需要定时从外部系统提取新产生的数据，然后合并到数据集中，数据一般以时间为单位进行分区存储，再定时重新运行批处理程序，随后将结果写入其他存储系统或直接生成报表。

现在，借助流处理引擎，可以实时地进行数据分析。与传统查询不同，流式处理程序会接入实时事件流，并随着事件消费持续产生和更新结果。这些结果数据可以写入外部数据库系统或以内部状态的形式维护。实时报表或大屏应用可以相应地从外部数据库读取数据或直接查询应用的内部状态。Apache Flink 同时支持批量分析应用和流式分析应用，如图 1-6 所示。

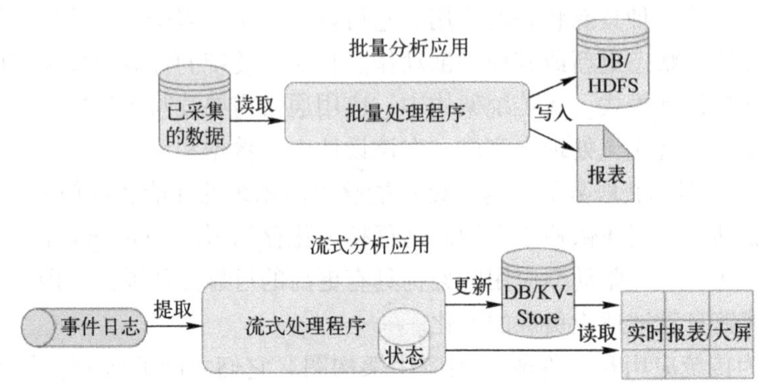


图 1-6　批量分析应用和流式分析应用

和批量分析相比，流式分析省掉了周期性的数据导入和查询过程，因此从事件中获取指标的延迟更低。不仅如此，批量查询必须处理那些由定期导入和输入有界性而导致的人工数据边界，而流式查询则无须考虑该问题。

另外，流式分析会简化应用抽象。批量查询的流水线通常由多个独立部件组成，需要周期性地调度提取数据和执行查询。如此复杂的流水线操作起来并不容易，一旦某个组件出错，就会影响流水线的后续步骤。而流式分析应用整体运行在 Flink 之类的高端流处理系统上，涵盖了从数据接入到连续结果计算的所有步骤，因此可以依赖底层引擎提供的故障恢复机制。

Flink 为持续流式分析和批量分析提供了良好的支持。具体而言，它内置了一个符合 ANSI 标准的 SQL 接口，将批、流查询的语义统一起来。无论是在记录事件的静态数据集上还是在实时事件流上，相同的 SQL 查询都会得到一致的结果。同时，Flink 还支持丰富的用户自定义函数，允许在 SQL 中执行定制化代码。如果还需进一步定制逻辑，则可以利用 Flink DataStream API 和 DataSet API 进行更低层次的控制。

典型的数据分析应用包括电信网络质量监控、移动应用中的产品更新及实验评估分析、消费者技术中的实时数据即席分析、大规模图分析。

### 1.4.3　数据管道应用

提取—转换—加载（ETL）是一种在存储系统之间进行数据转换和迁移的常用方法。ETL 作业通常会周期性地触发，将数据从事务型数据库复制到分析型数据库或数据仓库。

数据管道和 ETL 作业的用途相似，都可以转换、丰富数据，并将其从某个存储系统移动到另一个系统。但数据管道是以持续流模式运行的，而非周期性触发。因此，它支持从一个不断生成数据的源头读取记录，并将它们以低延迟移动到终点。例如，数据管道可以用来监控文件系统目录中的新文件，并将其数据写入事件日志；而另一个数据管道的应用场景可能是将实时的事件流直接写入数据库，或者按照增量的方式构建和优化查询索引。

图 1-7 所示为周期性 ETL 作业和持续数据管道的差异。

和周期性 ETL 作业相比，持续数据管道可以明显降低将数据移动到目的端的延迟。此外，

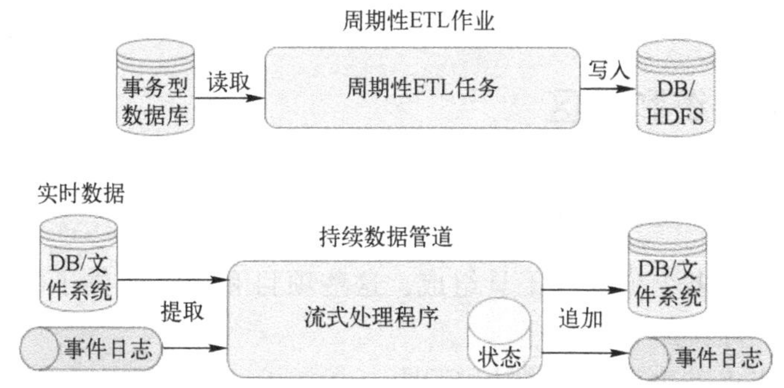


图 1-7　周期性 ETL 作业和持续数据管道的差异

由于它能够持续消费和发送数据，因此用途更广，支持用例更多。很多常见的数据转换和增强操作都可以利用 Flink 的 SQL 接口（或 Table API）及用户自定义函数解决。如果数据管道有更高级的需求，则可以选择更通用的 DataStream API 来实现。Flink 为多种数据存储系统（如 Kafka、Kinesis、Elasticsearch、JDBC 数据库系统等）内置了连接器。同时，它还提供了文件系统的连续型数据源及数据汇，可用来监控目录变化，并以时间分区的方式写入文件。

典型的数据管道应用包括电子商务中的实时查询索引构建、电子商务中的持续 ETL。

### 1.4.4　行业应用

Apache Flink 已经在全球范围内的许多互联网公司得到广泛应用。在中国，许多领先的互联网公司都在使用 Flink 处理大量实时数据。下面是一些使用 Flink 的国内外知名互联网公司。

1）阿里巴巴：阿里巴巴是 Flink 在我国最大的应用者之一。阿里巴巴在其各个业务领域，如电商、金融、物流等，广泛使用 Flink 进行实时数据处理和分析。阿里巴巴还积极为 Flink 社区贡献代码，推动了 Flink 的发展和优化。

2）腾讯：腾讯是另一个在我国大规模使用 Flink 的互联网巨头。腾讯在其广告、游戏、社交和金融等业务中都使用 Flink 处理大量实时数据。腾讯还将 Flink 与其自身的技术栈相结合，以满足特定业务需求。

3）百度：百度在搜索、推荐、安全等业务领域广泛应用 Flink 进行实时数据处理。百度将 Flink 与自家的大数据生态系统相结合，以提高数据处理效率和应用性能。

4）网易：网易在游戏、电商和教育等业务领域使用 Flink 进行实时数据处理。网易利用 Flink 提供的实时数据处理能力，实现了对业务数据的实时监控、分析和优化。

5）Uber：Uber 在其实时数据平台中大规模使用 Flink，用于实时计费、实时调度、实时监控和实时分析等场景。

6）Netflix：Netflix 使用 Flink 进行实时数据处理，以提供实时推荐、实时监控和实时分析等服务。

7）Lyft：Lyft 使用 Flink 进行实时数据处理，以支持实时定价、实时调度和实时分析等场景。

8）Yelp：Yelp 利用 Flink 进行实时数据处理，用于实时搜索、实时推荐和实时监控等业务场景。

这些公司的应用案例表明，Flink 在实时数据处理领域已经成为一种重要的技术选择。Flink 的高性能、可扩展性和易用性使其在各种实时数据处理场景中具有很强的竞争力。随着

Flink 的不断发展和优化，预计将有更多的互联网公司选择使用 Flink 处理大量实时数据。

## 1.5 Flink 生态系统和社区

### 1.5.1 Flink 的生态系统和相关工具

Flink 的生态系统由多个项目和工具组成，这些项目和工具提供了各种功能和扩展，让 Flink 在不同的场景下得以应用。

下面列举一些 Flink 的生态系统项目和工具。

**1. Flink CDC**

Flink CDC（Change Data Capture）是 Flink 社区开发的一个扩展工具，用于实时捕获关系型数据库中的更改数据。Flink CDC 可以捕获数据库中表的新增、修改和删除操作，并将这些操作转换为数据流，实时传输到 Flink 中进行处理和分析。使用 Flink CDC 可以实现从关系型数据库到实时数据仓库的数据同步。

Flink CDC 支持多种常见的关系型数据库，如 MySQL、PostgreSQL、Oracle、SQL Server 等。它采用 binlog、WAL（Write Ahead Log）等技术实现了高效、低延迟的数据捕获和传输。同时，Flink CDC 提供了丰富的数据源和数据汇，可以与 Flink 的流处理引擎无缝集成，实现高效、实时的数据处理和分析。

Flink CDC 在实际应用中具有广泛的应用场景，如实时数据同步、数据仓库更新、实时报表等。它可以与 Flink 的 SQL、DataStream API 和 Table API 等组件无缝集成，为企业提供了一个高效、实时、可靠的数据处理和分析方案。

**2. Flink Gelly**

Flink Gelly 是 Flink 的图计算库，旨在提供一种高效的方式来进行大规模图计算。它提供了许多图计算算法，如 PageRank、Connected Components、Triangles Counting 等，并且支持用户自定义算法。Flink Gelly 提供了 3 种不同的图表示方式，分别是基于 Edge 的图表示、基于 Vertex 的图表示和基于 Tuple 的图表示。它还提供了许多方便的 API 和工具来简化图计算的实现，如 Vertex-centric Iteration、Edge-centric Iteration 等。Flink Gelly 与 Flink 的批处理和流处理 API 无缝集成，可以轻松地将图处理任务与其他处理任务组合起来，以实现更复杂的应用程序。

Flink Gelly 和 Spark GraphX 都是基于图处理的分布式计算框架，它们的设计目标和使用场景相似，但在实现细节上存在一些差异。

一方面，Flink Gelly 和 Spark GraphX 的 API 设计有很大的不同。Flink Gelly 的 API 更加面向对象，使用 Java 中的类和接口来表示图的节点和边，而 Spark GraphX 的 API 则更加倾向于使用函数来处理数据，使用 RDD 来表示节点和边的集合，并提供了一系列函数式操作来处理图数据。这使得 Flink Gelly 在处理大规模图数据时，可以更好地利用 Java 编程语言的特性来提高开发效率和代码的可读性。而 Spark GraphX 则更适合于使用 Scala 或者函数式编程的开发者来处理图数据。

另一方面，Flink Gelly 和 Spark GraphX 的内部实现也存在差异。Flink Gelly 使用了基于消息传递的图处理模型，通过异步消息传递来实现节点之间的通信和计算，而 Spark GraphX 则使用了 Pregel 算法，通过在迭代过程中收集节点信息来进行计算。这使得 Flink Gelly 在处理连通性比较低的图数据时，可以更好地利用异步消息传递的方式来加速计算，并且在处理有向图和带权图时具有更好的性能表现。而 Spark GraphX 则在处理连通性比较高的图数据时，可以利用 Pregel 算法的迭代方式来提高性能。

**3. Apache Kafka**

Apache Kafka 是一种分布式流数据处理平台，由 LinkedIn 公司开发并捐赠给 Apache 基金会。它是一种高吞吐量、低延迟的消息队列，主要用于解决数据管道、流式处理等领域的问题。

Kafka 具有以下特点。

1）分布式：Kafka 可以在多个节点上运行，数据可以分布式存储，同时具备水平扩展能力。

2）高吞吐量：Kafka 支持每秒数百万条消息的高吞吐量处理。

3）持久化：Kafka 中的消息可以持久化存储，并且支持数据备份和数据复制。

4）可靠性：Kafka 在数据传输过程中会进行数据校验和复制，以确保数据不会丢失。

5）可扩展性：Kafka 支持多个消费者和多个生产者，同时也支持水平扩展。

6）灵活性：Kafka 支持多种数据格式和编码方式，可以适应于不同的应用场景。

Kafka 可以作为 Flink 的数据源或者数据目的地，用于数据的输入和输出。Flink 提供了 Kafka Connector 来实现 Kafka 和 Flink 之间的数据交互，同时也支持使用 Kafka 作为状态后端存储 Flink 的状态信息。在实际应用中，Kafka 和 Flink 通常被一起使用，实现流数据处理的全链路，可以处理各种规模的数据流。

**4. Flink CEP**

Flink CEP（Complex Event Processing）是 Flink 提供的一种用于处理复杂事件的工具，它基于流式数据处理和规则匹配技术，能够实时地处理来自多个数据源的事件流，并将事件序列转换为有用的信息。Flink CEP 可以用于监测、诊断和处理各种业务流程中发生的事件，如金融交易、网络安全、物联网等。

Flink CEP 提供了一个规则引擎，通过编写规则来对事件流进行匹配和分析。规则由一个或多个条件组成，每个条件都定义了一个事件序列，通过事件的类型、属性和时间戳等信息来描述。当事件流中的事件序列与规则匹配时，规则引擎将触发相应的处理逻辑，如生成报警、执行某些操作等。

Flink CEP 与 Flink 的流式处理引擎紧密集成，能够高效地处理大规模的事件流，并支持事件的窗口和时间延迟处理等特性。在实际应用中，Flink CEP 可以与其他 Flink 组件和生态系统工具结合使用，如 Flink SQL、Flink Table API、Kafka、Elasticsearch 等。

**5. FlinkML**

FlinkML 是 Flink 生态系统中的一个机器学习库，它为 Flink 应用程序提供了一些常见的机器学习算法，包括分类、聚类、回归、降维等。FlinkML 通过 Flink 的分布式计算能力在大规模数据集上进行机器学习，支持在线学习和批量学习模式，提供了一些机器学习算法的实现，如逻辑回归、线性回归、K-Means、朴素贝叶斯等。

与传统的机器学习库相比，FlinkML 具有以下优点：

1）支持大规模数据集的机器学习，通过 Flink 的分布式计算能力处理 PB 级别的数据集。

2）支持在线学习模式，能够实时对数据进行学习，并适应数据的变化。

3）具有与 Flink 本身集成的优点，可以方便地与 Flink 的数据流处理模块结合使用，实现更加高效的机器学习流水线。

FlinkML 除了包含多种机器学习算法的实现以外，它还提供了一些预处理和特征处理的工具，如归一化、离散化、特征缩放等，可以帮助用户对数据进行预处理，提高机器学习模型的准确性。

FlinkML 与 Flink 的其他模块相似，可以与 Flink 的流处理模块集成，实现更加高效的机器学习流水线。例如，在 Flink 应用程序中，可以使用 Flink 的流处理模块读取数据，然后使用 FlinkML 提供的机器学习算法进行训练和预测，最后将结果输出到 Flink 的流处理模块中。这种基于 Flink 的机器学习流水线可以实现更加高效的数据处理和分析。

**6. Apache Druid**

Apache Druid 是一个分布式、列存储、实时数据处理系统，旨在快速查询大型数据集并实时分析实时数据。它提供了快速的多维聚合、近实时查询和可扩展的数据处理能力，适用于实时分析、数据探索、指标监控和实时报警等场景。

Druid 的数据模型由数据源、维度、度量和时间戳组成。数据源可以是任何类型的数据源，包括数据库、日志文件和事件流等。维度和度量用于描述和量化数据。时间戳则指定数据的时间范围。

与 Flink 的关系是，Flink 提供了一个 Kafka 到 Druid 的 Connector，称为 Apache Flink Druid Sink。这个 Sink 能够将 Flink 中的数据发送到 Druid 集群，实现数据的快速插入和实时查询。同时，Flink 也可以从 Druid 中读取数据，进一步扩展 Flink 在实时数据处理领域的应用场景。

### 1.5.2 Flink 的社区和贡献者

Flink 的社区是一个开放且充满活力的社区，由来自不同背景、不同地域、不同组织的贡献者组成。目前，Flink 的社区包括 Apache Flink 社区、Ververica 社区和 Data Artisans 社区，共同推动 Flink 的发展和应用。

Apache Flink 社区是 Flink 最重要的开源社区，由来自全球的开发者、用户、贡献者和爱好者组成。Apache Flink 社区通过邮件列表、社区博客、社区论坛、社交媒体等渠道与社区成员交流和互动。在 Apache Flink 社区中，贡献者可以通过向 Flink 提交代码、报告 Bug、修复问题、编写文档等方式来贡献自己的力量。

Ververica 社区是由 Flink 的核心贡献者和开发者创建的社区，致力于推动 Flink 的应用和发展。Ververica 社区提供 Flink 的商业版本 Ververica Platform，并且为 Flink 提供了许多重要的功能和扩展，如 Flink 的分布式 SQL 引擎 Ververica Query、Flink 的图处理引擎 Ververica Graph 和 Flink 的机器学习框架 Ververica ML。

Data Artisans 社区是 Flink 的创始人和核心开发者创建的社区，它为 Flink 提供了一些重要的功能和扩展，如 Flink 的复杂事件处理引擎 CEP、Flink 的状态后端 RocksDB 和 Flink 的 Kafka 连接器。Data Artisans 在 Flink 的发展过程中起到了重要的作用。

Flink 的社区贡献者包括来自全球的开发者、用户、学者、企业等不同背景的人员，他们通过提交代码、编写文档、报告 Bug、解决问题等方式为 Flink 的发展和应用做出了重要的贡献。Flink 社区也欢迎更多的人加入。

## 1.6 Flink 与其他大数据框架的关系

### 1.6.1 Flink 与 Hadoop

Flink 和 Hadoop 都是大数据处理领域的重要技术，但它们有一些本质的区别。

首先，Hadoop是一个分布式计算平台，它主要由HDFS和MapReduce这两个核心组件组成，用于存储和处理大规模数据。Hadoop的处理方式是将数据分成块进行分布式处理，采用批量处理模式，对于数据流的实时处理不是很擅长。

而Flink则是一个实时计算引擎，它专注于流数据处理，提供了更为灵活的流处理模式。相比于Hadoop，Flink支持更为复杂的数据流处理操作，如窗口计算、状态管理和复杂事件处理等，且延迟更低，可以更快地处理实时数据。

此外，Flink在物理部署层面上可以支持多种资源管理框架，包括Hadoop的YARN，因此在实际使用中，Flink和Hadoop并不是完全互斥的关系，可以结合使用，比如使用Flink进行实时数据处理，再将处理结果存储在Hadoop的HDFS上进行批量处理和存储。

Flink可以与HDFS集成使用，实现大数据处理的全流程，通常在Flink的应用程序中可以读取和写入HDFS中的数据。Flink提供了对Hadoop分布式文件系统（HDFS）的原生支持，可以轻松地从HDFS读取或写入数据。Flink与Hadoop文件系统集成提供了一种灵活的方法来读取和写入大量的数据。与HDFS的集成允许Flink应用程序可以利用Hadoop分布式文件系统的可扩展性、可靠性和数据生态系统的丰富性。HDFS是一个可靠的大数据存储系统，而Flink则提供了快速的流处理能力，两者的结合可以使企业在大数据处理方面具有更强的竞争力。

### 1.6.2 Flink与Hive

Flink与Hive是两个在大数据领域被广泛应用的开源项目，它们都可以用来处理和分析海量数据。虽然在某些方面它们的功能有所重叠，但它们的设计目标和应用场景不同。

Hive是一个基于Hadoop的数据仓库系统，它提供了一种基于SQL的编程模型来进行数据查询和分析。它将SQL查询转换为MapReduce作业，并将数据存储在HDFS或其他支持Hadoop的存储系统中。Hive的主要优点是易于使用和操作，适合用于交互式查询和数据分析。但是，在处理实时数据和流式数据方面存在局限性，因为Hive的计算模型是基于批处理的MapReduce，无法实现低延迟的数据处理。

相比之下，Flink是一个开源的分布式流处理引擎，它能够处理实时数据和流式数据。Flink提供了一个流式编程模型和数据流操作符库，可以用来处理数据流，并提供了窗口和状态管理等功能。Flink在实时处理和低延迟数据分析方面的性能优势得到了广泛认可。Flink也可以与Hadoop生态系统中的其他项目进行集成，如HDFS、HBase、Hive等。

Flink支持在流处理和批处理任务中访问Hive表和数据。通过使用Flink的HiveCatalog和HiveInputFormat/HiveOutputFormat，可以在Flink程序中使用Hive表作为输入和输出。此外，Flink 1.12版本还增加了Hive Connector功能，该功能提供了更加灵活和高效的Hive集成方案。

因此，Flink与Hive在数据处理和分析的应用场景不同，它们各自有自己的优势和局限性。在处理流式数据和实时数据分析方面，Flink显然更具优势，而在传统的数据仓库和批量数据处理方面，Hive更适合。

### 1.6.3 Flink与Spark Streaming

Flink和Spark Streaming都是大数据流处理的框架，但它们的设计理念和架构不同。Flink的核心是流处理，支持对有界和无界的数据流进行高效处理，并且将批处理看成流处理的一种特殊情况。而Spark Streaming则采用了微批处理的方式，将数据流拆分为小段的批处理作业进行处理，主要区别有以下几点。

1）数据处理方式不同：Flink 的核心是基于事件驱动的流处理引擎，而 Spark Streaming 是基于离线批处理框架 Spark 的微批处理实现的。Flink 能够以毫秒级的延迟处理事件，而 Spark Streaming 处理延迟通常为数秒至数十秒。

2）系统架构不同：Flink 采用分布式数据流处理模型，基于自有的分布式快照机制实现容错，支持对有界和无界数据的处理，而 Spark Streaming 则基于微批处理实现，需要引入 Apache Hadoop 或 Apache Mesos 等分布式调度器来进行任务调度和资源管理。

3）内存管理方式不同：Flink 使用基于 JVM 的内存管理方式，通过对数据进行本地化管理来减少数据的序列化和反序列化过程，提高数据处理速度和减少内存使用量。而 Spark Streaming 则使用了内存抽象和弹性分布式数据集（RDD）来处理数据，但数据的管理和处理仍然需要序列化和反序列化过程。

总的来说，Flink 在处理延迟、系统架构等方面具有优势，而 Spark Streaming 则在生态系统、成熟度等方面具有优势，使用哪个框架应该根据具体需求和场景来选择。

### 1.6.4 Flink 与 Storm

Storm 是一个分布式实时计算系统，由 Twitter 公司开发并贡献给 Apache 开源社区。它提供了一个容错性、高可用性的实时数据流处理平台，可以用于大数据的实时处理、数据流分析、实时监控等场景。Storm 的核心是一个分布式实时流处理引擎，可以将处理逻辑分布在集群中的不同节点上，并实现高效的数据流传输和处理。同时，Storm 支持批处理和流处理的混合模式，可以在同一个拓扑中同时处理实时数据流和历史批处理数据。

相较于 Storm，Flink 有以下几个优势。

1）低延迟：Flink 基于事件驱动，采用流式计算的方式，支持毫秒级低延迟处理，而 Storm 采用的是微批处理，延迟较高。

2）可以处理有界和无界数据：Flink 同时支持批处理和流处理，可以同时处理有界和无界数据，而 Storm 只支持流处理。

3）更强的容错能力：Flink 的容错机制是基于 Checkpoint 和 Savepoint 的，可以保证数据不丢失，且容错恢复速度快，而 Storm 的容错机制较为简单。

4）更灵活的状态管理：Flink 支持多种状态管理方式，如内存、RocksDB、HDFS 等，可以根据实际需求选择适合的状态管理方式，而 Storm 只支持基于 ZooKeeper 的状态管理。

5）更全面的 API 支持：Flink 的 API 支持比 Storm 更全面，包括 DataSet 和 DataStream 两种编程模型，同时也支持 SQL、CEP、图计算等高级计算。

## 1.7 习题

1）Flink Runtime 核心层的组件有哪些？它们各自负责什么？

2）Lambda 架构的优缺点是什么？它适用于哪些场景？

3）Kappa 架构相对于 Lambda 架构的优点是什么？它适用于哪些场景？

4）Flink 适用于哪些场景？请列举一些具体的应用场景。

5）Flink API & Libraries 层是什么？它包含哪些核心组件和库？

# 第 2 章 Scala 语言

本章将介绍 Scala 语言，该语言是 Flink 开发的主要编程语言。读者将学习 Scala 的基本语法和特性，为后续章节的代码编写打下基础。

## 2.1 Scala 语言概述

### 2.1.1 Scala 简介

Scala 的全称为 Scalable Language，是一种通用的、支持面向对象编程和函数式编程的编程语言，它由 Martin Odersky 于 2001 年设计并开发，最初是为了在 Java 虚拟机（JVM）上提供更好的可扩展性而创建的。Scala 的语法结构源自于 Java 和 ML，它旨在融合面向对象编程和函数式编程的最佳特性，以提高程序的可读性、灵活性和扩展性。

Scala 和 Java 一样，都是运行在 Java 虚拟机上的编程语言。Scala 代码可以与 Java 代码无缝地集成，也可以使用 Java 库，反之亦然。这种互操作性使得 Scala 成为一种非常有用的编程语言，尤其是在 Java 生态系统中。Scala 编译器将 Scala 代码编译成 Java 字节码，然后在 JVM 上运行，因此 Scala 也可以利用 JVM 的成熟性和稳定性，以及 Java 生态系统中的丰富资源和库。

Scala 还具有一些 Java 所没有的功能和优势，如更丰富的函数式编程特性、支持类型推断和隐式转换、更灵活的语法等。Scala 的设计也更加现代化，如支持使用 Lambda 表达式、尾递归优化等。此外，Scala 还可以更加方便地处理大数据，并且在某些情况下可以提供比 Java 更高的性能。

Scala 是一种多范式编程语言，具有以下几个特点。

1）面向对象：Scala 是纯粹的面向对象编程语言。在 Scala 中，所有的值都是对象，所有的操作都是方法调用。Scala 支持类、对象、特质（Traits）、抽象类等面向对象编程的基本概念。特质（Traits）类似于 Java 的接口，但可以包含实现代码，实现多重继承。Scala 提供了案例类（Case Class）和样例对象（Case Object）的概念，它们是特殊的类和对象，用于表示不可变的数据结构。案例类和样例对象可自动生成一些有用的方法，如 equals、hashCode、copy 等。

2）函数式编程：Scala 支持函数式编程范式。函数可以作为参数传递，返回值等。Scala 支持高阶函数、匿名函数、局部函数等特性。函数式编程使得代码更具表现力，并且很简洁。Scala 拥有丰富的集合库，包括不可变集合（如 List、Vector、Set 等）和可变集合（如 ArrayBuffer、ListBuffer 等）。这些集合提供了许多高阶函数，如 map、flatMap、reduce 等，使得集合操作更加简单和高效。

3）JVM 兼容性：Scala 基于 Java 虚拟机（JVM）运行，可以无缝地与 Java 代码互操作。

开发者可以使用 Java 的类库和框架，并将 Scala 代码与 Java 代码混合使用。

4）模式匹配：Scala 提供了强大的模式匹配功能，可以简化复杂的条件逻辑和数据结构。模式匹配支持多种类型的匹配，如字面量、类型、序列、样例类等，使得代码更具表现力。

5）隐式参数和隐式转换：Scala 支持隐式参数和隐式转换，这些特性可以让开发者扩展现有的功能，提高代码的可重用性和可读性。隐式转换可以自动地在需要的时候将一个类型转换为另一个类型，而隐式参数可以让函数自动地从当前作用域获取参数。

6）并发和异步编程：Scala 提供了 Akka 框架，支持基于 Actor 模型的并发和分布式编程。此外，Scala 还提供了 Futures 和 Promises 等异步编程工具。

Scala 在分布式系统、大数据处理、Web 应用程序开发等领域得到了广泛的应用。Scala 也是许多大数据框架的首选语言之一，如 Apache Spark、Apache Flink 等。由于使用 Scala 编写的流处理程序，代码更为精炼、简单，所以本书采用 Scala 作为主要编程语言，后续章节的示例程序均采用 Scala 编写。

### 2.1.2 开发环境配置

Scala 的运行依赖于 JDK，本书采用的 Scala 版本为 2.12.x，此版本需要保证 JDK（Java Development Kit）为 1.8 及以上版本，接下来详细说明在 Windows 操作系统上配置 Scala 环境的详细步骤。

首先，需要到 Oracle 官网下载并安装 JDK，具体步骤如下：

1）打开网址 https://www.oracle.com/java/technologies/javase-downloads.html。

2）在 Java SE 下载页面中选择适合自己的操作系统的版本（如 Windows、Mac OS 等），然后单击“下载”按钮。

3）同意许可协议并下载相应版本的安装程序。

4）下载完成后，运行安装程序，按照指示完成 JDK 的安装。

安装完成后，需要配置 JAVA_HOME 环境变量。在 Windows 操作系统中，可以按照以下步骤进行配置：

1）打开“控制面板”，进入“系统和安全”选项，选择“系统”选项。

2）在系统界面中，选择“高级系统设置”选项。

3）在“系统属性”窗口中，选择“环境变量”选项。

4）在“环境变量”窗口中，单击“新建”按钮，输入变量名 JAVA_HOME，变量值为 JDK 的安装路径（如 C:\Program Files\Java\jdk1.8.0_271）。

5）在“环境变量”窗口中，找到系统变量中的“Path”变量，单击“编辑”按钮，在变量值的末尾添加“;%JAVA_HOME%\bin”，表示将 JDK 的 bin 目录添加到系统路径中。

6）单击“确定”按钮，保存修改并关闭窗口。

配置完成后，在命令行输入 java-version 命令。如果可以正常输出版本信息，则表示 JDK 安装成功，并且 JAVA_HOME 环境变量配置成功。

接下来，可以从官网 https://www.scala-lang.org/下载适合自己的操作系统的 Scala 安装包，然后解压到一个不包含中文及空格的路径下。之后配置环境变量，将 Scala 的可执行文件路径添加到系统的 PATH 环境变量中。

- 新建变量 SCALA_HOME，值为 Scala 安装路径（如 C:\Program\scala）。
- 编辑变量 Path，在末尾添加“%SCALA_HOME%\bin;”，保存并退出。

环境变量设置后，打开命令行提示符，验证是否配置成功，输入 scala-version 指令，按〈Enter〉键后，如果显示 Scala 版本信息，则表示安装成功，然后配置 Scala 开发环境即可。

后续编写程序时，我们将采用集成开发工具 IDEA 进行开发，因此需要对 IDEA 进行必要的配置。由于 IDEA 默认不支持 Scala 语言的开发，因此需要安装 Scala 插件进行扩展。

打开 IDEA，依次选择 File→Settings→Plugins 选项卡，在搜索框中搜索 Scala 插件，找到插件后进行安装。安装完成后，需要重启 IDEA 以使插件生效，IDEA 安装 Scala 插件如图 2-1 所示。

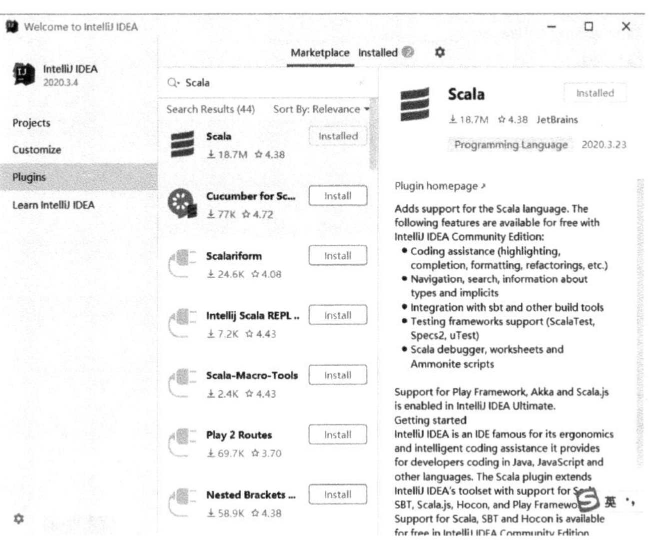


图 2-1　IDEA 安装 Scala 插件

## 2.1.3　创建项目

在安装 Scala 插件后，创建项目时，左侧区域中会增加创建 Scala 项目的选项，由于后面的 Flink 项目除了会涉及 Scala 代码外，也可能会编写 Java 代码，因此此处选择 Maven 选项，如图 2-2 所示。

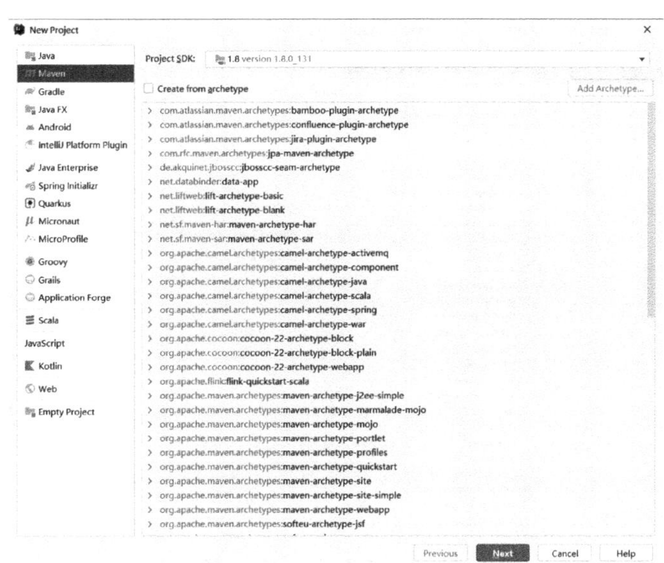


图 2-2　选择 Maven 选项

填写项目名称后，按提示创建项目。由于创建的是 Maven 项目，因此还需要添加 Scala 框架的支持。右键单击项目名称，选择“Add Frameworks Support”选项，在弹出的窗口中选择 Scala 框架，完成 Scala 框架的添加，如图 2-3 所示。

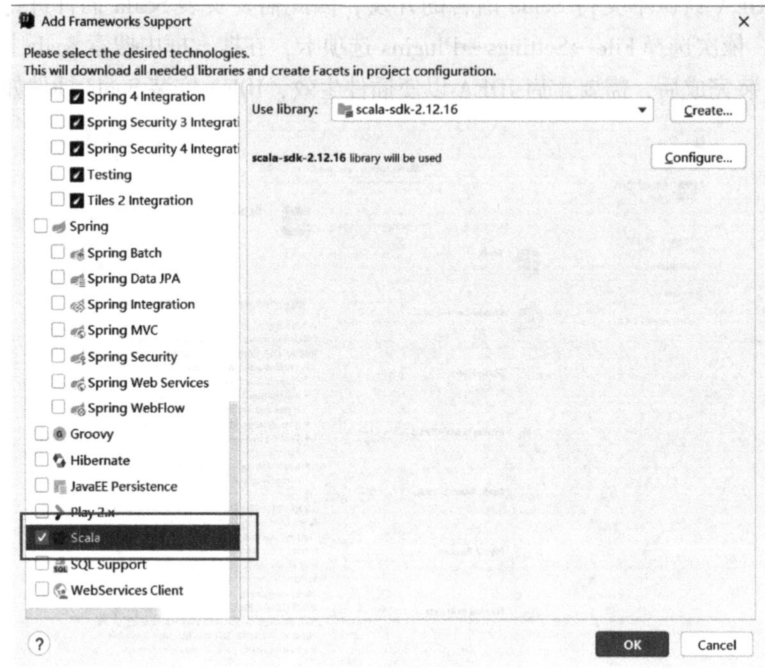


图 2-3 完成 Scala 框架的添加

添加完成后，在项目结构中找到 src/main/java 目录，右键单击该目录，选择 New→Scala Class 命令，如图 2-4 所示。

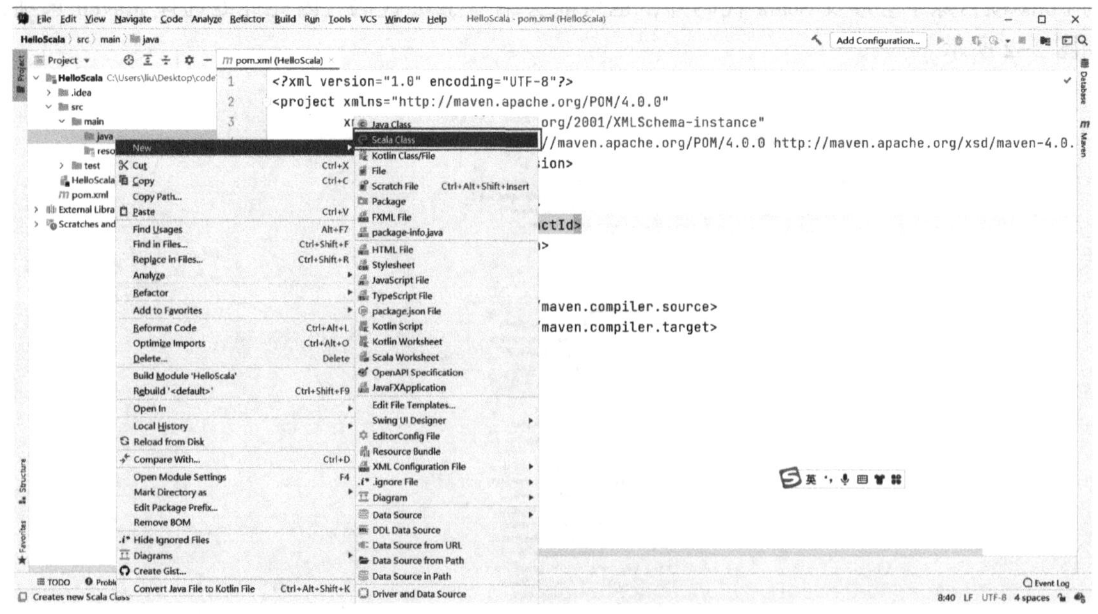


图 2-4 新建 Scala Class 类

因为在 Scala 语言中，程序的入口点是一个单例对象而不是一个类，因此在创建类时需要选择“Object”选项，如图 2-5 所示。

在新建的 Demo 文件中加入以下示例代码，就可以完成一个基本的 Scala 程序。然后单击“Run”按钮或使用快捷键〈Shift+F10〉运行程序，在控制台中即可看到输出“hello world”。

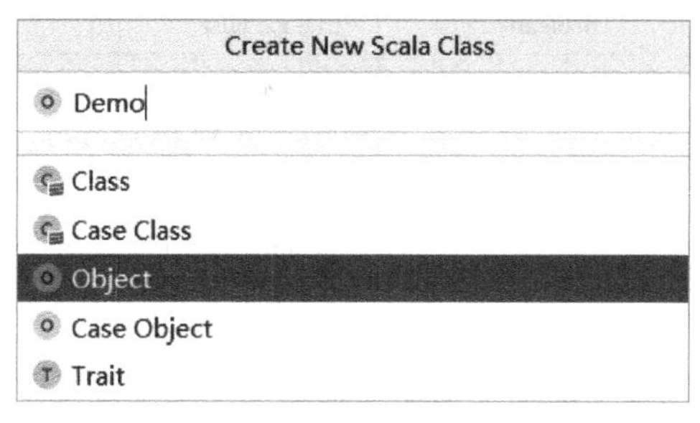


图 2-5　选择“Object”选项

```
object Demo {
  def main(args: Array[String]): Unit = {
    print("hello world");
  }
}
```

这段程序是一个简单的 Scala 程序，用于输出“hello world”，下面是代码的具体解释。

- object Demo：定义了一个名为 Demo 的对象。
- def main(args: Array[String]): Unit =：定义了一个名为 main 的方法，该方法有一个参数 args，类型为 Array[String]，并且返回值类型为 Unit，表示没有返回值。
- print("hello world")：在 main()方法中，使用 print()方法打印了字符串“hello world”。

## 2.2　Scala 语言入门

### 2.2.1　类型体系结构

Scala 的类型体系可以划分以下层次。

1）顶级类型：包括 Any 和 AnyRef，所有 Scala 类的超类都是 Any。AnyRef 是所有引用类的超类。在 Scala 中，一般情况下使用 Any 和 AnyRef 就可以满足大部分需求了。

2）值类型和引用类型：值类型和引用类型的区别在于，值类型的变量直接存储值，而引用类型的变量存储的是对实际值的引用。

如图 2-6 所示，Any 是所有 Scala 类的超类，AnyRef 是所有引用类型的超类，AnyVal 是所有值类型的超类。在值类型中，最底层的是 Byte、Short、Int、Long、Float 和 Double 等。而在引用类型中，则包括 String 及所有的类和对象等。

Scala 数据类型列表如表 2-1 所示。

表 2-1　Scala 数据类型列表

| 数据类型 | 描　述 |
|---|---|
| Byte | 8 位有符号补码整数。数值区间为-128~127 |
| Short | 16 位有符号补码整数。数值区间为-32768~32767 |
| Int | 32 位有符号补码整数。数值区间为-2147483648~2147483647 |
| Long | 64 位有符号补码整数。数值区间为-9223372036854775808~9223372036854775807 |
| Float | 32 位 IEEE 754 标准的单精度浮点数 |
| Double | 64 位 IEEE 754 标准的双精度浮点数 |
| Char | 16 位无符号 Unicode 字符，区间值为 U+0000~U+FFFF |

（续）

| 数据类型 | 描　　述 |
| --- | --- |
| Boolean | true 或 false |
| Unit | 表示无值，等同于 Java 中的 void，用作不返回任何结果的方法的结果类型。Unit 只有一个实例值，写成( ) |
| Null | Null 或空引用 |
| Nothing | Nothing 类型在 Scala 的类层级的最低端；它是任何其他类型的子类型 |
| Any | Any 是所有其他类的超类 |
| AnyRef | AnyRef 类是 Scala 里所有引用类（Reference Class）的超类 |

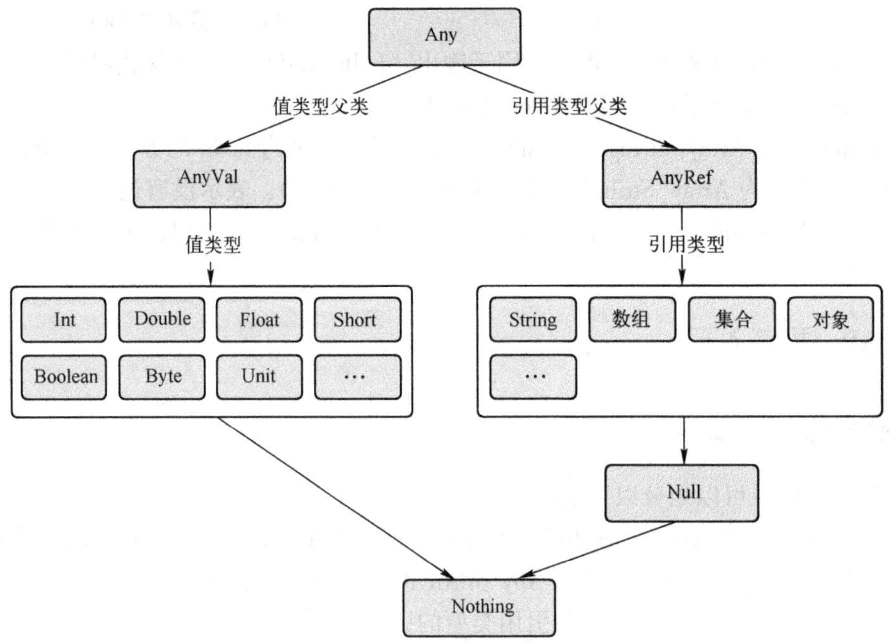


图 2-6　Scala 数据类型体系图

### 2.2.2　变量的定义与使用

在 Scala 中，变量可以使用 var 和 val 关键字定义。其中，var 关键字定义的变量是可变的，可以修改其值，类似于 Java 中的变量；val 关键字定义的变量是不可变的，一旦初始化后，其值就不能被修改，类似于 Java 中的常量。

变量的定义语法代码如下：

```
// 定义一个可变变量
var variableName: variableType = initialValue

// 定义一个不可变变量
val variableName: variableType = initialValue
```

其中，variableName 表示变量名，variableType 表示变量的数据类型，initialValue 表示变量的初始值，也可以省略初始值。此时，Scala 会自动根据变量类型给出一个默认值。

变量的使用非常简单，直接使用变量名即可，示例代码如下：

```
//定义一个可变变量
var a: Int = 10
a = 20
println(a)                  // 输出 20

//定义一个不可变变量
val b: Int = 30
b = 40                      // 报错，val 变量不能重新赋值
println(b)                  // 输出 30
```

需要注意的是，一般情况下建议使用不可变变量，因为不可变变量的值在初始化后不能被修改，可以更好地避免由于变量值被修改而导致的错误。只有在必要的情况下才使用可变变量。

Scala 支持类型推断，编译器可以自动推断出一个变量或表达式的类型，因此在大多数情况下不需要显式地指定变量的类型。示例代码如下：

```
val x = 10                      //类型推断为 Int
val y = "hello"                 //类型推断为 String
```

在这里，编译器会根据变量的初始值来推断变量的类型。在需要显式指定类型的情况下，可以使用冒号（:）符号来指定类型。示例代码如下：

```
val x: Int = 10                 //显式指定类型为 Int
val y: String = "hello"         //显式指定类型为 String
```

当变量的类型被显式指定时，如果变量的初始值与指定的类型不匹配，则会导致编译错误。类型推断在 Scala 中非常常见，因为 Scala 的类型系统非常强大，并且 Scala 编译器可以根据表达式的上下文来推断类型。这使得 Scala 代码变得更加简洁和易于维护。但需要注意的是，在某些情况下，类型推断可能会导致代码难以理解，因此需要根据实际情况适当地使用类型声明。

## 2.2.3 字面量与插值表达式

### 1. 字面量

在 Scala 中，每种类型都有其对应的字面量表示方式。下面是一些常见类型的字面量表示：

- 整数类型（Byte、Short、Int、Long）可以使用十进制、八进制、十六进制和二进制表示，如 123、0x12AB、0o765、0b1010。
- 浮点数类型（Float、Double）可以使用十进制表示，也可以使用科学计数法表示，如 1.23、1.23e5。
- 布尔类型（Boolean）有两个字面量值：true 和 false。
- 字符类型（Char）使用单引号包含一个字符，如'a'。
- 字符串类型（String）使用双引号包含一组字符，如"hello"。

Scala 提供了""" … """语法，通过 3 个双引号来表示原生字符串和多行字符串。使用这种方式，原生字符串中的特殊字符不会被转义，它们的语法代码如下：

```
val multiLineString = """This is a
multi-line string
with triple quotes."""
```

在这个例子中，变量 multiLineString 将被赋值为一个多行字符串，其中包含 3 行文本。注意，3 个双引号中的第一行和最后一行之间的所有内容都被包括在字符串中，包括换行符。

**2. 插值表达式**

在 Scala 中，插值表达式（Interpolation Expression）可以让我们在字符串字面量中使用变量或表达式。Scala 提供了 3 种插值方式：s 插值、f 插值和 raw 插值。

s 插值是最常用的插值方式，它使用$符号来引用变量或表达式，可以使用${}来明确变量或表达式的范围。示例代码如下：

```
val name = "Tom"
val age = 20
println(s"My name is $name, I'm $age years old.")
```

输出结果为：

```
My name is Tom, I'm 20 years old.
```

f 插值与 s 插值类似，不同的是可以指定格式化参数，格式化参数的语法与 C 语言中的 printf()函数相似。示例代码如下：

```
val pi = 3.1415926
println(f"Pi is approximately $pi%1.2f.")
```

输出结果为：

```
Pi is approximately 3.14.
```

raw 插值与 s 插值类似，但是它不会将反斜杠字符\转义为其转义字符。在需要打印特殊字符的场景下，可以使用 raw 插值。示例代码如下：

```
println(raw"Hello\nWorld")
```

输出结果为：

```
Hello\nWorld
```

可以看到，在使用 raw 插值输出的结果中，反斜杠字符\并没有被转义成其转义字符，而是按照原本的样子输出了。

### 2.2.4 运算符

Scala 和其他语言一样，支持大多数的操作运算符，如表 2-2 所示。

表 2-2 Scala 操作运算符

| 运 算 符 | 描 述 |
| --- | --- |
| 算术运算符 | +、-、*、/、% |
| 关系运算符 | ==、!=、>、<、>=、<= |
| 逻辑运算符 | &&、\ |
| 位运算符 | ~、&、\ |
| 赋值运算符 | =、+=、-=、*=、/=、%=、<<=、>>=、&=、^=、\ |

在 Scala 中，运算符本质上是方法的一种特殊形式。Scala 中的每个运算符都有对应的方法实现，这个方法名是由运算符和一个下画线组成的。例如，使用加法运算符+来做加法操作时，实际上是调用了 Int()类中名为+的方法。因此，在 Scala 中可以像调用普通方法一样使用

运算符。

Scala 中的运算符即方法，Scala 的面向对象比 Java 更加纯粹，在 Scala 中一切都是对象。所以对于 1+2，实际上是调用了 Int()类中名为+的方法，所以 1+2 也可以写成 1.+(2)。Int()类中包含了多个重载的+方法，用于分别接收不同类型的参数。

1）Scala 支持加、减、乘、除等常见的算术运算符，示例代码如下：

```
var x = 10;
var y = 20;
var z = x + y;
println("x + y = " + z);
```

输出结果为：

```
x + y = 30
```

2）Scala 支持各种关系运算符，示例代码如下：

```
var x = 10;
var y = 20;
if (x > y) {
  println("x > y");
} else {
  println("x <= y");
}
```

输出结果为：

```
x <= y
```

3）Scala 支持逻辑运算符，包括 AND、OR 和 NOT，示例代码如下：

```
var x = true;
var y = false;
println("x && y = " + (x && y));
println("x || y = " + (x || y));
println("!x = " + !x);
```

输出结果为：

```
x && y = false
x || y = true
!x = false
```

4）Scala 也支持位运算符，包括按位 AND、按位 OR、按位 XOR 等，示例代码如下：

```
var x = 60;
var y = 13;
println("(x & y) = " + (x & y));
println("(x | y) = " + (x | y));
println("(x ^ y) = " + (x ^ y));
println("~x = " + (~x));
```

输出结果为：

```
(x & y) = 12
(x | y) = 61
(x ^ y) = 49
~x = -61
```

5）Scala 也支持各种赋值运算符，示例代码如下：

```
var x = 10;
x += 5;        //等价于 x = x + 5
println("x = " + x);
```

输出结果为：

```
x = 15
```

在 Scala 中，没有单独的自增（++）和自减运算符（--），而是通过+= 1 和 -= 1 来实现的。具体而言，对于一个变量 x，x += 1 相当于 x = x + 1，而 x -= 1 相当于 x = x - 1，示例代码如下：

```
var x = 10
x += 1              //自增 1，相当于 x = x + 1
println(x)          // 输出 11

x -= 1              //自减 1，相当于 x = x - 1
println(x)          // 输出 10
```

### 2.2.5 流程控制语句

Scala 支持以下流程控制语句。

1）if-else 条件表达式：用于根据条件来决定程序执行不同的逻辑分支。

2）while 循环：用于反复执行一段代码，直到条件不再满足为止。

3）do-while 循环：先执行一遍代码，再根据条件反复执行。

4）for 循环：用于对一个集合进行遍历操作。

5）match-case 语句：用于模式匹配。

Scala 不支持 break 和 continue 语句，但是可以使用 return( ) 和 breakable( ) 方法来模拟这两种语句的功能。

**1. if-else 条件表达式**

Scala 中的 if-else 语句用于根据某个条件执行不同的代码块。其语法格式如下：

```
if (condition) {
  …//如果条件为真，则执行此处的代码
} else {
  …//如果条件为假，则执行此处的代码
}
```

其中，condition 是一个布尔类型的表达式，如果为 true，则执行 if 块内的代码，否则执行 else 块内的代码。另外，也可以省略 else 块，这种情况下，如果条件为 false，那么程序将不执行任何操作。

下面是一个 if 语句的演示程序，示例代码如下：

```
object IfElseDemo {
  def main(args: Array[String]) {
    val x = 5
    if (x < 0) {
      println("x is negative")
    } else if (x > 0) {
      println("x is positive")
```

```
    } else {
      println("x is zero")
    }
  }
}
```

在这个程序中，我们定义了一个整数变量 x，并使用 if-else 语句根据 x 的值输出不同的信息。当 x 小于 0 时，输出 “x is negative”；当 x 大于 0 时，输出 “x is positive”；否则输出 “x is zero”。如果 x 的值为 0，将只执行 else 块中的代码，输出 “x is zero”。

**2. while 循环与 do-while 循环**

Scala 支持 while 和 do-while 两种循环语句，用于执行一定的操作，直到条件不成立为止。

while 循环的语法结构如下：

```
while (条件) {
  // 循环体
}
```

其中，条件是一个布尔表达式，如果计算结果为 true，则会执行循环体中的语句。每次循环完成后，会再次计算条件表达式，如果结果仍为 true，则会再次执行循环体，以此类推。示例代码如下：

```
var i = 0
while (i < 5) {
  println(s"当前数字为 $i")
  i += 1
}
```

运行结果：

```
当前数字为 0
当前数字为 1
当前数字为 2
当前数字为 3
当前数字为 4
```

do-while 循环的语法结构如下：

```
do {
  //循环体
} while (条件)
```

do-while 循环与 while 循环的区别在于，do-while 循环会先执行一次循环体，再进行条件判断。也就是说，无论条件是否成立，循环体至少会执行一次。示例代码如下：

```
var i = 0
do {
  println(s"当前数字为 $i")
  i += 1
} while (i < 5)
```

运行结果：

```
当前数字为 0
当前数字为 1
当前数字为 2
```

```
当前数字为 3
当前数字为 4
```

**3. for 循环**

在 Scala 中，for 循环有多种形式，用户可以根据需要选择使用。以下是 for 循环的几种常见形式。

1）传统的 for 循环形式如下：

```
for (i <- 1 to 10) {
  println(i)
}
```

这种形式的 for 循环使用了传统的 for (i=1; i<=10; i++) 的形式，1 to 10 表示一个范围，包括 1 和 10。

2）可以加入 until 关键字，示例代码如下：

```
for (i <- 1 until 10) {
  println(i)
}
```

这种形式的 for 循环使用了 until 关键字，表示不包括 10。

3）嵌套的循环，示例代码如下：

```
for (i <- 1 to 3; j <- 1 to 3) {
  println(s"($i, $j)")
}
```

这种形式的 for 循环可以实现循环嵌套，可以在循环体内嵌套多个 for 循环，用分号分隔。

for 循环可以用于遍历集合中的元素，格式如下：

```
val list = List("apple", "banana", "cherry")
for (fruit <- list) {
  println(fruit)
}
```

for 循环可以在循环时添加过滤条件，只有满足条件的元素才会被遍历，示例代码如下：

```
val list = List("apple", "banana", "cherry")
for (fruit <- list if fruit.startsWith("a")) {
  println(fruit)
}
```

for 循环使用了 yield 关键字，可以将遍历的元素存储到一个集合中返回，示例代码如下：

```
val list = List("apple", "banana", "cherry")
val result = for (fruit <- list if fruit.startsWith("a")) yield fruit
println(result)
```

for 循环使用了循环守卫，循环守卫可以确保只有当特定的条件满足时，循环才会继续进行，示例代码如下：

```
for (i <- 1 to 10 if i % 2 == 0) {
  println(i)
}
```

**4. 循环控制**

Scala 中没有像 Java 中的 break 和 continue 这样的关键字，但是可以使用 breakable()方法和 if 表达式来实现类似的效果。

breakable( )方法可以将一个代码块标记为可中断的，然后在代码块中使用 break 关键字来跳出循环。示例代码如下：

```
import scala.util.control.Breaks._

breakable {
  for (i <- 1 to 10) {
    if (i == 5) break elseprintln(i)
  }
}
```

在这个例子中，使用 breakable( )方法将 for 循环块标记为可中断的。当循环计数器 i 等于 5 时，使用 break 语句跳出循环。

虽然 Scala 中没有内建的 continue 关键字，但可以使用 if 表达式来模拟它的行为。示例代码如下：

```
for (i <- 1 to 10) {
    if (i % 2 == 0) {
      …//偶数时不执行
    } else {
      println(i)
    }
}
```

在这个例子中，使用 if 表达式来检查当前的循环计数器 i 是否是偶数，如果是，则不执行任何操作，否则打印 i 的值。这相当于使用 continue 跳过偶数。

**5. match-case 语句**

match-case 语句是 Scala 中的一种模式匹配语法，可以根据不同的输入参数执行不同的逻辑。它类似于其他编程语言中的 switch 语句，但更加灵活和强大。

match-case 语句的基本语法如下：

```
input match {
  case pattern1 => action1
  case pattern2 => action2
  …
  case _ =>defaultAction
}
```

其中，input 是要匹配的输入参数，case pattern 是模式匹配的表达式，=> 后面是要执行的逻辑。每一个 case 子句都包括了一个模式和一个动作，如果输入参数和模式匹配成功，就会执行对应的动作。

例如，下面的示例展示了如何使用 match-case 语句对不同的颜色进行匹配，示例代码如下：

```
def printColor(color: String): Unit = color match {
  case "red" =>println("Color is red")
  case "blue" =>println("Color is blue")
  case "green" =>println("Color is green")
  case _ =>println("Unknown color")
}
```

```
printColor("red")
printColor("yellow")
```

上面的代码中，printColor()函数接收一个字符串参数 color，然后根据字符串的值使用 match-case 语句进行匹配。如果输入参数是“red”“blue”或“green”，就会打印相应的信息，否则会打印“Unknown color”。

执行上述代码，输出结果为：

```
Color is red
Unknown color
```

## 2.3 集合

### 2.3.1 集合概述

Scala 集合体系结构是 Scala 语言的重要组成部分，是使用 Scala 进行编程的核心之一。Scala 集合体系结构主要包含可变集合和不可变集合两种类型。可变集合是指在集合的操作过程中可以对其进行修改，而不可变集合是指在集合的操作过程中不会修改集合的内容。

Scala 集合体系结构可以分为 3 个层次，分别如下。

1）顶层：集合的最顶层是 scala. collection 包，该包中定义了与所有集合相关的基础特性和通用接口，如 Iterable、Seq、Map、Set 等。scala. collection 包集合结构如图 2-7 所示。

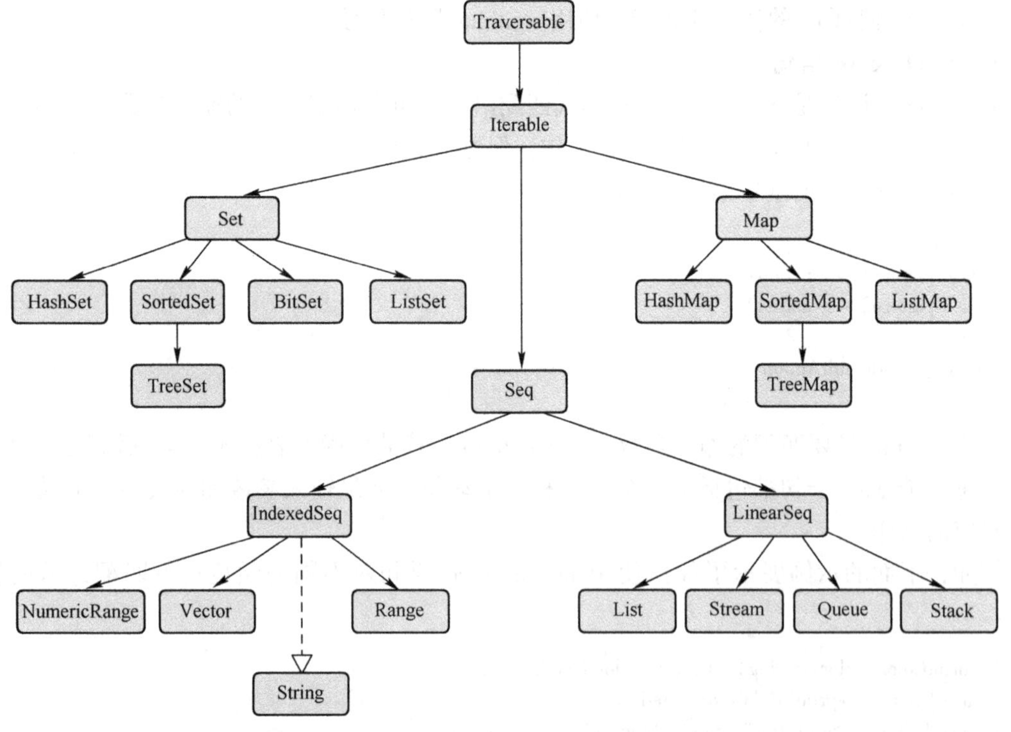


图 2-7 scala. collection 包集合结构

2）中层：集合的中层包括 scala. collection. immutable 和 scala. collection. mutable 两个包。

immutable 包中定义了不可变集合类型，而 mutable 包中定义了可变集合类型。中层还包括了其他一些辅助类和特性，如 Traversable、Iterable、Stream 等。

3）底层：集合的底层是 scala. collection. mutable 和 scala. collection. immutable 包中的具体集合类实现。不同的集合类实现适用于不同的场景和使用要求，如 List、Vector、Map、Set、Queue 等。

Scala 的不可变集合可实现 scala. collection. immutable 包中的相应接口，包括 List、Vector、Set、Map 等。不可变集合的特点是一旦创建，就不能再被修改，每次修改都会返回一个新的集合。示例代码如下：

```
val list1 = List(1, 2, 3)          //创建一个包含 1~3 的列表
val list2 = list1 :+ 4             //在列表尾部添加元素 4，返回新的列表
```

在这里，list1 是一个不可变列表，添加元素时返回了一个新的列表 list2，list1 本身并没有被修改。

Scala 的可变集合可实现 scala. collection. mutable 包中的相应接口，包括 ArrayBuffer、ListBuffer、HashMap、HashSet 等。可变集合的特点是可以直接修改集合中的元素，因此不需要每次都返回一个新的集合。示例代码如下：

```
val buffer =ArrayBuffer(1, 2, 3)   //创建一个包含 1~3 的可变数组
buffer += 4                        //在数组尾部添加元素 4
```

在这里，buffer 是一个可变数组，直接修改了其中的元素。

Scala 中所有集合的顶层实现都是 Traversable。它唯一的抽象方法是 foreach()：

```
def foreach(U)(f:Elem => U)
```

实现 Traversable 的集合类只需要实现这个抽象方法，其他方法可以从 Traversable 继承。

### 2.3.2 Array 和 ArrayBuffer

在 Scala 中，Array 和 ArrayBuffer 都是可变的序列，可以进行添加、删除和修改等操作。不同之处在于，Array 是一个固定大小的序列，一旦创建，就无法改变它的大小，而 ArrayBuffer 可以动态地增加或减少元素数量。

Array 的创建方式有两种，一种是使用 Array 伴生对象的 apply()方法，另一种是使用 Array 类的构造方法。下面是两种方式的示例代码：

```
//使用 apply()方法创建 Array
val array1 = Array(1, 2, 3, 4, 5)

//使用构造方法创建 Array
val array2 = new Array[Int](5)
array2(0) = 1
array2(1) = 2
array2(2) = 3
array2(3) = 4
array2(4) = 5
```

ArrayBuffer 的创建方式是使用 ArrayBuffer 类的构造方法。示例代码如下：

```
import scala. collection. mutable. ArrayBuffer
val buffer =ArrayBuffer(1, 2, 3, 4, 5)
```

对于 Array 和 ArrayBuffer，常见的操作包括添加元素、删除元素和修改元素等。以 ArrayBuffer 为例，以下是一些常用的操作，示例代码如下：

```
import scala.collection.mutable.ArrayBuffer

//创建一个空的 ArrayBuffer
val buffer = ArrayBuffer[Int]()

//添加元素
buffer += 1                    //在尾部添加元素
buffer += 2
buffer ++= Array(3, 4)         //在尾部添加一个数组的元素
buffer.insert(1, 5)            //在索引 1 处插入元素 5

//删除元素
buffer -= 4                    //删除元素 4
buffer.remove(2)               //删除索引 2 处的元素

//修改元素
buffer(0) = 0                  //修改索引 0 处的元素为 0
```

对于 Array 来说，由于其固定大小的特性，不能直接添加或删除元素，但是可以通过创建一个新的 Array，并将原有的元素复制过去，然后添加或删除元素。以下是一些常用的操作：

```
//创建一个 Array
val array = Array(1, 2, 3, 4, 5)

//在数组尾部添加一个元素
val newArray1 = array :+ 6

//在数组头部添加一个元素
val newArray2 = 0 +: array

//删除指定位置的元素
val newArray3 = array.patch(2, Nil, 1)
```

Scala 中的 Array 和 ArrayBuffer 都可以与 Java 中的数组进行转换。将 Java 数组转换为 Scala 数组，可以使用 Array 伴生对象的 apply()方法，示例代码如下：

```
val javaArr = Array("a", "b", "c")
val scalaArr = Array.apply(javaArr: _*)
```

这里的“: _*”表示将 javaArr 作为可变参数传入。也可以使用 Array 的 from()方法，示例代码如下：

```
val scalaArr = Array.from(javaArr)
```

将 Scala 数组转换为 Java 数组，可以使用 Scala 数组的 toArray()方法，代码中调用方法时省略了括号，示例代码如下：

```
val scalaArr = Array("a", "b", "c")
val javaArr = scalaArr.toArray
```

或者使用 Java 的 Arrays 类的 asList()方法，示例代码如下：

```
import java.util.Arrays
```

```
val scalaArr = Array("a", "b", "c")
val javaArr = Array.asList(scalaArr: _*)
```

### 2.3.3　Tuple

Tuple（元组）是 Scala 集合库中的一个重要类型，它是一个不可变的、有序的、可以容纳不同类型元素的容器。Tuple 是 Scala 标准库提供的一种非常有用的数据结构，它可以将多个不同类型的值封装在一起，形成一个完整的数据单元。

Tuple 的元素可以通过下标访问，下标从 1 开始计数，也可以使用 tuple._1、tuple._2 等方式进行访问。Scala 中的 Tuple 最多可以包含 22 个元素，分别是 Tuple1，Tuple2，Tuple3，…，Tuple22。

Tuple 常用于需要将多个值作为一个整体处理的场景，如函数返回多个值、元组作为 Map 中的键值对等。

下面演示了如何创建 Tuple 并访问它的元素，示例代码如下：

```
//创建一个包含两个元素的元组
val tuple = (1, "Scala")

//访问元组的第一个元素
val first =tuple._1

//访问元组的第二个元素
val second =tuple._2

//打印元素值
println(first)                //输出 1
println(second)               //输出"Scala"
```

### 2.3.4　List 和 ListBuffer

在 Scala 中，List 和 ListBuffer 都是用来表示序列的集合类型。

List 是不可变的序列，可以使用::操作符在头部添加元素，但不能在尾部添加元素。它的元素类型可以是任意的，但所有元素类型必须相同。List 的常用操作包括 head、tail、isEmpty、length 等。List 的应用场景包括不需要频繁添加和删除元素的场景，如配置文件的读取、程序参数的处理等，示例代码如下：

```
//创建一个包含整数的 List
val list1 = List(1, 2, 3, 4, 5)

//创建一个包含字符串的 List
val list2 = List("apple", "banana", "orange")

//在 List 头部添加元素
val list3 = "pear" :: list2

//获取 List 头部元素
val head = list3.head

//获取 List 尾部元素
val tail = list3.tail
```

```
//判断 List 是否为空
val isEmpty = list3.isEmpty

//获取 List 的长度
val length = list3.length
```

列表的其他常用操作方法如表 2-3 所示。

**表 2-3 列表的其他常用操作方法**

| 方　法 | 描　述 |
|---|---|
| list. isEmpty | 列表是否为空 |
| list. head | 返回列表中的第一个元素 |
| list. tail | 返回列表中除第一个元素外的所有元素 |
| list（index） | 使用下标访问元素 |
| list. length | 获取列表长度 |
| list. reverse | 反转列表 |
| list. take | 获取前 $n$ 个元素 |
| drop | 删除前 $n$ 个元素 |
| splitAt | 从第几个位置开始拆分 |
| flatten | flatten 接收一个由列表组成的列表（二维），并将其进行扁平化操作，返回单个列表（一维） |
| zip & unzip | 对两个 List 执行 zip 操作，返回对应位置元素组成的元组的列表。unzip 则执行反向操作 |

ListBuffer 是可变的序列，支持在头部和尾部添加元素、删除元素等操作。它的元素类型可以是任意的，但所有元素类型必须相同。ListBuffer 的常用操作包括+=、++=、-=、--=、insert、remove 等。ListBuffer 的应用场景包括需要频繁添加和删除元素的场景，如日志记录、缓存数据等，示例代码如下：

```
//创建一个空的 ListBuffer
val listBuffer = ListBuffer[Int]()

//在 ListBuffer 尾部添加元素
listBuffer += 1
listBuffer += 2
listBuffer += 3

//在 ListBuffer 头部添加元素
4 +=:listBuffer
5 +=:listBuffer

//在指定位置插入元素
listBuffer.insert(2, 0)

//删除指定元素
listBuffer -= 3

//删除指定位置的元素
listBuffer.remove(0)
```

```
//将 ListBuffer 转换为 List
val list = listBuffer.toList
```

### 2.3.5 Set

在 Scala 中，Set 是一个集合，用于存储唯一的元素。它可以是可变的或不可变的。

使用 Set 主要是为了保证集合中不会出现重复的元素。例如，可以使用 Set 来统计一段文本中有多少个不同的单词。

以下是使用不可变 Set 的示例代码：

```
//创建不可变 Set
val set1 = Set(1, 2, 3, 4, 5)
val set2 = Set(4, 5, 6, 7, 8)

//打印集合元素
println(set1)                          // Set(1, 2, 3, 4, 5)

//向集合中添加元素
val set3 = set1 + 6
println(set3)                          // Set(1, 2, 3, 4, 5, 6)

//求两个集合的交集、并集和差集
val intersect = set1.intersect(set2)   //交集
val union = set1.union(set2)           //并集
val diff = set1.diff(set2)             //差集

//打印集合操作结果
println(intersect)                     // Set(4, 5)
println(union)                         // Set(1, 2, 3, 4, 5, 6, 7, 8)
println(diff)                          // Set(1, 2, 3)
```

还可以使用可变 Set 类型，即 scala.collection.mutable.Set，它允许修改集合中的元素。以下是使用可变 Set 的示例代码：

```
import scala.collection.mutable.Set

//创建可变 Set
val set = Set(1, 2, 3)

//向集合中添加元素
set.add(4)

//删除集合中的元素
set.remove(2)

//打印集合元素
println(set)              // Set(1, 3, 4)
```

总的来说，Set 可以用于处理需要去重的数据，如统计单词频率、过滤重复数据等。在具体应用场景中，可以根据需要选择不可变或可变的 Set。

### 2.3.6 Map

Map 是 Scala 集合框架中的一种集合类型，用于存储键值对。它可以用于各种应用场景，如缓存、配置文件、数据存储等。

在 Scala 中，Map 有不可变和可变两种类型，它们分别在 scala.collection.immutable 和 scala.collection.mutable 包中定义。

不可变 Map 的键值对不能被修改，而可变 Map 的键值对可以被修改。

以下是一个不可变 Map 的演示程序，示例代码如下：

```
//创建一个不可变 Map
val map = Map("a" -> 1, "b" -> 2, "c" -> 3)

//访问 Map 中的元素
val a = map("a")
val b = map.get("b")

//遍历 Map
for ((key, value) <- map) {
  println(s"key: $key, value: $value")
}

//添加元素
val newMap = map + ("d" -> 4)

//删除元素
val delMap = map - "c"
```

以下是一个可变 Map 的使用示例，代码如下：

```
//创建一个可变 Map
val map = scala.collection.mutable.Map("a" -> 1, "b" -> 2, "c" -> 3)

//访问 Map 中的元素
val a = map("a")
val b = map.get("b")

//遍历 Map
for ((key, value) <- map) {
  println(s"key: $key, value: $value")
}

//添加元素
map += ("d" -> 4)

//删除元素
map -= "c"
```

### 2.3.7 集合操作符号

在 Scala 中，集合操作中的符号是一些预定义的操作符，可用于对集合进行操作，如元素添加、删除、连接等。具体的操作符号如表 2-4 所示。

表 2-4　Scala 集合操作符号列表

| 操　作　符 | 描　　述 | 集 合 类 型 |
|---|---|---|
| coll(k) 即 coll. apply(k) | 获取指定位置的元素 | Seq、Map |
| coll :+elem elem +: coll | 向集合末尾或者集合头部增加元素 | Seq |
| coll +elem coll + (e1, e2,…) | 追加元素 | Seq、Map |
| coll -elem coll - (e1, e2, …) | 删除元素 | Set、Map、ArrayBuffer |
| coll ++ coll2 coll2 ++: coll | 合并集合 | Iterable |
| coll -- coll2 | 移除 coll 中包含的 coll2 中的元素 | Set、Map、ArrayBuffer |
| elem :: lst lst2 :: lst | 把指定列表（lst2）或者元素（elem）添加到列表（lst）头部 | List |
| list ::: list2 | 合并 List | List |
| set \ | 取 Set 集合 | 并集、交集、差集 |
| coll += elem coll += (e1, e2,…) coll ++= coll2 coll -= elem coll -= (e1, e2,…) coll --= coll2 | 添加或者删除元素，并将修改后的结果赋值给集合本身 | 可变集合 |
| elem +=: coll coll2 ++=: coll | 在集合头部追加元素或集合 | ArrayBuffer |

例如，可以使用+运算符向一个列表中添加一个元素，示例代码如下：

```
val list = List(1, 2, 3)
val newList = list + 4
println(newList)        //输出 List (1, 2, 3, 4)
```

又例如，可以使用++运算符连接两个集合，示例代码如下：

```
val set1 = Set(1, 2, 3)
val set2 = Set(3, 4, 5)
val newSet = set1 ++ set2
println(newSet)     // 输出 Set (1, 2, 3, 4, 5)
```

## 2.4　函数式编程

Scala 的函数式编程是指一种编程范式，它强调函数的重要性和使用不可变值来构建应用程序。在函数式编程中，函数可以像其他数据类型一样被操作和传递。函数式编程遵循一些核心原则，如不可变性、无副作用、引用透明等，这些原则都旨在保证代码的可读性、可维护性、可扩展性和可重用性。

在 Scala 中，函数支持高阶函数、匿名函数、函数组合等特性，同时提供了很多函数式编程的原语，如 map、flatMap、reduce、fold 等，使得编写函数式代码更加方便和简洁。此外，Scala 的集合类库也非常适合函数式编程，提供了大量的高阶函数和集合操作，能够方便地进行函数式编程。

总的来说，Scala 的函数式编程提供了一种新的编程思想和方法，它强调代码的可读性和可维护性，并能够更好地处理并发和分布式场景。

### 2.4.1　函数的定义与使用

在 Scala 中，函数可以像变量一样进行传递和使用。函数由函数名、参数列表、返回值类型和函数体组成。Scala 中的函数定义格式如下：

```
def functionName(param1: Type1, param2: Type2, …): ReturnType = {
  //函数体
  …
}
```

其中，def 表示定义函数，functionName 表示函数名，param1：Type1，param2：Type2，…表示函数的参数列表，每个参数都由参数名、冒号和类型组成，多个参数用逗号分隔，ReturnType 表示函数返回值类型，=表示函数的定义结束，{}包裹的部分表示函数体。

函数的调用可以像 Java 一样，可以使用函数名和参数列表的形式进行。Scala 中的函数调用格式如下：

```
val result =functionName(arg1, arg2, …)
```

其中，functionName 表示要调用的函数名；arg1，arg2，…表示传递给函数的参数，多个参数用逗号分隔；val result 表示将函数返回值赋给 result 变量。

下面是一个简单的函数示例：

```
def add(x: Int, y: Int): Int = {
  x + y
}

val result = add(1, 2)
println(result)      // 输出 3
```

在这个示例中定义了一个名为 add 的函数，该函数有两个参数 x 和 y，返回值类型为 Int，函数体为将两个参数相加。然后调用 add( ) 函数，并将返回值赋给 result 变量，最后输出 result 的值为 3。

在 Scala 中，无返回值函数的定义方式是在函数名后面添加 Unit 类型，表示该函数不会返回任何值。一般情况下，可以省略 Unit 类型的声明，因为 Scala 编译器会自动推断出函数的返回类型。

下面是一个无返回值函数的例子：

```
def printMessage(message: String): Unit = {
  println(message)
}
```

该函数接收一个字符串类型的参数 message，然后将其打印到控制台上。由于该函数没有返回值，所以在函数名后面添加了 Unit 类型。

在函数定义中可以使用“=”来指定函数体，也可以使用花括号“{}”来指定函数体，代码如下：

```
//使用"="来指定函数体
def add(x: Int, y: Int): Int = x + y

//使用"{}"来指定函数体
def multiply(x: Int, y: Int): Int = {
  //省略了 return 关键字，最后一行语句的结果会作为函数的返回值
  x * y
}
```

Scala 中定义无参数函数时，可以省略括号，例如：

```
def sayHello: Unit = {
  println("Hello!")
}

sayHello
```

上述代码中，sayHello 是一个无参数函数，函数体中使用 println()打印了一行字符串。调用该函数时，可以省略括号，即 sayHello 而非 sayHello()。

在 Scala 中，允许在一个函数内部声明/定义其他函数，这些函数被称为局部函数。局部函数只在声明它的函数内部可见，不能从外部访问。在 Scala 中，函数可以作为参数传递给其他函数，而在一个函数中声明/定义其他函数可以提高代码的可读性和可维护性，同时也可以方便地进行参数的传递和共享变量的访问。以下是一个示例：

```
def outer(x: Int): Int = {
  def inner(y: Int): Int = {
    x + y
  }
  inner(10)
}

val result = outer(5)
println(result)     // 输出 15
```

在上面的例子中，outer()函数中定义了一个局部函数 inner()，inner()函数的参数 y 可以访问 outer()函数中的参数 x，因此可以将它们相加并返回结果。在 outer()函数的最后，调用 inner(10)并返回结果 15。

## 2.4.2 匿名函数

在 Scala 中，函数可以是命名函数，也可以是匿名函数。匿名函数是一种没有函数名的函数，也称为 Lambda 函数。匿名函数通常用于函数参数，或在需要时定义函数。

匿名函数的语法如下：

```
(parameter1: type1, parameter2: type2, …) => expression
```

其中，(parameter1: type1, parameter2: type2,…)是参数列表，expression 是函数体表达式，例如：

```
val add = (x: Int, y: Int) => x + y
val square = (x: Int) => x * x
```

匿名函数的应用场景包括：

- 作为高阶函数的参数：可以将匿名函数作为高阶函数的参数，用于对集合等数据结构进行遍历、过滤、映射等操作。
- 简化代码：可以使用匿名函数代替一些简单的函数，从而减少代码量，提高代码的可读性。

下面是一个匿名函数作为高阶函数参数的例子：

```
val numbers = List(1, 2, 3, 4, 5)
val evenNumbers = numbers.filter((x: Int) => x % 2 == 0)
```

在这个例子中，(x: Int) => x % 2 == 0 是一个匿名函数，用于判断数字是否为偶数，它作为 filter( ) 函数的参数，可筛选出列表中的偶数。

## 2.4.3 高阶函数

### 1. 基本使用

高阶函数是指可以接收一个或多个函数作为参数，或者返回一个函数作为结果的函数。在 Scala 中，函数可以像值一样传递、返回、赋值给变量等。因此，高阶函数在 Scala 中得到了广泛的应用。

高阶函数的应用场景包括但不限于：

1）函数组合：将多个函数组合成一个新函数，实现函数复用和代码简洁化。

2）回调函数：将函数作为参数传递给其他函数，以实现回调机制。

3）函数柯里化：将接收多个参数的函数转换为接收一个参数的函数序列，以实现函数的分步传递和复用。

4）控制抽象：将函数作为参数传递给高阶函数，以实现控制程序流程和代码抽象化。

下面是一个使用高阶函数的示例：

```
//定义一个接收两个参数和一个函数的高阶函数
def operate(x: Double, y: Double, f: (Double, Double) => Double): Double = {
  f(x, y)
}

//定义两个函数
def add(x: Double, y: Double): Double = x + y
def subtract(x: Double, y: Double): Double = x - y

//调用高阶函数并传入函数参数
val result1 = operate(3, 2, add)
val result2 = operate(3, 2, subtract)

//输出结果
println(result1)          // 5.0
println(result2)          // 1.0
```

在上述示例中，operate( ) 函数是一个高阶函数，它接收 3 个参数：前两个是 Double 类型的参数，第三个是函数。第三个参数中的函数的签名是(Double,Double)⇒Double，即此函数接收两个 Double 类型的参数并返回一个 Double 类型的结果。示例中定义了两个函数 add( ) 和 subtract( )，并将它们作为参数传递给 operate( ) 函数。最后，通过调用 operate( ) 函数得到计算结果并输出。

### 2. 内置高阶函数

Scala 标准库中提供了许多常用的高阶函数，以下是一些常用的高阶函数。

map( ) 函数为将一个集合中的每个元素应用一个函数，并将结果组成一个新的集合返回。

```
val list = List(1, 2, 3)
val result = list.map(x => x * 2)      // List(2, 4, 6)
```

flatMap( ) 函数为将一个集合中的每个元素应用一个返回集合的函数，并将结果扁平化为一个集合返回。

```
val list = List(1, 2, 3)
val result = list.flatMap(x => List(x, x * 2)) // List(1, 2, 2, 4, 3, 6)
```

filter( )函数对一个集合中的元素按照给定的条件过滤，并返回一个新的集合。

```
val list = List(1, 2, 3)
val result = list.filter(x => x % 2 == 0) // List(2)
```

reduce( )函数为将一个集合中的元素依次应用一个二元函数，将结果聚合为一个值。

```
val list = List(1, 2, 3)
val result = list.reduce((x, y) => x + y) // 6
```

groupBy( )函数将一个集合中的元素按照给定的条件分组，并将结果组成一个 Map 返回。

```
val list = List("apple", "banana", "cherry", "durian")
val result = list.groupBy(_.head)   // Map(a -> List(apple), b -> List(banana),
```

**3. 下画线简写**

在 Scala 中，下画线_有多种用途，其中，在函数中使用_可以表示一个或多个参数的占位符。

当函数参数只使用了一次且在函数体中只出现了一次时，可以使用_替代该参数。例如：

```
val add: (Int, Int) => Int = _ + _
val result = add(1, 2)      //等同于 val result = 1 + 2
```

如果一个函数有多个参数，则可以在定义函数时使用_代表占位符。当调用函数时，传递的参数将按照占位符的顺序逐一替换。例如：

```
val add: (Int, Int, Int) => Int = _ + _ + _
val result = add(1, 2, 3)      //等同于 val result = 1 + 2 + 3
```

在高阶函数中，也可以使用_表示占位符，用来代替参数或参数列表。例如：

```
val nums = List(1, 2, 3, 4, 5)
val evenNums = nums.filter(_ % 2 == 0)      // 过滤偶数
val doubleNums = nums.map(_ * 2)            // 将每个元素都乘以 2
```

需要注意的是，如果函数参数只使用了一次，但在函数体中出现了多次，那么此时不能使用_代替参数。此外，使用_代替参数可能会降低代码的可读性，因此应该谨慎使用。

### 2.4.4 柯里化与闭包

**1. 函数柯里化**

函数柯里化是一种将接收多个参数的函数转换成接收单一参数（或更少参数）的函数序列的技术。具体来说，就是把一个接收多个参数的函数转换为多个接收单一参数的函数，这些函数中的每一个函数都返回一个新函数，直到最后一个函数返回结果为止。

函数柯里化的主要应用场景是在函数式编程中，它可以让函数更加灵活，可复用，可组合，并且可以使用部分参数调用等特性。下面是一个示例：

```
def multiply(x: Int)(y: Int): Int = x * y

//调用方式 1
val multiplyByTwo = multiply(2)_
println(multiplyByTwo(5))                 // 输出 10

//调用方式 2
println(multiply(3)(4))                   // 输出 12
```

在这个例子中，我们定义了一个名为 multiply( )的柯里化函数，它接收两个参数 x 和 y。在调用这个函数时，我们可以使用两种不同的方式。第一种方式是先传递一个参数 x，然后使用下画线占位符将 y 参数留给后面的调用。第二种方式是直接传递两个参数 x 和 y。这两种方式都可以得到正确的结果，但是第一种方式可以让我们更方便地使用部分参数调用的特性。

**2. 闭包**

闭包（Closure）是指一个函数与其相关的引用环境组合而成的实体。简单来说，闭包是一个函数和定义该函数的词法环境的组合。这个环境包含了闭包创建时所处的作用域中的任何局部变量。当函数执行时，闭包中的变量会一直存在，即使它们在定义闭包时所处的作用域已经不可用了。

闭包的应用场景有很多，比如：

1）面向对象编程中，闭包可以用来实现私有变量和方法，即将需要隐藏的变量和方法定义在一个函数中，然后返回这个函数。这样，这个函数的作用域中的变量和方法就只能在函数内部被访问到，从而达到了隐藏的目的。

2）在异步编程中，闭包可以用来保持异步调用中的上下文信息。比如，在回调函数中保存一些变量信息，使得回调函数能够访问到这些变量，并进行处理。

下面是一个闭包的使用示例：

```
def multiplyBy(factor: Int) = (x: Int) => factor * x

//创建一个闭包，其中 factor = 2
val doubler = multiplyBy(2)

//创建一个闭包，其中 factor = 3
val tripler = multiplyBy(3)

//使用闭包进行计算
println(doubler(5))      //输出：10
println(tripler(5))      //输出：15
```

在上面的代码中，multiplyBy( )函数返回了一个匿名函数，这个匿名函数与 factor 组成了一个闭包。然后用 multiplyBy( )创建了两个闭包 doubler 和 tripler，分别将 factor 设为 2 和 3。最后，使用这两个闭包分别对数值 5 进行计算。

## 2.5 面向对象编程

### 2.5.1 类与对象

在 Scala 中，类和对象是面向对象编程的两个核心概念，类和对象是封装数据和行为的基本工具。类是一种模板，用于描述一组有相同属性和方法的对象。对象是类的实例，具有该类定义的属性和方法。

在 Scala 中，类定义使用关键字 class，类中定义的成员包括字段和方法，以下是一个简单的类定义示例：

```
class Person(var name: String, var age: Int) {
  def sayHello(): Unit = {
```

```
    println(s"Hello, my name is $name and I'm $age years old.")
  }
}
```

在上面的示例中，定义了一个名为 Person 的类，它有两个属性 name 和 age，以及一个名为 sayHello()的方法。name 和 age 使用 var 关键字定义，意味着它们是可变的。sayHello()方法可打印一条问候信息。

要创建一个类的实例，可以使用关键字 new 代码，如下：

```
val person = new Person("Alice", 30)
person.sayHello()
```

在上面的示例中，创建了一个名为 person 的 Person 对象，其名称为 Alice，年龄为 30。然后，调用了其 sayHello()方法，输出问候信息。

完成代码如下：

```
class Person(var name: String, var age: Int) {
    def sayHello(): Unit = {
        println(s"Hello, my name is $name and I'm $age years old.")
    }
}

object Main {
    def main(args: Array[String]): Unit = {
        val person = new Person("Alice", 30)
        person.sayHello()
    }
}
```

值得注意的是，在 Scala 中，类可以和 object 同时定义在同一个文件中，而且一个文件中可以包含多个类或对象。

## 2.5.2　构造器

构造器（Constructor）是一种特殊的方法，用于创建和初始化对象。在 Scala 中，每个类都可以有一个主构造器和多个辅助构造器。

主构造器在类名后面的括号中声明，主构造器中的参数会被自动转换为类的成员变量。可以通过在类名后面的括号中定义参数来定义主构造器，代码如下：

```
class Person(name: String, age: Int) {
  println(s"Creating person with name $name and age $age")
}
```

上述代码中，Person 类有两个参数 name 和 age，这两个参数在类的定义中已经定义了，并且被自动转换为类的成员变量。

当使用 new 关键字创建一个 Person 对象时，会自动调用类的主构造器，并将传入的参数传递给主构造器：

```
val person = new Person("Alice", 30)
```

上述代码中创建了一个名为 person 的 Person 对象，并传递了 name 和 age 两个参数。

除了主构造器外，还可以在类中定义辅助构造器。辅助构造器是通过 def this(…)的形式定义的，并且必须首先调用主构造器或其他辅助构造器。

以下是定义了一个辅助构造器的示例：

```
class Person(name: String, age: Int) {
  def this(name: String) = this(name, 0)
}
```

上述代码中定义了一个辅助构造器，只传入了 name 参数。在辅助构造器中，通过调用 this(name, 0)来调用类的主构造器。

使用辅助构造器创建对象时，首先必须调用类的主构造器或其他辅助构造器。例如，可以通过以下方式使用辅助构造器来创建一个 Person 对象：

```
val person = new Person("Alice")
```

在上述代码中只传入了 name 参数，而 age 参数会被设置为默认值 0。

需要注意的是，辅助构造器只能调用先前定义的构造器，不能调用之后定义的构造器。因此，如果一个类有多个辅助构造器，那么最后一个辅助构造器应该调用主构造器。

### 2.5.3 继承

#### 1. 基本使用

继承是面向对象编程中的一种机制，它允许新的类（子类）从已有的类（父类）中继承属性和方法。子类可以使用父类的方法和属性，也可以重写父类的方法和属性，还可以定义自己的方法和属性。

继承的应用场景很多，例如：

1）对于一些具有相似特征的类，可以将它们共有的属性和方法放在一个父类中，子类只需要继承父类，避免了代码冗余。

2）子类可以在父类的基础上进行扩展和修改，以实现更复杂的功能。

3）继承还可以实现多态，子类对象可以作为父类对象来使用，这样可以提高代码的灵活性和可扩展性。

```
//定义一个父类 Animal
class Animal(var name: String, var age: Int) {
  def eat(food: String): Unit = {
    println(s"$name is eating $food")
  }
}

//定义一个子类 Dog，继承自 Animal
class Dog(name: String, age: Int, var breed: String) extends Animal(name, age) {
  override def eat(food: String): Unit = {
    println(s"$name the $breed is eating $food")
  }

  def bark(): Unit = {
    println(s"$name the $breed is barking")
  }
}

//创建 Animal 和 Dog 对象，并调用方法
```

```
val animal = new Animal("Tom", 3)
animal.eat("meat")                          //Tom is eating meat

val dog = new Dog("Jack", 2, "Labrador")
dog.eat("bone")                             //Jack the Labrador is eating bone
dog.bark()                                  //Jack the Labrador is barking
```

在上面的示例中，Animal 类是父类，Dog 类是子类，Dog 类继承了 Animal 类的属性和方法，并重写了 eat( )方法，还定义了自己的 bark( )方法。这里创建了 Animal 和 Dog 对象，并分别调用了它们的方法。

**2. 方法重写**

方法重写（Method Overriding）是指子类重新定义父类中已有的方法，以便覆盖父类中的方法。在 Scala 中，方法重写需要使用 override 关键字。

应用场景包括：

- 子类需要对父类中的某个方法进行改进或修改实现方式。
- 子类需要添加一些额外的逻辑或特定的行为。

下面是使用示例：

```
class Animal {
  def sound(): String = "animal sound"
}
class Cat extends Animal {
  override def sound(): String = "meow"
}

val animal: Animal = new Animal()
println(animal.sound())              // 输出"animal sound"

val cat: Animal = new Cat()
println(cat.sound())                 // 输出："meow"
```

在上述示例中，Cat 类重写了 Animal 类中的 sound( )方法，将其实现改为返回“meow”，而不是“animal sound”。当通过 Cat 类创建对象并调用 sound( )方法时，会输出“meow”。

**3. 抽象类**

抽象类是一种不能直接被实例化的类，通常用于定义具有共同特征的类的基类。它包含抽象方法和非抽象方法。抽象方法没有实现，需要由继承抽象类的子类来实现。

在 Scala 中，定义抽象类需要使用关键字“abstract”，并且至少有一个抽象方法。抽象类可以有非抽象方法和属性。定义抽象类的语法格式如下：

```
abstract class 类名 {
  //抽象方法
  def 方法名(参数列表): 返回值类型
  //非抽象方法
  def 方法名(参数列表): 返回值类型 = {
  //方法体
  }
  //属性
  val 属性名: 类型
}
```

- 抽象类通常用于定义具有共同特征的类的基类，比如一个图形类的基类 Shape，包含所有图形的共同特征和方法。
- 抽象类也可以用于实现模板模式。模板模式是一种设计模式，它在一个方法中定义了一个算法的骨架，而将一些步骤的实现延迟到子类中。子类可以重写这些步骤，但不改变算法的结构。抽象类非常适合用来实现这个模式。在抽象类中，可以将一些方法定义为具体方法（已经实现），而其他一些方法则声明为抽象的，这就要求子类必须提供这些方法的实现。

示例：

```
//定义一个抽象类 Shape，包含一个抽象方法 area()和一个非抽象方法 draw()
abstract class Shape {
  //抽象方法
  def area(): Double
  //非抽象方法
  def draw(): Unit = {
    println("Drawing…")
  }
}
//定义 Circle 和 Rectangle 两个子类，继承自 Shape 抽象类，并实现 area()方法
class Circle(r: Double) extends Shape {
  def area(): Double = 3.14 * r * r
}
class Rectangle(w: Double, h: Double) extends Shape {
  def area(): Double = w * h
}
//创建 Circle 和 Rectangle 对象，调用 area()方法和 draw()方法
val circle = new Circle(2.0)
println("Circle area: " + circle.area())
circle.draw()
val rect = new Rectangle(2.0, 3.0)
println("Rectangle area: " + rect.area())
rect.draw()
```

输出结果：

```
Circle area: 12.56
Drawing…
Rectangle area: 6.0
Drawing…
```

#### 4. 匿名子类

Scala 中可以使用匿名子类来创建对象，主要应用在一些只使用一次的场景中，避免显式地定义一个有名称的子类，从而简化代码。

匿名子类指的是在创建对象时直接定义一个继承自某个类或实现某个接口的子类，并且不给这个子类命名，而是直接使用它创建对象的语法。

下面是使用匿名子类的示例：

```
//定义一个 Animal 类
class Animal {
  def makeSound(): Unit = {
    println("Animal makes sound")
```

```
    }
}

//创建一个继承自 Animal 类的匿名子类的对象，并重写 makeSound( )方法
val dog = new Animal {
  override def makeSound( ): Unit = {
    println("Dog barks")
  }
}

dog.makeSound( )        //输出“Dog barks”
```

在上面的示例中创建了一个 Animal 类，使用匿名子类来重写 makeSound( )方法，并创建了一个名为 dog 的对象。在创建对象时使用了 Animal 类的语法，并在类名后使用了一对花括号，表示要定义一个匿名子类。在花括号内，重写了 makeSound( )方法，并在这个方法中输出了“Dog barks”。最后，调用了 dog 的 makeSound( )方法，输出了“Dog barks”。

需要注意的是，虽然使用了 Animal 类的语法来创建匿名子类的对象，但是这个对象并不是 Animal 类的实例，而是 Animal 类的子类的实例。在本例中，dog 对象是 Animal 类的子类，它重写了 Animal 类的 makeSound( )方法，因此在调用 dog 的 makeSound( )方法时输出的是“Dog barks”，而不是 Animal 类中定义的“Animal makes sound”。

### 2.5.4　伴生类与伴生对象

在 Scala 中，类和对象是分开定义的。一个类可以有多个对象，每个对象都有自己的状态，但类只有一个，类的状态是所有对象共享的。

伴生类和伴生对象是一对相互关联的类和对象。它们可以互相访问彼此的私有成员，且它们必须在同一个源文件中定义。

具体来说，伴生类和伴生对象有以下特点：

- 伴生类是普通的类，可以有自己的成员属性和方法，可以实例化出对象。
- 伴生对象中的成员都是静态的，可以直接使用，不需要创建对象。它是类的一个实例，也可以实现一些功能。
- 伴生类和伴生对象的名称必须相同，它们之间的关系是通过 object 关键字来建立的。

下面是一个简单的示例：

```
class MyClass(val name: String) {
  def hello( ): Unit =println(s"Hello, $name!")
}

object MyClass {
  private var count = 0

  def getCount: Int = count

  def newMyClass(name: String): MyClass = {
    count += 1
    newMyClass(name)
  }
}
```

```
object Main extends App {
  val obj1 = MyClass.newMyClass("Alice")
  val obj2 = MyClass.newMyClass("Bob")
  println(obj1.hello())              // Hello, Alice!
  println(obj2.hello())              // Hello, Bob!
  println(MyClass.getCount)          // 2
}
```

在上面的例子中，MyClass 是一个普通的类，它有一个属性 name 和一个方法 hello()，它的伴生对象 MyClass 中有一个私有的静态变量 count、方法 getCount()和方法 newMyClass()。方法 newMyClass 返回一个 MyClass 对象。在 Main 对象中，实例化了两个 MyClass 对象，并且通过 MyClass 伴生对象的方法统计了创建的对象数量。

在 Scala 中，没有静态属性和静态方法的概念，但是可以通过伴生对象来实现类似静态属性和静态方法的功能。

具体来说，可以在伴生对象中定义属性和方法，然后在伴生类中调用这些属性和方法。伴生对象中定义的属性和方法可以被所有实例共享，而且不需要创建实例就可以访问。

以下是一个示例：

```
class MyClass(val name: String) {
  def sayHello(): Unit = {
    println(s"Hello, $name!")
  }
}

object MyClass {
  private var count = 0

  def incrementCount(): Unit = {
    count += 1
  }

  def getCount: Int = {
    count
  }
}

val obj1 = new MyClass("Alice")
obj1.sayHello()

val obj2 = new MyClass("Bob")
obj2.sayHello()

MyClass.incrementCount()
MyClass.incrementCount()
println(MyClass.getCount)
```

在这个示例中，MyClass 是一个普通的类，它有一个名为 name 的属性和一个名为 sayHello()的方法。MyClass 的伴生对象中定义了一个名为 count 的私有变量和两个方法 incrementCount()、getCount()。incrementCount()方法用于增加 count 的值，而 getCount()方法用于获取 count 的当前值。

在示例中，首先创建了两个 MyClass 的实例 obj1 和 obj2，然后分别调用了它们的 sayHello( ) 方法。接着调用了 MyClass 的伴生对象中的 incrementCount( ) 方法两次，并使用 getCount( ) 方法获取了 count 的当前值。

## 2.5.5　多态

### 1. 基本概念

多态是指同一类型的对象在不同情况下的表现形式和行为不同。在面向对象的编程中，多态是实现代码重用和灵活性的重要手段之一。

在 Scala 中，多态可以通过继承和重写实现。当一个父类的方法被子类重写后，子类对象可以调用该方法时，调用的是子类中的方法，而不是父类中的方法。这种情况下，同一类型的对象在不同情况下的行为表现不同，就是多态。

下面是一个使用多态的示例：

```
abstract class Animal {
  def makeSound(): String
}

class Dog extends Animal {
  override def makeSound(): String = "Woof"
}

class Cat extends Animal {
  override def makeSound(): String = "Meow"
}

object Main {
  def animalSound(animal: Animal): String = {
    animal.makeSound()
  }

  def main(args: Array[String]): Unit = {
    val dog = new Dog()
    val cat = new Cat()

    println(animalSound(dog))        // 输出 "Woof"
    println(animalSound(cat))        // 输出 "Meow"
  }
}
```

在这个示例中定义了一个抽象类 Animal 和两个具体类 Dog 和 Cat，它们都继承自 Animal 类并重写了 makeSound( ) 方法。然后定义了一个 animalSound( ) 方法，它接收一个 Animal 类型的参数并调用其 makeSound( ) 方法。在 main( ) 函数中，创建了一个 Dog 对象和一个 Cat 对象，并分别传递给 animalSound( ) 方法，这样就实现了多态。无论是 Dog 对象还是 Cat 对象，都可以被当作 Animal 对象传递给 animalSound( ) 方法，而且它们的行为表现也不同，这就是多态的应用场景之一。

### 2. 特质

特质（Trait）是 Scala 中的一种特殊的抽象类型，类似于 Java 中的接口（Interface），但是比接口更加强大。特质可以包含抽象方法、具体方法、抽象字段、具体字段、构造器以及类型定义等内容，而且可以被类和对象混入（Mixin）使用，以增强它们的性能。

使用特质可以方便地实现代码的复用和组合。特质提供了一种接口的实现方式，可以在实现的同时不影响类的层次结构，也可以在多个类之间共享同样的代码逻辑，提高代码的可维护性和可扩展性。

特质的语法定义如下：

```
trait 特质名 {
  //可以包含抽象方法、具体方法、抽象字段、具体字段、构造器以及类型定义等
}
```

使用特质需要混入类中，可以通过 with 关键字实现混入。例如：

```
class MyClass extends MyTrait {
  //类定义
}
```

下面是一个使用特质的例子：

```
trait Logger {
  def log(msg: String): Unit =println(s"log: $msg")
}

class Person(val name: String)

class Student(name: String) extends Person(name) with Logger {
  def study(subject: String): Unit = log(s"$name is studying $subject")
}

val student = new Student("Tom")
student.study("Math")          //输出：log: Tom is studying Math
```

在上面的例子中，定义了一个 Logger 特质，其中包含一个 log( )方法用于输出日志。然后定义了一个 Person 类和一个 Student 类，Student 类继承自 Person 类并混入了 Logger 特质。最后创建了一个 Student 对象，并调用了 study( )方法输出日志。

## 2.5.6 泛型

### 1. 基本使用

Scala 支持泛型，可以在类、方法、函数等的定义时指定泛型类型参数，使得代码更加灵活和通用。在 Scala 中，泛型可以指定上下界来限制类型参数的取值范围，进一步增强代码的安全性和可读性。

Scala 中的泛型使用方括号“[ ]”来定义，可以应用于类、方法、函数等的定义中。泛型可以是单个类型的参数，也可以是多个类型的参数，例如：

```
//定义一个参数化类
class MyList[T](val elements: List[T])

//定义一个参数化函数
def myFunc[T](x: T, y: T): List[T] = List(x, y)
```

在上述例子中，T 是一个类型参数，可以被任意类型所代替。在使用时，通过将具体类型传入类型参数的位置来实现类型的替换。例如：

```
//实例化一个 MyList 类
val list = new MyList[Int](List(1, 2, 3))

//调用 myFunc 函数
val res =myFunc[String]("hello", "world")
```

**2. 上下界**

上下界用于限制类型参数的取值范围，从而增强代码的类型安全和可读性。

上界（Upper Bounds）：用“<:”符号来指定，表示类型参数必须是某个类型的子类或本身。例如：

```
class Animal
class Cat extends Animal

//定义一个上界类型参数
class MyList[T <: Animal](val elements: List[T])

//实例化一个 MyList 类，参数类型是 Cat，符合上界类型参数的要求
val list = new MyList[Cat](List(new Cat()))
```

下界（Lower Bounds）：用“>:”符号来指定，表示类型参数必须是某个类型的父类或本身。例如：

```
class Animal
class Cat extends Animal

//定义一个下界类型参数
class MyList[T >: Cat](val elements: List[T])

//实例化一个 MyList 类，参数类型是 Animal，符合下界类型参数的要求
val list = new MyList[Animal](List(new Animal()))
```

通过使用上下界，可以限制类型参数的取值范围，从而提高代码的类型安全性和可读性。

**3. 协变、逆变和不变**

在 Scala 中，泛型类型参数可以使用协变、逆变和不变 3 种关系进行描述。

1）协变（Covariant）：对于类型参数 A 和 B，如果 A 是 B 的子类，那么 List[A]就是 List[B]的子类。在类型参数前面使用加号“+”，可表示协变关系。这意味着在协变类型参数上，可以将子类型的泛型实例赋值给父类型的泛型实例。示例代码如下：

```
class Animal
class Dog extends Animal
class Cat extends Animal

val dogs: List[Dog] = List(new Dog, new Dog)
val animals: List[Animal] = dogs        //协变关系：List[Dog] 是 List[Animal] 的子类

animals.foreach(println)
```

List 类型在 Scala 标准库中是被声明为协变的，在这个例子中，有一个 List[Dog]类型的列表 dogs，并且将它赋值给一个 List[Animal]类型的变量 animals。这是因为在 Scala 中，List[+A]类型的参数 A 是协变的，即 List[Dog]是 List[Animal]的子类型。

协变的含义是，如果 A 是 B 的子类型，那么 List[A]就是 List[B]的子类型。在本例中，

Dog 是 Animal 的子类型，所以根据协变关系，List[Dog]就是 List[Animal]的子类型。

由于将 dogs 赋值给 animals，而 dogs 是 List[Dog]类型，它是 List[Animal]的子类型，所以这个赋值是合法的。

2）逆变（Contravariant）：对于类型参数 A 和 B，如果 A 是 B 的子类，那么作为参数类型的函数（或方法）A => C 就是作为参数类型的函数（或方法）B => C 的子类。在类型参数前面使用减号"-"来表示逆变关系，示例代码如下：

```
class Animal
class Dog extends Animal
class Cat extends Animal

//定义一个逆变的函数
class ContravariantFunction[-A] {
  def apply(animal: A): String = animal.toString
}

val dogFunction: ContravariantFunction[Dog] = new ContravariantFunction[Animal]
val catFunction: ContravariantFunction[Cat] = new ContravariantFunction[Animal]
val animalFunction: ContravariantFunction[Animal] = new ContravariantFunction[Animal]

println(dogFunction.apply(new Dog))          // 输出"Dog@366e2ee"
println(catFunction.apply(new Cat))          // 输出"Cat@50f8360d"
println(animalFunction.apply(new Animal))  // 输出"Animal@2cb4c3ab"
```

3）不变（Invariant）：对于类型参数 A 和 B，如果 A 和 B 不存在父子关系，则 List[A]和 List[B]之间不存在任何继承关系。在类型参数前面不加任何符号就表示不变关系，示例代码如下：

```
class Animal
class Dog extends Animal
class Cat extends Animal

//定义一个不变的集合类
class InvariantList[A]

//编译报错
// val animalList: InvariantList[Animal] = new InvariantList[Dog]
// val dogList: InvariantList[Dog] = new InvariantList[Animal]
```

在实际开发中，可以根据具体的业务场景和需求，选择合适的类型参数关系来描述泛型类型。例如，当需要将某个类型参数作为参数类型传递时，可以使用逆变关系；当需要将某个类型参数作为返回值类型时，可以使用协变关系。

### 2.5.7 隐式转换

隐式转换是 Scala 编程语言中的一种特性，它允许编写函数或方法，可自动将一个类型的值转换为另一个类型的值。这种转换是在编译时自动完成的，它可以使代码更加简洁、易读和可维护，隐式转换有很多应用场景，其中最常见的是扩展或增强已有的类或库。

implicit 是 Scala 语言中的一个关键字，用于标记隐式转换、隐式参数、隐式类等。implicit 关键字可以用在方法、类、变量等定义前，表示这些定义是隐式的。

**1. 隐式方法**

隐式方法（Implicit Methods）是指在函数或方法调用时，如果该调用无法通过编译，那么编译器会在当前作用域内寻找隐式方法来尝试完成调用。隐式方法通常用于增强类型转换、为函数提供额外的参数或者为函数提供缺失的参数等场景。

隐式方法的定义格式如下：

```
implicit def methodName(argName: ArgType): ReturnType = {
  …//对 argName 进行某些操作以转换为 ReturnType
  return result
}
```

其中，implicit 关键字表示该方法是一个隐式方法，在进行类型转换时会自动调用。methodName 是方法名，argName 是参数名，ArgType 是参数类型，ReturnType 是返回值类型。

下面是一个将 Int 类型转换为 String 类型的隐式方法示例：

```
implicit def intToString(x: Int): String = x.toString

val i: Int = 42
val s: String = i           //自动调用 intToString()方法将 i 转换为 String 类型
println(s)                  // 输出：42
```

上述示例中，定义了一个名为 intToString( )的隐式方法，该方法接收一个 Int 类型的参数并返回一个 String 类型的结果。然后，在后续代码中将 Int 类型的变量 i 直接赋值给 String 类型的变量 s，因为 Scala 编译器发现没有直接将 Int 类型转换为 String 类型的方法，所以它会在作用域中查找是否有定义了 implicit 关键字的方法可以实现这样的转换。在这里，编译器会自动调用 intToString( )方法来将 i 转换为 String 类型。

**2. 隐式类**

隐式类是 Scala 2.10 版本之后提供的特性，用于简化隐式转换的操作。隐式类可以将一个显式定义的类自动转换为另一个类，从而减少代码量和提高代码可读性。

使用隐式类需要满足以下条件：

1）隐式类必须被定义在另一个类、特质或对象的内部。

2）隐式类的构造器只能接收一个参数，并且该参数类型不允许是隐式的。

3）隐式类不能是 case class，也不能有重复定义的名称。

下面是一个使用隐式类的示例：

```
object ImplicitClassExample {
  implicit class StringToInt(s: String) {
    def toInt(radix: Int = 10): Int = Integer.parseInt(s, radix)
  }

  def main(args: Array[String]): Unit = {
    val intVal: Int = "123".toInt
    println(intVal)
  }
}
```

在上面的示例中，定义了一个隐式类 StringToInt，它接收一个 String 类型的参数，提供了一个 toInt( )方法用于将字符串转换为整数。在 main( )方法中，可以直接调用"123".toInt 方法（代码中省略了括号），编译器会自动将字符串隐式转换为 StringToInt 类型，并调用其 toInt( )

方法。

隐式类常用于扩展类库的功能，为某些已有类型添加新的方法，同时又不修改原有类库的代码。

## 2.6 模式匹配

### 2.6.1 基本使用

模式匹配（Pattern Matching）是 Scala 中的一种强大的语言特性，它可以对一个值进行多个可能情况的匹配，从而执行对应的操作。模式匹配可用于匹配基本数据类型、集合、样例类、正则表达式等各种数据类型，是 Scala 中非常重要的编程工具之一。

模式匹配使用关键字“match”和“case”进行定义，形式为：

```
val variable = valueToMatch match {
    case pattern1 => result1
    case pattern2 => result2
    …
    case _ =>defaultResult
}
```

其中，valueToMatch 是需要匹配的值，pattern 是一个或多个匹配条件，result 是对应的匹配结果。如果没有匹配到任何条件，则可以通过_来表示默认情况下的匹配结果。

下面是模式匹配的一些示例：

```
//匹配常量
val x = 1
x match {
  case 1 =>println("One")
  case 2 =>println("Two")
  case _ =>println("Other")
}
```

上述代码中，变量 x 被赋值为 1，然后使用 match 语句对其进行模式匹配。匹配的分支分别是 case 1 和 case 2，如果变量 x 的值等于 1，则执行第一个分支，输出“One”；如果变量 x 的值等于 2，则执行第二个分支，输出“Two”；否则执行 case _ 分支，输出“Other”。因为 x 的值为 1，所以第一个分支被执行，输出“One”。

### 2.6.2 条件守卫

模式匹配中的条件守卫指的是在模式匹配中通过在模式之后添加 if 语句来增加额外的判断条件，只有当这个条件为真时才会匹配成功。

使用条件守卫可以更灵活地进行模式匹配，可以在模式匹配时增加额外的逻辑判断条件，提高代码的复用性和可读性。

下面是一个使用条件守卫的示例：

```
val scores =Seq(75, 80, 95, 60)
scores.foreach {
  case s if s >= 90 =>println("A")
  case s if s >= 80 =>println("B")
```

```
    case s if s >= 70 =>println("C")
    case _ =>println("D")
  }
```

在这个示例中，通过添加 if 语句对每个分数进行额外的条件判断，只有满足条件的分数才会匹配成功，并打印出对应的等级。这样可以避免编写多个相似的模式匹配分支，可提高代码的可读性和复用性。

### 2.6.3 常用匹配

**1. 类型匹配**

在 Scala 中，模式匹配不仅可以匹配常量和变量，还可以匹配类型。这被称为类型匹配（Type Matching），它可以用于避免使用 isInstanceOf( )和 asInstanceOf( )方法。

使用类型匹配时，需要使用 case 语句的"类型模式"（Type Pattern），语法格式为"case x: T"，其中 T 表示类型。当被匹配的对象 x 的类型是 T 时，该 case 语句会被执行。

下面是一个使用类型匹配的示例：

```
def process(x: Any): Unit = {
  x match {
    case i: Int =>println("Got an Int: " + i)
    case s: String =>println("Got a String: " + s)
    case b: Boolean =>println("Got a Boolean: " + b)
    case _ =>println("Unknown type")
  }
}
process(42)          // Got an Int: 42
process("hello")     // Got a String: hello
process(true)        // Got a Boolean: true
process(3.14)        // Unknown type
```

在这个例子中，process( )方法接收一个 Any 类型的参数 x，使用模式匹配来判断 x 的类型，并进行相应的操作。当 x 的类型是 Int、String 或 Boolean 时，相应的 case 语句会被执行；当 x 的类型不是这些类型时，会执行最后的 case 语句。由于最后的 case 语句使用了通配符"_"，因此它会匹配所有不是 Int、String 或 Boolean 类型的值。

**2. 匹配列表**

匹配列表指的是在模式匹配中对一个列表进行匹配。Scala 的列表可以用 Nil 和:: 构建，Nil 表示空列表，:: 表示一个非空列表的头部和尾部分别是元素和另一个列表。

下面是一个匹配列表的示例：

```
def processList(lst: List[Any]): Unit = lst match {
  case Nil =>println("Empty List")
  case x :: xs =>println(s"Head: $x, Tail: $xs")
  case _ =>println("Other")
}
val lst1 = List(1, 2, 3)
val lst2 = List("a", "b", "c")
val lst3 = List()
processList(lst1)        // Head: 1, Tail: List(2, 3)
processList(lst2)        // Head: a, Tail: List(b, c)
processList(lst3)        // Empty List
```

在上述代码中，processList( )函数接收一个任意类型的列表作为参数，然后对列表进行匹配。第一个 case 匹配空列表；第二个 case 匹配非空列表，使用了列表的::操作符进行拆分，x 代表列表的头部，xs 代表列表的尾部；第三个 case 是一个通配符，用于匹配其他任何不满足前面两个 case 的情况。

**3. 匹配元组**

匹配元组是指在模式匹配中对元组进行匹配，通过使用元组中元素的值来匹配相应的模式。

以下是一个匹配元组的示例：

```
val tuple = (1, "Scala")
tuple match {
  case (1, s) =>println(s"Number 1 with string $s")
  case (i, "Scala") if i > 1 =>println(s"Scala with number greater than 1: $i")
  case _ =>println("Other")
}
```

在这个例子中，定义了一个元组(1,"Scala")，然后对它进行模式匹配。第一个 case 匹配第一个元素为 1、第二个元素为任意字符串的元组，并输出相应的字符串。第二个 case 匹配第一个元素大于 1、第二个元素为字符串“Scala”的元组，并输出相应的字符串。最后一个 case 匹配任意元组，并输出“Other”。

## 2.6.4 样例类

样例类（Case Class）是 Scala 中的一种特殊的类，用于存储不可变数据。它被用于声明仅包含少量字段的不可变对象，并在模式匹配中使用。

样例类具有以下特点：

- 编译器会自动生成样例类的一些方法，如 apply( )、unapply( )、copy( )和 toString( )等，使其在某些场景下更方便地使用。
- 样例类默认实现了 equals( )和 hashCode( )方法，可以方便地进行对象比较。
- 样例类可以用于模式匹配，使得在处理数据结构时更加方便。

下面是一个简单的样例类的示例：

```
case class Person(name: String, age: Int)

val p1 = Person("Alice", 30)
val p2 = Person("Bob", 25)

println(p1.name)            // 输出 Alice
println(p2.age)             // 输出 25

val p3 = p1.copy(name = "Charlie")
println(p3)                 // 输出 Person (Charlie, 30)
```

在上面的代码中，定义了一个名为 Person 的样例类，该类包含两个字段：name 和 age。可以使用 case class 关键字来定义样例类，并在后面指定类的名称和字段列表。

这里使用 Person("Alice", 30)语句创建了一个新的 Person 对象，并将其赋值给变量 p1。同样，我们也创建了一个新的 Person 对象，并将其赋值给变量 p2。

可以通过访问 name 和 age 属性来获取 Person 对象的字段值，还可以使用 copy( )方法创建一个新的 Person 对象，该方法接收与原始对象相同的参数列表，并可以通过命名参数来更改某些属性。最后，使用 println 语句输出了 p3 对象的字符串表示形式。

在 Scala 中，可以使用模式匹配语法匹配对象。匹配对象时，会根据对象的类型和属性进行匹配，并执行相应的逻辑。具体来说，匹配对象需要定义一个 case 类，该类包含待匹配的对象的属性，并在模式匹配语句中匹配该对象。

以下是一个匹配对象的示例：

```
//定义一个 case 类
case class Person(name: String, age: Int)

//待匹配的对象
val p = Person("Alice", 30)

//模式匹配语句，匹配对象
p match {
  case Person("Alice", 30) =>println("This is Alice.")
  case Person("Bob", age) =>println(s"This is Bob, age $age.")
  case _ =>println("Unknown person.")
}
```

在上面的示例中，定义了一个 case 类 Person，该类包含两个属性 name 和 age。接着，创建了一个 Person 对象 p，并使用模式匹配语句匹配该对象。

在模式匹配语句中，使用 case Person("Alice", 30)匹配 Person 对象，并输出一条信息；使用 case Person("Bob", age)匹配 Person 对象，并输出一条带参数的信息；使用_匹配所有不符合前两个条件的 Person 对象，并输出一条信息。

需要注意的是，在使用模式匹配来匹配对象时，对象属性的值需要与模式匹配语句中的值完全相等才能匹配成功。

## 2.7　习题

1）使用 if 和 for 语句编写一个程序，接收一个整数参数 n，打印出所有小于 n 的正整数中是 3 或 5 的倍数的数。

2）编写一个函数，接收一个字符串列表，返回其中长度大于 2 的字符串。

3）编写一个函数，接收一个整数列表和一个函数 f( )，返回一个新的列表，其中，每个元素都是原列表中满足函数 f( )的元素的两倍，但是不包括小于 10 的元素。

4）定义一个名为 Point 的类，其中包含两个属性 x 和 y，以及一个 distanceTo( )方法，接收一个 Point 类型的参数，并返回当前点到给定点的距离。定义一个 Line 类，其中包含两个 Point 类型的属性 start 和 end，以及一个 length ( )方法，返回线段的长度。

5）定义一个名为 Event 的 Case Class，包含 eventType 和 timestamp 两个属性。定义一个名为 processEvent 的函数，接收一个 Event 类型的参数，并使用模式匹配判断 eventType 是否为“click”，如果是则打印“User clicked at timestamp [timestamp]”，否则打印“Unknown event type。”

# 第3章 环境搭建和应用部署

本章将引导读者搭建 Flink 的开发环境，并介绍 Flink 应用程序的部署方式。读者将学习如何配置 Flink 集群，以及如何部署和管理 Flink 应用程序。

## 3.1 Flink 开发环境搭建

### 3.1.1 CentOS 环境准备

本书采用的 Flink 版本为 1.15.0，基于的系统环境为 CentOS 7.9，建议读者使用 Flink 1.13 以上的版本，CentOS 采用 7.x 的版本。本节将详细介绍 Flink 的环境准备工作。

**1. 安装 JDK**

因为 Flink 是运行在 Java 虚拟机（JVM）上的，因此在 CentOS 中安装 Flink 需要先安装 JDK。建议安装 1.8 及以上版本的 JDK，并将其配置到环境变量中。可以登录 Java 官方网站 https://www.oracle.com/java/technologies/downloads/#java8 下载所需版本的 JDK，这里选择 Linux x64 Compressed Archive 压缩版本，如图 3-1 所示。

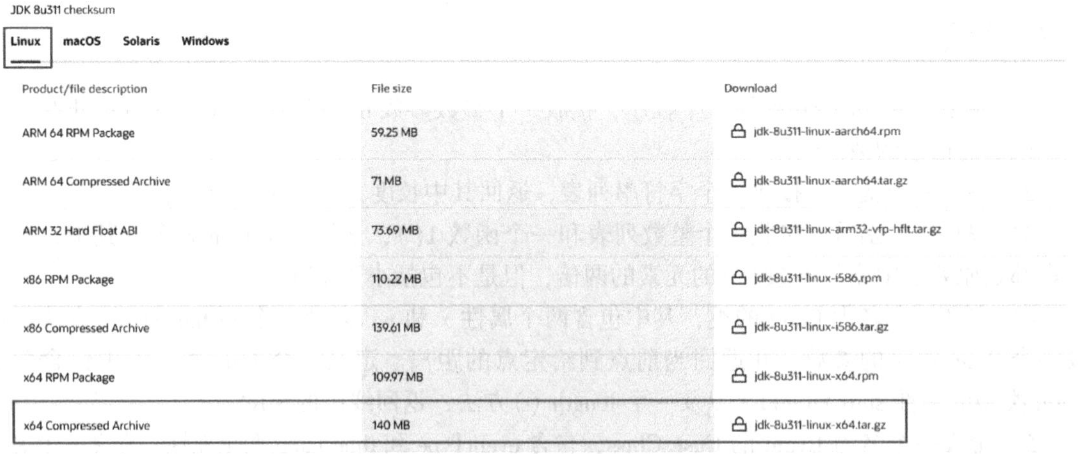

JDK 8u311 checksum

Linux　macOS　Solaris　Windows

| Product/file description | File size | Download |
|---|---|---|
| ARM 64 RPM Package | 59.25 MB | jdk-8u311-linux-aarch64.rpm |
| ARM 64 Compressed Archive | 71 MB | jdk-8u311-linux-aarch64.tar.gz |
| ARM 32 Hard Float ABI | 73.69 MB | jdk-8u311-linux-arm32-vfp-hflt.tar.gz |
| x86 RPM Package | 110.22 MB | jdk-8u311-linux-i586.rpm |
| x86 Compressed Archive | 139.61 MB | jdk-8u311-linux-i586.tar.gz |
| x64 RPM Package | 109.97 MB | jdk-8u311-linux-x64.rpm |
| x64 Compressed Archive | 140 MB | jdk-8u311-linux-x64.tar.gz |

图 3-1 选择 Linux x64 Compressed Archive 压缩版本

下载完成后，将安装包上传到 CentOS 7 上，解压缩到指定的目录下。例如，使用以下命令解压缩到 /opt/server 目录中：

```
mkdir /opt/server
tar -zxvf jdk-8u131-linux-x64.tar.gz -C /opt/server
```

然后配置 JDK 1.8 的环境变量，使得系统可以找到 JDK 的安装目录，这里编辑/etc/profile 文件，在文件末尾添加以下内容：

```
#文件末尾增加以下内容
export JAVA_HOME=/opt/server/jdk1.8.0_131
export PATH=${JAVA_HOME}/bin:$PATH
```

使用以下命令，使环境变量生效：

```
source /etc/profile
```

最后，使用 java-version 命令检查是否安装成功，如果能在终端看到 Java 版本的提示，则代表已安装成功。

```
[root@ server tools]# java -version
java version "1.8.0_131"
Java(TM) SE Runtime Environment (build 1.8.0_131-b11)
Java HotSpot(TM) 64-Bit Server VM (build 25.131-b11, mixed mode)
```

**2. 快速安装 Flink**

首先从 Flink 官网下载所需版本的二进制文件。在 Flink 官网的下载页面（https://flink.apache.org/downloads.html#flink）中选择需要的 Flink 版本，然后单击 Binaries 链接进行下载，如图 3-2 所示。

- Flink 1.16.1 - 2023-01-26 (Source, Binaries, Docs, Javadocs, Scaladocs)
- Flink 1.16.0 - 2022-10-28 (Source, Binaries, Docs, Javadocs, Scaladocs)
- Flink 1.15.3 - 2022-11-10 (Source, Binaries, Docs, Javadocs, Scaladocs)
- Flink 1.15.2 - 2022-08-24 (Source, Binaries, Docs, Javadocs, Scaladocs)
- Flink 1.15.1 - 2022-07-06 (Source, Binaries, Docs, Javadocs, Scaladocs)
- Flink 1.15.0 - 2022-05-05 (Source, Binaries, Docs, Javadocs, Scaladocs)
- Flink 1.14.6 - 2022-09-28 (Source, Binaries, Docs, Javadocs, Scaladocs)
- Flink 1.14.5 - 2022-06-22 (Source, Binaries, Docs, Javadocs, Scaladocs)
- Flink 1.14.4 - 2022-03-02 (Source, Binaries, Docs, Javadocs, Scaladocs)
- Flink 1.14.3 - 2022-01-17 (Source, Binaries, Docs, Javadocs, Scaladocs)
- Flink 1.14.2 - 2021-12-16 (Source, Binaries, Docs, Javadocs, Scaladocs)
- Flink 1.14.0 - 2021-09-29 (Source, Binaries, Docs, Javadocs, Scaladocs)
- Flink 1.13.6 - 2022-02-18 (Source, Binaries, Docs, Javadocs, Scaladocs)
- Flink 1.13.5 - 2021-12-16 (Source, Binaries, Docs, Javadocs, Scaladocs)

图 3-2　Flink 官网版本列表

接着选择 flink-1.15.0-bin-scala_2.12.tgz 文件并下载，如图 3-3 所示。

将 Flink 上传至 CentOS 系统的本地目录，此处为了方便后续管理，设置上传目录为/opt/server。上传完毕后，使用 tar 命令进行解压，命令如下：

```
tar -xzvf flink-1.15.0-bin-scala_2.12.tgz
```

解压完毕后，为了方便使用 Flink 内置的命令，可以将 Flink 中的 bin 目录配置到系统环境变量中，在系统/etc/profile 文件的最后加入以下内容：

```
export FLINK_HOME=/opt/server/flink-1.15.0
export PATH=$PATH:$FLINK_HOME/bin
```

使用 source 命令重新加载配置文件，使其生效。

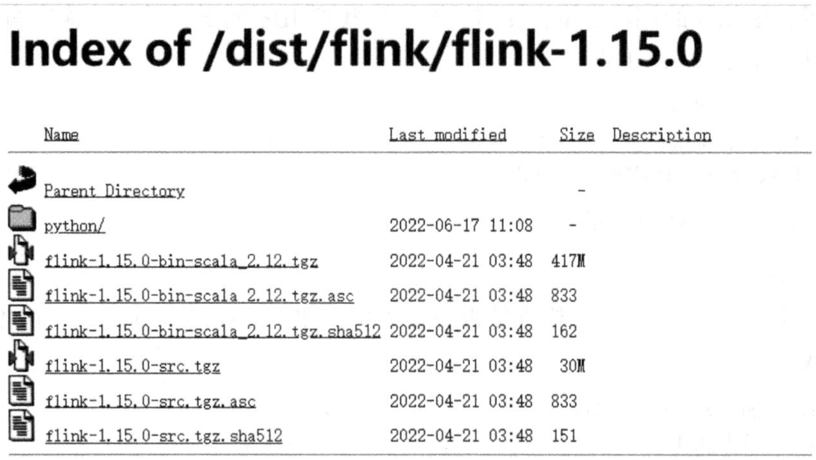

# Index of /dist/flink/flink-1.15.0

| Name | Last modified | Size | Description |
|---|---|---|---|
| Parent Directory | | - | |
| python/ | 2022-06-17 11:08 | - | |
| flink-1.15.0-bin-scala_2.12.tgz | 2022-04-21 03:48 | 417M | |
| flink-1.15.0-bin-scala_2.12.tgz.asc | 2022-04-21 03:48 | 833 | |
| flink-1.15.0-bin-scala_2.12.tgz.sha512 | 2022-04-21 03:48 | 162 | |
| flink-1.15.0-src.tgz | 2022-04-21 03:48 | 30M | |
| flink-1.15.0-src.tgz.asc | 2022-04-21 03:48 | 833 | |
| flink-1.15.0-src.tgz.sha512 | 2022-04-21 03:48 | 151 | |

图 3-3　选择 flink-1. 15. 0-bin-scala_2. 12. tgz 文件并下载

```
source /etc/profile
```

进入解压后的 Flink 程序目录中，即/opt/server/flink-1. 15. 0 目录，可以看到如下目录结构：

```
.
├── bin                    // 存放可执行脚本文件的目录
├── conf                   // 存放配置文件的目录
├── lib                    // 存放 Flink 依赖的库文件的目录
├── log                    // 存放日志文件的目录
├── plugins                // 存放 Flink 插件的目录
├── opt                    // 存放可选的 Flink 组件，如 Kafka、Hadoop 等的目录
├── examples               // 存放 Flink 官方提供的示例代码的目录
├── README. txt            // 说明文件
└── README. md             // 说明文档
```

在使用 Flink 时，主要需要关注的是 bin、conf、lib 以及 examples 目录。

- bin 目录中存放了 Flink 的可执行脚本文件，如 start-cluster. sh、stop-cluster. sh 等，以及用于提交 Flink 作业的 Flink 命令。
- conf 目录中存放了 Flink 的各种配置文件，如 flink-conf. yaml、log4j. properties 等。在运行 Flink 时，可以通过-c 参数指定配置文件。
- lib 目录中存放了 Flink 运行时所需的所有依赖库文件，包括 Flink 自身的依赖库以及用户代码中依赖的库文件。
- examples 目录中存放了 Flink 官方提供的各种示例代码，可以供用户参考和学习。

进入 conf 目录，找到 flink-conf. yaml 文件，flink-conf. yaml 是 Flink 的配置文件，用于指定 Flink 运行时的配置参数。该文件包含了各种配置选项，如任务管理器和 JobManager 的配置、任务槽数量、检查点配置、状态后端配置、日志和 Web UI 等。

在启动 Flink 时，Flink 会加载 flink-conf. yaml 文件，并使用其中的配置参数来初始化 Flink 运行时环境。用户可以通过修改该文件的配置选项来自定义 Flink 的运行时环境，以满足不同的使用场景和需求。

flink-conf. yaml 配置文件通常位于 Flink 安装目录下的 conf 目录中。默认情况下，Flink 使用的是 conf/flink-conf. yaml 文件中的配置选项。

编辑 flink-conf. yaml 文件，将 rest. bind-address 参数的 localhost 值更改为 0. 0. 0. 0。此参数用于指定 Flink REST API 绑定的地址，设置为 0. 0. 0. 0 表示绑定所有可用的 IP 地址。如果想限制 REST API 绑定的 IP 地址，则可以将其设置为某个具体的 IP 地址。例如，如果将 rest. bind-address 设置为 localhost，则 Flink REST API 仅绑定在本地回环接口上，其他计算机将无法访问该 REST API，从而可以帮助保护 Flink 集群的安全性。设置的具体代码如下：

```
rest.bind-address: 0.0.0.0
```

进入 Flink 的 bin 目录中，使用命令在本地启动 Flink 程序，此脚本文件位于 Flink 的 bin 目录中，执行以下指令：

```
start-cluster.sh
```

如果能看到图 3-4 所示的启动信息，则表示 Flink 已成功启动。

```
[root@server bin]# ./start-cluster.sh
Starting cluster.
Starting standalonesession daemon on host server.
Starting taskexecutor daemon on host server.
```

图 3-4　启动 Flink 成功信息

启动完成后，为了能够在外部访问 Flink 集群，还需要关闭 Linux 系统防火墙，不关闭防火墙会导致无法访问 Flink 的 WebUI 界面。CentOS 中防火墙的管理命令如下：

```
#查看防火墙状态
sudo firewall-cmd --state
#关闭防火墙
sudo systemctl stop firewalld
#禁止开机启动
sudo systemctl disable firewalld
```

接着在浏览器中输入 http://ip:8081，其中 ip 需要替换为 Linux 系统的 IP 地址，进入 Flink 提供的 Web 控制台页面。Flink WebUI 是一个基于 Web 的用户界面，用于监视和管理 Flink 作业的状态与性能。它可以通过浏览器访问，通常运行在 Flink 集群中的 JobManager 机器上，并监听 8081 端口。可以使用 WebUI 来执行以下任务：

1）查看所有 Flink 作业的摘要信息，如作业 ID、名称、状态和持续时间等。

2）查看单个作业的详细信息，如作业图、任务指标、日志和 Checkpoint 状态。

3）查看 Flink 集群的整体指标，如 TaskManager 和 JobManager 的指标。

4）提交、取消、更新、重启作业，以及查看作业执行计划。

5）下载作业日志和 Checkpoint 数据。

WebUI 是 Flink 提供的强大的监控和管理工具之一，可以帮助用户快速了解作业的运行情况，发现和解决问题。如果能看到图 3-5 所示的 Web 控制台界面，则说明 Flink 已成功启动。

**3. 安装 netcat**

完成本地的 Flink 环境配置后，为了后续方便测试流处理程序，还需要在 CentOS 中安装 netcat 软件。netcat 是一款功能强大的网络工具，可以通过命令行实现 TCP/IP 协议族的连接、传输和监听等操作。在 Flink 中可以使用 netcat 命令来模拟数据源，以方便进行测试和调试。

在 CentOS 系统中安装 netcat 软件的步骤如下。

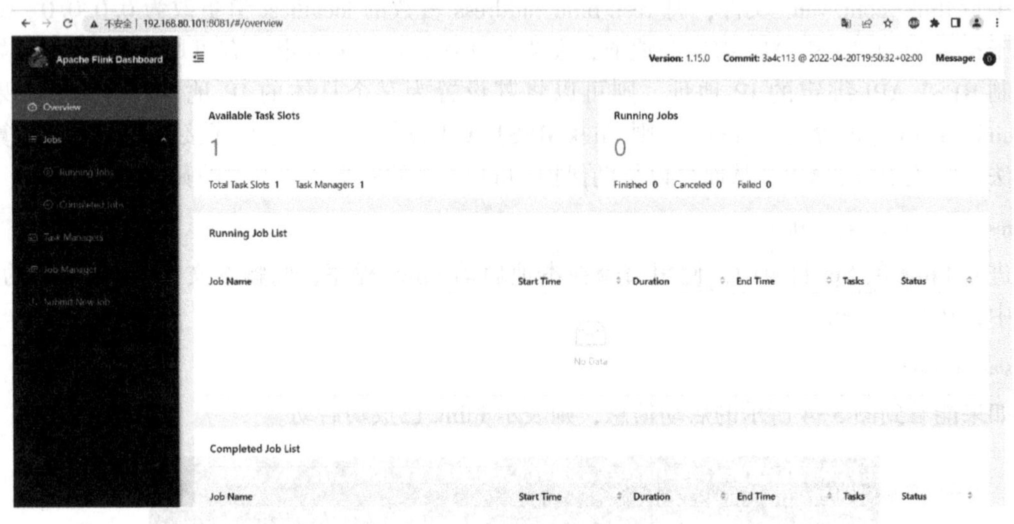

图 3-5　Flink Web 控制台界面

1）执行以下命令以更新系统软件包：

```
yum update
```

2）使用 yum 命令安装 netcat：

```
yum install nc
```

3）输入 y 确认安装。

netcat 常见用法如下：

```
nc -lk port
```

nc -lk 是 nc 命令的一种常用方式，它可以创建一个持续监听的 TCP 服务器，等待客户端连接。其中，-l 选项表示监听模式，-k 选项表示持续监听模式。具体来说，nc -lk port 命令将创建一个持续监听在指定端口 port 上的 TCP 服务器，等待客户端连接。一旦有客户端连接进来，服务器将建立一个与客户端的 TCP 连接，并将连接的数据传输给标准输出。

注意，由于-k 选项的存在，这个服务器将持续监听，直到手动停止，可以使用〈Ctrl+C〉组合键进行手动停止。

### 3.1.2　项目初始化

环境准备完毕以后，接下来在本地通过 Idea 创建 Maven 项目，用于开发 Flink 项目。打开 Idea，选择“Create New Project”命令，在弹出的对话框中选择“Maven”选项，并勾选“Create from archetype”复选框，如图 3-6 所示。

“Create from archetype”是使用 Maven 构建项目时的一个选项，用于从预定义的模板中创建新项目。这些模板称为 Maven Archetype，它们包含了一个基本的项目结构和一些默认的配置。通过使用 Archetype，可以更快地创建新项目，而不必手动创建和配置项目结构。

在创建 Flink 项目时，可以使用 Maven Archetype 作为模板。Flink 官方提供了许多不同类型的 Archetype，包括 Scala 和 Java 版本的 Archetype。使用这些 Archetype，可以快速创建一个 Flink 项目。

访问地址 https://mvnrepository.com/，进入 MVN Repository 仓库，在页面中搜索 Flink quickstart 项目模板，如图 3-7 所示。

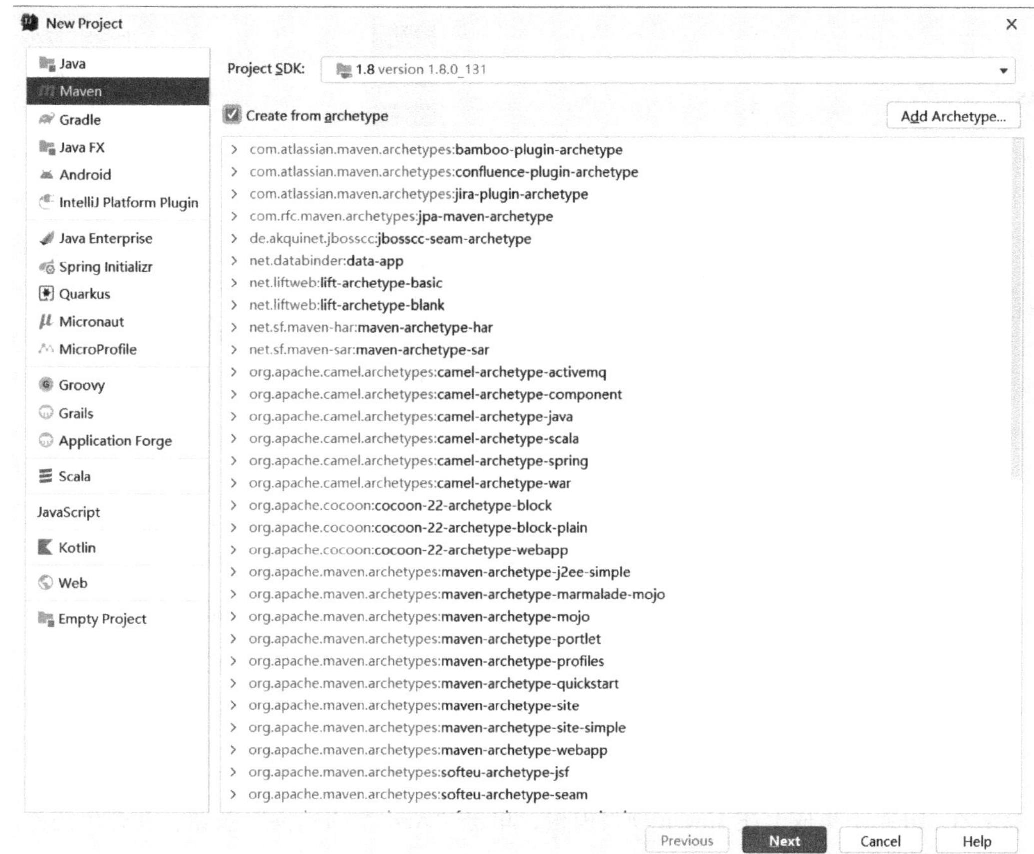


图 3-6　选择 Maven 项目

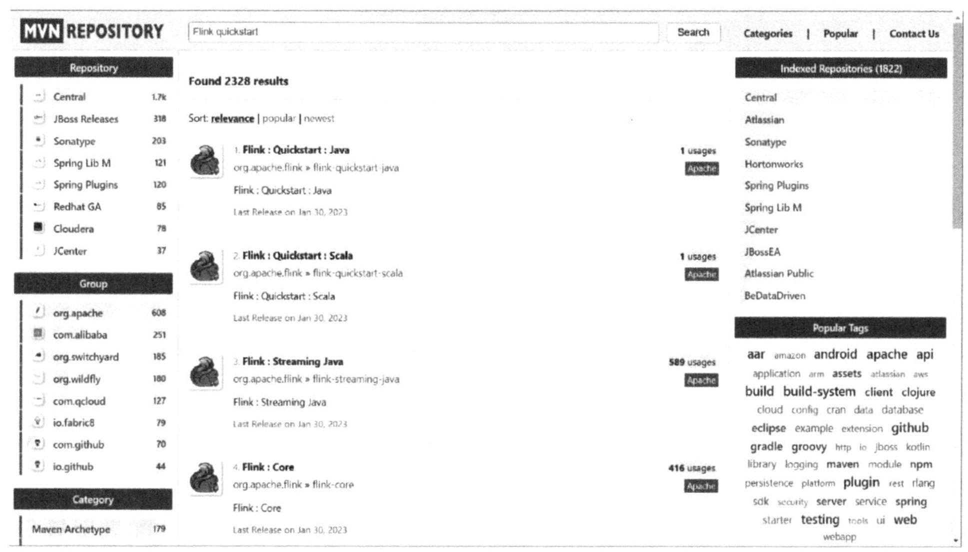


图 3-7　搜索 Flink quickstart 项目模板

选择上述搜索结果中的 Flink:Quickstart:Scala 选项，此项目中提供了很多版本，此处选择 1. 15. 0 版本，如图 3-8 所示。

| | Version | | | Repository | Usages | Date |
|---|---|---|---|---|---|---|
| 1.15.x | 1.15.3 | | | Central | 0 | Nov 25, 2022 |
| | 1.15.2 | | | Central | 0 | Aug 23, 2022 |
| | 1.15.1 | | | Central | 0 | Jul 06, 2022 |
| | 1.15.0 | | | Central | 0 | Apr 26, 2022 |
| 1.14.x | 1.14.6 | | | Central | 0 | Sep 27, 2022 |
| | 1.14.5 | | | Central | 0 | Jun 20, 2022 |
| | 1.14.4 | | | Central | 0 | Mar 11, 2022 |
| | 1.14.3 | | | Central | 0 | Jan 17, 2022 |
| | 1.14.2 | | | Central | 0 | Dec 19, 2021 |
| | 1.14.1 | | | Central | 0 | Dec 15, 2021 |
| | 1.14.0 | | | Central | 0 | Sep 29, 2021 |

图 3-8　选择 1. 15. 0 版本

此时可以看到 1. 15. 0 版本对应的 Maven 坐标信息：

```
<!-- https://mvnrepository. com/artifact/org. apache. flink/flink-quickstart-scala -->
<dependency>
<groupId>org. apache. flink</groupId>
<artifactId>flink-quickstart-scala</artifactId>
<version>1. 15. 0</version>
</dependency>
```

接着在 IDEA 中集成上述 Maven 项目模板，单击“Add Archetype”按钮，在弹出的界面中输入信息，如图 3-9 所示。

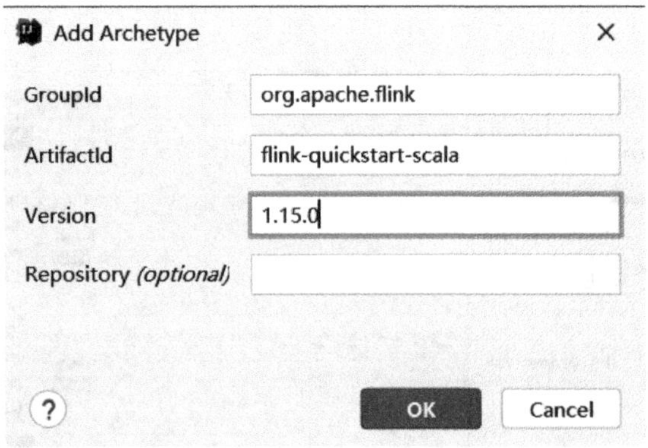

Add Archetype

| | |
|---|---|
| GroupId | org.apache.flink |
| ArtifactId | flink-quickstart-scala |
| Version | 1.15.0 |
| Repository *(optional)* | |

OK　Cancel

图 3-9　配置 Maven 项目信息

接着单击“OK”按钮，选中 org. apache. flink:flink-quickstart-scala，然后单击“Next”按钮，如图 3-10 所示。

在弹出的界面中填写项目名称后，按安装提示完成 Flink 项目的创建，配置项目存储路径如图 3-11 所示。

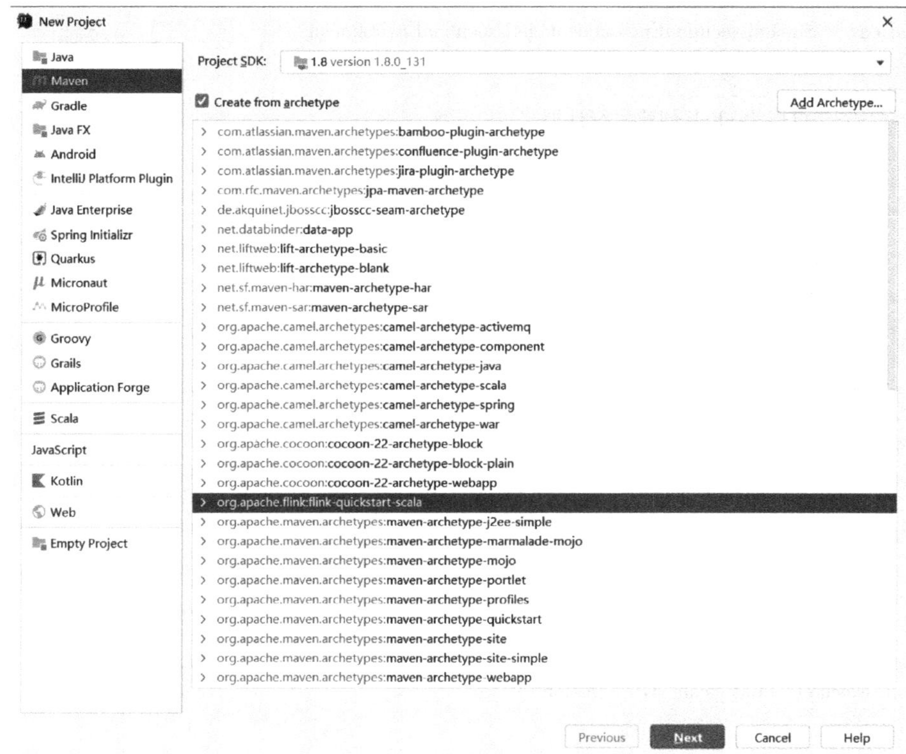


图 3-10　选中 org. apache. flink：flink-quickstart-scala

图 3-11　配置项目存储路径

### 3.1.3　项目结构与依赖

项目创建完成后会自动生成相应的项目结构，如图 3-12 所示。

其中，DataStreamJob 是流处理的示例代码，其源码如下：

```
package org.example

import org.apache.flink.streaming.api.scala._
object DataStreamJob {
  def main(args: Array[String]) {
    // 设置执行环境，这是构建 Flink 应用程序的主入口点
```

```
    val env = StreamExecutionEnvironment.getExecutionEnvironment

    /*
     * 这里，可以为 Flink 创建执行计划
     *
     * 从环境中获取一些数据，比如
     * env.fromSequence(1, 10);
     *
     * 然后使用以下操作来转换得到 DataStream<Long>
     * .filter()
     * .flatMap()
     * .window()
     * .process()
     * ...
     *
     * 可参考编程指南：
     *
     * https://nightlies.apache.org/flink/flink-docs-stable/
     *
     */

    // 执行程序，开始计算
    env.execute("Flink Scala API Skeleton")
  }
}
```

这段代码是一个简单的 Flink 应用程序的示例。它导入了 Flink 的相关库，并定义了一个名为 DataStreamJob 的对象。其中的 main()方法是程序的主入口点。

在 main()方法中，通过 StreamExecutionEnvironment.getExecutionEnvironment 获取了 Flink 执行环境对象。如果是本地运行，则获取到的是本地的执行环境；如果在集群上运行，则得到的就是集群的执行环境。使用该对象，可以开始创建 Flink 应用程序的执行计划。可以通过 Flink 的操作来转换数据流，如使用 .filter()、.flatMap()、.window()、.process()等操作。需要注意的是，对于流处理项目，env.execute()这句代码是必须有的，否则流处理程序就不会被执行，但是对于批处理项目则是可选的。

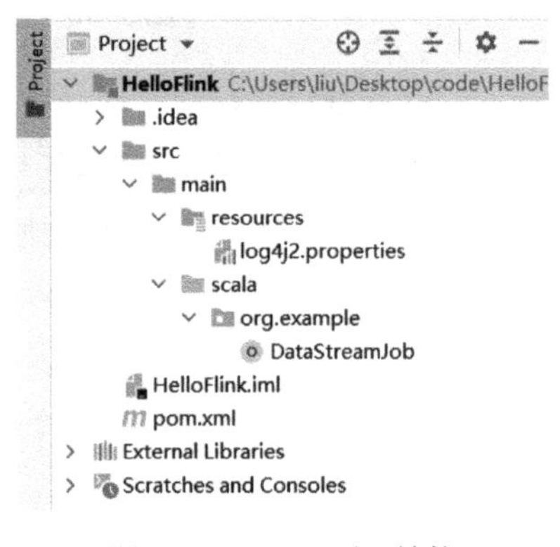


图 3-12 Flink 项目结构

在注释中提供了一个指向 Flink 编程指南的链接，它是一个完整的指南，可以帮助用户使用 Flink 并了解 Flink 的各种操作。最后，调用 env.execute()方法开始执行 Flink 应用程序。

在所生成项目的 POM 文件中提供了以下核心配置信息，其中包括 Maven 属性和 Flink 相关的依赖项。

```
<properties>
<project.build.sourceEncoding>UTF-8</project.build.sourceEncoding>
<flink.version>1.15.0</flink.version>
<target.java.version>1.8</target.java.version>
<scala.binary.version>2.12</scala.binary.version>
<scala.version>2.12.7</scala.version>
<log4j.version>2.17.1</log4j.version>
```

```
</properties>

<dependencies>
<!-- Apache Flink 依赖 -->
<!--这些依赖被标记为"provided",意味着它在编译和测试时是必需的,但不会被包含在最终的 JAR 文件中 -->
<dependency>
<groupId>org.apache.flink</groupId>
<artifactId>flink-streaming-scala_${scala.binary.version}</artifactId>
<version>${flink.version}</version>
<scope>provided</scope>
</dependency>
<dependency>
<groupId>org.apache.flink</groupId>
<artifactId>flink-clients</artifactId>
<version>${flink.version}</version>
<scope>provided</scope>
</dependency>

<!-- Scala Library,由 Flink 提供 -->
<dependency>
<groupId>org.scala-lang</groupId>
<artifactId>scala-library</artifactId>
<version>${scala.version}</version>
<scope>provided</scope>
</dependency>

<!-- Example:

<dependency>
<groupId>org.apache.flink</groupId>
<artifactId>flink-connector-kafka</artifactId>
<version>${flink.version}</version>
</dependency>
  -->

<!--添加日志框架,以便在 IDE 中运行时产生控制台输出 -->
<!--默认情况下,这些依赖会被排除在应用程序 JAR 包之外 -->
<dependency>
<groupId>org.apache.logging.log4j</groupId>
<artifactId>log4j-slf4j-impl</artifactId>
<version>${log4j.version}</version>
<scope>runtime</scope>
</dependency>
<dependency>
<groupId>org.apache.logging.log4j</groupId>
<artifactId>log4j-api</artifactId>
<version>${log4j.version}</version>
<scope>runtime</scope>
</dependency>
<dependency>
<groupId>org.apache.logging.log4j</groupId>
<artifactId>log4j-core</artifactId>
```

```
<version>${log4j.version}</version>
<scope>runtime</scope>
</dependency>
</dependencies>
```

在<properties>标签中定义了 Maven 属性，如项目的源代码编码、Flink 版本、目标 Java 版本、Scala 二进制版本、Scala 版本以及 log4j 版本等。

在<dependencies>标签中定义了 Flink 相关的依赖项，包括：

- flink-streaming-scala_${scala.binary.version}：Flink 的 Scala Streaming 库，用于编写流处理程序。
- flink-clients：Flink 的客户端库，提供了 Flink 的客户端 API。
- scala-library：Scala 标准库。
- logging framework 相关的依赖项，用于在 IDE 中运行程序时产生控制台输出。

在这些依赖项中，flink-streaming-scala_${scala.binary.version}和 flink-clients 的作用非常重要。其中，flink-streaming-scala_${scala.binary.version}提供了 Flink 的 Scala Streaming 库，而 flink-clients 提供了 Flink 的客户端 API，这两个库对于编写和执行 Flink 程序都是必不可少的。

需要特别注意的是，以上依赖的 scope 标签全部被标识为 provided，意味着这些依赖不会被包含在最终的 JAR 包中，因此会导致在 IDEA 中运行 Flink 项目时抛出 ClassNotFoundException 异常，如图 3-13 所示。

```
D:\dev\Java\jdk1.8.0_131\bin\java.exe ...
Exception in thread "main" java.lang.NoClassDefFoundError: org/apache/flink/api/common/typeinfo/TypeInformation
    at org.example.BatchJob.main(BatchJob.scala)
Caused by: java.lang.ClassNotFoundException Create breakpoint : org.apache.flink.api.common.typeinfo.TypeInformation
    at java.net.URLClassLoader.findClass(URLClassLoader.java:381)
    at java.lang.ClassLoader.loadClass(ClassLoader.java:424)
    at sun.misc.Launcher$AppClassLoader.loadClass(Launcher.java:335)
    at java.lang.ClassLoader.loadClass(ClassLoader.java:357)
    ... 1 more
```

图 3-13　ClassNotFoundException 异常

需要在 IDEA 程序运行选项中加入以下配置，如图 3-14 所示。

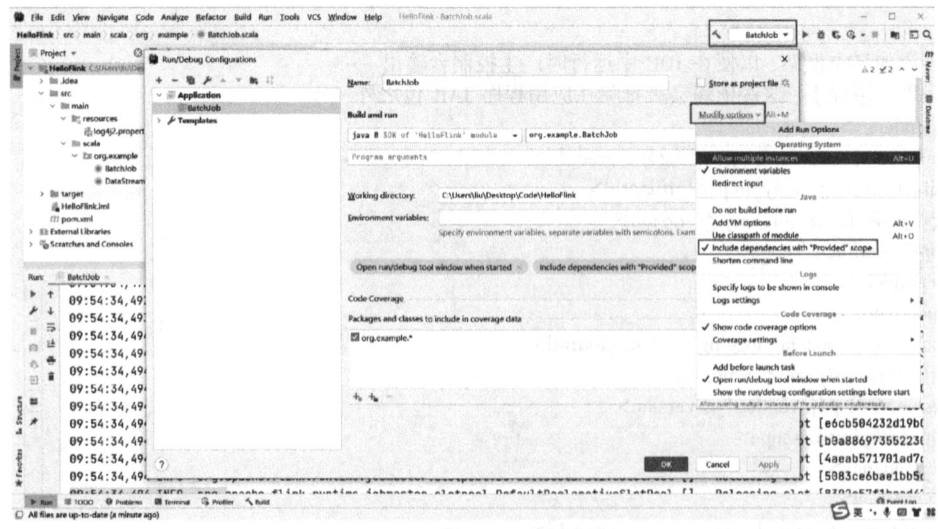


图 3-14　配置项目依赖信息

因为 Flink 的安装包中已经提供了这些依赖，位于其 lib 目录下，名为 flinkdist_*.jar，它包含了 Flink 的所有核心类和依赖，所以在应用实际提交到 Flink 集群时不会产生异常。

## 3.2　Flink 词频统计

项目创建完成后，可以先编写一个简单的词频统计的案例来尝试运行 Flink 项目。下面以 Scala 语言为例，分别介绍流处理程序和批处理程序的编程方法。

### 3.2.1　批处理方式

使用 Idea，新建 Scala object 文件，命名为 BatchJob，并加入以下代码：

```
//导入 Flink API 的 Scala 包
import org.apache.flink.api.scala._

object BatchJob {
  def main(args: Array[String]): Unit = {
    //获取本地执行环境
    val benv = ExecutionEnvironment.getExecutionEnvironment
    //读取文本文件，将每一行都作为数据集中的一个元素
    val dataSet =benv.readTextFile("D:\\wordcount.txt")
    //将每一行都转换为小写并按照逗号分隔
    dataSet.flatMap { _.toLowerCase.split(",")}
      //过滤掉空字符串
      .filter (_.nonEmpty)
      //将每个单词映射为（单词，1）的形式
      .map { (_, 1) }
      //按照单词分组，并对每组的第二个元素（即每个单词出现的次数）求和
      .groupBy(0)
      .sum(1)
      //将结果打印出来
      .print()
  }
}
```

上述程序会读取 D 盘中的 wordcount.txt 文件，并将文件中的单词按照逗号分隔进行计数。wordcount.txt 中的内容如下：

```
a,a,a,a,a
b,b,b
c,c
d,d
```

接着直接运行 main()方法，即可在本地环境中运行 Flink 程序，结果如下：

```
(d,2)
(a,5)
(b,3)
(c,2)
```

总体上，这段程序是一个简单的批处理任务，它读取指定路径下的一个文本文件，并统计其中每个单词出现的次数。具体来说，程序执行了以下几个步骤：

1）获取本地执行环境。

2）读取指定路径下的文本文件，将每一行都作为数据集中的一个元素。

3）将每一行都转换为小写并按照逗号分隔，生成单词序列。

4）过滤掉单词序列中的空字符串。

5）将每个单词映射为（单词，1）的形式。

6）按照单词分组，并对每组的第二个元素（即每个单词出现的次数）求和。

7）将结果打印出来。

在这个过程中，Flink API 的 Scala 包提供了一些方便的操作，如 flatMap、filter、map、groupBy 和 sum 等。在程序的最后，使用 print()方法将结果输出到控制台上。

### 3.2.2 流处理方式

在实际的生产环境中，真正的数据流其实是无界的，有开始却没有结束，这就需要保持监听事件的状态，持续地处理捕获的数据。为了模拟这种场景，我们就不再通过读取文件来获取数据了，而是监听数据发送端主机的指定端口，统计发送来的文本数据中出现过的单词的个数。

在项目中已有的 DataStreamJob 文件中加入以下代码：

```
import org.apache.flink.streaming.api.scala._

object DataStreamJob{
  def main(args: Array[String]) {
    val env = StreamExecutionEnvironment.getExecutionEnvironment
    val stream =env.socketTextStream("192.168.80.100", 9999)
    val wordCounts = stream
      .flatMap(line => line.split("\\s+"))
      .map(word => (word, 1))
      .keyBy(0)
      .sum(1)
    wordCounts.print()
    env.execute("Word Count")
  }
}
```

运行 main()方法后，程序会处于等待状态，监听指定端口的数据，接着切换到 Linux 系统，使用以下命令在 Linux 系统中开启端口服务，作为数据源，持续发送数据。

```
nc -lk 9999
```

运行命令后，控制台会处于等待状态，此时输入测试数据，即可观察到流处理程序的处理情况。假设在其中不断发送文本数据，数据格式如下：

```
hello world
hello flink
flink is great
```

运行上面的程序，并监听发送端主机的指定端口，程序的输出如下：

```
9> (world,1)
5> (hello,1)
13> (flink,1)
5> (hello,2)
13> (flink,2)
16> (is,1)
11> (great,1)
```

最前面的数字是 Flink 中每个并行任务（Subtask）的编号，也称为 Subtask Index。在 Flink 中，一个算子（Operator）的处理逻辑可能会被分配到多个并行任务中运行，每个任务都独立地处理其分配到的输入数据。因此，输出中的数字表示这个输出来自哪个子任务。在上面的输出中，最前面的数字表示各个子任务的编号，后面是这个子任务处理出来的结果。例如，“5>(hello,1)”中的数字 5 就是子任务的编号，“(hello,1)”表示这个子任务处理出来的一个键值对，键是“hello”，值是 1。

数字的范围与 Flink 的并行度相关。在 Flink 中，每个算子的并行度都可以通过 setParallelism()方法来设置，默认值为当前任务管理器的最大并行度。当 Flink 任务执行时，数据流将被分成多个子流，每个子流都将被分配到一个任务槽中执行。每个任务槽都是一个单独的进程，具有自己的 CPU 和内存资源。

因此，每个输出的数字前缀都代表该数据元素来自的并行子任务的编号。这些编号的范围取决于 Flink 的并行度设置。例如，如果设置了并行度为 4，则任务将被分成 4 个子任务，其编号范围为 0~3。在输出结果时，数据流的不同子流可能以不同的顺序到达下游算子或输出，因此输出结果的顺序可能会有所不同，但每个子任务的结果顺序始终是固定的。

如果是在本地运行 Flink 程序，则它的并行度和系统的 CPU 核数有关系。在本地模式的默认情况下，Flink 会尝试使用本机的所有 CPU 核心，然后将并行任务分配到这些核心上。这个默认的并行度等于可用 CPU 核心数。

这段程序是一个简单的流处理任务，它读取指定 IP 和端口上的数据流，并统计其中每个单词出现的次数。具体来说，程序执行了以下几个步骤：

1）创建流式执行环境。

2）从指定的主机和端口号上获取数据流。

3）对流进行单词切割和计数。

- .flatMap()可将每行文本按空格切割成单词并扁平化。
- .map()可将每个单词转换成一个二元组(单词,1)的形式。
- .keyBy()可将单词作为 Key。
- .sum()可对每个 Key 对应的值求和，即对每个单词计数。

4）将结果打印出来。

5）启动流式执行环境。

整个程序的流程就是获取实时数据流，对数据流进行转换处理，输出计算结果，并启动 Flink 任务执行。

### 3.2.3　两种方式对比

Flink 有两种计算方式：批处理和流处理。这两种方式的最大区别在于它们处理数据的方式不同。

批处理处理的是静态的有限的数据集。通常，数据集的大小是在作业启动时已知的，并且数据是一次性读取的。在批处理中，作业会把整个数据集读入内存中，然后对其进行处理，最后将结果写回外部存储系统。Flink 在批处理中使用 ExecutionEnvironment 作为程序的入口点，批处理作业使用的是 DataSet API。

流处理处理的是动态的、无限的数据流。数据流是不断到来的，而且处理时通常只处理最近一段时间内的数据，而不是全部数据。在流处理中，作业会持续不断地接收数据流，并对其进行实时计算和转换，然后将结果输出到外部存储系统。Flink 在流处理中使用 StreamExecutionEnvironment 作为程序的入口点，流处理作业使用的是 DataStream API。

对于 Flink 而言，流才是整个处理逻辑的底层核心，所以流处理与批处理统一之后的 DataStream API 更加强大，可以直接处理批处理和流处理的所有场景，Flink 本身是流处理与批处理统一的处理架构，批量的数据集本质上也是流，没有必要使用两套不同的 API 来实现。所以，DataSet API 在 Flink 1.12 版本下被标记为“软弃用”（Soft Deprecated），官方建议用户尽可能使用 DataStream API 进行开发。在 Flink 1.14 版本中，DataSet API 被进一步标记为“弃用”（Deprecated），未来的版本中可能会完全移除该 API。因此，建议用户尽快将代码从 DataSet API 迁移到 DataStream API。在实际应用中，我们只要维护一套 DataStream API 就可以了。

对于 Flink 1.12 及之后的版本，可以通过在 StreamExecutionEnvironment 上调用 setRuntimeMode()方法来指定执行方式，示例如下：

```
val env = StreamExecutionEnvironment.getExecutionEnvironment
env.setRuntimeMode(RuntimeExecutionMode.BATCH)
```

除了在代码中显式地设置执行方式为批处理方式外，也可以在提交任务时指定执行方式为 BATCH。

```
flink run -m yarn-cluster -ynm BatchWordCount -ys 1 -yjm 1024 -ytm 1024 -p 1 -c BatchWordCount -d target/flink-example.jar BATCH
```

上述命令中，-d 参数指定了打包后的 .jar 文件路径，-c 参数指定了程序的入口类，BATCH 表示执行方式为批处理。其他参数可以根据实际情况进行调整。

批处理针对每个单词，只会输出一个最终的统计个数；而在流处理的打印结果中，“hello” 这个单词每出现一次，都会有一个频次统计数据输出。这就是流处理的特点，数据逐个处理，每来一条数据就会处理输出一次。通过打印结果，我们可以清晰地看到单词 “hello” 数量增长的过程。

### 3.2.4 向集群提交作业

**1. 打包程序**

在 Idea 中打包 3.2.2 小节创建的流处理程序，可以在右侧的 Maven 面板中找到 package 选项（如图 3-15 所示），双击即可对当前项目进行打包。打包生成的文件一般位于 target 文件夹下，其中包括了程序依赖的 jar 包和可执行的 jar 包。

**2. 部署程序**

Flink 提交应用程序有多种方式，具体如下：

1）使用 Flink 自带的命令行工具：可以使用 Flink 自带的命令行工具 bin/flink 来提交应用程序。具体命令为 ./bin/flink run -c com.example.MyJob /path/to/myjob.jar，其中，-c 参数指定了程序的主类，后面的参数/path/to/myjob.jar 指定了打好的可执行 jar 包的路径。该命令会将应用程序提交到 Flink 集群中运行。

2）使用 Flink WebUI：Flink 还提供了 Web 界面来供用户提交应用程序。用户可以通过浏览器访问 Flink 集群的 WebUI，在界面中上传应用程序的可执行 jar 包，并填写应用程序的配置信息，最后提交运行。使用 WebUI 可以方便地查看和管理应用程序的状态与运行情况。

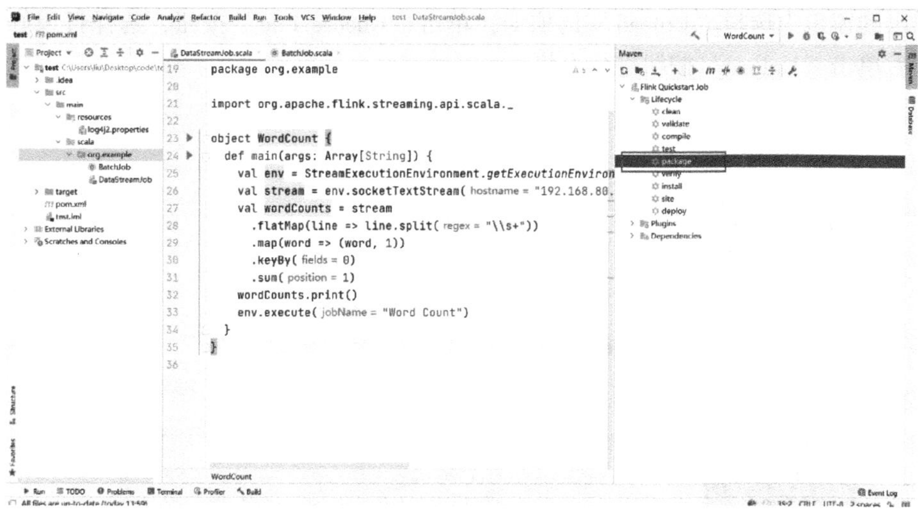

图 3-15　选择 package 选项

3）使用 REST API：Flink 还提供了 REST API，允许用户使用 HTTP 请求提交应用程序。具体来说，用户需要将应用程序的 jar 包上传到 Flink 集群中，然后通过发送 HTTP POST 请求来提交应用程序。请求中需要指定应用程序的 jar 包的路径、主类名、运行参数等信息。

4）使用客户端 API：Flink 还提供了 Java 客户端 API，用户可以在 Java 代码中直接调用 Flink API 提交应用程序。具体来说，用户需要创建一个 StreamExecutionEnvironment 或 ExecutionEnvironment 对象，然后在该对象上调用相应的方法来定义应用程序的拓扑结构和执行计划，并最终提交应用程序。

需要注意的是，不同的提交方式适用于不同的场景和需求。比如，使用命令行工具和 WebUI 可以方便地提交简单的应用程序，而使用 REST API 和客户端 API 则适用于需要动态生成应用程序拓扑结构或根据外部事件触发应用程序执行的情况。接下来主要演示使用前两种方式提交程序。

**3. WebUI 方式部署**

程序打包完成后，可以将打包好的 jar 包上传至 Flink 的 WebUI 页面进行提交。在左侧导航栏选择“Submit New Job”选项，然后单击“Add New”按钮，选择要上传运行的 jar 包，如图 3-16 所示。

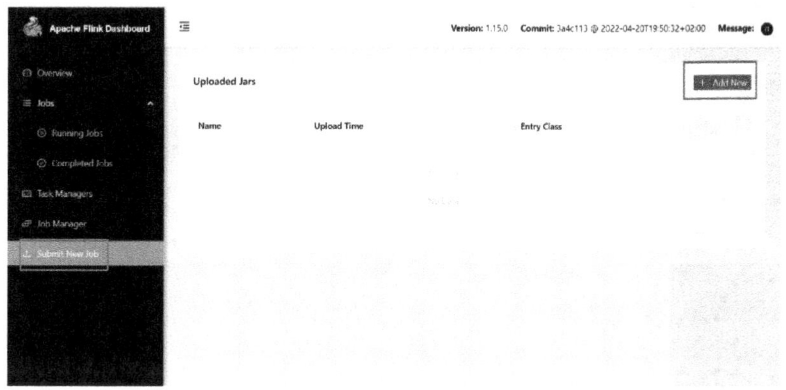

图 3-16　上传 jar 包文件

在弹出的窗口中选择“Upload”选项卡，单击“Choose File”按钮，选择打包好的 jar 包文件，然后单击“Upload”按钮进行上传。

上传完成后，效果如图 3-17 所示。

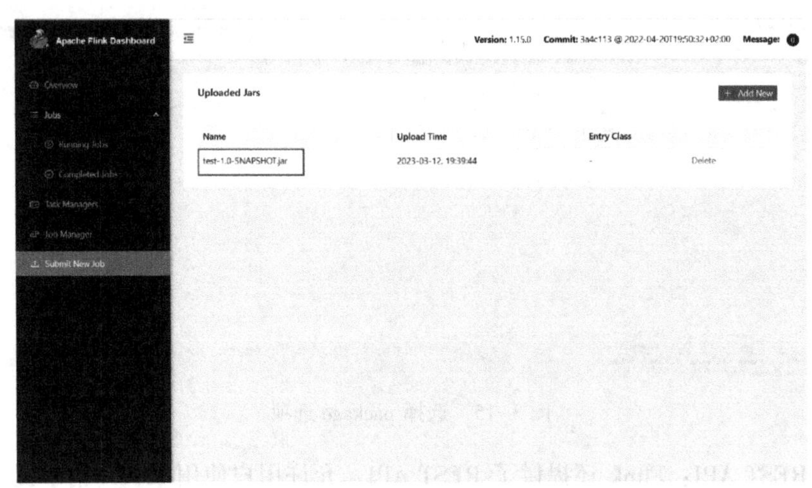


图 3-17　Flink jar 包文件提交效果

接着单击需要运行的 jar 包，会弹出任务配置页面。WebUI 界面中提供了多个参数供用户设置，下面是一些常用参数的解释。

- Entry Class：应用程序入口类，即包含 main( ) 函数的类。
- Program arguments：应用程序参数，用于传递给 main( ) 函数。
- Parallelism：指定任务并行度，即 Flink 集群中可用的并行任务数。
- Savepoint Path：指定保存点的路径，如果设置了保存点，则需要指定保存点的路径。

配置完成后，切换到 Linux 系统，需要先使用以下命令在 Linux 系统中开启端口服务，作为数据源，持续发送数据。

```
nc -lk 9999
```

单击“Submit”按钮，将任务提交到集群运行，配置信息如图 3-18 所示，需要将 org. example. DataStreamJob 设置为 1，因为目前可用的 Task Slots 数量只有 1 个。Task Slots 的概念后续还会详细介绍。

图 3-18　配置信息

提交后，可以在左侧边栏的“Running Jobs”选项中查看正在运行的项目，如图 3-19 所示。

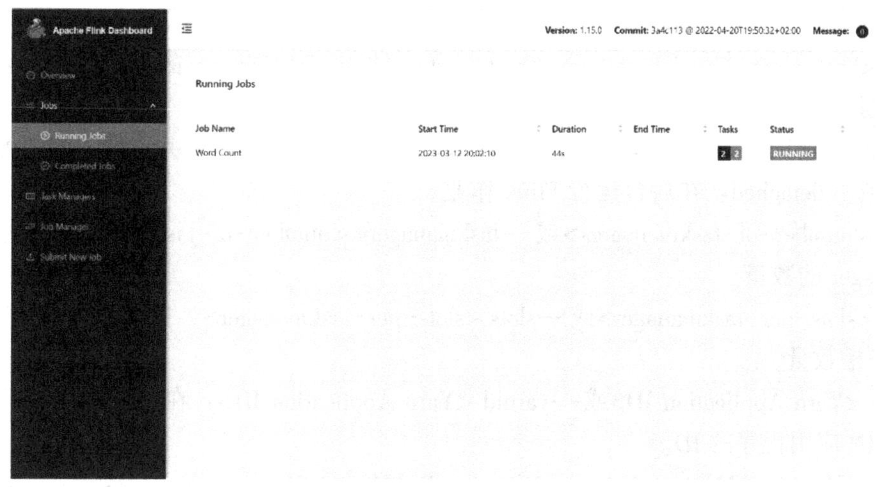

图 3-19　查看正在运行的项目

输入测试信息后，可以在左侧的“Task Managers”选项中查看输出的结果信息。在该页面中，可以看到每个任务管理器（Task Manager）的运行状态、堆栈信息、运行任务的数量、数据缓存的使用情况等信息，也可以查看任务日志、重新部署任务、调整任务并行度等信息。如果任务失败，则可以在该页面上找到相关的错误信息和堆栈跟踪，以方便进行调试和故障排除，如图 3-20 所示。

图 3-20　查看任务失败日志信息

**4. 通过命令行部署**

除了通过 WebUI 界面提交任务外，也可以直接通过命令的方式来提交程序到集群，此时需要先将程序 jar 包上传至 Linux 系统中，将之前打包的程序上传至/opt/server 目录下。然后切换到 Flink 的 bin 目录，执行以下命令：

```
./flink run -c org.example.DataStreamJob /opt/server/test-1.0-SNAPSHOT.jar
```

Flink 的 run 命令有很多可选参数，其中一些常用的参数包括：

- -c <class>或--class <class>：指定主类，用于执行应用程序的入口点。
- -m <host:port>或--jobmanager <host:port>：指定 JobManager 的地址，如果没有指定，则使用默认值 localhost:8081。
- -p <parallelism>或--parallelism <parallelism>：指定应用程序的并行度，即任务槽数量。
- -d 或--detached：在后台运行 Flink 作业。
- -yn <number-of-taskmanagers>或--taskmanagers <number-of-taskmanagers>：指定 TaskManager 的数量。
- -ys <slots-per-taskmanager>或--slots <slots-per-taskmanager>：指定每个 TaskManager 的任务槽数量。
- -yid <Yarn Application ID>或--yarnid <Yarn Application ID>：在 YARN 上运行时，指定 YARN 应用程序的 ID。
- -ytm <Yarn TaskManager Memory>或--yarnTaskManagerMemory <Yarn TaskManager Memory>：在 YARN 上运行时，指定每个 TaskManager 的内存大小。
- -yjm <Yarn JobManager Memory>或--yarnJobManagerMemory <Yarn JobManager Memory>：在 YARN 上运行时，指定 JobManager 的内存大小。

提交完成后，可以通过 WebUI 查看任务信息。

## 3.3 Flink 集群部署

### 3.3.1 Flink 集群核心组件

在使用客户端提交 Flink 应用程序的代码时，客户端首先将其转换为作业图（JobGraph），然后提交给作业管理器（JobManager）。Flink 运行时由两种类型的进程组成：一种是 JobManager，另一种是一个或多个任务管理器（TaskManager）。JobManager 主要负责应用程序的分布式执行、集群任务管理和调度，是控制应用程序执行的主进程，也就是说，每个应用程序都由不同的 JobManager 控制执行。

TaskManager 是 Flink 中的工作进程，也可以称之为 Worker，用于执行作业流中的任务。JobManager 将工作分配到 TaskManager 上，在 TaskManager 上执行具体操作，如数据读取、转换等。TaskManager 同时负责缓存和交换数据流。由于 Flink 是用 Java 和 Scala 实现的，因此所有组件都会在 Java 虚拟机（JVMs）上运行，整体架构如图 3-21 所示。

Flink 整体架构中各组件的作用如表 3-1 所示。

表 3-1　Flink 整体架构中各组件作用列表

| 组　件 | 作　用 | 实现的应用 |
| --- | --- | --- |
| Flink 客户端 | 客户端会将批处理或流处理程序编译为数据流图，然后提交给 JobManager | Flink 命令行界面<br>REST 接口<br>SQL 客户端<br>Python 交互环境 |

（续）

| 组　　件 | 作　　用 | 实现的应用 |
| --- | --- | --- |
| JobManager | JobManager 是 Flink 集群中任务管理和调度的核心组件，根据不同的资源提供者，JobManager 在高可用性、资源分配方式和支持的作业提交模式方面有所不同。JobManager 的提交模式有以下几种：<br>1）应用模式：专门为一个应用程序运行集群，作业的主方法（或客户端）在 JobManager 上执行。在一个应用程序中多次调用 execute/executeAsync 是被支持的<br>2）单作业模式：专门为一个作业运行集群，作业的主方法（或客户端）仅在创建集群之前运行<br>3）会话模式：一个 JobManager 实例管理多个共享同一组 TaskManager 的作业 | |
| TaskManager | TaskManagers 是实际执行 Flink 作业的组件 | |
| 高可用服务 | Flink 的 JobManager 可以在高可用性模式下运行，允许 Flink 从 JobManager 故障中恢复。为了更快地进行故障切换，可以启动多个备用 JobManager 作为备份 | ZooKeeper<br>Kubernetes HA |
| 资源调度 | Flink 可以通过不同的资源调度框架进行部署，如 Kubernetes 或 YARN | Standalone（Flink 的基本模式，启动 Java 虚拟机即可）<br>Kubernetes<br>YARN |
| 持久化存储 | Flink 依赖的外部存储系统，用于检查点的存储与恢复 | |
| 指标存储 | Flink 提供的 Metrics 可以在 Flink 内部收集一些指标，通过这些指标让开发人员更好地理解作业或集群的状态，通过外部存储系统（如 HDFS、Kafka）存储这些指标数据 | |
| 应用级 DataSource 和 Sink | 应用级 DataSource 和 Sink 不是 Flink 集群的内置组件，但在生产环境下常常与 Flink 结合使用，提高系统的性能 | Apache Kafka<br>Amazon S3<br>ElasticSearch<br>Apache Cassandra |

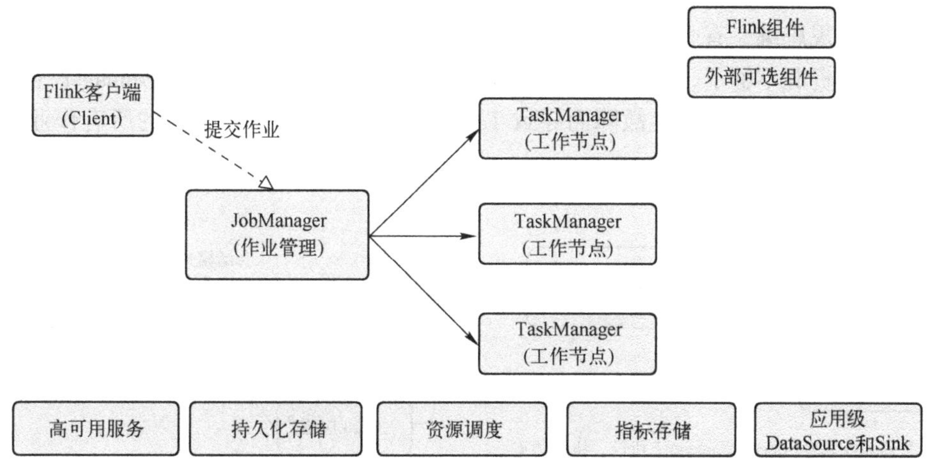


图 3-21　Flink 整体架构

### 3.3.2　部署模式

Flink 是一个分布式系统，需要有效地分配和管理计算资源才能运行流处理程序。为此，它集成了所有常见的集群资源管理器，如 Hadoop YARN，同时也可以独立运行。

可以通过多种方式启动 JobManager 和 TaskManager，包括直接在机器上作为独立集群启动、在容器中启动，或通过资源框架（如 YARN）管理和启动。TaskManager 连接到 JobManager，宣布自己可用并被分配任务。

与 Spark 类似，Flink 的部署方式非常灵活，支持多种部署模式，如 Local、Standalone、YARN、Mesos、Docker 和 Kubernetes 等。这些部署模式代表了 Flink 计算所需资源管理的不同方式，可以理解为资源管理方式。

不同的应用场景可能需要特定的计算资源交互方式和集群资源分配方式，因此 Flink 为各种场景提供了不同的运行模式。这些运行模式提供了灵活的选择，以满足特定场景下的需求，主要有以下 3 种：

- 单作业模式（Per-Job Mode）。
- 会话模式（Session Mode）。
- 应用模式（Application Mode）。

这 3 种模式的主要区别在于集群的生命周期和资源的分配方式，以及应用程序的 main() 方法在哪里执行。

单作业模式更着重资源的隔离，单作业模式为每个提交的作业启动一个集群，作业之间不会相互影响（见图 3-22）。集群只为这个作业而生，由客户端运行应用程序，然后启动集群，作业被提交给 JobManager，进而分发给 TaskManager 执行。作业完成后，集群就会关闭，所有资源都会被释放。每个作业都有它自己的 JobManager 管理，占用独享的资源，即使发生故障，也不会影响其他作业。这些特性使得单作业模式在生产环境的运行更加稳定，所以是实际应用的首选模式。但是 Flink 本身无法直接运行单作业模式，一般需要借助一些外部资源管理框架来启动集群，如 YARN、Kubernetes。

作业会话模式需要先启动一个集群，保持一个会话，在这个会话中通过客户端提交作业（见图 3-23）。集群启动时，所有资源都已经确定，所有提交的作业会竞争集群中的资源。这种模式最符合常规思维，有个固定的资源，只要等着任务来使用资源就可以了。但是因为资源是共享的，所以资源不够了，提交新的作业就会失败。另外，同一个 TaskManager 上可能运行了很多作业，如果其中一个发生故障而导致 TaskManager 宕机，那么其上的所有作业都会受到影响。

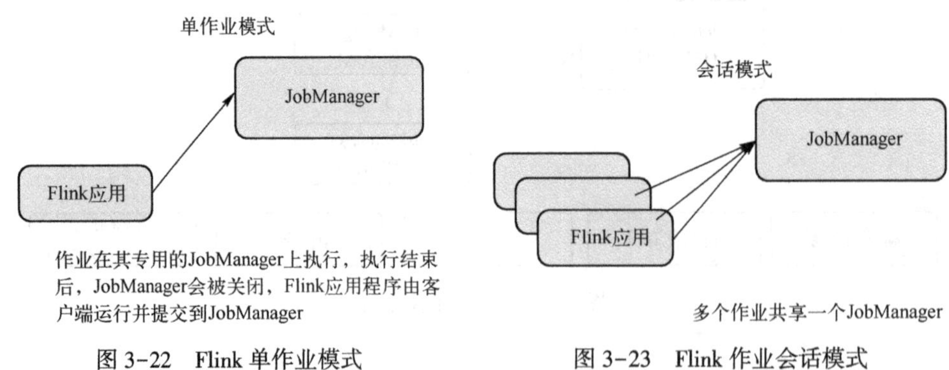


图 3-22　Flink 单作业模式　　图 3-23　Flink 作业会话模式

以上两种模式应用程序的 main() 方法都是在客户端执行的，客户端负责加载应用的依赖项，并将批处理或流处理程序编译为数据流图发送到集群，此种方式会导致客户端成为重要的资源消耗者，因为它可能需要大量的网络带宽来下载依赖项并将二进制文件发送到集群，同时会占用 CPU 资源来执行应用程序的 main( )方法。当客户端在用户之间共享使用，提交多个作业时，这个问题会表现得更加明显。

针对上述问题，在应用模式中，main( )方法在集群上执行，而不是在客户端上执行，应用模式会为每个提交的应用程序创建一个集群。此时，main( )方法的执行由 JobManager 完成，需要为每个提交的作业单独启动一个 JobManager，也就是创建一个集群。这个 JobManager 只为执行这个作业而存在，执行结束之后 JobManager 也就关闭了（见图 3-24）。在应用模式下，只创建一个集群，直接由 JobManager 执行应用程序，在 JobManager 上直接调用应用程序的 main( )方法。这种模式避免了客户端占用大量网络带宽去下载依赖和把二进制数据发送给 JobManager，而且可以降低客户端所在节点的资源消耗，甚至避免可能导致节点宕机的风险。

### 3.3.3　Standalone 模式

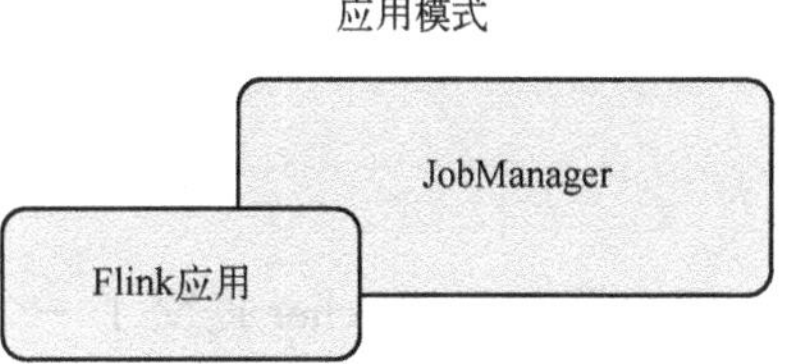


图 3-24　Flink 作业应用模式

Flink 的 Standalone 模式是 Flink 最简单的部署模式，需要的所有 Flink 组件都只是操作系统上运行的一个 JVM 进程，该模式是独立运行的，不依赖任何外部的资源管理平台。当然，独立也是有代价的，如果资源不足，或者出现故障，没有自动扩展或重分配资源的保证，则必须手动处理。所以该模式一般只用在开发测试或作业非常少的场景下。

该模式主要特点如下：

1）Flink 会启动一个 JobManager、一个或多个 TaskManager 进程。这些进程可以在同一台机器上运行，也可以在不同的机器上分布式运行。

2）JobManager 是 Flink 应用程序的主进程，负责协调和调度程序的执行，一个 Flink 应用程序只能有一个 JobManager。

3）TaskManager 执行用户程序的子任务，每个 TaskManager 最多可以运行一个或多个子任务。

4）JobManager 和 TaskManager 之间通过 Akka 通信。

5）Flink 会在配置的每个机器上启动一个 ResourceManager，ResourceManager 负责分配 slots（任务槽）给 TaskManager，并监控 TaskManager 的健康状态。

6）如果 JobManager 失效，Standalone 模式没有自动故障转移机制，则需要手动重启 JobManager。

7）如果 TaskManager 失效，则 JobManager 会识别并重新部署其 slots。

8）Standalone 模式最适合本地开发和调试，以及小规模的生产部署。

图 3-25 所示为 Standalone 集群的组件结构。

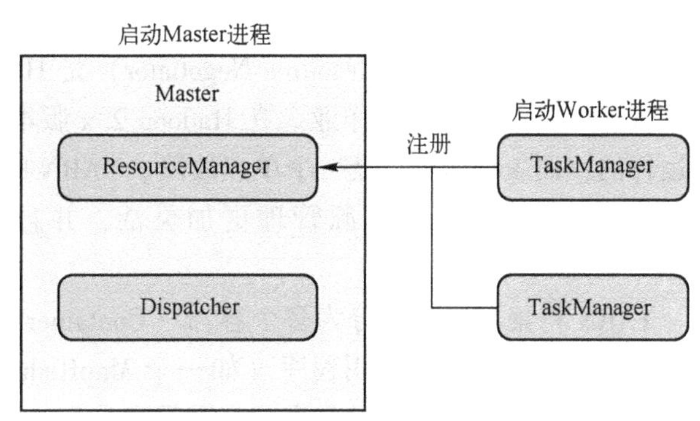


图 3-25　Standalone 集群的组件结构

Master 进程在不同的线程中运行了一个 Dispatcher 和一个 ResourceManager，接着，所有的 TaskManager 都会在 ResourceManager 中进行注册，任务提交到 Standalone 集群时的流程如图 3-26 所示。

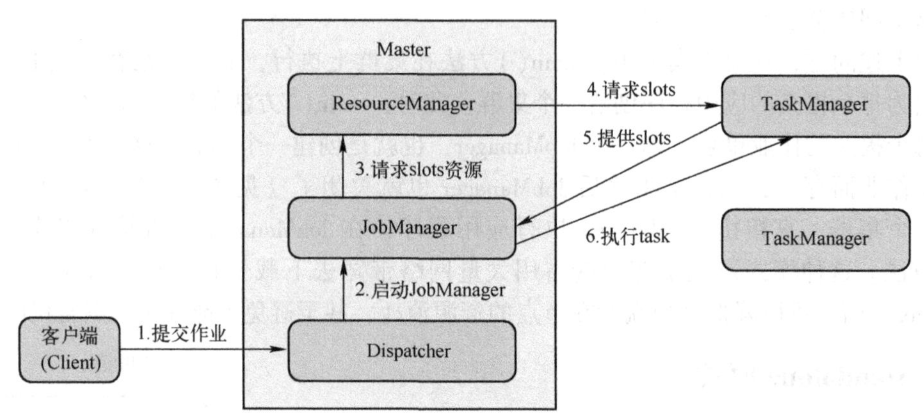


图 3-26　任务提交到 Standalone 集群时的流程

客户端向 Dispatcher 提交了一个任务，Dispatcher 将会启动一个 JobManager 线程，并提供执行所需的 JobGraph。JobManager 向 ResourceManager 请求必要的 task slots。一旦请求的 slots 分配好，JobManager 就会部署作业。

在 3.1.1 小节的环境准备中，所启动的 Flink 应用就是采用 Standalone 模式完成的，只不过是在单个节点中启动的，如果想要在多个节点中使用 Standalone 模式，则需要注意以下事项：

1）所有运行 TaskManager 的机器的主机名（或者 IP 地址）都需要写入 ./conf/slaves 文件中。

2）start-cluster.sh 脚本需要所有机器的无密码的 SSH 登录配置，方便启动 TaskManager 进程。

3）Flink 的文件夹在所有的机器上都需要有相同的绝对路径。

4）运行 Master 进程的机器的主机名或者 IP 地址需要写在 ./conf/flink-conf.yaml 文件的 jobmanager.rpc.address 配置项中。

一旦部署好，就可以调用 ./bin/start-cluster.sh 命令启动集群了，脚本会在本地机器启动一个 JobManager，然后在每个 slave 机器上启动一个 TaskManager。停止运行，可使用 ./bin/stop-cluster.sh。

### 3.3.4　YARN 模式

YARN（Yet Another Resource Negotiator）是 Hadoop 生态系统的资源管理器。它的主要作用是管理集群资源并调度作业。在 Hadoop 2.x 版本之前，MapReduce 作业是直接在 JobTracker 上运行的，而 JobTracker 是一个单点故障。YARN 的引入解决了这个问题，它将资源管理与作业调度分离出来，使得资源管理更加灵活，并且支持多种应用程序模型（如 MapReduce、Spark、Flink 等）。

YARN 将集群资源划分为多个容器（Container），每个容器都包含一定数量的内存、CPU 和磁盘等资源。当一个应用程序（如一个 MapReduce 作业）需要运行时，它会向 YARN 提交一个应用程序请求，YARN 会为该应用程序分配一个或多个容器来运行。容器一旦被分配，应用程序就可以在容器中运行自己的任务。

YARN 的核心是 ResourceManager 和 NodeManager。ResourceManager 运行在主节点上，负责整个集群的资源管理和作业调度，它接收来自客户端的应用程序请求，并为每个应用程序分配资源。NodeManager 运行在每个工作节点上，负责管理该节点的资源，并执行 ResourceManager 分配的任务。它会启动和监控容器，并在容器内运行应用程序的任务。

虽然 Flink 本身支持 Standalone 模式，无需其他框架也可以运行，但是这种方式降低了和其他第三方资源调度框架的耦合性，独立性很强。由于 Flink 是大数据计算框架，资源调度并非其强项，所以大多数时候需要让专业的框架进行资源调度，如 YARN 和 Kubernetes。在 Flink 中，可以使用 YARN 模式在 YARN 集群上运行 Flink 应用程序。在 YARN 模式下，可以将 Flink 作业提交到 YARN 集群中，YARN 将负责分配容器并启动 Flink JobManager 和 TaskManager，可以在 Flink WebUI 中监视作业的执行情况，并使用 Flink 命令行工具提交、管理和停止作业。

在 Flink 的 YARN 模式中，可以以 3 种方式启动 Flink 集群：单作业模式、会话模式、应用模式。

1）在单作业模式下，Flink 集群在 YARN 集群上启动，然后运行一次性的 Flink 应用程序。该应用程序完成后，Flink 集群将关闭。在单作业模式下，用户需要将 Flink 应用程序和所有依赖项打包成一个 jar 文件，并将其提交给 YARN，YARN 负责在集群中启动 Flink 集群和 Flink 应用程序。

2）在会话模式下，Flink 集群在 YARN 集群上启动，并一直运行直到用户显式关闭它。在会话模式下，用户可以通过 Flink 命令行工具提交和管理多个 Flink 应用程序。

3）在应用模式下，与单作业模式类似，只不过应用程序的 main( ) 方法是在集群上执行的，而不是在客户端。

Flink 的 Job 提交到 YARN 集群的流程如图 3-27 所示。

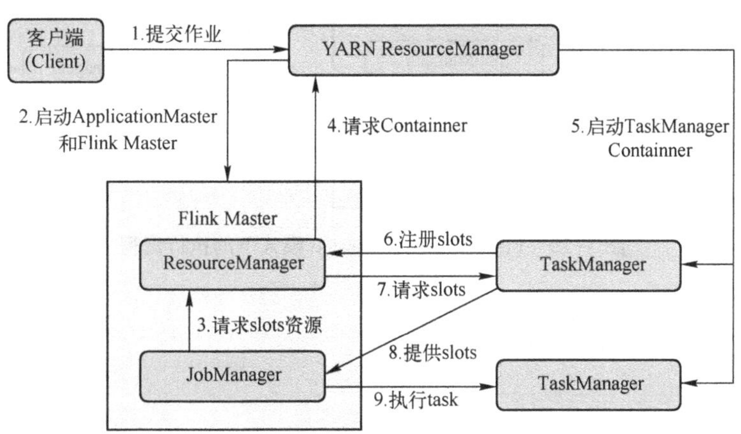


图 3-27　Flink 的 Job 提交到 YARN 集群的流程

当客户端提交任务时，客户端将建立与 YARN ResourceManager 的连接，然后启动一个新的 YARN ApplicationMaster 进程，ApplicationMaster 中包含一个 Flink 的 JobManager 线程和一个 Flink 的 ResourceManager。JobManager 向 ResourceManager 请求所需要的 slots 来运行 Flink 的 Job。接下来，Flink 的 ResourceManager 将向 YARN 的 ResourceManager 请求容器，然后启动 TaskManager 进程。一旦 TaskManager 启动，它就会将 slots 注册在 Flink 的 ResourceManager 中，Flink 的 ResourceManager 将这些 slots 提供给 JobManager。最终，JobManager 把 Job 的任务分配给 TaskManager 执行。

sesison 模式将启动一个长期运行的 Flink 集群，这个集群可以运行多个 Job，需要手动停止集群。如果以 session 模式启动，那么 Flink 将会连接到 YARN 的 ResourceManager，然后启动一个 Master 进程，包括一个 Dispatcher 线程和一个 Flink 的 ResourceManager 的线程。Flink YARN session 的启动流程如图 3-28 所示。

当一个 Job 被提交运行后，Dispatcher 将启动一个 JobManager 线程，这个线程将向 Flink 的 ResourceManager 请求所需要的 slots。如果没有足够的 slots，Flink 的 ResourceManager 将向 YARN 的 ResourceManager 请求额外的容器，来启动 TaskManager 进程，并在 Flink 的 ResourceManager 中注册。一旦所需的 slots 可用，Flink 的 ResourceManager 就把 slots 分配给 JobManager，然后开始执行 Job。Job 在 session 模式下的执行流程如图 3-29 所示。

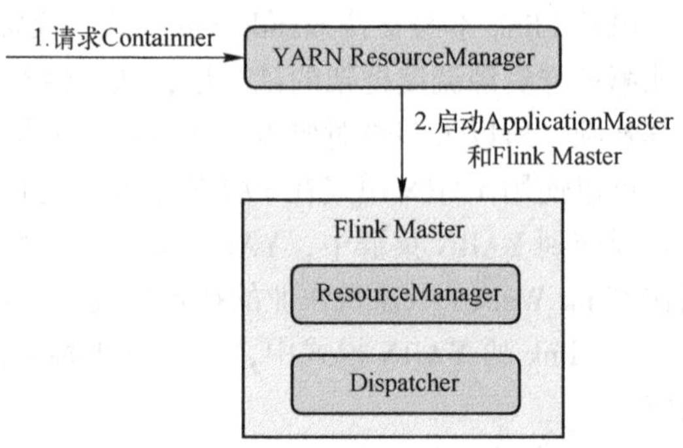


图 3-28　Flink YARN session 的启动流程

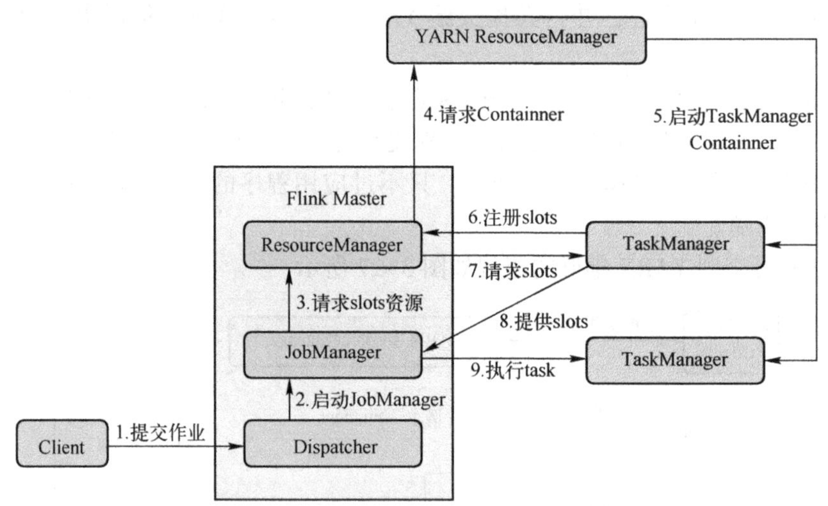


图 3-29　Flink 的 Job 在 session 模式下的执行流程

## 3.4　YARN 模式的部署与应用提交

### 3.4.1　环境准备

在将 Flink 任务部署至 YARN 集群之前，需要安装 Hadoop，保证 Hadoop 版本至少在 2.2 以上，并启动 HDFS 及 YARN 组件。

Hadoop 的安装部署的模式一共有 3 种：

- 本地模式。是默认的模式，无须运行任何守护进程（Daemon），所有程序都在单个 JVM 上执行。由于在本机模式下测试和调试 MapReduce 程序较为方便，因此这种模式适合用在开发阶段。该模式使用本地文件系统，而不是分布式文件系统。
- 伪分布模式。在一台主机上模拟多主机，即 Hadoop 的守护程序在本地计算机上运行，模拟集群环境，并且是相互独立的 Java 进程。在这种模式下，Hadoop 使用的是分布式文件系统，各个作业也是由 JobTraker 服务来管理的独立进程。在单机模式之上增加了代码调试功能，允许检查内存使用情况、HDFS 输入/输出，以及与其他的守护进程交互。这种模式类似于完全分布式模式，因此，常用来开发测试 Hadoop 程序的执行是否正确。

- 完全分布模式。完全分布模式的守护进程运行在由多台主机搭建的集群上，是真正的生产环境。在所有的主机上安装 JDK 和 Hadoop，组成相互连通的网络。

本节案例采用伪分布模式搭建 Hadoop，版本使用 Hadoop 3.3.0，在一台主机上模拟多主机，用于后续的程序开发。接下来详细介绍 Hadoop 在 CentOS 系统的伪分布式搭建方法。

**1. 配置免密登录**

首先配置免密登录，在 Hadoop 集群中，多个节点之间需要频繁地进行通信和数据传输。为了实现自动化的任务调度和数据分发，Hadoop 需要在不同的节点之间进行 SSH 连接。在这种情况下，免密登录是必要的。免密登录可以确保 Hadoop 不需要手动输入密码就能够在不同的节点之间进行 SSH 连接，这样可以大大简化管理员的工作。此外，免密登录还可以提高集群的安全性，因为管理员可以通过 SSH 密钥来控制不同节点之间的访问权限。

1）配置映射，配置 IP 地址和主机名映射，后面使用 IP 的地方均可以使用主机名代替，方便管理。

```
vim /etc/hosts
#在文件末尾添加
192.168.80.100 rver
```

2）生成公钥、私钥。

```
ssh-keygen -t rsa
```

3）授权，进入 ~/.ssh 目录下，查看生成的公钥和私钥，并将公钥写入授权文件：

```
cd ~/.ssh
cat id_rsa.pub >> authorized_keys
chmod 600 authorized_keys
```

**2. 配置 Hadoop**

1）下载解压 Hadoop，访问 http://archive.apache.org/dist/hadoop/core/hadoop-3.3.0/下载 Hadoop 安装包，选择图 3-30 所示的版本。

2）解压 Hadoop 至/opt/server/目录。

```
tar -zvxf hadoop-3.3.0.tar.gz -C /opt/server/
```

接下来对 Hadoop 的配置文件进行必要的修改，配置文件位于/opt/server/hadoop-3.3.0/etc/hadoop 目录下。Hadoop 的主要配置文件如下：

1）core-site.xml：该配置文件包含了 Hadoop 核心组件的通用配置选项，如 Hadoop 的默认文件系统、数据复制、数据块大小、远程过程调用（RPC）等配置项。

2）hdfs-site.xml：该配置文件包含了 Hadoop 分布式文件系统（HDFS）的配置选项，如数据块复制数量、NameNode 的数据存储路径、SecondaryNameNode 的备份间隔时间等配置项。

3）yarn-site.xml：该配置文件包含了 Hadoop 资源管理器（YARN）的配置选项，如 NodeManager 的数量、ResourceManager 的资源分配方式、作业调度器的类型等配置项。

4）mapred-site.xml：该配置文件包含了 MapReduce 框架的配置选项，如作业跟踪器的数量、任务分配器的类型、作业提交和执行的队列等配置项。

| Name | Last modified | Size | Description |
|---|---|---|---|
| Parent Directory | | - | |
| CHANGELOG.md | 2020-07-15 17:05 | 376K | |
| CHANGELOG.md.asc | 2020-07-15 17:05 | 819 | |
| CHANGELOG.md.sha512 | 2020-07-15 17:05 | 153 | |
| RELEASENOTES.md | 2020-07-15 17:05 | 26K | |
| RELEASENOTES.md.asc | 2020-07-15 17:05 | 819 | |
| RELEASENOTES.md.sha512 | 2020-07-15 17:05 | 156 | |
| hadoop-3.3.0-aarch64.tar.gz | 2020-07-15 17:19 | 478M | |
| hadoop-3.3.0-aarch64.tar.gz.asc | 2020-07-15 17:19 | 819 | |
| hadoop-3.3.0-aarch64.tar.gz.sha512 | 2020-07-15 17:19 | 168 | |
| hadoop-3.3.0-rat.txt | 2020-07-15 17:05 | 2.0M | |
| hadoop-3.3.0-rat.txt.asc | 2020-07-15 17:05 | 819 | |
| hadoop-3.3.0-rat.txt.sha512 | 2020-07-15 17:05 | 161 | |
| hadoop-3.3.0-site.tar.gz | 2020-07-15 17:33 | 40M | |
| hadoop-3.3.0-site.tar.gz.asc | 2020-07-15 17:33 | 819 | |
| hadoop-3.3.0-site.tar.gz.sha512 | 2020-07-15 17:33 | 165 | |
| hadoop-3.3.0-src.tar.gz | 2020-07-15 17:05 | 32M | |
| hadoop-3.3.0-src.tar.gz.asc | 2020-07-15 17:05 | 819 | |
| hadoop-3.3.0-src.tar.gz.sha512 | 2020-07-15 17:05 | 164 | |
| hadoop-3.3.0.tar.gz | 2020-07-15 17:30 | 478M | |
| hadoop-3.3.0.tar.gz.asc | 2020-07-15 17:30 | 819 | |
| hadoop-3.3.0.tar.gz.sha512 | 2020-07-15 17:30 | 160 | |

图 3-30 选择 hadoop-3. 3. 0. tar. gz 版本

5）hadoop-env. sh：该配置文件包含了 Hadoop 环境变量的设置，如 JAVA_HOME、HADOOP_HOME 等变量的设置。

以上这些配置文件在 Hadoop 集群的搭建和配置中都是必不可少的。管理员需要根据自己的需求修改这些配置文件，以确保 Hadoop 集群能够满足自己的需求。

1）修改 hadoop-env. sh 文件，将以下内容加到文件最后。

```
vim hadoop-env.sh # 使用 G+o,跳转到文件的最后一行并插入
export JAVA_HOME=/opt/server/jdk1.8.0_131
export HDFS_NAMENODE_USER=root
export HDFS_DATANODE_USER=root
export HDFS_SECONDARYNAMENODE_USER=root
export YARN_RESOURCEMANAGER_USER=root
export YARN_NODEMANAGER_USER=root
```

2）修改 core-site. xml 文件，分别指定 HDFS 协议文件系统的通信地址及 Hadoop 存储临时文件的目录（此目录不需要手动创建）。

```
<configuration>
<property>
<!--设置默认使用的文件系统 Hadoop 来支持 file、HDFS、GFS、ali|Amazon 云等文件系统 -->
<name>fs.defaultFS</name>
<value>hdfs://server:8020</value>
</property>
<property>
<!--设置 Hadoop 本地保存数据路径,此目录不需要提前创建,会自动生成-->
<name>hadoop.tmp.dir</name>
<value>/home/hadoop/data</value>
```

```
</property>
<property>
<!--设置 HDFS WebUI 用户身份 -->
<name>hadoop.http.staticuser.user</name>
<value>root</value>
</property>
</configuration>
```

3）修改 hdfs-site.xml，指定 dfs 的副本系数。

```
<configuration>
    <property>
        <!--由于这里搭建的是单机版本，所以指定 dfs 的副本系数为 1-->
        <name>dfs.replication</name>
        <value>1</value>
    </property>
</configuration>
```

4）修改 workers 文件，配置所有从属节点。

```
#配置所有从属节点的主机名或 IP 地址，由于是单机版本，所以指定本机即可
server
```

5）初始化。第一次启动 Hadoop 时需要进行初始化，进入/opt/server/hadoop-3.3.0/bin 目录下，执行以下命令，输出结果如图 3-31 所示。

```
cd /opt/server/hadoop-3.3.0/bin
./hdfs namenode -format
```

```
2021-11-09 10:02:48,450 INFO namenode.NameNode: Caching file names occurring more than 10 times
2021-11-09 10:02:48,453 INFO snapshot.SnapshotManager: Loaded config captureOpenFiles: false, skipCaptureAccessTimeOnlyChange
: false, snapshotDiffAllowSnapRootDescendant: true, maxSnapshotLimit: 65536
2021-11-09 10:02:48,454 INFO snapshot.SnapshotManager: SkipList is disabled
2021-11-09 10:02:48,457 INFO util.GSet: Computing capacity for map cachedBlocks
2021-11-09 10:02:48,457 INFO util.GSet: VM type       = 64-bit
2021-11-09 10:02:48,457 INFO util.GSet: 0.25% max memory 839.5 MB = 2.1 MB
2021-11-09 10:02:48,457 INFO util.GSet: capacity      = 2^18 = 262144 entries
2021-11-09 10:02:48,461 INFO metrics.TopMetrics: NNTop conf: dfs.namenode.top.window.num.buckets = 10
2021-11-09 10:02:48,461 INFO metrics.TopMetrics: NNTop conf: dfs.namenode.top.num.users = 10
2021-11-09 10:02:48,461 INFO metrics.TopMetrics: NNTop conf: dfs.namenode.top.windows.minutes = 1,5,25
2021-11-09 10:02:48,463 INFO namenode.FSNamesystem: Retry cache on namenode is enabled
2021-11-09 10:02:48,464 INFO namenode.FSNamesystem: Retry cache will use 0.03 of total heap and retry cache entry expiry time
 is 600000 millis
2021-11-09 10:02:48,464 INFO util.GSet: Computing capacity for map NameNodeRetryCache
2021-11-09 10:02:48,465 INFO util.GSet: VM type       = 64-bit
2021-11-09 10:02:48,465 INFO util.GSet: 0.029999999329447746% max memory 839.5 MB = 257.9 KB
2021-11-09 10:02:48,465 INFO util.GSet: capacity      = 2^15 = 32768 entries
2021-11-09 10:02:48,479 INFO namenode.FSImage: Allocated new BlockPoolId: BP-672993686-192.168.40.100-1636423368475
2021-11-09 10:02:48,487 INFO common.Storage: Storage directory /home/hadoop/tmp/dfs/name has been successfully formatted.
2021-11-09 10:02:48,492 INFO namenode.FSImageFormatProtobuf: Saving image file /home/hadoop/tmp/dfs/name/current/fsimage.ckpt
_0000000000000000000 using no compression
2021-11-09 10:02:48,544 INFO namenode.FSImageFormatProtobuf: Image file /home/hadoop/tmp/dfs/name/current/fsimage.ckpt_000000
0000000000000 of size 389 bytes saved in 0 seconds .
2021-11-09 10:02:48,552 INFO namenode.NNStorageRetentionManager: Going to retain 1 images with txid >= 0
2021-11-09 10:02:48,556 INFO namenode.NameNode: SHUTDOWN_MSG:
/************************************************************
SHUTDOWN_MSG: Shutting down NameNode at node01/192.168.40.100
************************************************************/
[root@node01 bin]#
```

图 3-31　输出结果

6）启动 HDFS，进入/opt/server/hadoop-3.3.0/sbin/目录，启动 HDFS。

```
./start-dfs.sh
```

7）验证是否启动，执行 jps 命令，查看 NameNode 和 DataNode 服务是否已经启动。

```
[root@server bin]# jps
41032 DataNode
```

```
41368 Jps
40862 NameNode
41246 SecondaryNameNode
```

8）进入/opt/server/hadoop-3.3.0/etc/hadoop 目录下，修改 mapred-site.xml 文件。

```
<configuration>
<!--设置 YARN 为 MapReduce 的执行框架 -->
<property>
<name>mapreduce.framework.name</name>
<value>yarn</value>
</property>
<!-- MapReduce 程序历史服务地址 -->
<property>
<name>mapreduce.jobhistory.address</name>
<value>server:10020</value>
</property>
<!-- MapReduce 程序历史服务器 Web 端地址 -->
<property>
<name>mapreduce.jobhistory.webapp.address</name>
<value>server:19888</value>
</property>
<property>
<name>yarn.app.mapreduce.am.env</name>
<value>HADOOP_MAPRED_HOME=${HADOOP_HOME} </value>
</property>
<property>
<name>mapreduce.map.env</name>
<value>HADOOP_MAPRED_HOME=${HADOOP_HOME} </value>
</property>
<property>
<name>mapreduce.reduce.env</name>
<value>HADOOP_MAPRED_HOME=${HADOOP_HOME} </value>
</property>
</configuration>
```

9）修改 yarn-site.xml 文件，配置 NodeManager 上运行的附属服务。

```
<configuration>
<property>
<!--配置 NodeManager 上运行的附属服务。需要配置成 mapreduce_shuffle 后才可以在 YARN 上运行
MapReduce 程序 -->
<name>yarn.nodemanager.aux-services</name>
<value>mapreduce_shuffle</value>
</property>
<!--是否对容器实施物理内存限制 -->
<property>
<name>yarn.nodemanager.pmem-check-enabled</name>
<value>false</value>
</property>

<!--是否对容器实施虚拟内存限制 -->
<property>
<name>yarn.nodemanager.vmem-check-enabled</name>
```

```
<value>false</value>
</property>

<!--开启日志聚集 -->
<property>
<name>yarn.log-aggregation-enable</name>
<value>true</value>
</property>

<!--设置 YARN 历史服务器地址 -->
<property>
<name>yarn.log.server.url</name>
<value>http://server:19888/jobhistory/logs</value>
</property>

<!--历史日志保存的时间，单位是 s，当前的设置值为 7 天 -->
<property>
<name>yarn.log-aggregation.retain-seconds</name>
<value>604800</value>
</property>
</configuration>
```

10）进入/opt/server/hadoop-3.3.0/sbin/目录下，启动 YARN。

```
./start-yarn.sh
```

11）验证是否启动成功，执行 jps 命令查看 NodeManager 和 ResourceManager 服务是否已经启动。

```
[root@server bin]# jps
41655 ResourceManager
41032 DataNode
42125 Jps
40862 NameNode
41246 SecondaryNameNode
41983 NodeManager
```

12）启动历史日志服务，脚本位于 sbin 目录。开启此服务后，可以在 Web 控制台查看 MapReduce 运行的日志信息。

```
./mr-jobhistory-daemon.sh start historyserver
```

至此，Hadoop 的伪分布式环境已经搭建成功。

**3. Flink 与 YARN 集成**

编辑/etc/profile 文件，设置了 HADOOP_CLASSPATH 环境变量。

```
HADOOP_HOME=/opt/server/hadoop-3.3.0
export PATH=$PATH:$HADOOP_HOME/bin:$HADOOP_HOME/sbin
export HADOOP_CONF_DIR=${HADOOP_HOME}/etc/hadoop
export HADOOP_CLASSPATH='hadoop classpath'
```

其中，HADOOP_CLASSPATH='hadoop classpath'表示将 hadoop classpath 命令的输出结果赋值给 HADOOP_CLASSPATH 环境变量。hadoop classpath 命令会输出所有必要的 Hadoop 类的路径，而将这个路径添加到 HADOOP_CLASSPATH 环境变量中可以让 Flink 在运行过程中找到必要的 Hadoop 类。export 命令可将该环境变量设置为全局变量，可以被所有子进程继承。

### 3.4.2 会话模式

Flink 的 YARN 会话模式是一种长期运行的模式，Flink 集群会一直运行，直到用户显式关闭它。在此模式下，用户可以使用 Flink 命令行工具提交和管理多个 Flink 应用程序，要使用 Flink 的 YARN 会话模式，需要使用 yarn-session.sh 脚本启动 Flink 集群。该脚本将在 YARN 上启动一个新的 Flink 会话。

```
./yarn-session.sh -nm session-test
```

上述命令的常用参数如表 3-2 所示。

表 3-2 yarn-session.sh 命令的常用参数

| 参　　数 | 作　　用 |
| --- | --- |
| -d | 分离模式，如果不想让 Flink YARN 客户端一直在前台运行，可以使用这个参数 |
| -jm(--jobManagerMemory) | 配置 JobManager 所需内存，默认单位为 MB |
| -nm(--name) | 配置在 YARN UI 界面上显示的任务名 |
| -qu(--queue) | 指定 YARN 队列名 |
| -tm(--taskManager) | 配置每个 TaskManager 所使用内存 |

注意，在 Flink 1.11.0 版本之后不再使用-n 参数和-s 参数来指定 TaskManager 数量与 slot 数量，YARN 会按照需求动态分配 TaskManager 和 slot。

YARN session 启动之后会给出一个 WebUI 地址以及一个 YARN Application ID，如图 3-32 所示。用户可以通过 WebUI 或者命令行两种方式提交作业，提交方式和 Standalone 模式没有区别。

```
mory (1024 MB, configured via 'yarn.scheduler.minimum-allocation-mb'). The extra 320 MB may not be used by Flink.
2023-03-12 20:17:03,690 INFO  org.apache.flink.yarn.YarnClusterDescriptor                  [] - Cluster specificat
ion: ClusterSpecification{masterMemoryMB=1600, taskManagerMemoryMB=1728, slotsPerTaskManager=1}
2023-03-12 20:17:13,239 INFO  org.apache.flink.yarn.YarnClusterDescriptor                  [] - Removing 'localhos
t' Key: 'jobmanager.bind-host' , default: null (fallback keys: []) setting from effective configuration; using '0.
0.0.0' instead.
2023-03-12 20:17:13,239 INFO  org.apache.flink.yarn.YarnClusterDescriptor                  [] - Removing 'localhos
t' Key: 'taskmanager.bind-host' , default: null (fallback keys: []) setting from effective configuration; using '0
.0.0.0' instead.
2023-03-12 20:17:13,270 INFO  org.apache.flink.runtime.util.config.memory.ProcessMemoryUtils [] - The derived from
 fraction jvm overhead memory (160.000mb (167772162 bytes)) is less than its min value 192.000mb (201326592 bytes)
, min value will be used instead
2023-03-12 20:17:13,288 INFO  org.apache.flink.yarn.YarnClusterDescriptor                  [] - Submitting applica
tion master application_1678619280464_0001
2023-03-12 20:17:13,768 INFO  org.apache.hadoop.yarn.client.api.impl.YarnClientImpl        [] - Submitted applicat
ion application_1678619280464_0001
2023-03-12 20:17:13,768 INFO  org.apache.flink.yarn.YarnClusterDescriptor                  [] - Waiting for the cl
uster to be allocated
2023-03-12 20:17:13,772 INFO  org.apache.flink.yarn.YarnClusterDescriptor                  [] - Deploying cluster,
 current state ACCEPTED
2023-03-12 20:17:22,452 INFO  org.apache.flink.yarn.YarnClusterDescriptor                  [] - YARN application h
as been deployed successfully.
2023-03-12 20:17:22,457 INFO  org.apache.flink.yarn.YarnClusterDescriptor                  [] - Found Web Interfac
e server:36955 of application 'application_1678619280464_0001'.
JobManager Web Interface: http://server:36955
```

图 3-32 YARN session 命令启动成功

通过上述新的 Web 地址访问控制台可以发现，此时首页显示的 Task Slots 不再是 1，而是 0，这里并不是没有资源可用，而是所有的资源分配都交给了 YARN 完成，不需要再手动配置了，再提交作业时，也可以设置任意的并行度，不需要再向之前一样设置为 1 了（见图 3-33）。

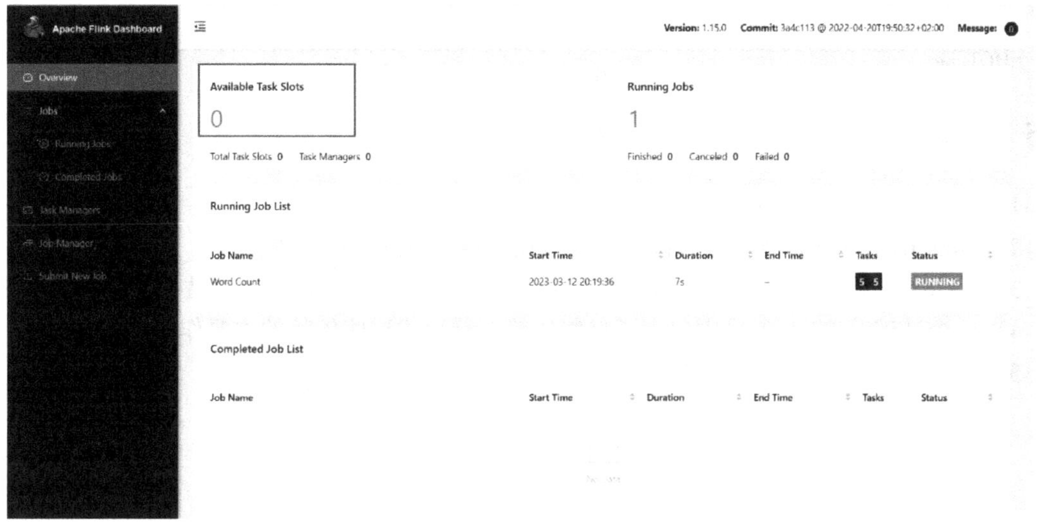


图 3-33 新的 Web 地址访问控制台

### 3.4.3 单作业模式

Flink 的 YARN 单作业模式是一种临时模式，用于运行一次性的 Flink 应用程序。在此模式下，Flink 作业管理器（JobManager）和 Flink 任务管理器（TaskManager）会被启动，并在应用程序执行完毕后关闭，执行命令提交作业。

```
./flinkrun -t yarn-per-job--detached-c org.example.DataStreamJob /opt/server/test-1.0-SNAPSHOT.jar
```

其中：

- -detached：表示作业在后台运行，不会占用当前终端窗口。
- -t yarn-per-job：表示使用单作业模式，即在作业执行完成后自动停止 Flink 集群。如果不加 -t 参数，则默认为会话模式。
- -c org.example.DataStreamJob：表示指定作业入口类为 org.example.DataStreamJob，这是一个实现了 org.apache.flink.streaming.api.functions.source.SourceFunction 接口的数据源程序。
- /opt/server/test-1.0-SNAPSHOT.jar：表示要执行的作业 jar 包的路径。

提交作业后会提示如下异常：

```
Exception in thread "Thread-5" java.lang.IllegalStateException: Trying to access closed classloader. Please check if you store classloaders directly or indirectly in static fields. If the stacktrace suggests that the leak occurs in a third party library and cannot be fixed immediately, you can disable this check with the configuration 'classloader.check-leaked-classloader'.
```

出现异常的原因是 Hadoop 3 与 Flink 的兼容问题。根据提示，禁用 classloader.check-leaked-classloader，在 Flink 的 flink-conf.yaml 配置文件中加入以下配置：

```
classloader.check-leaked-classloader: false
```

修改后，即可正常提交应用程序。

### 3.4.4 应用模式

应用模式同样非常简单，与单作业模式类似，直接执行 flink run-application 命令即可。

```
./flink run-application -t yarn-application -c org.example.DataStreamJob /opt/server/test-1.0-SNAPSHOT.jar
```

## 3.5 习题

1）如何安装 Flink？请简述安装步骤。

2）Flink 的集群部署有哪些方式？请简要说明各种方式的优缺点。

3）YARN 和 Flink 是如何结合使用的？还有其他的资源管理框架可以替代吗？

4）一个基础的 Flink 项目中包含了哪些依赖？请简述这些依赖的主要作用。

5）请简述 Flink 设置批处理和流处理模式的具体方法。

# 第 4 章 Flink 流处理架构与原理

本章将深入探讨 Flink 流处理的架构和原理。读者将了解 Flink 的数据流模型、任务调度机制和容错机制，为后续章节的应用程序开发打下基础。

## 4.1 流处理模型与原理

### 4.1.1 数据流的概念

数据流（Data Stream）是指一系列连续不断的数据记录，它们按照一定的顺序被产生并传输到接收方。数据流通常用于描述数据在时间上的连续性和实时性。

在自然环境中，数据的产生原本就是流式的。无论是来自 Web 服务器的事件数据、证券交易所的交易数据，还是来自工厂车间机器上的传感器数据，其数据都是流式的。但是当分析数据时，可以围绕有界流（Bounded）或无界流（Unbounded）两种模型来组织处理数据，当然，选择不同的模型，程序的执行和处理方式也都会不同。

有界流是指数据有固定的大小，需要等待所有数据都到达后才能进行处理。这种处理方式称为批处理。批处理有明确的开始和结束时间，一般在处理大量历史数据或者静态数据时使用。

无界流是指数据是实时生成的，处理数据时没有明确的开始和结束时间，需要不断地接收和处理数据。这种处理方式称为流处理。流处理通常在处理实时数据时使用，可以对连续不断产生的数据进行处理和分析。

批处理和流处理的主要区别在于数据处理的时间窗口。批处理一般是在固定的时间间隔内对所有数据进行处理，而流处理则是实时接收数据并对其进行处理。

在实际应用中，可以使用流处理框架进行批处理任务，也可以使用批处理框架进行流处理任务。但是，在数据量较大或者需要实时处理的情况下，使用流处理框架会更加高效和实时。

流处理框架并行批处理任务如图 4-1 所示。

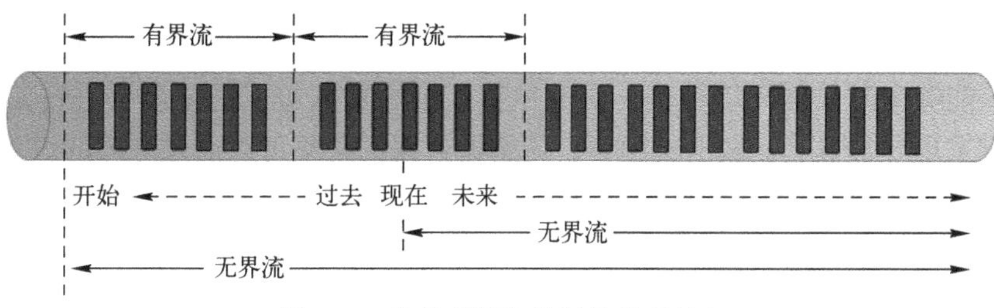


图 4-1 流处理框架并行批处理任务

一个电商企业可以基于数据流实时处理系统来监控订单、库存和物流等关键数据，并通过实时分析来发现潜在的问题和机会。如果系统发现某个商品库存不足，就会自动触发一个预订动作，以确保及时补货。如果系统发现某个仓库出现了异常情况，就会自动触发一个警报，以便管理人员及时采取措施。

一个金融企业可以利用数据流实时处理系统来监测市场价格、交易数据和风险指标等关键数据，以实现快速的交易和风险控制。如果系统发现某个金融产品的价格突然下跌，就会自动触发一个卖出动作，以避免损失。如果系统发现某个客户的交易行为异常，就会自动触发一个警报，以便风险控制部门及时采取措施。

**1. 数据流的特点**

数据流有以下几个特点。

1）连续性：数据流的连续性意味着数据处理系统需要具备对数据的持续接收和处理能力。数据流的源头可能是传感器、用户设备或者其他数据源，而这些数据源产生的数据往往是没有明显的起点和终点的，是一个不断变化的过程。因此，数据处理系统需要持续不断地接收、处理和存储数据流，同时能够根据需要对数据进行聚合、过滤和分析等操作。

2）实时性：数据流通常是实时产生并实时处理的，因此需要具备快速的处理速度和实时的响应能力。数据流的实时性要求数据处理系统能够在短时间内对大量数据进行处理和分析，并及时反馈结果给用户或者其他系统。对于需要实时响应的应用场景，如在线广告投放、金融交易等，实时性是非常重要的考量因素。

3）高并发：数据流可能同时包含多个不同来源的数据，因此需要具备高并发的处理能力。在大规模数据流的处理过程中，数据处理系统需要能够同时处理多个数据流，并进行合并、聚合等操作。高并发的处理能力能够确保数据处理系统能够快速地处理大量数据，同时提供高效的计算和存储能力。

4）不确定性：数据流通常是不确定的，可能会存在噪声、异常值和错误数据等，需要进行数据清洗和处理。数据清洗和处理是数据处理流程中非常重要的环节，能够帮助系统排除数据中的噪声、异常值和错误数据等，从而提高数据质量和可靠性。在数据清洗和处理过程中，数据处理系统需要具备对数据的深入分析和识别能力，同时能够快速地处理大量数据。

5）可变性：数据流的内容和结构是可变的，可能会随时发生变化，因此需要具备灵活的处理能力。在实际应用场景中，数据流的内容和结构可能会随时发生变化，如增加、删除或修改数据字段等，这就要求数据处理系统能够具备灵活的处理能力，能够快速地适应数据变化。数据处理系统需要能够实现对数据的实时分析和处理，并能够根据需要自适应地调整计算和存储能力，以适应不同的数据流需求。

**2. 数据流的产生**

数据流一般从以下几个方面产生。

1）实时传感器数据：这种数据源通常来自传感器设备，如气象站、交通监控设备、智能家居设备等，能够实时采集环境数据、交通数据、家庭数据等，通常需要进行实时处理和分析，以便及时发现异常情况、做出决策等。传感器数据的采集可以通过专门的设备进行，也可以通过物联网技术实现。

2）用户行为数据：这种数据源主要涉及网站、移动应用等用户使用行为，如点击量、浏览量、访问时长、购买行为等。这类数据源通常可以通过日志采集的方式获得，也可以通过客户端 SDK、JavaScript 等方式进行采集。用户行为数据对于用户画像、个性化推荐、广告投放等业务都有很大的帮助。

3）业务数据：这种数据源主要来自企业的内部业务系统，如订单、库存、交易等。这类数据通常是业务的核心数据，对于企业的经营和决策非常重要。数据的采集可以通过集成各个业务系统、数据库实现，也可以通过企业服务总线（ESB）等方式进行。

4）外部数据源：这种数据源主要来自外部环境和市场，如社交媒体数据、新闻数据、舆情数据等。这类数据通常需要进行实时采集和处理，以便及时了解市场变化和用户反馈，对于企业的决策和业务发展都有重要的参考意义。数据的采集可以通过抓取、API 调用等方式实现。

**3. 数据流的采集方式**

数据流的采集方式可以归纳为以下几类。

1）推送方式：数据生产者会将数据主动推送到数据处理系统，如消息队列、Apache Kafka、RabbitMQ 等中间件。推送方式的优点是实时性比较高，数据能够及时地被处理和分析。同时，中间件还能保证数据的可靠性和稳定性，即使数据处理系统出现故障，也不会丢失数据。

2）拉取方式：数据处理系统通过轮询的方式从数据生产者处主动拉取数据。这种方式适用于数据量不大，但是需要实时性比较高的场景。例如，Apache Flume、Apache NiFi 等工具都是通过拉取方式获取数据。

3）日志采集方式：通过读取应用程序或系统的日志文件获取数据。这种方式比较适合于需要分析系统运行情况的场景，如日志分析、异常检测等。常用的日志采集工具有 Logstash、Fluentd、Filebeat 等。

4）监控方式：通过监控网络流量、系统性能等方式获取数据。这种方式比较适合于系统运行状态的监控和分析。例如，Zabbix、Nagios 等工具就是通过监控系统性能获取数据的。

**4. 主流采集工具**

主流的数据采集工具包括以下几种。

1）Flume：Flume 是一个分布式的日志收集系统，主要用于将各种日志数据收集到 Hadoop 的 HDFS 中，支持多种数据源的采集，包括 Web 服务器、JMS、各种数据库等，同时也支持自定义的数据源，如实时数据流。Flume 采用了基于流的架构，由多个 Agent 组成，支持各种数据格式的解析和转换，并能够自定义数据处理逻辑。同时，Flume 还具有较高的容错性和可扩展性。

2）Kafka：Kafka 是一个分布式流处理平台，主要用于处理海量的实时数据流，具有高可用、高可扩展性和高性能等特点。它采用发布—订阅模式，通过将数据持久化到磁盘上来保证数据的可靠性。Kafka 支持多种数据源的采集，包括日志、事件、消息等，同时支持多种数据消费模式，具有较高的吞吐量和可靠性。

3）Logstash：Logstash 是一个开源的日志收集、处理和转发的工具，能够从多种数据源收集数据，包括文件、网络、数据库等，并能够将其处理后输出到目标数据存储中，支持多种数据格式和插件，能够自定义数据处理逻辑，同时具有较高的可扩展性和灵活性。

4）Fluentd：Fluentd 是一个开源的数据采集器，与 Logstash 类似，能够从多种数据源收集数据，并将其转发到目标存储中，支持多种数据格式和插件，能够自定义数据处理逻辑，同时具有较高的可扩展性和灵活性。

### 4.1.2　流处理和批处理

流处理和批处理是数据处理的两种基本方式。

批处理：是指将一批数据一次性加载到系统中进行处理的方式。批处理通常是离线处理，即数据先被收集起来，然后在一定的时间间隔内进行处理。批处理通常适用于对历史数据进行分析、统计等场景。

例如，一个企业需要每个月生成财务报表，对公司的财务状况进行分析和评估。由于涉及的数据量比较大，财务报表通常需要通过批处理技术进行生成。批处理系统会在每个月的固定时间段内运行，将企业的财务数据从数据库中提取出来，并进行计算和汇总，生成各种财务报表和数据分析报告。

流处理：是指持续不断地处理数据流，实时地进行计算和分析。数据一旦产生就会立即进入处理流程，而不是先进行收集，然后在一定时间间隔内进行处理。流处理通常适用于实时监控、实时推荐、实时计算等场景。

例如，一个电商网站需要实时处理用户下单的订单信息。当用户提交订单时，该订单需要立即进入处理流程，进行订单验证、库存检查、订单状态更新等操作。为了保证实时性，电商网站通常会使用流处理技术，将订单信息实时发送到订单处理系统进行处理。

订单处理系统通常包括多个计算节点，每个节点都能够实时处理订单数据流，通过分布式计算和负载均衡等技术，能够保证高并发处理和高可用性。订单处理系统还需要与其他系统进行数据交互，如与支付系统进行对接、与物流系统进行配送安排等，以保证整个电商网站的正常运行。

批处理和流处理的差异主要表现在以下几个方面。

1）数据处理方式：批处理是对一批静态数据进行处理，而流处理是对动态数据流进行实时处理。批处理通常将整个数据集加载到内存中，然后进行计算和处理，最终输出结果。而流处理则是将数据流划分为一段一段的数据块，然后对每个数据块进行实时处理。

2）处理时延：批处理需要等待一批数据到达之后再进行处理，因此会存在一定的延迟。而流处理是实时处理数据流，可以在数据到达时立即进行处理，因此处理时延更低。这使得流处理可以更快地响应事件，并能够在短时间内处理更多的数据。

3）处理精度：批处理通常是对整个数据集进行处理，因此可以获得更高的处理精度。而流处理是实时处理数据流，处理精度可能会受到数据采样等因素的影响。因此，在需要高精度的场景中，批处理可能更适合。

4）数据处理规模：批处理通常处理的数据量较大，需要进行分布式处理。而流处理需要处理的数据量较小，通常可以在单个计算节点上完成。然而，随着数据量的增加，流处理也可以使用分布式架构来处理更大规模的数据。

5）处理结果输出方式：批处理通常是将处理结果保存到文件系统或数据库中，而流处理通常是实时输出处理结果，如将数据流分发到不同的终端或输出到实时报表中。这使得流处理可以实现实时监控和实时反馈，而批处理更适合处理离线数据。

批处理和流处理也可以结合使用，一种常见的结合方式是将数据流先缓存到一个批处理系统中，当数据量达到一定阈值时，再进行批处理。这种方式可以在一定程度上兼顾处理时延和处理精度，并且可以利用批处理的分布式处理能力来加速处理速度。

另一种方式是使用流处理系统实时处理数据流，但同时将处理结果定期地保存到文件系统或数据库中，以便进行批处理。这种方式可以在一定程度上兼顾实时性和处理精度，并且可以利用批处理的高精度和分布式处理能力来进行更复杂的数据分析和挖掘。

### 4.1.3　流处理的原理

流处理的基本原理是实时处理数据流，并根据业务需求对数据进行处理和分析，以产生有价值的结果。流处理通常由 3 部分组成：数据源、处理引擎和数据输出。

1）数据源：流处理的第一步是获取数据源。数据源可以是各种数据流，如实时传感器数据、用户行为数据、业务数据等，也可以是其他系统或数据存储中的数据。数据源通常通过数据输入接口或 API 进行连接，以获取实时数据流。

2）处理引擎：流处理的核心是处理引擎。处理引擎通常由数据分区、任务划分、并行计算和数据输出等模块组成。在处理引擎中，数据流通常被分成多个分区，每个分区由一个或多个任务处理。每个任务都可以在不同的计算节点上并行计算，以提高处理速度。处理引擎根据业务需求对数据进行过滤、转换、聚合、统计等操作，以产生有价值的结果。

3）数据输出：流处理的最后一步是数据输出。处理引擎可以将处理结果实时输出到多个不同的目标存储和终端设备中，如数据库、实时报表、移动应用等。

流处理的处理流程可以简单地描述为数据输入→数据分区→任务划分→并行计算→数据输出。

1）数据输入：数据输入是指将实时产生的数据流引入流处理系统中。数据源可以是各种实时数据源，如传感器、设备、网络流等。数据源可以通过多种方式与流处理引擎进行连接，如 HTTP 请求、消息队列、WebSocket 等。在数据输入阶段，数据流可能需要进行一些预处理，如数据清洗、数据格式转换、数据采样等。

2）数据分区：数据分区是指将数据流分为多个分区，以便并行处理。分区可以基于数据的键值、时间戳等因素进行，以确保分区内的数据具有相似的特征。数据分区可以提高流处理系统的吞吐量和性能。允许多个任务并行处理不同的数据分区。

3）任务划分：任务划分是指将每个数据分区分配给不同的任务进行处理。任务可以在不同的计算节点上运行，以实现分布式计算。任务划分可以根据不同的策略进行，如基于数据的键值、数据分区的负载等因素进行划分。任务划分需要考虑分区间和任务间的负载均衡，以确保系统的性能和可扩展性。

4）并行计算：并行计算是指对于每个任务，将其分区内的数据进行并行计算。计算过程可以包括数据过滤、数据聚合、数据转换等操作，可以使用多种计算框架和算法进行处理。并行计算可以利用多核 CPU、GPU 等硬件资源来实现高效的计算。

5）数据输出：数据输出是指将处理结果输出到各种数据存储系统中，如数据库、文件系统、消息队列等，也可以实时输出到实时报表中，以支持实时的数据分析和可视化展示。输出方式可以根据应用需求进行选择，如可以将处理结果输出到实时仪表盘中，以帮助业务决策。数据输出需要考虑输出格式、输出频率、输出性能等因素，以保证系统的可靠性和性能。

假设有一个实时销售数据流，其中包括商品 ID、销售量和销售时间戳等信息。我们希望对该数据流进行实时处理，计算出每个商品在不同时间窗口内的销售量和销售额，在数据输入阶段将实时销售数据流导入流处理引擎中，然后对数据流进行基于商品 ID 的分区，确保同一个商品的数据被分到同一个分区中。再将每个分区分配到不同的任务进行处理，例如，每个任务都负责计算一个商品在一个时间窗口内的销售量和销售额。在每个任务内进行并行计算，包括数据过滤、数据聚合、数据转换等操作，以计算出每个商品在不同时间窗口内的销售量和销售额。处理结果可以输出到数据库或消息队列中，以供其他系统或应用程序使用。例如，将结果写入数据库中，可以让其他应用程序实时查询各个商品的销售量和销售额，以及实时更新商品库存和销售预测等。

目前，流处理的设计上还面临以下几个难点。

1）数据处理延迟：由于数据流是实时产生的，因此流处理需要保证处理时延尽可能短，以确保处理结果的实时性。处理时延受多个因素影响，如数据传输延迟、数据处理复杂度、数据处理节点数量等。

2）大规模数据处理：流处理需要处理实时产生的大规模数据，因此需要具备高并发、高吞吐量的处理能力。同时，流处理需要对数据进行分区、任务划分、并行计算等操作，以确保数据处理的效率和质量。

3）数据质量保障：由于数据流可能包含噪声、异常值和错误数据等，因此流处理需要进行数据清洗和处理，以确保数据质量。数据清洗和处理需要使用多种技术和算法，如数据过滤、数据校验、数据转换等。

4）流处理平台的选择和配置：流处理平台涉及多个组件和工具，如流处理引擎、计算框架、存储系统等，需要进行综合考虑和配置。不同的流处理平台具有不同的特点和优劣，需要根据实际需求进行选择和配置。

5）系统的稳定性和可靠性：由于流处理需要长时间运行，因此需要确保系统的稳定性和可靠性。流处理系统需要进行监控和管理，及时发现和解决问题，确保系统的稳定和可靠。

### 4.1.4 流处理的模型

流式计算模型是指按照时间顺序处理连续流式数据的计算模型，通常采用基于事件驱动的方式进行计算。以下是流式计算模型的一些关键内容。

**1. 事件驱动**

流式计算模型采用基于事件驱动的方式进行计算。事件是指在程序运行过程中发生的事情或情况，可以是用户操作、数据传输、程序状态变化等。在事件驱动的编程模型中，程序会等待事件的发生，然后根据事件类型和处理程序的注册来执行相应的操作。

举个例子，如果在一个网站中单击了一个按钮，那么这个按钮单击就可以被视为一个事件。网站程序可以注册一个处理函数，用来处理这个事件，例如在按钮单击后打开一个新的窗口或者显示一条提示信息。当用户单击按钮时，程序就会检测到这个事件的发生，并调用相应的处理函数来响应事件。当新的事件到达时，系统就会触发相应的处理程序，对事件进行处理。这种事件驱动的方式可以在保证系统高效运行的同时，实现对实时数据的实时处理。

**2. 增量计算**

流式计算模型还通常采用增量计算的方式进行计算。增量计算是指在不断输入新的数据时，不断更新计算结果的过程。相比于批量计算，增量计算可以更快地响应新数据的到来，在不重新计算全部数据的情况下，通过对新数据的处理来更新先前计算结果的过程。它在大规模数据处理中得到了广泛的应用，可以有效地减少计算量和计算时间。

举个例子，假设需要统计每天某个网站的访问量。使用增量计算的方法，可以将每个访问事件作为一个数据点，并在新的访问事件到来时，对已有的访问量进行增量计算，而不是每次都重新计算所有的访问记录。这样可以减少计算时间和计算资源的使用，提高计算效率。

**3. 状态管理**

流式计算模型需要对连续的数据流进行状态管理。在计算机领域，状态（State）是指一个系统、进程、程序或对象在某一时刻的所有特定数据的值。这些数据可以用于描述系统在某个时间点的特定属性、条件、配置、环境等信息，从而对系统进行描述和控制。

状态可以是临时的、持久化的、分布式的不同类型，包括缓存、计数器、标志位、计算结果等。

在流处理中，状态的变化通常是由事件的到来或者处理的结果触发的，因此状态的更新需要及时响应事件的到来，并保证状态的正确性和一致性。状态管理是流处理中的一个重要问题，不同的流处理框架和系统提供了不同的状态管理方案，如基于内存、基于本地存储、基于分布式存储等。

例如，假设有一个电商平台，需要实时统计每个商品的销售量和库存量。在这种场景下，系统需要维护每个商品的销售量和库存量这两个状态变量。每当有一笔订单的状态发生变化时，即商品被购买或者退货时，系统就需要更新商品的销售量和库存量这两个状态变量。这个过程可以使用流处理框架来实现，通过事件驱动的方式及时更新状态变量，并输出实时的销售统计数据。

状态管理是指对流式数据进行聚合、过滤、排序等操作，以便对数据进行更精细的处理。通常采用状态存储的方式来管理数据的状态。

**4. 分布式计算**

流式计算模型需要支持分布式计算，以满足处理大规模数据流的需求。分布式计算指的是将一个大型计算任务分解成多个子任务，由多个计算节点进行并行计算，最终将结果合并来得到最终结果的一种计算方式。分布式计算可以提高计算任务的效率和可扩展性，适用于处理大规模数据和复杂的计算任务。

分布式计算通常涉及多个计算节点，这些节点之间需要进行通信和协调，以确保计算任务的正确性和可靠性。分布式计算中的关键问题包括任务分配和调度、数据分区和传输、节点故障处理等。

分布式计算的应用广泛，包括数据分析、机器学习、图计算等。常见的分布式计算框架包括 Hadoop、Spark、Flink 等。这些框架提供了丰富的计算库和工具，以简化分布式计算的开发和部署。

分布式计算也存在一些挑战和限制，如节点故障处理、数据一致性、调度复杂度等。因此，分布式计算需要综合考虑多种因素，以确保计算任务的正确性和效率。

流式计算通常采用分布式计算框架，将计算任务分配到不同的计算节点进行并行计算。

**5. 可扩展性**

流式计算模型需要具备良好的可扩展性，以便应对不断增长的数据处理需求。流式计算通常采用分布式架构，可以根据需要添加计算节点，以提高计算能力。

可扩展性是指系统能够在需要时进行水平或垂直方向的扩展，以应对更高的负载和更大的数据规模，同时保持良好的性能和可靠性。具有高可扩展性的系统可以通过添加更多的资源来增加其处理能力，而不会对其他部分产生影响。

在分布式计算中，可扩展性是一个重要的设计目标，因为分布式系统需要处理大量的数据和并发请求。可扩展性的实现需要考虑多个因素，如数据分区、任务划分、负载均衡、数据副本、容错机制等。

一个具有高可扩展性的系统应该具备以下特点：

1）水平扩展：系统能够通过添加更多的节点来增加处理能力，而不会影响其他节点的性能。

2）线性扩展：随着节点数的增加，系统的处理能力可以线性增加，而不是呈现指数级或对数级增长。

3）负载均衡：系统能够动态地分配任务和数据到不同的节点，以保证各个节点的负载均衡。

4）弹性伸缩：系统能够根据负载变化自动增加或减少资源，以保持良好的性能和可靠性。

5）容错性：系统能够在节点故障或网络中断的情况下保持正常运行，以保证数据的一致性和可靠性。

6）数据一致性：系统能够保证节点间数据传输和处理过程中数据的一致性，以避免数据损坏和错误。

一个具有高可扩展性的系统可以应对大量的数据和并发请求，并且能够保持良好的性能和可靠性，因此在分布式计算、云计算、大数据处理等领域得到了广泛的应用。

**6. 容错机制**

流式计算模型需要具备良好的容错性，以确保在计算过程中出现错误或故障时能够正常处理数据流。流式计算通常采用数据流复制和数据备份等方式，以确保数据的安全性和可靠性。

流处理的容错机制是保证数据流的完整性和正确性的关键之一。以下是几种流处理的容错机制。

1）检查点（Checkpoint）机制：检查点机制是一种将数据流的中间结果存储到稳定存储介质中的方法，以防止故障导致数据流的中断和数据丢失。在流处理过程中，周期性地对当前状态进行检查点操作，将状态存储到分布式存储中。当发生故障时，可以从最近的检查点恢复状态，然后继续流处理。

2）故障恢复机制：当发生故障时，流处理系统可以自动检测故障，并进行故障恢复。故障恢复的策略包括故障转移和重试。故障转移是将故障的任务转移到其他节点上执行，以保证数据处理的连续性。重试是在任务执行失败后重新提交任务，直到任务成功执行为止。

3）重启策略：当流处理系统重启时，需要考虑重启的策略，以最小化数据流的停机时间。常见的重启策略包括粗粒度重启和细粒度重启。粗粒度重启指重启整个流处理应用，而细粒度重启指只重启出现故障的任务和其依赖的任务。

通过这些容错机制，流处理系统可以保证数据流的正确性和一致性，确保故障发生时数据流不会中断或丢失，从而提高系统的稳定性和可靠性。

流处理的语义是指数据处理的正确性和一致性，主要包括 3 种语义：精确一次（exactly-once）、至少一次（at-least-once）和最多一次（at-most-once）。

1）精确一次语义是指每条数据在处理过程中只会被处理一次，并且结果会被正确地写入输出。这种语义可以确保数据处理的正确性和一致性，但需要额外的机制来保证，如使用检查点和事务管理器等。

2）至少一次语义是指每条数据至少会被处理一次，但可能会被重复处理多次，导致数据处理的结果不唯一。这种语义可以通过重试机制和缓冲机制来保证数据不会丢失，但需要考虑重复数据的处理问题。

3）最多一次语义是指每条数据可能会被处理零次或一次，但不会被处理多次。这种语义简单易实现，但可能会导致数据丢失或数据处理结果不准确。

为了保证流处理的语义正确性，需要采用相应的容错机制和流处理框架。例如，Apache Flink 框架支持精确一次和至少一次语义，使用检查点和事务管理器来确保数据处理的正确性和一致性。Kafka Streams 框架支持至少一次和最多一次语义，使用消息缓冲和重试机制来保证数据不会丢失。

### 4.1.5 流处理的优化策略

流处理的优化是指通过一系列技术手段来提高流处理系统的性能和效率。下面介绍几种常见的流处理优化技术。

1）算子融合：将多个算子合并为一个算子，避免多次数据交换和内存分配，从而提高计算效率。算子融合的原理是将多个算子的逻辑组合在一起，形成一个更加复杂的算子，减少计算过程中的中间数据存储和传输，从而提高整体的计算效率。算子融合需要考虑算子之间的依赖关系，保证合并后的算子仍然能够正确地处理数据。

2）数据本地性：在节点之间传输数据时，优先选择与目标节点相邻的节点进行数据传输，避免数据在网络中传输，提高数据处理效率。数据本地性的原理是将数据存储在与目标节点相邻的节点上，然后进行传输和处理，避免数据在网络中传输的延迟和带宽瓶颈，提高数据处理的效率。数据本地性需要考虑数据分布和计算任务之间的依赖关系，保证数据能够被及时传输和处理。

3）负载均衡：对于多个节点进行数据分发和处理的场景，通过动态调整任务分配和资源分配，保证各个节点的负载均衡，避免单个节点过载，提高整体处理效率。负载均衡的原理是根据节点的计算能力和负载情况，动态调整任务分配和资源分配，保证每个节点的负载均衡，避免单个节点过载，提高整体的计算效率。负载均衡需要考虑节点之间的通信和协调，保证任务能够正确地分配和执行。

4）数据压缩：对于大数据流的处理，采用数据压缩的技术可以减少网络传输和磁盘存储的成本，提高数据处理的效率。数据压缩的原理是通过压缩算法将数据流压缩为较小的数据块，减少网络传输和磁盘存储的成本，从而提高数据处理的效率。数据压缩需要考虑压缩算法的效率和数据的压缩比率，保证数据能够在压缩和解压缩过程中不出现错误。

5）并行化计算：将计算任务分成多个小任务并行执行，提高计算效率。同时，采用流水线计算的方式，可以充分利用计算资源，提高并行计算的效率。并行化计算的原理是将计算任务分解成多个子任务，然后通过并行执行的方式，同时进行多个子任务的计算，从而提高整体的计算效率。并行化计算需要考虑任务之间的依赖关系和执行顺序，任务之间的依赖关系和执行顺序非常重要。如果不考虑任务之间的依赖关系和执行顺序，那么可能会导致计算结果的错误和不一致性。

例如，假设有两个计算任务 A 和 B，其中任务 B 依赖于任务 A 的输出结果，如果任务 A 和 B 同时并行执行，则可能会导致任务 B 在任务 A 完成之前就开始执行，从而导致错误的结果。因此，需要确保任务 A 先于任务 B 执行，以保证计算的正确性和一致性。

在并行化计算中，通常使用依赖图（Dependency Graph）来表示任务之间的依赖关系和执行顺序。依赖图是一个有向无环图（DAG），其中的每个节点都表示一个计算任务，每个边都表示任务之间的依赖关系。根据依赖图，可以确定任务的执行顺序，以保证计算的正确性和一致性。

## 4.2 Flink 流处理架构

### 4.2.1 Flink 的数据流模型

Flink 的数据流模型是一种基于事件驱动的流处理模型，由数据流和数据分区、数据交换与本地性等概念构成。下面分别介绍这些概念。

**1. 数据流**

Flink 中的数据流是由一系列事件组成的无限序列。事件可以是任何类型的数据，如文本、JSON、二进制数据等。数据流具有一些特性，如可以被无限处理、可以并行处理等。

Flink 支持广泛的数据源，可以灵活地适应各种数据来源。Flink 可以通过以下多种方式获取数据流。

1）从本地文件系统或 HDFS 等分布式文件系统读取数据：Flink 可以通过内置的文件读取器从本地文件系统或 HDFS 等分布式文件系统中读取数据。用户可以指定读取文件的路径、文件格式、数据解析方式等，以便 Flink 能够正确解析数据并将其转换为数据流。此外，Flink 还支持对目录中的所有文件进行批量读取，并支持基于时间或文件大小进行自动滚动。

2）通过 Kafka、RabbitMQ 等消息队列获取数据流：Flink 提供了多个内置的连接器（Connector）来从 Kafka、RabbitMQ 等消息队列中获取数据流。这些连接器可以自动消费消息并将其转换为 Flink 数据流，同时支持高吞吐量和低延迟的消费模式。

3）从套接字、TCP/IP 连接等网络协议获取数据流：Flink 提供了一组内置的网络套接字（Socket）连接器来从 TCP/IP 连接等网络协议中获取数据流。用户可以指定网络连接的 IP 地址、端口号、数据格式等参数来接收数据流，并可以在应用程序中自定义解析和转换数据。

4）通过生成数据源（如从随机数据生成器、周期性数据生成器、有界数据生成器等）获取数据流：Flink 提供了多种内置的数据生成器来生成数据流，如随机数据生成器（RandomSource）、周期性数据生成器（SequenceSource）、有界数据生成器（CollectionSource）等。用户可以通过配置这些数据生成器的参数（如生成数据的类型、数量、速率等）来获取数据流。此外，用户还可以自定义数据生成器来生成符合自己需求的数据流。

**2. 数据分区**

Flink 中的数据流可以被分成多个数据分区，每个分区都包含了数据流的一部分事件。数据分区是数据并行处理的基础，每个分区都可以被一个并行计算任务处理。Flink 支持多种数据分区方式，包括哈希分区、范围分区、随机分区、广播分区等。

通过合理地选择数据分区方式和数据交换方式，可以最大限度地发挥 Flink 的数据流处理能力，提高数据处理效率和性能。接下来介绍不同分区方式的特点和应用场景。

1）哈希分区：将数据根据哈希函数的结果分配到不同的分区中。哈希分区可以保证相同的键值总是被分配到相同的分区中，因此可以用于按键值进行分组聚合操作。但是在数据倾斜的情况下，可能会导致某些分区的数据量远大于其他分区，需要进行特殊处理。当需要根据某个关键字对数据进行分组时，可以使用哈希分区。例如，将交易数据按照用户 ID 进行分组，以便进行用户行为分析。

2）范围分区：将数据按照一定的范围进行分配，如按照时间范围或者数值范围。范围分区可以保证每个分区中的数据量相对均匀，适用于一些有序数据集的处理场景。当需要将数据按照一定的顺序进行分区时，可以使用范围分区。例如，将用户行为数据按照时间顺序进行分区，以便进行时序分析。

3）随机分区：将数据随机地分配到不同的分区中。随机分区可以保证每个分区中的数据量相对均匀，但是由于数据分布的不确定性，可能会导致一些分区的数据量远大于其他分区。需要随机分配数据到各个分区时，可以使用随机分区。例如，将实时日志数据随机分配到各个分区，以便进行实时监控。

4）广播分区：将数据复制到所有的分区中，适用于需要在所有任务中使用相同的数据集的场景。由于数据的冗余复制，广播分区的内存占用和网络传输的成本较高，需要注意控制数据规模。当需要将某个数据集广播到所有分区时，可以使用广播分区。例如，在某些情况下需要将某个配置文件广播到所有分区，以便所有任务都可以访问该配置文件。

需要注意的是，不同的分区方式可能会对数据的处理效率和负载均衡产生不同的影响，因此需要根据具体的应用场景进行选择和调优。

**3. 数据交换与本地性**

Flink 中的数据流分区之间需要进行数据交换，数据交换是数据并行处理的关键环节。Flink 采用网络通信进行数据交换，同时采用基于内存和磁盘的数据缓存技术来优化数据交换的效率。在进行数据交换时，采用异步非阻塞的方式，即发送数据时不需要等待接收方的响应，而是将数据放入缓存区并继续执行后续操作，接收方在数据到达时进行处理。Flink 的数据交换机制支持流水线和异步双重优化，即通过流水线将多个操作合并为一个操作，同时异步发送和接收数据，从而最大限度地减少网络通信和缓存等操作的开销，提高数据交换的效率。

为了避免网络通信成为性能瓶颈，Flink 还引入了本地数据流水线技术，即将同一个任务的不同子任务之间的数据交换优先放在本地执行，具体来说，当一个任务被划分为多个子任务时，每个子任务都会被分配到不同的线程中执行。在执行过程中，如果某个子任务需要获取其他子任务产生的数据，那么 Flink 会尽可能地让这些数据在本地进行交换，而不是通过网络传输，即在任务调度时优先将数据和计算任务调度到相同的物理节点上，避免网络传输和磁盘读写。这样可以大大减少网络通信的开销，提高处理速度。

在实现上，Flink 会为每个线程分配一个本地缓存区，用于存储其他线程产生的数据。当一个线程需要获取其他线程产生的数据时，会优先从本地缓存区中获取，如果没有，则会通过网络获取。同时，Flink 还会根据数据分布情况和线程负载情况等因素，动态调整本地数据流水线的长度和宽度，以最大化地利用计算资源和减少网络通信的开销。

### 4.2.2　算子

Apache Flink 的算子是 Flink 流式计算模型中的基本处理单元，用于对数据流中的事件进行处理。算子是将数据处理逻辑组织在一起的途径，可以联合形成复杂的数据处理流程。Flink 提供了多种类型的算子，包括转换算子、聚合算子、窗口算子、连接算子、分区算子等，它们可以通过组合使用来构建复杂的数据处理流程。算子可以接收一个或多个数据流，对输入数据进行处理，产生一个或多个输出数据流。算子通常是并行执行的，即可以同时处理多个数据流分区。算子的作用是实现数据的转换和计算，可以用于实现各种不同的数据处理任务，如数据清洗、数据分析、数据挖掘等。

下面是一些常见的 Flink 算子示例。

1）Map：对数据流中的每个事件应用函数，生成一个新的事件。

2）Filter：通过使用给定的函数，从数据流中选择所需的事件。

3）Reduce：对数据流中的事件进行分组和聚合，以生成一个更小的数据集。

4）Window：通过对数据流中的事件进行分组，在给定的时间窗口内对事件进行聚合和处理。

5）KeyBy：对数据流中的事件进行分组，并按照给定的键对事件进行分组。

6）Aggregate：对数据流中的事件进行分组和聚合，生成一个更小的数据集。

这些算子可以结合使用，以形成复杂的数据处理流程。例如，可以使用 Map 算子对数据进行转换，然后使用 Filter 算子进行过滤，最后使用 Reduce 算子进行聚合。

### 4.2.3 Flink 的状态管理

Flink 的状态管理是指在流处理中，为了处理连续的事件流并产生正确的结果，需要维护一些状态信息，如计数器、累加器等。Flink 的状态管理模块负责管理这些状态信息，并提供一致性和可靠性保障，确保在故障恢复和重启后能够正确地恢复状态。

Flink 的状态管理有两种模式：内存模式和外部存储模式。内存模式是指将状态信息保存在内存中，适用于数据量较小、计算任务简单的场景。外部存储模式是指将状态信息保存在外部存储介质中，如 HDFS、RocksDB 等，适用于数据量较大、计算任务复杂的场景。

Flink 的状态管理还支持两种不同的一致性保障机制：exactly-once 和 at-least-once。exactly-once 机制保证结果的精确一致性，即每个事件都被处理一次且仅一次，重启后状态能够恢复到处理失败前的状态。而 at-least-once 机制保证结果的最少一致性，即每个事件都可能被处理多次，重启后状态能够恢复到处理过的某一个状态。

为了优化状态管理的性能，Flink 采用了一系列技术手段，如状态的快照、增量检查点、异步快照等。状态的快照是指将状态信息保存到外部存储介质中，以备重启时使用。增量检查点是指只对状态变化进行保存，避免全量保存带来的性能开销。异步快照是指将状态的快照和计算任务分开进行，以避免阻塞计算任务的执行。

### 4.2.4 Flink 的容错机制

Flink 的容错机制是保证流处理应用程序在出现故障或异常情况下仍能正确执行的重要保障。Flink 的容错机制主要包括以下几个方面。

1）Checkpoint 机制：Flink 通过定期创建 Checkpoint 的方式来保证流处理的容错性。Checkpoint 是一种快照，包含了应用程序当前状态的所有信息，包括所有运行中任务的状态和数据，以及应用程序的配置信息。在应用程序出现故障时，Flink 可以使用最近的 Checkpoint 来恢复应用程序的状态，从而避免数据丢失和重复计算。

2）重启策略：Flink 提供了多种重启策略，以便在应用程序出现故障时能够快速恢复。Flink 的重启策略包括固定延迟重启、失败率重启、无限重启等。每种重启策略都可以根据应用程序的需求进行配置，以实现最优的恢复效果。

3）状态后端：Flink 的状态后端是一种可插拔的模块，用于管理应用程序的状态。Flink 提供了多种状态后端，包括内存、RocksDB、HDFS 等。不同的状态后端具有不同的优缺点，可以根据应用程序的需求进行选择和配置。

4）故障恢复机制：Flink 的故障恢复机制是指在应用程序出现故障后如何恢复数据和状态

的机制。Flink 通过优化数据分区和数据交换等方式来提高恢复速度和效率。同时，Flink 还支持基于保存点的故障恢复，可以通过保存点来快速恢复应用程序的状态和数据。

### 4.2.5　Flink 在流计算中的优化

在流计算中，Flink 有以下优化策略。

1）算子链合并：将多个算子合并成一个算子，避免数据交换和内存分配，提高计算效率。

2）状态后端优化：Flink 支持将状态存储在内存、文件系统、RocksDB 等多种状态后端中，可以根据数据量和处理任务的实际情况选择合适的状态后端，提高状态管理的效率。

3）数据本地性优化：在节点之间传输数据时，优先选择与目标节点相邻的节点进行数据传输，避免数据在网络中传输，提高数据处理效率。

4）负载均衡优化：对于多个节点进行数据分发和处理的场景，通过动态调整任务分配和资源分配，保证各个节点的负载均衡，避免单个节点过载，提高整体处理效率。

5）数据压缩优化：对于大数据流的处理，采用数据压缩技术可以减少网络传输和磁盘存储的成本，提高数据处理的效率。

6）并行化计算优化：将计算任务分成多个小任务并行执行，提高计算效率。同时，采用流水线计算的方式，可以充分利用计算资源，提高并行计算的效率。

7）数据分区优化：合理选择数据分区策略，避免数据倾斜和资源浪费，提高数据处理效率。

8）状态管理优化：根据实际的状态管理需求，选择适合的状态后端和状态管理方式，提高状态管理的效率。同时，合理控制状态的大小，避免过大的状态占用过多的内存和磁盘资源，从而影响整体性能。

9）网络通信优化：合理设置网络缓冲区大小和数据序列化方式，避免网络传输成为性能瓶颈，提高数据处理效率。

10）内存管理优化：根据任务的实际需求和数据规模，合理设置内存分配和回收策略，避免内存溢出和频繁的内存回收，提高任务的执行效率。

## 4.3　Flink 集群架构

### 4.3.1　集群组件的协作

Flink 是一个用于大规模流式数据处理的开源框架，能够实现高效、准确、容错的实时数据处理。Flink 的集群由多个计算节点（TaskManager）组成，其中的每个节点都可以运行多个任务（Task）。这些任务会被分配到不同的计算节点上运行，并且可以并行处理多个数据流，从而提高计算效率和吞吐量。

Flink 集群中包括一个主节点（JobManager）和多个工作节点（TaskManager）。主节点负责任务调度、协调和管理，工作节点负责实际的计算任务。在任务提交之后，主节点会根据任务的数据依赖关系将任务分配给不同的工作节点进行并行计算，这些工作节点之间会通过网络传输数据以完成任务。

下面是 Flink 集群各组件的工作流程。

**1. 编写 Flink 程序**

在 Flink 中，用户可以使用 Java、Scala 或 Python 等语言编写程序。另外，利用 Flink 提供的 API 来构建 Flink 程序。Flink 程序的核心组件是算子（Operator），算子是 Flink 数据处理过程中的基本单元，用于对输入数据进行处理和转换，生成输出数据。

Flink 提供了许多不同类型的算子，包括数据源算子（Source）、数据转换算子（Transformation）和数据汇算子（Sink）等。数据源算子用于读取数据，将数据源的数据转换为 Flink 内部数据结构；数据转换算子可对数据进行计算和转换，通常是对数据进行处理、过滤、聚合等操作；数据汇算子用于将处理后的数据输出到外部存储系统。

Flink 程序通常由一个或多个算子组成，算子之间通过数据流连接在一起。通过 Flink 的 API，用户可以定义程序中的算子以及它们之间的数据流。

在程序执行之前，Flink 会将程序转换为一个程序数据流图（Program Dataflow），程序数据流图由用户编写的 Flink 程序通过 Flink API 生成，描述了算子之间的数据流关系，以及数据的转换和传输路径，它是一个逻辑表示，并不涉及具体的执行细节。程序数据流图通常是一个有向无环图，其中，节点表示算子，边表示数据流。

**2. 构建数据流图**

在 Flink 应用程序执行之前，Flink 会将用户编写的程序转换为一个程序数据流图，然后由优化器对该图进行优化，生成优化后的数据流图。数据流图中的每个算子都对应了一个或多个任务，这些任务可以被分配到不同的节点或者处理资源上进行并行执行，经过优化后，这个图包含所有算子的逻辑关系、数据流的划分、输入/输出的连接方式以及每个算子的并行度等信息，以达到更好的并行度和资源利用率。

优化后的数据流图可以更加高效地执行 Flink 程序，以提高程序的处理效率，同时也可以更好地适应不同的数据规模和处理场景。因此，数据流图和优化器是紧密相关的，优化器的作用是将数据流图转换为更加高效的执行计划。

数据流图的构建是一个重要的步骤，它决定了整个 Flink 程序的执行方式和性能。在构建数据流图的过程中，Flink 会对程序进行语法分析和语义分析，确保程序的正确性。对于复杂的 Flink 程序，构建数据流图是一个非常耗时的过程，需要耗费大量的计算资源和时间。因此，Flink 提供了一些优化技术，如基于规则的优化和基于成本的优化，以加快构建数据流图的过程并提高程序的性能。

**3. 客户端提交任务**

在客户端提交任务前，需要对任务进行一些配置，如设置任务名称、任务并行度、输入/输出路径等。提交任务后，客户端会向 JobManager 发送优化后的数据流图，客户端负责管理 Flink 程序的生命周期，包括程序的提交、取消、查询状态等操作。客户端可以通过 Flink 提供的 API 或者命令行工具进行任务的提交和管理，具体操作取决于用户的需求。提交任务时，客户端会将优化后的数据流图发送给 Flink 集群，Flink 集群会根据数据流图中的信息进行任务的调度和执行。在任务执行期间，客户端可以查询任务的状态、进度等信息，以便进行监控和管理。

**4. JobManager 分配任务**

JobManager 会对数据流图进行解析，生成一个 ExecutionGraph。ExecutionGraph 是 Flink 内部用于执行任务的数据结构，它是 Flink 作业的物理表示，描述了 Flink 作业在集群中的具体执行计划。ExecutionGraph 中包含了任务执行所需的所有信息，如任务的拓扑结构、各个算子的执行顺序和任务的资源需求等。

ExecutionGraph 是 Flink 中执行任务的主要组件之一，用于表示整个作业的执行计划和调度。它是在优化后的 Dataflow Graph 的基础上构建的，包含了任务的调度、执行顺序、依赖关系、数据流分区等信息。ExecutionGraph 将整个作业分解为多个执行单元，即 ExecutionVertex，并在作业执行过程中对 ExecutionVertex 进行调度和管理。ExecutionGraph 还提供了作业监控和故障恢复等功能。

一旦 ExecutionGraph 生成，JobManager 就会为其分配一个 JobID，然后将 ExecutionGraph 发送给 TaskManager，开始执行任务。在任务执行期间，JobManager 会监控任务的状态和进度，如果任务失败或者发生异常，JobManager 会尝试重新执行任务或者通知客户端任务失败的消息。任务执行完成后，JobManager 会将任务的状态和结果返回给客户端。

**5. TaskManager 执行任务**

TaskManager 是 Flink 集群中实际执行计算任务的组件。一旦 JobManager 将任务分配给 TaskManager，它就负责在它的本地环境中执行任务。具体来说，TaskManager 会根据 ExecutionGraph 的指令读取数据源，执行算子操作，然后将计算结果写回数据源或发送到下一个算子。每个 TaskManager 都可以同时执行多个任务和多个算子，并根据需要动态分配和回收资源。同时，TaskManager 还负责将计算结果汇总和发送给 JobManager，以便最终生成输出结果，整体流程如图 4-2 所示。

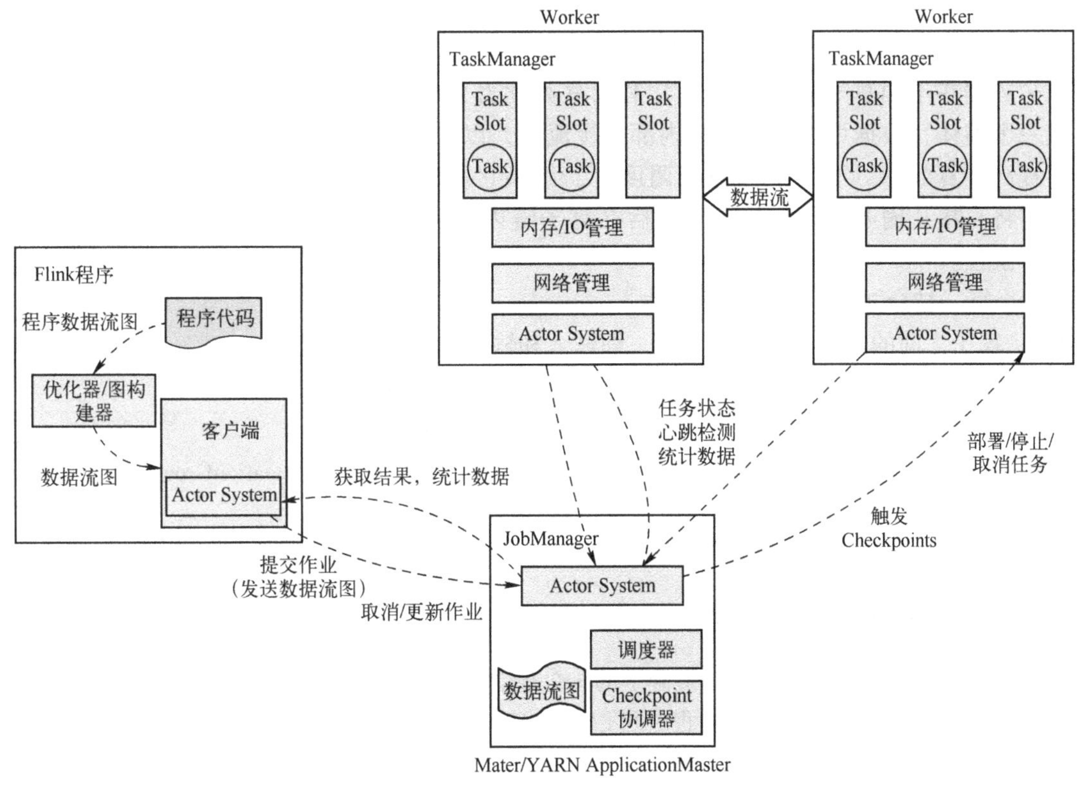


图 4-2　TaskManager 执行任务整体流程图

在上述流程中，Actor System 是 Flink 分布式架构的核心组件之一，它负责管理 Flink 集群中的所有进程（如 JobManager 和 TaskManager）之间的通信。Actor System 是基于 Akka 框架实现的，使用 Actor 模型来实现进程间通信，每个 Actor 都有自己的状态和邮箱。在 Flink 中，每个 TaskManager 都会创建一个 Actor，以便 JobManager 可以向其发送指令，如分配任务、监控任务等。同时，每个 JobManager 也会创建一个 Actor，以便与其他 JobManager 进行通信，如进行作业调度。Actor System 还负责维护 Flink 集群中的所有 Actor 的生命周期，并处理 Actor 的失败和恢复。

### 4.3.2 Task 和算子链

在 Flink 中，一个任务（Task）代表了数据流图中的一个算子实例在 TaskManager 中的运行。任务负责消费输入数据，并执行对应的算子函数对数据进行转换和处理，然后将处理后的数据发送给下游任务或输出到外部系统。

在 Flink 中，一个算子可以被分解为一个或多个任务，一个任务进一步可以分解为一个或多个子任务。任务在这里可以理解为一个独立的执行线程，它拥有自己的执行环境和资源。子任务则是这个执行线程内部的并行执行单元，它们共享该线程的资源。在 Flink 的数据流模型中，数据在各个任务之间进行流转，而任务是执行这些数据操作的最小单位。

在 Flink 中，算子和任务之间的关系是通过任务分配和并行度控制实现的。根据数据流图中每个算子的并行度，JobManager 会将任务分配给 TaskManager，一个 TaskManager 可以运行多个任务。在 TaskManager 中，一个任务可以包含多个子任务，每个子任务可以并行处理算子的输入数据。同时，任务之间也可以共享数据流分区，从而提高整个任务执行的效率。

为了提高计算效率，Flink 还支持将多个算子合并为一个算子链（Operator Chain），从而减少数据在不同算子之间的序列化和反序列化开销。算子链可以将多个算子连接起来，形成一个整体，数据可以在算子链内部直接流转，以减少不必要的数据序列化和反序列化，从而提高计算效率。当一个任务被调度时，如果它所对应的算子被包含在某个算子链中，那么它将直接从输入流接收数据，然后在算子链内部进行计算，最后再将处理后的数据发送到下游任务中。

两个算子被合并需要满足以下条件：

1）算子之间的边界类型必须一致，即输入和输出类型必须匹配。

2）算子必须在同一个任务链上，即算子之间不能有其他算子。

3）算子的并行度必须一致，即两个算子的并行度相同。

4）算子的合并不会受到外部设置的限制，如通过设置 CoLocationGroup 或使用 DisableChaining 属性来明确禁止算子的链式合并。

5）合并后的算子的并行度不能超过下游算子的并行度，否则会导致任务资源浪费。

### 4.3.3 Task Slots 和资源管理

Task Slots（任务槽）是 Flink 集群中的一个概念，用于描述 TaskManager 的资源管理方式。每个 TaskManager 都是一个 JVM 进程，可以在单独的线程中执行一个或多个 Subtask。为了控制一个 TaskManager 中接收多少个 Task，就有了所谓的 Task Slot（至少一个）。每个 TaskManager 都有一定数量的 Task Slot，用于运行任务。Task Slot 的数量和资源占用（如 CPU、内存）由用户在启动集群时进行配置。例如，一个 TaskManager 有 3 个 Task Slot，则 TaskManager 的内存资源会被均分为每个 Task Slot 分配一份，这意味着每个 Task Slot 都有一定数量的 TaskManager 内存资源可供使用。

这种资源分配方式可以保证每个 Task 所需的内存资源都能得到保障，同时也可以避免不同作业之间的 Task 之间因为内存资源竞争而出现互相影响的情况。

需要注意的是，目前的 Task Slot 并没有对 CPU 进行隔离，而是仅仅分配 Task 所需的内存资源。这意味着如果同一个 TaskManager 上运行的多个 Task 都需要高 CPU 计算，那么它们可能会在 CPU 上互相竞争。

在一个 TaskManager 中，Task Slot 可以被看作并行度的单位，Flink 的并行度可以通过配置 Task Slot 的数量来控制，Flink 会将算子的子任务分配到不同的 Task Slot 上，以实现任务的并行执行。一个 TaskManager 上的所有 Task Slot 共享该 TaskManager 的资源。当一个任务在一个 TaskManager 上运行时，它会占用一个 Task Slot。如果一个 TaskManager 上的所有 Task Slot 都被占用了，则该 TaskManager 上就无法再运行新的任务。

任务分配器会将任务分配给合适的 TaskManager 上的 Task Slot，使任务可以在 Flink 集群中运行。任务分配器会根据各个 TaskManager 上的资源使用情况来决定将任务分配到哪个 TaskManager 上的 Task Slot。如果 TaskManager 的 Task Slot 数量不够，则可能会导致任务无法分配到合适的 Task Slot，从而无法运行。

默认情况下，Flink 允许 Subtask 共享 Slot，即便它们是不同 Task 的 Subtask，只要是来自同一作业即可。结果就是一个 Slot 可以持有整个作业管道。允许 Slot 共享有两个主要优点：

1）Flink 集群所需的 Task Slot 和作业中使用的最大并行度恰好一样。

2）由于 Slot 的共享性，我们不必单独考虑具有不同并行度的任务，而可以更简单地对资源进行管理。如果没有 Slot 共享，非密集 Subtask（source/map()）将阻塞和密集型 Subtask（window）一样多的资源。

通过 Slot 共享，可以充分利用分配的资源，同时确保繁重的 Subtask 在 TaskManager 之间公平分配。

假设有一个 Flink 程序，包括 3 个任务，每个任务的并行度分别为 2、4 和 3。默认情况下，Flink 允许 Subtask 共享 Slot，因此，如果有两个 TaskManager，每个 TaskManager 都有 3 个 Slot，那么可以将任务 1 的 2 个 Subtask 和任务 2 的其中 2 个 Subtask，以及任务 3 的其中 2 个 Subtask 都放在第一个 TaskManager 上相同的两个 Slot 中，将任务 2 剩下的 2 个 Subtask 放在第二个 TaskManager 的两个 Slot 中，对于剩下的任务 3 的最后一个 Subtask，可以放在第二个 TaskManager 中和任务 2 的 Subtask 所在的 2 个 Slot 的任意一个中，这样每一个 TaskManager 就有一个空闲的 Slot。这意味着整个程序只需要 2 个 TaskManager 和 4 个 Slot 来运行，而不是按照最大并行度（4+3+2=9）计算所需的 9 个 Slot。

这样就可以充分利用分配的资源，繁重的 Subtask 不会被阻塞，同时非密集 Subtask 不会浪费不必要的资源。

## 4.4　习题

1）流处理和批处理在数据处理速度、延迟、准确性等方面有何不同？如何优化流处理和批处理的性能？

2）Flink 中的 Task 是如何执行的？它的执行流程是什么？

3）Flink 中的算子链是什么？它的作用是什么？

4）什么是 Task Slots？它在 Flink 中的作用是什么？

5）Flink 中的 Task Slots 是如何进行资源隔离和管理的？

# 第 5 章 流处理 API

本章将介绍 Flink 流处理的 API，包括数据源、数据转换和数据汇总等操作。读者将学习如何使用 Flink 的 API 构建流处理应用程序，并进行实时数据处理和转换操作。

## 5.1 基本使用

### 5.1.1 DataStream 是什么

在 Flink 中，使用 DataStream API 可以对数据流进行各种转换，如过滤、状态更新、定义窗口和聚合操作。数据流的起点可以是各种不同的源，如消息队列、套接字流或者文件。最终结果可以通过 Sink 返回，如将数据写入文件或者输出到标准输出（如命令行终端）。Flink 程序可以在各种上下文中运行，可以独立运行，也可以嵌入其他程序中。任务可以运行在本地 JVM 中，也可以运行在由多台机器组成的集群中，以满足不同规模和需求的应用场景。使用 DataStream API，可以构建具有高可靠性、高吞吐量、低延迟的实时数据处理应用程序。

DataStream API 是 Flink 提供的用于处理数据流的一套 API，其中，DataStream 类用于表示数据集合。不同于常规的 Java 集合，DataStream 是不可变的，这意味着一旦创建，就不能添加或删除元素。相反，需要使用 DataStream API 提供的转换（Transformation）操作来处理它们。

DataStream API 可以处理有界数据集（Bounded）和无界数据集（Unbounded），并且支持各种类型的数据源（如消息队列、套接字流和文件等）。在 Flink 程序中，可以通过添加 Source 操作来创建一个初始的 DataStream，然后通过对 DataStream 应用一系列转换操作（如 map、filter、keyBy 等）派生出新的流，并将它们连接在一起。最后，可以将处理结果通过 Sink 操作返回，如将数据写入文件或标准输出。

除了常规的转换操作外，DataStream API 还支持窗口（Window）和状态（State）的处理。窗口可以用于将无限数据流划分为有限大小的块，以便对它们进行处理。状态则用于维护 Flink 程序中的中间结果，使得程序可以跨不同时间窗口或数据流段进行计算。

Flink 的 Scala DataStream API 位于 org. apache. flink. streaming. api. scala 包中。其中一些核心类包括：

- StreamExecutionEnvironment：执行流处理的环境。
- DataStream：代表一个数据流，可以对其进行转换和操作。
- KeyedStream：代表一个被分区为 KeyedStream 的数据流，可以进行按 Key 分组的操作。
- WindowedStream：代表一个经过窗口划分的数据流，可以进行按窗口操作。
- WindowAssigner：窗口分配器，定义如何将元素分配到窗口中。
- Trigger：触发器，定义如何在窗口中触发计算操作。

- Evictor：驱逐器，定义如何从窗口中删除元素。
- WindowFunction：窗口函数，定义窗口的计算操作。

还有许多其他的类和接口，如 ReduceFunction、MapFunction、FilterFunction 等，用于定义各种流处理操作和转换。

Flink 的 Scala DataStream API 提供了一种类型安全的方式来操作流数据。其整体结构可以分为以下几个部分。

1）Source：数据源。可以从各种数据源中读取数据，如 Kafka、Socket、文件等。可以使用 StreamExecutionEnvironment. fromXXX()方法创建一个数据源。

2）Transformation：转换操作。Flink 提供了许多转换操作来处理流数据，如 map、filter、reduce 等。可以使用 DataStream 对象上的各种方法来进行转换操作。

3）Window：窗口操作。Flink 支持各种窗口操作，如滚动窗口、滑动窗口、会话窗口等。窗口操作可以在转换操作后应用，如 window()、timeWindow()、countWindow()等。

4）KeyedStream：键控流。Flink 的键控流是指按照某个或某些键进行分组的流数据。可以使用 keyBy()方法将 DataStream 对象转换为 KeyedStream 对象，并在 KeyedStream 对象上应用聚合操作，如 reduce()、fold()、aggregations()等。

5）Sink：数据下沉。可以将处理后的数据写入各种下游系统中，如 Kafka、HDFS、数据库等。可以使用 writeToSink()方法将 DataStream 对象写入下游系统中。

### 5.1.2 基础程序

虽然 Flink 程序看起来像一个转换 DataStream 的常规程序，但实际上它是一个分布式计算程序，可以在多个计算节点上同时执行转换操作。每个程序都包含以下基本操作。

1）获取执行环境：Flink 程序需要获取一个执行环境，它提供了在本地或分布式集群上运行程序所需的上下文信息。执行环境包括 Flink 集群配置、执行模式（本地模式或分布式模式）和资源管理器（ResourceManager）等信息。在获取执行环境后，程序可以创建数据源、指定数据转换操作等。

2）加载/创建初始数据：Flink 程序需要加载或创建初始数据，这些数据可以来自各种来源，如文件、消息队列、套接字流等。一旦获取了数据源，程序就可以对数据进行预处理，如解析数据、转换数据格式等。

3）指定数据相关的转换：Flink 程序的核心是对数据流进行转换。通过 DataStream API，程序可以进行各种操作，如 map、filter、reduce、keyBy、window、Join 等。这些操作会生成新的数据流，并且可以在这些新的数据流上进行进一步的转换操作。

4）指定计算结果的存储位置：Flink 程序需要指定计算结果的存储位置，这可以是文件、数据库、消息队列等。程序可以通过 Sink API 将数据写入指定的存储位置。

5）触发程序执行：Flink 程序需要触发程序的执行，这可以通过执行环境的 execute()方法来实现。在执行过程中，Flink 会自动管理任务并将任务分配到集群中的计算节点上进行并行计算。程序执行完成后，Flink 会将计算结果返回给指定的存储位置。

**1. 获取执行环境**

StreamExecutionEnvironment 是 Flink 中用于配置和控制流处理任务执行的入口类，它提供了执行环境，包括创建数据源、设置并行度、指定数据流转换操作等，其中用于获取执行环境的方法有以下 3 个：

```
getExecutionEnvironment();
createLocalEnvironment();
createRemoteEnvironment(String host, int port, String... jarFiles);
```

- getExecutionEnvironment()方法返回一个本地执行环境或远程执行环境，具体取决于当前 Flink 程序的运行模式。如果程序正在本地运行，那么返回的将是一个本地执行环境，否则返回的将是一个远程执行环境。在本地执行环境下，Flink 程序会以单机模式运行，所有的数据源和数据流转换操作都会在同一个 JVM 中执行；而在远程执行环境下，Flink 程序会在集群中运行。
- createLocalEnvironment()方法用于创建一个本地执行环境。在本地执行环境下，Flink 程序会以单机模式运行，所有的数据源和数据流转换操作都会在同一个 JVM 中执行。它通常在开发和测试阶段进行本地调试。
- createRemoteEnvironment()方法用于创建一个远程执行环境。在远程执行环境下，Flink 程序会在集群中运行。这个方法需要指定 Flink 集群的地址和端口号。它通常在生产环境下执行 Flink 应用程序。

通常情况下，使用 getExecutionEnvironment()即可。

**2. 设置执行模式**

StreamExecutionEnvironment 提供 setRuntimeMode()方法来设置 Flink 的执行模式（Execution Mode），也就是指定 Flink 是以流处理模式（Streaming Mode）还是批处理模式（Batch Mode）执行。该方法的定义如下：

```
def setRuntimeMode(executionMode: RuntimeExecutionMode):
StreamExecutionEnvironment
```

其中，RuntimeExecutionMode 参数用于指定执行模式，它是一个枚举类型，包含以下两个值。

- RuntimeExecutionMode.STREAMING：表示流处理模式，这是 Flink 的默认模式，数据会以连续不断的流的形式进行处理。
- RuntimeExecutionMode.BATCH：表示批处理模式，数据以批次的形式进行处理，Flink 会在处理每个批次时停止输入数据，并在完成整个批次后继续读取下一个批次。

下面是一个简单的示例，展示如何使用 StreamExecutionEnvironment 设置 Flink 作业的运行模式并执行一个简单的计算：

```
import org.apache.flink.api.common.RuntimeExecutionMode
import org.apache.flink.streaming.api.scala._

object StreamExecutionModeExample {
  def main(args: Array[String]): Unit = {

    //设置作业的运行模式
    val env = StreamExecutionEnvironment.getExecutionEnvironment
    env.setRuntimeMode(RuntimeExecutionMode.STREAMING)
    //创建数据流
    val stream:DataStream[String] = env.fromElements("hello", "world", "flink")
    //执行计算
    val result:DataStream[String] = stream.map(_.toUpperCase())
    //输出结果
```

```
        result.print()
        //执行作业
        env.execute("StreamExecutionModeExample")
    }
}
```

### 3. 指定数据源

执行环境提供了很多便捷的方法来指定数据源，也就是 DataSource，支持使用各种方法从文件中读取数据，可以直接逐行读取数据（像读 CSV 文件一样），或使用任何第三方提供的 Source。如果只是将一个文本文件作为一个行的序列来读，则可以使用 readTextFile()：

```
val env = StreamExecutionEnvironment.getExecutionEnvironment()
val text:DataStream[String] = env.readTextFile("file:///path/to/file")
```

### 4. 数据流转换

readTextFile()方法会生成一个 DataStream，接着可以在此 DataStream 的基础上完成各类转换操作，派生出新的 DataStream，可以调用 DataStream 上具有转换功能的方法来应用转换。例如，一个 map 的转换如下：

```
val input: DataSet[String] = ...
val mapped = input.map { x => x.toInt }
```

上述操作会把原始集合中的每一个字符串转换为一个整数来创建一个新的 DataStream。一旦有了包含最终结果的 DataStream，就可以通过创建 Sink 把它写到外部系统。下面是一些用于创建 Sink 的示例方法：

```
writeAsText(path: String)
print()
```

### 5. 执行程序

程序主要逻辑编写完成后，需要调用 StreamExecutionEnvironment 的 execute()方法来触发程序执行，根据 ExecutionEnvironment 的类型，执行会在本地机器上触发，或将程序提交到某个集群上执行，execute()方法将等待作业完成，然后返回一个 JobExecutionResult，其中包含执行时间和累加器结果。

如果不想等待作业完成，则可以通过调用 StreamExecutionEnvironment 的 executeAsync()方法来触发作业异步执行。它会返回一个 JobClient，用户可以通过它与刚刚提交的作业进行通信。

```
final JobClient jobClient = env.executeAsync();
final JobExecutionResult jobExecutionResult =
jobClient.getJobExecutionResult().get();
```

程序执行的最后一部分对于理解何时以及如何执行 Flink 算子是至关重要的。在 Flink 中，所有的算子都被延迟执行，即当程序的 main()方法被执行时，数据加载和转换不会直接发生，而是创建算子并添加到有向图中的 Dataflow 中。当调用执行环境的 execute()方法时，Flink 才会真正开始执行这些算子。

这种延迟计算的机制使得 Flink 能够构建和执行非常复杂的流处理程序，因为程序被视为一个整体的计划单元，而不是一系列独立的操作。这种机制也使得 Flink 能够更好地优化执行计划，以便在不同的数据流处理场景中实现更高的性能。

下面是一个完整的、可运行的程序示例，它是基于流窗口的单词统计应用程序，计算 5 s

内来自 Web 套接字的单词数。读者可以复制并粘贴代码以在本地运行。

```
import org. apache. flink. streaming. api. scala. _
import org. apache. flink. streaming. api. windowing. time. Time
import org. apache. flink. streaming. api. windowing. assigners. TumblingProcessingTimeWindows
objectWindowWordCount {
  def main( args: Array[ String] ) {
    val env = StreamExecutionEnvironment. getExecutionEnvironment
    val text =env. socketTextStream( "192. 168. 80. 100" , 9999)
    val counts = text. flatMap { _. toLowerCase. split( " \\W+" ) filter { _. nonEmpty } }
      . map { (_, 1) }
      . keyBy(_. _1)
      . window( TumblingProcessingTimeWindows. of( Time. seconds( 5) ) )
      . sum( 1)
    counts. print( )
    env. execute( " Window Stream WordCount" )
  }
}
```

要运行示例程序，首先从终端使用 netcat 启动输入流：

```
nc -lk 9999
```

### 5.1.3 并行度的设置

在 Flink 中，算子可以在一个或多个并行任务中执行，称为算子的并行度。并行度定义了一个算子来处理输入数据的并发任务的数量。

在 Flink 中，可以通过以下方式设置并行度。

1）全局设置：可以在配置文件 flink-conf. yaml 中设置默认的并行度，即所有 Job 的默认并行度，通过设置以下属性实现：

```
parallelism. default: 4
```

2）数据源设置：对于 Source，可以通过 setParallelism( ) 方法设置并行度。例如：

```
val env = StreamExecutionEnvironment. getExecutionEnvironment
val stream:DataStream[ String] = env. fromElements( "foo" , "bar" )
stream. setParallelism( 2)
```

3）算子操作设置：对于算子操作，可以通过 setParallelism( ) 方法设置并行度。例如：

```
val env = StreamExecutionEnvironment. getExecutionEnvironment
val stream:DataStream[ String] = ...
val result:DataStream[ String] = stream. map( _. toUpperCase) . setParallelism( 3)
```

4）运行时配置：可以在提交 Job 时通过 ExecutionConfig#setParallelism( ) 方法设置并行度。例如：

```
val env = StreamExecutionEnvironment. getExecutionEnvironment
env. setParallelism( 2)                    // 全局设置并行度
val config =env. getConfig
config. setParallelism( 3)                 // 运行时设置并行度
val stream:DataStream[ String] = ???
val result:DataStream[ String] = stream. map( _. toUpperCase)
result. print( )
env. execute( )
```

以上方法的优先级依次递增，即运行时配置的并行度最高，最终的并行度以该配置为准。

需要注意的是，并行度不能超过 Task Slots 数量。Task Slots 是 Flink 中最基本的资源单位，每个 Task Slots 对应一个线程。一个 Flink 集群的 Task Slots 数量是有限的，如果并行度超过 Task Slots 数量，则有些任务必须要等待空闲的 Task Slots 才能执行，这会导致任务延迟和性能下降。因此，通常情况下，应该将并行度设置为不超过 Task Slots 数量的值，以最大化资源利用率和任务执行效率。

下面是使用 Scala 编写的示例程序，该程序演示了如何在 Flink 中设置并行度：

```
import org.apache.flink.streaming.api.scala._

object ParallelismExample {
  def main(args: Array[String]): Unit = {
    val env = StreamExecutionEnvironment.getExecutionEnvironment
    //全局设置并行度为 3
    env.setParallelism(3)
    val dataStream = env.socketTextStream("localhost", 9999)
    val mappedStream = dataStream
      .flatMap(line => line.split(""))
      //局部设置并行度为 2
      .setParallelism(2)
      .map(word => (word, 1))
      //局部设置并行度为 4
      .setParallelism(4)
      .keyBy(_._1)
      .sum(1)
    mappedStream.print()

    env.execute("Parallelism Example")
  }
}
```

在此示例中，首先使用 env.setParallelism()方法设置全局并行度为 3。然后，创建一个从本地套接字读取数据的 DataStream，并在其上应用 flatMap()和 map()算子。在 flatMap()上使用 setParallelism()方法设置局部并行度为 2，在 map()上设置局部并行度为 4。最后，通过 keyBy()和 sum()将数据分组并聚合，打印输出结果。

设置并行度时需要根据应用程序的实际需求进行调整，并行度设置不当可能会导致程序性能下降。如果并行度设置得太低，可能会导致资源浪费和性能下降，影响作业的执行速度；如果设置得太高，则可能会导致竞争和负载不均衡。因此，建议在应用程序开发和测试期间对并行度进行调整和优化。

合理地设置并行度需要考虑多个因素，包括任务的性质、任务所需的资源、任务的输入/输出等。以下是一些常见的设置并行度的建议：

1）根据任务的性质设置并行度。例如，如果任务是 CPU 密集型的，并行度应该设置为处理器核心数，以最大化处理器的利用率；如果任务是 I/O 密集型的，则并行度可以稍微高一些，以最大化 I/O 资源的利用率。

2）根据任务所需的资源设置并行度。例如，如果任务需要访问数据库，并行度应该设置为数据库连接池的大小，以避免资源瓶颈。

3）根据任务的输入/输出设置并行度。例如，如果任务需要从文件中读取数据，并行度应该与文件的分区数相匹配，以最大化读取速度；如果任务需要将数据写入数据库中，则并行度应该设置为数据库的写入吞吐量的最大值，以避免写入瓶颈。

4）参考经验值。根据不同类型的任务，通常会有一些经验值可供参考。例如，对于流处理任务，通常建议将并行度设置为 2 的倍数，以便进行负载平衡和流水线化处理。

## 5.2 DataStream 数据源

DataStream Connectors 是 Flink 提供的一组用于将 Flink DataStream 与外部系统集成的组件。这些组件可以将数据从外部系统读入 Flink，也可以将 Flink 中的数据写入外部系统。

DataStream Connectors 可以分为内置的 Data Sources、附带的连接器和 Apache Bahir 中的连接器 3 部分。

- 内置的 Data Sources：直接集成在 Flink 核心代码中，无论在任何环境中，我们都可以调用这些接口进行数据输入操作，不需要额外添加任何依赖，预定义 Data Sources 支持从文件、目录、Socket，以及 Collections 和 Iterators 中读取数据。预定义 Data Sinks 支持把数据写入文件、标准输出（Stdout）、标准错误输出（Stderr）和 Socket。
- 附带的连接器：用于与多种第三方系统进行交互，包括 Apache Kafka、FileSystem、RabbitMQ、JDBC、Elasticsearch 等。附带的连接器需要添加相应的依赖和额外的第三方组件，如数据存储服务器或者消息队列等。如果需要通过 JDBC 连接外部数据库，则需要添加下面的依赖，同时还需要添加相应的 JDBC 驱动：

```
<dependency>
<groupId>org.apache.flink</groupId>
<artifactId>flink-connector-jdbc</artifactId>
<version>1.16.0</version>
</dependency>
```

- Apache Bahir 中的连接器：是 Flink 社区之外提供的一些连接器，提供的连接器包括 Apache ActiveMQ、Apache Flume、Redis、Netty 等。Apache Bahir 是一个由 Apache 软件基金会管理的开源项目，其目的是向 Apache Spark 和 Apache Flink 等分布式计算框架提供与其他外部数据源的连接器。Bahir 项目提供了许多用于连接不同外部数据源的连接器，包括各种流行的消息系统、数据库、文件格式和 Web 服务。

### 5.2.1 内置 Data Source

在 Flink 中读取外部数据时需要使用 SourceFunction 来完成。在 Flink DataStream API 中，SourceFunction 是用来产生数据流的接口，可以从外部系统（如 Kafka、Socket、文件系统等）或内部系统（如集合）中读取数据。该接口的定义如下：

```
public interface SourceFunction<T> extends Function, Serializable {
    void run(SourceContext<T> ctx) throws Exception;
    void cancel();
}
```

其中，T 是数据元素类型，SourceContext 是发送数据的上下文，run()方法是获取数据的方法，cancel()方法是取消数据获取的方法。run()方法的实现通常包括一个循环，不断地读取数据并将其发送到 SourceContext 中。

DataStream API 中提供了多个 SourceFunction 接口，这些接口提供了不同级别的功能和灵活性。这些 SourceFunction 接口包括：

- SourceFunction：最基本的 SourceFunction 接口，需要自己实现一个 run( ) 方法来发出数据，并通过 cancel( ) 方法来停止执行。
- RichSourceFunction：继承自 SourceFunction，并且提供了 open( ) 和 close( ) 方法，可以在启动 Source Function 之前和之后执行一些操作，如建立连接、初始化资源、访问运行时上下文等。
- ParallelSourceFunction：继承自 SourceFunction 接口，支持并行度设置，可以以多线程并发的方式读取数据。
- RichParallelSourceFunction：继承自 RichSourceFunction 接口，支持并行度设置，提供了更加丰富的功能，如支持 open( ) 和 close( ) 生命周期方法，支持配置初始化，可以访问运行时上下文等。

此外，SourceFunction 还可以通过实现 CheckpointedFunction 接口来支持断点恢复，确保故障发生时不会丢失任何数据。SourceFunction 通常被用来作为 Flink 程序的第一个算子，因为它可以从外部数据源读取数据，然后将数据流发送到 Flink 程序中的其他算子进行计算。由于 Flink DataStream API 支持流式处理和批处理，因此 SourceFunction 可以读取有界或无界的数据。

Flink 自带了许多预先实现的 Source Function，通过 StreamExecutionEnvironment 可以访问多种预定义的 Stream Source，例如：

- 基于文件的 readTextFile，逐行读取文本文件并将它们作为字符串返回。
- 基于集合的 fromCollection，从集合中创建数据流，集合中的所有元素必须属于同一类型。
- 基于套接字的 socketTextStream，从套接字读取。元素可以由分隔符分隔。

接下来对上述内置的数据源进行单独介绍。

**1. 从文件读取数据**

readTextFile( ) 是 Flink DataStream API 中的一个方法，用于读取文本文件中的数据并返回一个 DataStream。该方法的语法如下：

```
def readTextFile(filePath: String): DataStream[String]
```

其中，filePath 是要读取的文本文件的路径，readTextFile( ) 方法返回一个 DataStream，其中的每个元素都是一个字符串，表示文件中的一行文本。

下面是一个简单的示例程序，使用 readTextFile( ) 方法读取文件，并对每行数据进行简单的处理，最终输出到控制台。假设本地文件/path/to/local/file.txt 包含以下内容：

```
Hello Flink
Hello World
```

代码如下：

```
import org.apache.flink.streaming.api.scala._

object ReadTextFileExample {
  def main(args: Array[String]): Unit = {
    val env = StreamExecutionEnvironment.getExecutionEnvironment
    val text = env.readTextFile("file:///path/to/local/file.txt")
```

```
    text.print()
    env.execute("Read Text File Example")
  }
}
```

输出结果如下：

```
Hello Flink
Hello World
```

程序使用 StreamExecutionEnvironment 创建执行环境，然后使用 readTextFile()方法读取文件，返回一个 DataStream 对象。对 DataStream 对象进行操作，这里使用 map()方法将每行数据转换为大写，最后使用 print()方法输出结果。

**2. 从集合读取数据**

Flink 支持以多种方式从集合中读取数据：

- fromCollection（Collection）：从 Java Java.util.Collection 创建数据流。集合中的所有元素必须属于同一类型。
- fromCollection（Iterator，Class）：从迭代器创建数据流。class 参数指定迭代器返回元素的数据类型。
- fromElements（T ...）：从给定的对象序列中创建数据流。所有的对象必须属于同一类型。

3 种方法用法类似，这里以 fromElements()为例介绍如何使用，fromElements()是 Flink DataStream API 提供的一种快速创建 DataStream 的方法，它可以从一个或多个给定的元素中创建一个 DataStream。该方法的语法如下：

```
def fromElements[T: TypeInformation](elems: T*): DataStream[T]
```

其中，T 表示元素的类型；elems 是可变参数，可以传入一个或多个元素。使用 fromElements()方法可以方便地创建一些简单的数据流，例如：

```
import org.apache.flink.streaming.api.scala._
object FromElementsExample {
  def main(args: Array[String]): Unit = {
    val env = StreamExecutionEnvironment.getExecutionEnvironment
    val stream =env.fromElements(1, 2, 3, 4, 5)
    stream.print()
    env.execute("FromElements Example")
  }
}
```

这个程序会创建一个包含 1~5 的整数序列的 DataStream，然后打印输出每个元素的值。输出结果如下：

```
1
2
3
4
5
```

需要注意的是，fromElements()方法会将参数列表中的对象依次放入 DataStream 中。因此，这个方法只适用于数据量较小的情况。如果需要处理大量数据，则可以考虑使用其他的

Source Function，如 readTextFile( ) 或 addSource( ) 方法。

**3. 从套接字读取数据**

socketTextStream( ) 是 Flink DataStream API 中的一个方法，用于从指定的 Socket 地址读取数据，返回的是一个 DataStream 对象。该方法有 3 个参数：

1）hostname：String 类型，表示 Socket 地址的主机名或 IP 地址。

2）port：Int 类型，表示 Socket 地址的端口号。

3）delimiter：Char 类型，表示输入数据的分隔符。

在调用该方法之前，需要先在命令行或终端启动一个 Socket 服务，监听指定的主机名和端口号。示例命令如下：

```
nc -lp 9999
```

其中，nc 命令是 Linux 系统中的一个工具，-l 参数表示监听模式，-p 参数表示在要监听的端口号连接关闭后不要退出。

以下是一个使用 socketTextStream( ) 方法的示例程序，它从指定的 Socket 地址读取字符串数据，并统计每个单词出现的次数：

```
import org.apache.flink.streaming.api.scala._

object SocketTextStreamWordCount {
  def main(args: Array[String]) {
    val env = StreamExecutionEnvironment.getExecutionEnvironment
    val text = env.socketTextStream("localhost", 9999)
    val counts = text.flatMap { _.toLowerCase.split("\\W+") filter { _.nonEmpty } }
      .map { (_, 1) }
      .keyBy(0)
      .sum(1)
    counts.print()
    env.execute("Socket TextStream WordCount")
  }
}
```

假设输入数据为以下内容：

```
hello world
world flink
flink hello
```

程序的输出结果为：

```
(hello,2)
(flink,2)
(world,2)
```

## 5.2.2 自定义 Data Source

**1. SourceFunction**

除了内置的数据源外，用户还可以使用 addSource( ) 方法来添加自定义的数据源，它接收一个实现了 SourceFunction 接口的数据源对象作为参数，用于从指定的数据源中读取数据并将其转换为 DataStream 数据流。

以下是一个示例代码，展示如何使用 addSource( ) 方法添加一个自定义的数据源：

```
import org.apache.flink.streaming.api.functions.source.SourceFunction
import org.apache.flink.streaming.api.scala._

object CustomSourceExample {
  def main(args: Array[String]): Unit = {
    val env = StreamExecutionEnvironment.getExecutionEnvironment
    //添加自定义数据源
    val customSource = new CustomSourceFunction()
    val stream = env.addSource(customSource)
    //对数据流进行处理
    val result = stream.filter(_.nonEmpty).map(_.toUpperCase)
    result.print()
    env.execute("Custom Source Example")
  }
}
//自定义数据源
class CustomSourceFunction extends SourceFunction[String] {
  @volatile var isRunning = true
  override def run(ctx: SourceFunction.SourceContext[String]): Unit = {
    while (isRunning) {
      //发射数据
      ctx.collect("hello world")
      //模拟数据源处理时间
      Thread.sleep(1000)
    }
  }
  override def cancel(): Unit = {
    isRunning = false
  }
}
```

上述代码中定义了一个自定义的数据源 CustomSourceFunction，它实现了 SourceFunction 接口并重写了 run()和 cancel()方法。在 run()方法中，使用 ctx.collect()方法生成一些数据，并通过 Thread.sleep()方法暂停 1s，以便模拟数据源生成数据的过程。在 cancel()方法中，设置 isRunning 标志为 false，以便在需要时停止数据源。

ctx 是一个 SourceContext 类型的参数。SourceContext 是 SourceFunction 的一个重要参数，它提供了产生数据的方式和上下文。具体来说，SourceContext 提供了两个主要的方法。

1）collect(element: T)：将一个元素添加到数据流中。

2）collectWithTimestamp(element: T, timestamp: Long)：将一个带有时间戳的元素添加到数据流中。

collect()方法用于将一个元素添加到数据流中，数据流的类型由 SourceFunction 的泛型参数 T 决定。而 collectWithTimestamp()方法除了添加元素外，还可以指定元素的时间戳，用于事件时间处理。

在主函数中，我们创建了一个 StreamExecutionEnvironment 对象，并通过调用 addSource()方法将 CustomSourceFunction 对象添加到数据流中。最后，将数据流输出到标准输出并启动执行环境。

需要注意的是，在使用自定义数据源时，需要根据具体情况实现 run()方法和 cancel()方法，以便在数据源生成数据时将其发送到 DataStream 数据流中，并在需要时停止数据源。

因为 SourceFunction 接口是一个单线程接口，即所有的记录都是由同一个线程生成并发出的，所以从一个 SourceFunction 实例中生成的数据流只能有一个并行度。如果希望在并行环境中运行自定义数据源，则需要使用其他支持并行度的接口，如可以使用 ParallelSourceFunction 接口。

如果强行设置并行度，则会抛出如下的异常：

```
Exception in thread "main" java.lang.IllegalArgumentException: Source: 1 is not
a parallel source
```

ParallelSourceFunction 或 RichParallelSourceFunction 是 Flink 的接口，它们用于定义可以并行执行的数据源。实现这些接口意味着用户可以创建一个并行运行的数据源，Function 与子接口 SourceFunction 的关系如图 5-1 所示。

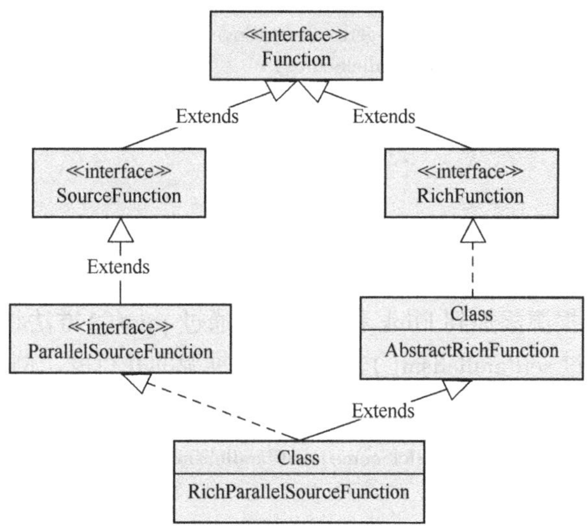


图 5-1　Function 与子接口 SourceFunction 的关系

ParallelSourceFunction 直接继承自 SourceFunction，具有并行度的功能。RichParallelSourceFunction 则继承自 AbstractRichFunction，同时实现了 ParallelSourceFunction 接口，所以其除了具有并行度的功能外，还提供了额外的与生命周期相关的方法，如 open( )、close( )。

**2. ParallelSourceFunction**

ParallelSourceFunction 是 SourceFunction 的一个扩展，它支持在生成的数据源上指定并行度。与 SourceFunction 不同的是，ParallelSourceFunction 会为每个并行实例创建一个 SourceContext，因此可以在不同的并行实例之间并行地生成数据。

ParallelSourceFunction 接口中主要定义了两个方法。

1）run(SourceContext[T])：该方法在启动 SourceFunction 时调用，它生成数据并将其发送到 SourceContext 中。

2）cancel( )：该方法在取消 SourceFunction 时调用，通常用于关闭底层数据源。

下面是 ParallelSourceFunction 的一个简单示例：

```
import org.apache.flink.streaming.api.functions.source.{ParallelSourceFunction, SourceFunction}
import org.apache.flink.streaming.api.scala._

import scala.util.Random
```

```
object CustomParallelSource extends ParallelSourceFunction[Int] {

  var isRunning: Boolean = true
  override def run(ctx: SourceFunction.SourceContext[Int]): Unit = {
    while (isRunning) {
      ctx.collect(Random.nextInt(100))
      Thread.sleep(1000)
    }
  }
  override def cancel(): Unit = {
    isRunning = false
  }
  def main(args: Array[String]): Unit = {
    val env = StreamExecutionEnvironment.getExecutionEnvironment
    val stream =env.addSource(CustomParallelSource)
    stream.print()
    env.execute("Custom Parallel Source")
  }
}
```

这里自定义了一个继承自 ParallelSourceFunction[Int]的数据源 CustomParallelSource，它会随机生成 0～100 之间的整数，并将其发送到 SourceContext 中。在主函数中，我们使用 addSource()方法将该数据源添加到 Flink 程序中，并通过 print()方法将数据打印到控制台中。在程序运行时，可以通过 setParallelism()方法指定数据源的并行度。例如，可以将并行度设置为 2：

```
val stream =env.addSource(CustomParallelSource).setParallelism(2)
```

**3. RichParallelSourceFunction**

RichParallelSourceFunction 是 SourceFunction 接口的一个子接口，它扩展了 SourceFunction 接口，并添加了一些生命周期管理方法和访问 ExecutionContext 的方法。

相比于 ParallelSourceFunction 接口，RichParallelSourceFunction 接口还额外定义了两个方法。

1）open()方法：在并行任务开始之前调用，一般用于初始化一些资源，如建立一个连接或者打开一个文件。

2）close()方法：在并行任务结束之前调用，一般用于清理之前初始化的资源，如关闭连接或者文件。

与此同时，RichParallelSourceFunction 接口还提供了一个 getRuntimeContext()方法来访问 ExecutionContext，以便在方法实现中使用。

与 ParallelSourceFunction 一样，RichParallelSourceFunction 实现的数据源也具有并行度，可以使用 setParallelism(n)方法设置并行度。由于 RichParallelSourceFunction 可以访问 Execution-Context，因此它在多并行度场景下会更加灵活和方便。

下面是 RichParallelSourceFunction 接口的定义：

```
trait RichParallelSourceFunction[T] extends ParallelSourceFunction[T] {

  @throws[Exception]
  def open(parameters: Configuration): Unit = {}
```

```
    @throws[Exception]
    def close(): Unit = {}

    def getRuntimeContext: RuntimeContext
}
```

需要注意的是，由于 RichParallelSourceFunction 接口继承了 ParallelSourceFunction 接口，因此它也需要实现 ParallelSourceFunction 接口的 run()和 cancel()方法。

在 Flink 中，RichFunction 是一个特殊的函数接口，用于实现更多的功能，如访问运行时上下文和生命周期方法。RichFunction 接口扩展了 Function 接口，并增加了一些方法，如 open()和 close()方法等，这些方法在运行时可以获取 Flink 的上下文信息，方便开发者对自定义函数进行管理和调优。

在 RichParallelSourceFunction 接口中也包含了这些方法，使得用户在实现自定义并行数据源时，可以通过这些方法方便地对其进行初始化和释放资源的操作。因此，使用 RichParallelSourceFunction 接口实现自定义数据源可以更方便地管理资源和上下文信息，提高应用程序的可维护性和可扩展性。

## 5.3 DataStream 转换算子

DataStream 转换算子是 Flink DataStream API 中的重要组成部分，它们用于对输入的 DataStream 进行转换处理，生成新的 DataStream 输出。DataStream 转换算子提供了多种数据转换操作，包括数据过滤、数据分组、数据聚合、数据合并等，同时支持多种数据类型的操作。

Flink DataStream API 提供了以下常用的转换算子。

1）Map：对 DataStream 中的每个元素应用一个指定的函数，将其转换为另一个元素。

2）FlatMap：对 DataStream 中的每个元素应用一个指定的函数，将其转换为零个或多个元素。

3）Filter：对 DataStream 中的每个元素应用一个指定的条件，将符合条件的元素保留，将不符合条件的元素过滤掉。

4）keyBy：对 DataStream 中的元素进行分组，根据指定的 Key 进行分组。

5）Reduce：对 DataStream 中的每个元素应用一个指定的规约函数，生成一个新的元素。

6）Aggregations：对 DataStream 中的每个元素应用一个指定的聚合函数，生成一个新的元素。

7）Join：将两个或多个 DataStream 进行 Join 操作，生成新的 DataStream。

8）Union：将两个或多个 DataStream 进行 Union 操作，生成新的 DataStream。

用户可以根据需要组合使用这些算子，将多个数据转换算子合并成一个复杂的数据流拓扑，构建自己的数据处理流程。算子支持链式编程风格，即通过“.”连接多个算子，以简化代码。

### 5.3.1 数据流转换

**1. Map**

Map 是 Flink DataStream API 中的一种转换算子，它能够将输入的每个元素都转换成一个新的元素，对元素进行一对一的转换。map()函数支持传入一个 Lambda 表达式或者函数引用，也支持通过实现 MapFunction 接口的方式传入实例对象来处理更复杂的逻辑。Map 的基本语法如下：

```
// Lambda 形式
def map[R: TypeInformation](mapper: T => R):DataStream[R]
//接口形式
def map[R: TypeInformation](mapper:MapFunction[T, R]): DataStream[R]
```

其中，T 表示输入元素的数据类型，R 表示输出元素的数据类型。对于每个输入元素，Map 都会对其应用 mapper()函数并生成一个输出元素。Map 算子常用于数据清洗、数据映射等场景。

以下是一个使用 Lambda 表达式的 Map 示例。该示例将输入的字符串转换为大写字母：

```
import org.apache.flink.streaming.api.scala._

object MapExample {
  def main(args: Array[String]): Unit = {
    val env = StreamExecutionEnvironment.getExecutionEnvironment
    val input =env.fromElements("Hello", "World", "Flink")
    val result = input.map(_.toUpperCase)
    result.print()
    env.execute("Map Example")
  }
}
```

在上面的示例中，我们首先从集合中创建了一个 DataStream 对象，然后调用 Map 算子，并将 Lambda 表达式传递给该算子。这个 Lambda 表达式可将每个字符串转换为大写字母。最后，将结果打印到控制台上，并执行任务。

另一种更灵活的方式就是实现 MapFunction 接口。MapFunction 接口是 Flink DataStream API 中的一个转换算子接口，用于将一个数据流中的每一个元素映射为另一个元素。它的定义如下：

```
public interface MapFunction<IN, OUT> extends Function, Serializable {
    OUT map(IN value) throws Exception;
}
```

其中，IN 表示输入类型，OUT 表示输出类型。map()方法需要实现映射逻辑，将输入类型的元素转换为输出类型的元素。MapFunction 接口常用于对单个数据元素进行转换，如将一个字符串转换为另一个字符串、将某个数值型字段提取出来并进行运算等。MapFunction 接口的使用需要实现 map()方法，将输入类型的元素转换为输出类型的元素，并返回转换后的结果。

使用 MapFunction 方式替换之前的大写转换案例，代码如下：

```
import org.apache.flink.api.common.functions.MapFunction
import org.apache.flink.streaming.api.scala._

object MapFunctionExample {

  def main(args: Array[String]): Unit = {
    val env = StreamExecutionEnvironment.getExecutionEnvironment
```

```
        val input =env.fromElements("Hello", "World", "Flink")
        val mapped = input.map(new UpperCaseMapFunction)
        mapped.print()
        env.execute("MapFunction Example")
    }
    class UpperCaseMapFunction extends MapFunction[String, String] {
        override def map(value: String): String = {
            value.toUpperCase
        }
    }
}
```

这个例子与前面的示例非常相似，不同之处在于，它使用了 MapFunction 接口的实现类 UpperCaseMapFunction 来代替前面使用的 Lambda 表达式。其中，map( )方法用于将输入字符串转换为大写形式。这里，UpperCaseMapFunction 用于创建 MapFunction 实例，并将其传递给 map( )方法。

**2. FlatMap**

FlatMap 是 Flink 中的一个转换算子，可以将输入的一个元素转换成多个元素。它与 Map 的区别在于，Map 只能将一个输入元素转换成一个输出元素，而 FlatMap 却可以将一个输入元素转换成多个输出元素。通常用于对每个输入元素做拆分、过滤或者扩展等操作。

FlatMap 的应用场景包括：

- 对输入数据进行分词或解析，将每个单词或者字段作为输出元素。
- 对输入数据做过滤或者切割操作，将符合条件的数据按照一定的规则拆分成多个元素。
- 将一个元素扩展成多个元素，比如将一个键值对拆分成多个键值对。

FlatMap 在语法使用层面与 Map 类似，支持以 Lambda 表达式或接口形式实现转换逻辑，只不过接口变成了 FlatMapFunction，基本语法如下：

```
def flatMap[R: TypeInformation](fun: (T, Collector[R]) => Unit): DataStream[R]
def flatMap[R: TypeInformation](flatMapper: FlatMapFunction[T, R]): DataStream[R]
```

以下是使用 Lambda 形式的 flatMap 的完整示例，该示例将输入的字符串拆分为单词并将其打印出来：

```
import org.apache.flink.streaming.api.scala._

object FlatMapExample {
    def main(args: Array[String]): Unit = {
        //设置流式执行环境
        val env = StreamExecutionEnvironment.getExecutionEnvironment
        //获取输入数据
        val text =env.fromElements(
"hello world",
"hello flink",
"flink streaming"
        )
        //将单词拆分，并创建一个包含所有单词的新的 DataStream[String]
        val words = text.flatMap(_.split("\\s+"))
        //将结果打印到控制台
        words.print()
        //执行转换管道
```

```
        env.execute("FlatMap Example")
    }
}
```

在上述代码中，首先创建一个 StreamExecutionEnvironment 对象，然后使用 fromElements()方法生成一个包含“hello world”的字符串作为数据源。接着，使用 flatMap()方法对每个字符串进行分词操作，得到一个新的 DataStream 对象 wordStream，其中包含了“hello”和“world”两个单词。最后，使用 print()方法将结果打印出来，并使用 execute()方法执行任务。执行完成后，程序会输出分词后的结果。

同样可以使用 FlatMapFunction 接口代替之前的实现，FlatMapFunction 是 Flink 数据流处理中的一个函数接口，用于将输入元素展开为零个、一个或多个输出元素。它的定义如下：

```
public interface FlatMapFunction<IN, OUT> extends Function, Serializable {
    void flatMap(IN value, Collector<OUT> out) throws Exception;
}
```

其中，IN 是输入元素的类型；OUT 是输出元素的类型；Collector 是收集器，用于将输出元素发往下游算子。flatMap()方法接收一个输入元素 value 和一个 Collector 对象，可以将输入元素转换为任意个输出元素，并通过 Collector 发送出去。

下面是将字符串拆分为单词的示例代码，使用 FlatMapFunction 实现：

```
import org.apache.flink.api.common.functions.FlatMapFunction
import org.apache.flink.api.scala._

import org.apache.flink.util.Collector

object FlatMapFunctionExample {
  def main(args: Array[String]): Unit = {
    val env = ExecutionEnvironment.getExecutionEnvironment
    val data =env.fromElements(
"hello world",
"hello flink",
"flink world"
    )
    val result = data.flatMap(new FlatMapFunction[String, String] {
      override def flatMap(value: String, out: Collector[String]): Unit = {
        value.split("").foreach(out.collect)
      }
    })
    result.print()
  }
}
```

其中，FlatMapFunction 是一个接口，需要实现其中的 flatMap()方法。在 flatMap()方法中，输入数据 value 被拆分成多个单词，然后将这些单词放入 out 中，通过 out.collect 方法输出。

运行该示例程序，输出结果如下：

```
hello
world
hello
```

```
flink
flink
world
```

### 3. Filter

Filter 算子可用于根据指定条件过滤数据流中的元素，只保留符合条件的元素，可以用于实现数据清洗、数据筛选、数据分流等应用场景。例如，可以使用 filter 操作过滤出所有年龄大于 18 岁的用户数据，过滤掉所有价格低于 100 元的商品信息等。

在 Flink 中，Filter 算子的操作函数接收一个输入参数，即数据流中的元素，返回一个布尔值，用于判断该元素是否需要保留。Filter 操作的基本语法如下：

```
def filter(fun: T => Boolean):DataStream[T]
def filter(filter:FilterFunction[T]): DataStream[T]
```

以下是使用 Lambda 形式的示例程序：

```
import org.apache.flink.streaming.api.scala._

object FilterExample {
  def main(args: Array[String]): Unit = {
    val env = StreamExecutionEnvironment.getExecutionEnvironment
    val stream =env.fromElements(1, 2, 3, 4, 5)
    val filteredStream = stream.filter(_ > 3)
    filteredStream.print()
    env.execute("Filter Example")
  }
}
```

在 main()方法中，创建了一个数据流 stream，并使用 filter 操作过滤出所有大于 3 的数字。最后，调用 execute()方法执行任务。

同样，也可以使用 FilterFunction 的形式代替之前的实现：

```
import org.apache.flink.api.common.functions.FilterFunction
import org.apache.flink.streaming.api.scala._

object FilterFunctionExample {
  def main(args: Array[String]): Unit = {
    val env = StreamExecutionEnvironment.getExecutionEnvironment
    val stream =env.fromElements(1, 2, 3, 4, 5)
    val filteredStream = stream.filter(new FilterFunction[Int] {
      override def filter(value: Int): Boolean = value > 3
    })
    filteredStream.print()
    env.execute("Filter Example")
  }
}
```

与之前的示例相比，这里使用 FilterFunction 代替了之前的 Lambda 表达式来实现。在 FilterFunction 中，需要实现 filter()方法，接收一个泛型参数来表示数据流中的元素类型，返回一个布尔类型的值，表示是否保留该元素。在这个示例中，我们实现了一个 FilterFunction[Int]，只保留大于 3 的元素。

### 4. keyBy

keyBy 是 Flink 中的一个转换算子，它的作用是将输入的 DataStream 按照指定的 Key 进行分区，生成一个 KeyedStream。在 Flink 内部，keyBy 操作实际上是将数据流重分区，并将具有相同 Key 的数据元素发送到同一个分区。keyBy 一般是结合聚合算子（如 sum、max 等）使用，以实现对分区数据进行分组聚合的操作。keyBy 的使用语法如下：

```
def keyBy[K: TypeInformation](fun: T => K): KeyedStream[T, K]
def keyBy[K: TypeInformation](fun: KeySelector[T, K]): KeyedStream[T, K]
```

其中，元素的类型为 T，键值的类型为 K，使用时，可以传入 Lambda 表达式或者实现一个键选择器（KeySelector 接口）来指定如何从元素中提取键值。在两种语法中，K 必须是一个可序列化的类型。同时，在第二种语法中，KeySelector 必须实现 org.apache.flink.api.java.functions.KeySelector 接口。

下面是一个 Lambda 形式的使用示例：

```
import org.apache.flink.streaming.api.scala._

object keyByExample {
  def main(args: Array[String]): Unit = {
    val env = StreamExecutionEnvironment.getExecutionEnvironment
    val stream = env.socketTextStream("localhost", 9999)
    val result = stream
      .flatMap(line => line.split(" "))
      .map(word => (word, 1))
      .keyBy(_._1)
      .sum(1)
    result.print()
    env.execute("KeyBy Example")
  }
}
```

上述代码通过 keyBy 将数据按照单词进行分区，并使用 sum 聚合算子对分区数据进行求和操作，最终输出每个单词出现的次数。

假设输入数据为：

```
hello world
flink keyby example
keyby flink hello
```

则输出结果为：

```
(hello,2)
(keyby,2)
(flink,2)
(example,1)
(world,1)
```

以下是使用 KeySelector 接口的形式代替之前的示例：

```
import org.apache.flink.streaming.api.scala._
import org.apache.flink.api.java.functions.KeySelector

object KeySelectorExample {
  def main(args: Array[String]): Unit = {
    val env = StreamExecutionEnvironment.getExecutionEnvironment
    val stream = env.socketTextStream("localhost", 9999)
```

```
        val result = stream
          .flatMap(line => line.split(""))
          .map(word => (word, 1))
          .keyBy(new KeySelector[(String, Int), String] {
            override def getKey(value: (String, Int)): String = value._1
          })
          .sum(1)
        result.print()
        env.execute("KeyBy Example with KeySelector")
      }
    }
```

这里使用了一个实现了 KeySelector 接口的匿名内部类来定义键选择器，以便在 keyBy 方法中使用。该选择器从元组中选择第一个元素作为键。输出与之前相同，不同之处在于使用 KeySelector 代替了 Lambda 表达式。

注意，之前章节的部分程序在使用 keyBy 分组时，也使用了类似 keyBy(0)这样的操作，此种方式中的“0”表示按照元素的第一个位置（下标从 0 开始）进行分组。如果元素是一个 Tuple，则可以理解为按照 Tuple 中第一个元素进行分组。但是这种方式在 Flink 1.13 版本及以后的版本中已经被废弃，使用 keyBy(_.fieldName)或 keyBy(new MyKeySelector())的方式进行键控流操作会更加安全和稳定。

**5. Reduce 聚合**

数据流经过 keyBy 分组后，会得到 KeyedStream 类型的数据流。KeyedStream 是一种在 DataStream 的基础上提供了按 Key 分组的数据流类型。在 KeyedStream 中，具有相同 Key 值的数据会被分配到相同的分区中，并且同一个分区中的数据会有相同的 Key 值。KeyedStream 可以应用于分组聚合操作，如对分组后的数据求和、计数、取平均数等，这些操作可以在相同 Key 值的数据中进行操作。

上述聚合操作可以使用 Flink 的聚合算子完成，常用的聚合算子包括 sum、min、max、reduce 等。

sum、min、max 需要传入一个整数参数，表示要聚合的字段的下标。具体来说，如果是下标，则从 0 开始计数，表示要聚合的字段在元组中的位置，具体用法如下：

```
import org.apache.flink.streaming.api.scala._

object ReduceExample {
  def main(args: Array[String]): Unit = {
    val env = StreamExecutionEnvironment.getExecutionEnvironment
    env.setParallelism(1)
    val stream =env.fromElements(
      ("hello", 1),
      ("world", 2),
      ("hello", 3)
    )
    val result = stream
      .keyBy(_._1)
      .sum(1)
    result.print()
    env.execute("sum example")
  }
}
```

这里使用了 fromElements( )方法创建了一个 DataStream，然后对其进行了 keyBy 操作，指定了要对第 1 个元素进行分组操作，然后计算每个分组的元素的和。

输出结果为：

```
1> (hello,4)
2> (world,2)
```

Flink 还提供了更加通用的聚合方式，它将 DataStream 中每个 KeyedStream 中的元素按照 Key 进行聚合，并返回一个新的 DataStream。reduce( )方法支持传入一个 Lambda 表达式或一个 ReduceFunction 类型的参数。

其中，使用 Lambda 表达式的方式如下：

```
def reduce(fun: (T, T) => T):DataStream[T]
```

它的参数 fun 是一个二元函数，用于将两个相同 Key 的元素进行聚合，并返回一个新的元素。

使用 ReduceFunction 的方式如下：

```
def reduce(reducer:ReduceFunction[T]): DataStream[T]
```

它的参数 reducer 是一个 ReduceFunction 类型的对象，包含了 reduce( )方法的具体实现，用于将两个相同 Key 的元素进行聚合，并返回一个新的元素。

以下是使用 Lambda 表达式的 reduce( )示例程序：

```
val env = StreamExecutionEnvironment.getExecutionEnvironment
env.setParallelism(1)
val stream =env.fromElements(
  ("hello", 1),
  ("world", 2),
  ("hello", 3)
)
val result = stream
  .keyBy(_._1)
  .reduce((value1, value2) => (value1._1, value1._2 + value2._2))
result.print()
env.execute("reduce example")
```

此示例读取 3 个元素的流，每个元素都包含一个字符串和一个整数。我们将它们按字符串键分组，然后将每个分组的整数值相加以计算总和。具体来说，将使用 Lambda 表达式作为 reduce( )函数。在 reduce( )函数中，将两个值作为输入，并将它们相加以生成一个新值作为输出。输出值的类型必须与输入值的类型相同。最后，将结果打印到控制台并执行程序。

使用 ReduceFunction 代替 Lambda 形式的 reduce( )示例程序，代码如下：

```
import org.apache.flink.api.common.functions.ReduceFunction
import org.apache.flink.streaming.api.scala._

object ReduceFunctionExample {
  def main(args: Array[String]): Unit = {
    val env = StreamExecutionEnvironment.getExecutionEnvironment
    env.setParallelism(1)
    val stream =env.fromElements(
      ("hello", 1),
```

```
        ("world", 2),
        ("hello", 3)
      )
      val result = stream
        .keyBy(_._1)
        .reduce(new ReduceFunction[(String, Int)] {
          override def reduce(value1: (String, Int), value2: (String, Int)): (String, Int) = {
            (value1._1, value1._2 + value2._2)
          }
        })
      result.print()
      env.execute("reduce example")
    }
  }
```

### 5.3.2　RichFunction

之前讲解的各类转换算子，都可以通过实现接口的方式完成操作，如 MapFunction、ReduceFunction 等，这些接口都继承了 Function 接口。在 Flink 中，Function 是一个通用的接口，除了包括之前提到的接口外，还包括了以下子接口：

- ProcessFunction：是一个更为通用的函数接口，可以处理来自输入流和定时器的事件，也可以输出一个或多个元素，还可以维护状态和定时器等信息。常见的子类包括 KeyedProcessFunction 和 CoProcessFunction。
- RichFunction：是一种通用函数接口，提供了一些生命周期方法，可以在函数执行前后进行一些初始化和清理工作。

ProcessFunction 将会在后续的章节进行单独讲解，这里主要介绍 RichFunction。RichFunction是一个包含了 open()和 close()等生命周期方法的接口，通过继承相应的 Rich 子接口来实现。

RichFunction 提供了以下生命周期方法：

- open(Configuration parameters)：在函数执行前调用，可以进行一些初始化工作，如获取配置信息等。
- close()：在函数执行后调用，可以进行一些清理工作，如关闭连接等。
- getRuntimeContext()：获取运行时上下文对象，可以获取任务的相关信息，如任务的名称、子任务编号等。
- setRuntimeContext(RuntimeContext t)：设置运行时上下文对象，一般情况下不需要自己调用该方法。

这些生命周期方法可以在函数执行前后进行一些初始化和清理工作，如获取连接、初始化状态、读取配置文件等操作。此外，RichFunction 还可以通过 RuntimeContext 对象获取任务的一些信息，方便进行数据处理和调试。

RichFunction 包括了 RichMapFunction、RichFlatMapFunction、RichFilterFunction、RichReduceFunction 等。这些函数的使用方法和普通的 map()、flatMap()、filter()、reduce()等函数相同，只是需要继承相应的 RichFunction 类并实现其抽象方法。

以下是一个使用 RichMapFunction 的示例：

```
import org.apache.flink.api.common.functions._
import org.apache.flink.configuration.Configuration
```

```
import org.apache.flink.streaming.api.scala._

class MapFunctionWithIndex extends RichMapFunction[String, String] {

  private var taskNumber = 0

  override def open(parameters: Configuration): Unit = {
    taskNumber = getRuntimeContext.getIndexOfThisSubtask
    println(s"Task $taskNumber is starting...")
  }

  override def map(input: String): String = {
    s"Task $taskNumber:$input"
  }
}

object RichFunctionExample {
  def main(args: Array[String]): Unit = {
    val env = StreamExecutionEnvironment.getExecutionEnvironment
    val stream =env.fromElements("a", "b", "c")
    val result = stream.map(new MapFunctionWithIndex)
    result.print()
    env.execute("Rich Function Example")
  }
}
```

上述代码中，实现了一个继承自 RichMapFunction 的自定义 map 函数类 MapFunctionWithIndex，该类中的 map()方法为输入数据加上了一个任务编号，其中，任务编号是在 open()方法中通过 getRuntimeContext. getIndexOfThisSubtask 获取的。在 open()方法中将任务编号打印出来，以便于调试和查看。

最后，在主函数中将数据流通过 map 操作应用该函数，得到处理后的结果，并将结果打印输出。

在这个例子中，open()方法是在函数执行前调用的，close()方法是在函数执行后调用的。这些生命周期方法提供了更多的灵活性，可以方便地进行一些初始化和清理工作。

运行该程序会输出以下结果：

```
Task 0 is starting...
Task 0: a
Task 0: b
Task 0: c
```

### 5.3.3 物理分区

在 Flink 中，分区（Partition）是将一个数据流（Data Stream）拆分成若干个独立的子流（Sub Stream）的过程。每个子流只包含数据流中的一部分数据，这些数据满足某些特定的条件，比如说，它们的键（Key）相同，或者它们的哈希值相同。这些子流可以在不同的计算节点上并行地进行处理，从而提高数据处理的效率。

可以将分区理解为将数据流按照某种规则进行拆分，并将拆分后的数据流分配给不同的并行计算任务进行处理的过程。Flink 中支持多种分区方式，包括 Round Robin、Hash、Range 等，用户可以根据自己的需求选择合适的分区方式。

Flink 提供了一些高级的数据分区操作，这些分区操作区别于之前的 keyBy 分区，可以让用户根据需要在数据转换完成后对数据分区进行更细粒度的配置，称此种操作为物理分区，具体包括以下方式：

- partitionCustom：允许用户自定义分区逻辑。该方法需要一个 Partitioner 对象，该对象必须实现 org. apache. flink. api. common. functions. Partitioner 接口。
- shuffle：会随机分配分区号，产生一个均匀分布的数据流。该方法不需要参数。
- rescale：会将分区数缩小到指定的数量。该方法需要一个 int 类型的参数，表示新的分区数。
- broadcast：将数据复制到所有的分区中，即每个分区都包含完整的数据集。该方法不需要参数。

**1. partitionCustom**

partitionCustom 是 Flink 提供的一种数据分区方式，它可以根据用户自定义的分区函数对数据流进行分区。partitionCustom 的定义如下：

```
def partitionCustom[T](partitioner: Partitioner[T], keySelector: KeySelector[T, _]): DataStream[T]
```

其中，partitioner 是自定义的分区函数，KeySelector 是将 DataStream[T]转换为 KeyedStream[K,T]的函数，T 代表元素类型，K 代表键类型。

partitionCustom 适用于需要按照特定的分区规则对数据进行分区的场景。例如，对于流数据中的某个字段，需要按照字段值的范围进行分区，将某个范围内的数据划分到同一个分区中，以便在下游算子中进行统计计算。

下面是一个使用 partitionCustom 的示例。该示例中，将 DataStream 中的元素按照奇偶性分为两个分区：

```
import org.apache.flink.api.common.functions.Partitioner
import org.apache.flink.streaming.api.scala._

object PartitionCustomExample {
  def main(args: Array[String]): Unit = {
    // 设置流式执行环境
    val env = StreamExecutionEnvironment.getExecutionEnvironment

    // 获取输入数据
    val input =env.fromElements(1, 2, 3, 4, 5, 6, 7, 8, 9, 10)

    // 自定义分区函数：将奇数和偶数分别划分到不同的分区中
    class MyPartitioner extends Partitioner[Int] {
      override def partition(key: Int,numPartitions: Int): Int = {
        if (key % 2 == 0) {
          0 // 偶数分区编号为 0
        } else {
          1 // 奇数分区编号为 1
        }
      }
    }
    // 使用自定义分区函数进行分区
    val output = input.partitionCustom(new MyPartitioner(),x=>x)
```

```
        // 将结果打印到控制台
        output. print( )
        // 执行转换管道
        env. execute( "Partition Custom Example" )
    }
}
```

在该示例中，我们首先定义了一个 MyPartitioner 分区函数，该函数将奇数和偶数分别分配到不同的分区中。然后使用 partitionCustom( )方法将流数据分为两个分区，最后输出分区中的数据。

**2. shuffle**

shuffle 是一种 Flink 中的数据重分区算子，可将输入 DataStream 中的数据随机地分配到下游算子的并行实例中。它可以在并行化数据流处理过程中消除数据倾斜，提高数据处理的并行性，主要应该于如下场景：

- 当输入的数据源存在数据倾斜时，为了充分利用下游算子的并行性，可以使用 shuffle 将输入数据随机分发到下游算子的并行实例中。
- 当下游算子需要对输入数据进行全局聚合或去重时，可以使用 shuffle 将输入数据随机分配到下游算子的所有并行实例中。

使用 shuffle 示例的代码如下：

```
import org. apache. flink. streaming. api. scala. _

object ShuffleExample {
    def main( args: Array[ String] ) : Unit = {
        val env = StreamExecutionEnvironment. getExecutionEnvironment
        env. setParallelism( 4)
        // 构造输入数据流
        val inputDataStream = env. fromElements( 1, 2, 3, 4, 5, 6, 7, 8, 9, 10)
        // 使用 shuffle 算子将输入数据流进行重分区
        val shuffleDataStream = inputDataStream. shuffle
        // 打印输出结果
        shuffleDataStream. print( )
        env. execute( "Shuffle Example" )
    }
}
```

在上面的示例中，输入数据流中包含 10 个元素，使用 shuffle 算子将输入数据流进行重分区，输出结果中的每个并行实例处理的数据元素的数量可能不同，并且每个元素的分发位置是随机的。

**3. rescale**

rescale 是 Flink 中的一种分区策略，它允许在某些操作中将数据流划分为比当前并行度更少的子任务。这可以用于减少数据流中分区的数量，使得后续操作所需要的网络通信量更少。

rescale 适用于以下场景：

1）下游算子的并行度较上游算子低，而上游算子的输出数据的分区数量较多，这可能会导致下游算子的某些并行子任务的输入数据分配不均衡。

2）下游算子是一个 Sink，而上游算子的输出数据的分区数量较多，这可能会导致 Sink 并行任务的输出分区数量过多，使得 Sink 任务需要将其结果合并为一个分区。

使用rescale分区策略可以解决上述问题。它可以将输入流分为指定数量的分区，即使下游算子的并行度比上游算子低，也可以使得数据分配均匀。

假设有一个并行度为3的数据流，其中的每个并行度都会接收到整数数据。现在想要对这些整数进行平方操作，并将平方值相同的整数放到同一个分区中。可以使用以下代码：

```
import org.apache.flink.streaming.api.scala._

object RescaleExample {
  def main(args: Array[String]): Unit = {
    val env = StreamExecutionEnvironment.getExecutionEnvironment
    env.setParallelism(3)
    val dataStream = env.fromElements(1, 2, 3, 4, 5, 6, 7, 8, 9, 10)
    val rescaleStream = dataStream.rescale.map(x => (x * x, x))
    rescaleStream.print()
    env.execute("Rescale Example")
  }
}
```

这里首先创建了一个并行度为3的StreamExecutionEnvironment，并从1到10的整数序列中创建了一个dataStream。接着使用rescale方法对数据进行分区，并使用map()方法对每个整数进行平方操作，最后将平方值和原整数作为一个元组进行输出。

在rescale()方法中，由于想要将平方值相同的整数放到同一个分区中，因此将整数作为元组的第二个元素，而将平方值作为元组的第一个元素。这样，在分区时就会根据平方值进行分区，而将平方值相同的整数放到同一个分区中。在这个示例中，最终输出的结果可能类似于以下内容：

```
(1,1)
(4,2)
(9,3)
(16,4)
(25,5)
(36,6)
(49,7)
(64,8)
(81,9)
(100,10)
```

注意到输出结果中的元素是按照平方值从小到大排序的，这是由于rescale方法默认使用哈希函数对数据进行分区，而哈希函数会将相同的元素放到同一个分区中，并且对分区进行排序，以保证结果的顺序。同时，由于并行度为3，因此数据流将被分成3个分区，其中每个分区的数据流都会被分发到不同的任务中进行处理。

**4. broadcast**

在Flink中，broadcast是一种特殊的分区方式，它可以让某个算子的状态或数据广播到整个计算集群中的所有并行任务中。当使用broadcast算子时，每个并行子任务都将收到相同的广播变量数据，这与数据流的分区方式无关。

以下是broadcast算子的一个示例，演示如何将数据流元素广播到每个分区：

```
import org.apache.flink.streaming.api.scala._

object BroadcastToAllPartitionsExample {
```

```
  def main(args: Array[String]): Unit = {
    // 设置流式执行环境
    val env = StreamExecutionEnvironment.getExecutionEnvironment
    // 获取输入数据
    val input = env.fromElements("hello", "world")
    // 将每个元素广播到所有分区中
    val broadcastedInput = input.broadcast
    // 对每个分区进行处理
    val output = broadcastedInput
      .map(_.toUpperCase)
    // 将结果打印到控制台
    output.print()
    // 执行转换管道
    env.execute("Broadcast to All Partitions Example")
  }
}
```

在上述示例中，首先获取输入数据流 input，然后将其广播到所有并行子任务中。注意，这里并没有指定分区方式，因为广播变量将被发送到所有并行子任务中。然后对广播变量进行处理，这里的处理是将每个元素转换为大写字母。最后将结果打印到控制台，并执行转换管道。由于数据流中的每个元素都被广播到了所有的并行子任务中，所以每个并行子任务都将输出相同的结果。

在实际应用中，broadcast 算子常常被用来将某些常量或者配置信息广播到所有并行子任务中，以便让每个并行子任务都能够访问它们。例如，可以将一组静态的参考数据广播到所有并行子任务中，然后在数据处理过程中使用这些参考数据进行某些操作。

### 5.3.4 算子链

算子链是将多个算子连接在一起形成链式结构，使得它们在同一个线程中执行，将中间结果直接传递给下一个算子，从而避免将中间结果写入磁盘，从而提高作业的性能。Flink 会根据算子之间的数据流关系自动构建算子链，将能链接的算子尽可能地进行链接（如两个 map 转换操作）。此外，Flink 还提供了对链接更细粒度控制的 API 以满足更多需求，具体包括：

- StreamExecutionEnvironment.disableOperatorChaining()对整个作业禁用算子链。
- startNewChain()基于当前算子创建一个新的算子链。
- disableChaining()禁止和某算子链接在一起。

需要注意的是，这些方法只能在 DataStream 转换操作后才能被调用，因为它们只对前一次数据转换生效。例如，可以像 someStream.map(...).startNewChain()这样调用，而不能像 someStream.startNewChain()这样。

**1. disableOperatorChaining()**

disableOperatorChaining()是 StreamExecutionEnvironment 的方法之一，用于禁用 Flink 默认的算子链优化。默认情况下，Flink 会将一些可以链式调用的算子尽可能地合并在一起，以减少线程间的上下文切换和序列化开销。但是，在某些情况下，禁用算子链优化可能会更加有效。

下面是一个使用 disableOperatorChaining()的示例：

```
import org.apache.flink.streaming.api.scala._
```

```
object DisableOperatorChainingExample {
  def main(args: Array[String]): Unit = {
    val env = StreamExecutionEnvironment.getExecutionEnvironment
    env.setParallelism(2)
    env.disableOperatorChaining() // 禁用算子链优化
    val stream = env.fromElements("hello", "world", "flink")
    val result = stream.map(_.toUpperCase)
      .filter(_ != "FLINK")
      .map(_ + "!!!")
    result.print()
    env.execute("Disable Operator Chaining Example")
  }
}
```

在上述示例中，调用了 disableOperatorChaining()方法来禁用算子链优化。由于算子链被禁用，因此每个算子都将在自己的线程中运行。

**2. startNewChain()**

startNewChain()方法用于创建一个新的算子链。当在一个数据流上调用该方法时，Flink 会结束当前的算子链，并从该位置开始一个新的算子链。这意味着该方法之后的操作以及随后的操作都会在一个新的线程中执行，而不是和前面的操作在同一个线程中。这可以帮助我们更好地控制任务的并行执行，从而有机会提高整体的性能。下面是使用 startNewChain()方法的示例代码：

```
import org.apache.flink.streaming.api.scala._

object StartNewChainExample {

  def main(args: Array[String]): Unit = {
    val env = StreamExecutionEnvironment.getExecutionEnvironment
    val stream = env.fromElements(1, 2, 3, 4, 5)
    val result = stream
      .map(_ + 1)             // 第一个 map 操作
      .startNewChain()        // 开始一个新的操作链
      .filter(_ % 2 == 0)     // 在新的操作链中进行 filter 操作
      .map(_ * 2)             // 在新的操作链中进行 map 操作
    result.print()
    env.execute("StartNewChain Example")
  }
}
```

在上面的示例中，使用 startNewChain()方法将一个算子链分成了两部分，使得 map 操作和 filter 操作在不同的线程中执行，这样可以减少某些线程间的数据交换和上下文切换的开销。

**3. disableChaining()**

disableChaining()是 DataStream 类中的一个方法，它用于禁用当前算子与下游算子之间的算子链。当需要对某个算子进行独立计算时，可以使用这个方法。这个方法需要在转换操作之后调用。

```
import org.apache.flink.streaming.api.scala._

object DisableChainingExample {
  def main(args: Array[String]): Unit = {
```

```
    val env = StreamExecutionEnvironment. getExecutionEnvironment
    val stream1 =env. fromElements(1, 2, 3)
      . map(x => x + 1)
      . disableChaining()  // 禁用算子链
    val stream2 = stream1
      . map(x => x * 2)
    stream2. print()
    env. execute("Disable Chaining Example")
  }
}
```

在上面的示例中，我们首先创建了一个数据流 stream1，它包含 3 个元素：1，2 和 3。这里使用 map 转换操作将这些元素加 1，并禁用了算子链。然后创建了另一个数据流 stream2，将 stream1 中的元素乘以 2。最后打印了 stream2 中的元素。由于禁用了算子链，因此 map 和 print 操作会被分配到不同的 Slot 中运行。

### 5.3.5 资源组

资源组（Resource Group）是一组共享资源的算子的集合，为某个算子设置 Slot 资源组，一个资源组对应着 Flink 中的一个 Slot 槽，Flink 会将同一个 Slot 共享组的算子放在同一个 Slot 中，而将不在同一个 Slot 共享组的算子保留在其他 Slot 中。对于拥有共同资源需求的算子，可以将它们划分到同一个资源组中，从而避免资源浪费和资源竞争。Flink 会在运行时对同一资源组中的算子进行调度和管理，以最大化利用资源和提高作业的性能。资源组也可用于隔离 Slot。

如果所有的输入算子都属于同一个 Slot 共享组，那么 Slot 共享组将继承输入算子所在的 Slot。Slot 共享组的默认名称是“default”，可以调用 slotSharingGroup("default")来显式地将算子放入该组。

以下是一个示例，演示如何使用 slotSharingGroup()将两个任务分配到相同的任务槽中：

```
import org. apache. flink. streaming. api. scala. _

object SlotSharingGroupExample {
  def main(args: Array[String]): Unit = {

    // 设置流式执行环境
    val env = StreamExecutionEnvironment. getExecutionEnvironment
    env. setParallelism(4)

    // 创建两个数据流，并分别指定任务槽共享组
    val input1 =env. fromElements("hello", "world")
    input1. slotSharingGroup("group1")

    val input2 =env. fromElements("foo", "bar")
    input2. slotSharingGroup("group1")

    // 合并两个数据流，并进行处理
    val output = input1. union(input2)
      . map(_. toUpperCase)

    // 将结果打印到控制台
```

```
        output.print()

        // 执行转换管道
        env.execute("Slot Sharing Group Example")
    }
}
```

在上述示例中，首先设置了流式执行环境的并行度为4。然后创建了两个数据流input1和input2，并分别将它们指定到同一个slotSharingGroup组group1中。接着将两个数据流合并在一起，并对它们进行处理，这里的处理是将它们转换为大写字母。最终将结果打印到控制台，并执行转换管道。

由于input1和input2都属于同一个slotSharingGroup组group1，因此它们将被分配到相同的任务槽中。这样就可以减少资源浪费，提高任务执行效率。

## 5.4　DataStream Sink

### 5.4.1　Data Sinks

在Flink中，Sinks是用来将计算结果输出到外部系统的组件。它们可以将计算结果输出到各种不同的系统中，如文件系统、消息队列、数据库、NoSQL数据库等。Flink提供了多种内置的Sinks，其中一些常用的如下。

- writeAsText()：将元素按行写成字符串，通过调用每个元素的toString()方法获得字符串。
- writeAsCsv()：将元组写成逗号分隔值文件，行和字段的分隔符是可配置的。每个字段的值来自对象的toString()方法。
- print()/printToErr()：在标准输出/标准错误流上打印每个元素的toString()值，如果并行度大于1，那么输出结果将附带输出任务标识符的前缀。
- writeToSocket：将元素写入套接字。
- addSink：调用自定义SinkFunction，Flink捆绑了连接到其他系统（如Apache Kafka）的连接器，这些连接器被称为SinkFunction。

接下来对writeAsText()方法的使用进行详细介绍。

writeAsText()用于将计算结果以文本的方式并行地写入指定文件夹下，writeAsText()方法有两个重载形式。

1）writeAsText(String path)：将元素按行写成字符串，并将结果写入指定的文件中。参数path是要写入的文件路径，该路径可以是本地路径或分布式文件系统的路径。

2）writeAsText(String path, WriteMode mode)：将元素按行写成字符串，并将结果写入指定的文件中。参数path是要写入的文件路径，该路径可以是本地路径或分布式文件系统的路径。参数mode是一个枚举类型，用于指定写入文件时的模式，包括：

- WriteMode.NO_OVERWRITE：如果文件已经存在，则不覆盖。
- WriteMode.OVERWRITE：如果文件已经存在，则覆盖。
- WriteMode.APPEND：将新的数据追加到文件末尾。如果文件不存在，则创建新文件。

下面是简单的示例程序，演示如何使用writeAsText()将数据流写入文本文件中：

```
import org.apache.flink.core.fs.FileSystem.WriteMode
import org.apache.flink.streaming.api.scala._

import java.nio.file.Paths

object WriteAsTextExample {
  def main(args: Array[String]): Unit = {
    val env = StreamExecutionEnvironment.getExecutionEnvironment

    val stream = env.fromElements("hello", "world", "flink")

    val outputPath = Paths.get("output/words.txt").toAbsolutePath.toString

    stream.writeAsText(outputPath, WriteMode.OVERWRITE)

    env.execute("WriteAsText Example")
  }
}
```

该程序使用 fromElements( )方法创建了一个简单的 DataStream，包含了 3 个字符串元素。writeAsText( )方法被调用，以将该 DataStream 中的元素写入指定的文件路径中。程序指定了写入模式为 WriteMode.OVERWRITE，因此如果文件已存在，则会被覆盖。最后，程序调用 execute( )方法以启动 Flink 作业。执行该程序后，将在指定的文件路径中生成一个名为 words.txt 的文件，包含了 DataStream 中的 3 个字符串元素，每行一个字符串。

如果 DataStream 的并行度大于 1，那么 writeAsText( )将会在每个并行的 Subtask 中都创建一个输出文件。输出文件的命名格式为[prefix]-[subtask-index]-[parallel-task-index]。其中，prefix 是输出路径前缀，subtask-index 是 Subtask 的编号，parallel-task-index 是 DataStream 并行度的编号。如果想要将输出结果全部写到一个文件中，则需要设置其并行度为 1：

```
streamSource.writeAsText("D:\\out",
FileSystem.WriteMode.OVERWRITE).setParallelism(1);
```

### 5.4.2 自定义 Sink

除了使用内置的第三方连接器外，Flink 还支持使用自定义的 Sink 来满足多样化的输出需求。想要实现自定义的 Sink，需要直接或者间接地实现 SinkFunction 接口。

**1. 自定义 SinkFunction**

SinkFunction 是 Flink 中用于将数据发送到外部系统（如 Kafka、MySQL 等）的核心接口，自定义 Sink 需要实现它的 invoke( )方法，用于实现每个数据元素的具体写入操作。

下面是使用 Scala 实现的 SinkFunction 接口的示例程序：

```
class MySinkFunction extends SinkFunction[String] {
  override def invoke(value: String,context:Context): Unit = {
    // 将元素写入自定义数据源
    // 这里省略具体实现
    println("Sink output: " + value)
  }
}
```

在上述示例中，我们定义了一个 MySinkFunction，并实现了 SinkFunction 接口的 invoke( )

方法。在 invoke( )方法中可以处理数据，并将其发送到外部系统。在这个示例中，只是简单地将数据打印到控制台上。

可以在 Flink 程序中使用 MySinkFunction 对象，将 DataStream 写入自定义的数据源中。例如：

```
import org.apache.flink.streaming.api.functions.sink.SinkFunction
import org.apache.flink.streaming.api.functions.sink.SinkFunction.Context
import org.apache.flink.streaming.api.scala._

object MySinkExample {
  def main(args: Array[String]): Unit = {

    val env = StreamExecutionEnvironment.getExecutionEnvironment
    val stream:DataStream[String] = env.socketTextStream("localhost", 9999)
    val customSink = new MySinkFunction()
    stream.addSink(customSink)
    env.execute("Custom Sink Example")
  }
}
```

在这个示例中，首先创建了一个 socketTextStream，然后将其写入 customSink 对象中。最后执行 Flink 程序并输出结果。

**2. 写入数据至 MySQL**

在实际应用中，RichSinkFunction 是经常被实现的抽象类。相比于 SinkFunction，其提供了更多的功能，尤其是在生命周期管理和状态管理方面。具体来说，与 SinkFunction 相比，RichSinkFunction 增加了以下几个关键的生命周期方法：

1）open( )：在 Sink 开始之前调用。可以在这个方法中进行一些初始化的操作，比如建立数据库连接、打开文件等。

2）close( )：在 Sink 结束之后调用。可以在这个方法中关闭资源，比如关闭数据库连接、关闭文件等。

3）getRuntimeContext( )：获取运行时上下文对象，可以用来获取一些运行时信息，比如 Subtask 的 ID、任务名称、配置信息等。

4）setRuntimeContext( )：在 open( )方法之前调用，可以用来设置运行时上下文对象。

使用 RichSinkFunction 时，可以通过覆盖 open( )和 close( )方法来进行初始化与清理操作，通过覆盖 getRuntimeContext( )方法来获取运行时上下文信息。

RichSinkFunction 类的继承关系如图 5-2 所示。

这里以自定义一个 RichSinkFunction 为例，将计算结果写到 MySQL 数据库中，具体步骤如下。

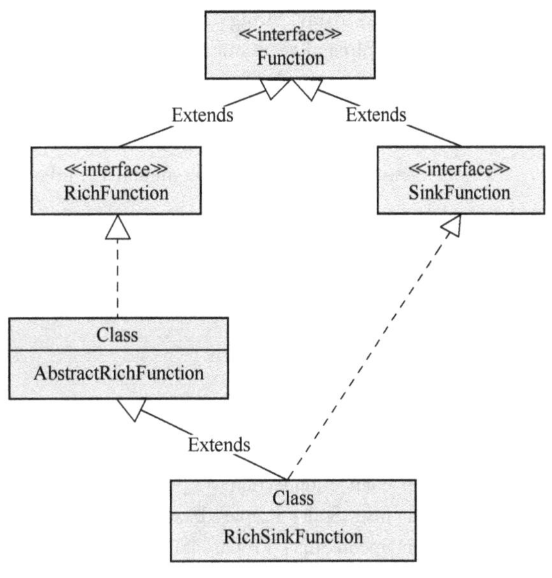


图 5-2　RichSinkFunction 类的继承关系

首先需要导入 MySQL 相关的依赖：

```
<dependency>
<groupId>mysql</groupId>
<artifactId>mysql-connector-java</artifactId>
<version>8.0.16</version>
</dependency>
```

添加 JDBC 的 connector 依赖：

```
<dependency>
<groupId>org.apache.flink</groupId>
<artifactId>flink-connector-jdbc</artifactId>
<version>${flink.version}</version>
</dependency>
```

实现 RichSinkFunction 接口，并重写以下方法。

- open()：在 SinkFunction 的 open()方法中，无法访问 RichSinkFunction 的生命周期方法，因此需要在 RichSinkFunction 的 open()方法中进行初始化连接、预处理语句等操作。
- invoke()：在 invoke()方法中，使用预处理语句将数据写入 MySQL 数据库。
- close()：在 close()方法中关闭连接等资源。

下面是使用 RichSinkFunction 将数据写入 MySQL 的示例代码：

```
import java.sql.{Connection, DriverManager, PreparedStatement}

import org.apache.flink.configuration.Configuration
import org.apache.flink.streaming.api.functions.sink.{RichSinkFunction, SinkFunction}
import org.apache.flink.streaming.api.scala._
import org.apache.flink.streaming.api.scala.StreamExecutionEnvironment

case class SensorReading(id: String, timestamp: Long, temperature: Double)

object MySQLSinkExample {

  def main(args: Array[String]): Unit = {
    val env = StreamExecutionEnvironment.getExecutionEnvironment
    val stream =env.socketTextStream("localhost", 9999)
      .map(line => {
        val fields = line.split(",")
        SensorReading(fields(0), fields(1).toLong, fields(2).toDouble)
      })

    stream.addSink(new MySQLSink)
    env.execute("MySQL Sink Example")
  }
}

class MySQLSink extends RichSinkFunction[SensorReading] {

  private var conn: Connection = _
  private var insertStmt: PreparedStatement = _
  private var updateStmt: PreparedStatement = _

  override def open(parameters: Configuration): Unit = {
```

```
        super.open(parameters)

        // 创建连接和预处理语句
        val url = "jdbc:mysql://localhost:3306/test"
        val username = "root"
        val password = "123456"
        conn = DriverManager.getConnection(url, username, password)
        insertStmt = conn.prepareStatement("INSERT INTO sensor_reading (id, timestamp, temperature)
VALUES (?, ?, ?)")
        updateStmt = conn.prepareStatement("UPDATE sensor_reading SET temperature = ? WHERE id = ?")
    }

    override def close(): Unit = {
        super.close()

        // 关闭连接和预处理语句
        insertStmt.close()
        updateStmt.close()
        conn.close()
    }

    override def invoke(value:SensorReading, context: SinkFunction.Context): Unit = {
        // 执行预处理语句
        updateStmt.setDouble(1, value.temperature)
        updateStmt.setString(2, value.id)
        updateStmt.execute()

        if (updateStmt.getUpdateCount == 0) {
            insertStmt.setString(1, value.id)
            insertStmt.setLong(2, value.timestamp)
            insertStmt.setDouble(3, value.temperature)
            insertStmt.execute()
        }
    }
}
```

这段程序演示了使用 Flink 将从 Socket 中读取的数据流写入 MySQL 数据库中，具体步骤如下：

1）定义一个 SensorReading 类，用来表示数据流中的数据。

2）创建 StreamExecutionEnvironment，从 Socket 中读取数据流，并对每一行数据进行解析，得到 SensorReading 对象。

3）将数据流传入 MySQLSink 中，MySQLSink 是一个自定义的 RichSinkFunction。

4）在 MySQLSink 中，通过实现 RichSinkFunction 接口的方法来建立与数据库的连接，并将 SensorReading 对象写入 MySQL 中。

在 open( ) 方法中，首先需要从参数中获取 Configuration，然后通过 DriverManager.getConnection( ) 方法建立连接，其中需要传入 URL、用户名和密码。接着，通过 conn.prepareStatement( )方法来创建预处理语句，分别对应插入数据和更新数据两个操作。

在 invoke( )方法中，首先执行 updateStmt，如果更新失败（即影响的行数为 0），则执行 insertStmt 来插入新的数据。在这里，使用预处理语句的好处在于能够避免 SQL 注入等安全问题，同时也可以提高性能。

在 close()方法中，关闭连接和预处理语句，释放资源。最后，将 MySQLSink 作为 Sink 传入数据流中，并执行程序。

## 5.5 用户行为实时分析

用户行为实时分析是指对用户在应用或系统中的各种操作和行为进行实时分析，以发现用户的行为模式和趋势，并根据这些数据做出决策或进行优化。这种分析可以帮助企业了解用户需求和行为，优化产品设计和用户体验，提高用户满意度和忠诚度，同时也能增加企业的收益和竞争力。

常见的用户行为包括用户浏览、搜索、点击、购买、评价、分享等。可以通过数据采集工具收集到用户行为日志，再通过实时流处理技术对用户行为进行实时分析和处理。

在 Flink 中，可以使用 DataStream API 进行实时流处理和分析，结合 Flink 提供的各类算子，可以轻松地实现用户行为实时分析。例如，可以通过统计用户的浏览和购买行为，计算出用户的转化率和留存率，以及各种行为之间的转移概率和关联度，从而优化营销策略和产品设计。

本案例模拟了用户的商品浏览、购买、收藏等行为数据，日志数据包含了用户的行为信息，包括用户 ID、商品 ID、商品类别 ID、行为类型和时间戳，模拟数据如下：

```
1,101,1,pv,1511658000
1,102,1,pv,1511658001
1,103,1,buy,1511658002
2,101,1,cat,1511658003
2,101,1,fav,1511658004
3,101,1,pv,1511658005
3,102,1,pv,1511658006
```

其中，每行数据都以逗号分隔，包括以下字段。

- userId：用户 ID。
- itemId：商品 ID。
- categoryId：商品类别 ID。
- behavior：用户行为，包括 pv（浏览）、buy（购买）、cat（加入购物车）和 fav（收藏）。
- timestamp：行为发生的时间戳。

接下来编写程序来统计用户各类行为的数量，并将统计结果输出到 MySQL 数据库中。

```
import org.apache.flink.api.common.eventtime.{SerializableTimestampAssigner, WatermarkStrategy}
import org.apache.flink.streaming.api.functions.sink.RichSinkFunction
import org.apache.flink.streaming.api.functions.sink.SinkFunction.Context
import org.apache.flink.streaming.api.scala._
import org.apache.flink.streaming.api.windowing.time.Time
import org.apache.flink.streaming.api.windowing.assigners.SlidingEventTimeWindows

import java.sql.{Connection, DriverManager, PreparedStatement}
import java.time.Duration

// 用户行为数据结构
case class UserBehavior(userId: Int, itemId: Int, categoryId: Int, behavior: String, timestamp: Long)
```

```
// 用户行为计数数据结构
case class UserBehaviorCount(userId: Int, behavior: String, count: Long)

// MySQL SinkFunction
class MysqlSink(query: String) extends RichSinkFunction[UserBehaviorCount] {
    private var connection: Connection = _
    private var preparedStatement: PreparedStatement = _

    // 打开数据库连接
    override def open(parameters: org.apache.flink.configuration.Configuration): Unit = {
        connection = DriverManager.getConnection("jdbc:mysql://localhost:3306/db_name?useSSL=
false&serverTimezone=UTC", "username", "password")
        preparedStatement = connection.prepareStatement(query)
    }

    // 向数据库插入数据
    override def invoke(value:UserBehaviorCount, context: Context): Unit = {
        preparedStatement.setInt(1, value.userId)
        preparedStatement.setString(2, value.behavior)
        preparedStatement.setLong(3, value.count)
        preparedStatement.executeUpdate()
    }

    // 关闭数据库连接
    override def close(): Unit = {
        if (preparedStatement != null) preparedStatement.close()
        if (connection != null) connection.close()
    }
}

object UserBehaviorCountJob {
    def main(args: Array[String]): Unit = {
        // 设置流式执行环境
        valenv = StreamExecutionEnvironment.getExecutionEnvironment

        // 从文本文件中读取输入数据
        val input:DataStream[String] = env.readTextFile("path/to/your/input/data.txt")

        // 将输入数据转换为 UserBehavior 数据流
        val userBehaviorStream: DataStream[UserBehavior] = input
        .map(line => {
            val split = line.split(",")
            UserBehavior(split(0).toInt, split(1).toInt, split(2).toInt, split(3), split(4).toLong)
        })

        // 设置水印和时间戳分配器
        val watermarkStrategy = WatermarkStrategy
        .forBoundedOutOfOrderness[UserBehavior](Duration.ofSeconds(1))
        .withTimestampAssigner(new SerializableTimestampAssigner[UserBehavior] {
            override def extractTimestamp(element: UserBehavior, recordTimestamp: Long): Long = {
                element.timestamp * 1000
            }
        })
```

```
        // 应用水印和时间戳分配器
        val timedUserBehaviorStream =userBehaviorStream.assignTimestampsAndWatermarks(watermarkStrategy)

        // 计算用户行为次数
        val behaviorCountStream: DataStream[UserBehaviorCount] = timedUserBehaviorStream
        .map(behavior => (behavior.userId, behavior.behavior, 1L))
        .keyBy(0, 1)
        .window(SlidingEventTimeWindows.of(Time.minutes(10), Time.minutes(1)))
        .sum(2)
        .map(tuple => UserBehaviorCount(tuple._1, tuple._2, tuple._3))

        // 定义 MySQL SinkFunction 并将计算结果写入 MySQL 数据库中
        val insertQuery = "INSERT INTO user_behavior_count (user_id, behavior, count) VALUES (?,
?, ?)"
        val mysqlSink = new MysqlSink(insertQuery)
        behaviorCountStream.addSink(mysqlSink)

        env.execute("User Behavior Count Job")
    }
}
```

上述程序的目标是读取用户行为数据，统计用户各类行为的数量，并将统计结果输出到 MySQL 数据库中。下面逐步解释程序的各个部分，输出结果为：

```
UserBehaviorCount(1, "pv", 2)
UserBehaviorCount(1, "buy", 1)
UserBehaviorCount(2, "cat", 1)
UserBehaviorCount(2, "fav", 1)
UserBehaviorCount(3, "pv", 2)
```

第一步，定义了两个 Case Class，UserBehavior 用于存储原始数据，UserBehaviorCount 用于存储统计结果。

第二步，创建一个自定义 MysqlSink 类，它继承自 RichSinkFunction。在 open()方法中，建立到 MySQL 数据库的连接，并准备插入语句。在 invoke()方法中，将接收到的统计结果插入数据库中。在 close()方法中，关闭数据库连接和预处理语句。

第三步，在 UserBehaviorCountJob 对象中创建 StreamExecutionEnvironment 实例，然后从文本文件中读取原始数据。

第四步，将每行原始数据都转换为 UserBehavior 实例。通过 map 操作将每行文本数据分割成字段，并创建对应的 UserBehavior 实例。

第五步，为 UserBehavior 数据流分配水印策略。使用 WatermarkStrategy.forBoundedOutOfOrderness 方法创建一个允许最多 1 s 乱序的水印策略。然后通过 withTimestampAssigner()方法将数据中的时间戳转换为毫秒。

第六步，将带有水印策略的 UserBehavior 数据流映射为包含（userId，behavior，count）的元组，并按 userId 和 behavior 分组。然后，在分组数据上定义一个滑动窗口，窗口大小为 10 min，滑动步长为 1 min。对窗口内的数据求和，最后将元组数据映射回 UserBehaviorCount。

第七步，定义插入 MySQL 的查询语句，创建 MysqlSink 实例，将数据流添加到 MysqlSink 中。在 MySQL 中，需要创建一个表格来存储统计结果。根据上述程序中的 UserBehaviorCount 类，可以创建如下表格：

```
CREATE TABLE user_behavior_count (
  user_id INT,
  behavior VARCHAR(10),
  count INT
);
```

这个表格包含 3 个字段：

- user_id：用户 ID，整数类型。
- behavior：用户行为，字符串类型，最大长度为 10 个字符。
- count：行为数量，整数类型。

第八步，执行 Flink 作业。

## 5.6　习题

1）Flink 中算子的并行度有哪些设置方式？哪种的优先级最高？

2）假设有一个包含多行字符串的 DataStream，每行字符串都由空格分隔的多个单词组成。请编写一个 Flink 程序，读取这个 DataStream，并使用 flatMap 算子将字符串中的每个单词拆分出来，然后使用 filter 算子过滤出长度大于 3 的单词，并使用 map 算子将单词转换为小写。

3）假设现在有一个包含多行字符串的 DataStream，每行字符串都包含了多个信息，其中包括了姓名、年龄、性别和地址等信息，不同信息之间以空格分隔。请编写一个 Flink 程序，读取这个 DataStream，并使用 flatMap 算子将每行的字符串拆分出来，然后使用 map 算子将每个信息转换为对应的类型（姓名为 String 类型，年龄为 Int 类型，性别为 String 类型，地址为 String 类型），最后使用 keyBy 算子按照性别进行分组，统计每个性别的人数和平均年龄。

4）编写自定义 Source，从 Redis 数据库中读取数据，给出具体实现步骤。

5）编写自定义 Sink，将数据写入 Redis 数据库，给出具体实现步骤。

# 第6章 时间和窗口

本章将介绍 Flink 中的时间和窗口概念。读者将学习如何基于时间和窗口进行数据处理，包括滚动窗口、滑动窗口和会话窗口等。

## 6.1 时间与窗口的概念

### 6.1.1 Flink 中的时间

时间在流处理中扮演着非常重要的角色。在流处理中，数据通常是无限的、不断地生成的，这些数据是按照时间顺序依次到达的。实时分析中往往需要基于时间完成各类聚合操作。以下是实时分析中基于时间的实际应用场景。

1）窗口聚合：对实时数据进行聚合分析，例如，每 5 min 内的用户登录次数、每 10 s 内的订单量等。

2）模式检测：在实时数据流中检测和识别特定的事件模式，例如，检测连续登录失败的用户、识别异常行为等。

3）时间序列分析：对时间序列数据进行分析，例如，股票价格走势分析、网站流量变化分析等。

4）预测分析：基于历史数据预测未来的趋势或行为，例如，预测未来 1 h 内的订单量、预测明天的气温等。

5）延迟监控：监控实时数据处理的延迟情况，例如，监控数据处理延迟是否超过预设的阈值。

在 Flink 中有 3 种时间概念：事件时间（Event Time）、处理时间（Processing Time）和摄取时间（Ingestion Time）。

1）事件时间：指数据在源端产生的时间，是事件本身发生的时间，通常由事件数据中的时间戳（Timestamp）字段表示。对于事件时间而言，不同事件的时间戳是不一定连续的，可能存在数据乱序的情况，即事件按照发生的时间顺序到达系统的时间是不一定的。事件时间是最准确的时间语义，因为它真正反映了数据本身所描述的真实时间信息。事件时间适用于需要对数据进行时间窗口分析，以及需要考虑数据乱序和水位线等场景。

2）处理时间：数据到达 Flink 系统并进入计算流程的时间。处理时间是最简单的时间语义，通常是系统当前时间或机器时间。处理时间不依赖于外部因素，能够立即得到处理结果，但是由于处理时间受到数据到达时间和处理任务所在机器性能的影响，因此不适用于对实时性要求很高的业务场景。

3）摄取时间：数据进入 Flink 系统的时间，通常由 Flink 系统自动生成的时间戳表示。摄取时间介于事件时间和处理时间之间，它比处理时间更准确，同时又不会受到事件数据乱序的影响。摄取时间适用于需要对数据进行时间顺序分析，但又不需要考虑事件数据乱序问题的场景。

接下来，以生活中的网上购物场景为例解释 3 种时间的不同。

假设有一个电商网站，需要对用户的行为进行实时分析。网站将用户的行为数据通过 Kafka 数据流传输到 Flink，Flink 对这些数据进行实时处理，并将结果写入 Elasticsearch 中。为了更好地理解 Flink 的 3 种时间，假设有一个用户在 10:00:00 时访问了网站，并在 10:01:00 时购买了一个商品。

- 事件时间是指数据本身携带的时间信息，即事件在现实世界中发生的时间。在该例子中，事件时间就是用户访问和购买的时间，即 10:00:00 和 10:01:00。事件时间通常是数据本身自带的时间戳，可以通过 Flink 提供的 TimestampAssigner 指定。
- 处理时间是指 Flink 接收到数据并开始处理的时间。在该例子中，如果 Flink 在 10:02:00 开始处理这个事件，那么处理时间就是 10:02:00。
- 摄取时间是指数据进入 Flink 的时间。在该例子中，如果数据通过 Kafka 数据流在 10:03:00 进入 Flink，那么摄取时间就是 10:03:00。

使用事件时间可以更加准确地处理数据，尤其是在处理延迟数据、乱序数据和窗口计算时。例如，在处理用户点击行为时，如果使用处理时间，就会导致数据处理的结果和实际情况不符，这是因为点击事件的产生时间和数据处理时间可能存在较大的延迟。而使用事件时间，可以更加准确地计算出每个时间窗口内的点击次数，从而更加准确地分析用户行为。

然而，使用事件时间也需要克服一些挑战，主要包括两大问题。

1）延迟数据：事件时间需要等待所有数据到达才能进行计算，因此对于延迟到达的数据需要进行处理。一般情况下，可以使用窗口来解决延迟数据的问题，如滑动窗口、滚动窗口等，同时可以设置窗口延迟时间，等待延迟数据到达再进行计算。

2）乱序数据：使用事件时间处理乱序数据需要对数据进行排序，以保证数据的时间顺序是正确的。在 Flink 中，可以使用 Watermark 机制来解决乱序数据的问题。Watermark 是一种带有时间戳的特殊事件，表示数据流中的事件时间已经到达了该时间戳。在处理乱序数据时，可以通过设置 Watermark 来保证数据的时间顺序是正确的。

### 6.1.2　窗口

在 Flink 中，窗口（Window）是将无限的数据流按照时间或者其他指标进行分段处理的一种机制。将无限的数据流切割成有限的、离散的块，每个块称为一个窗口。在一个窗口中，可以对窗口内的元素进行聚合、计算等操作，以产生一个新的数据流，从而实现对数据的实时统计和分析。

窗口可以帮助我们对无限数据流进行有限的处理，它可以解决在无限数据流中需要考虑有限计算资源和有限时间窗口内数据的聚合问题。窗口一般通过指定窗口的大小和滑动步长来确定，即指定窗口内的数据量或时间范围以及窗口之间的重叠部分。

根据分块规则的不同，可以将窗口分为时间窗口和计数窗口两种类型。

- 时间窗口是根据时间间隔来划分的，数据被划分到某个时间区间内，如 5 s 内的数据。在时间窗口中，有滚动窗口（Tumbling Windows）和滑动窗口（Sliding Windows）。滚动窗口将数据切割成长度固定的、不重叠的时间段，而滑动窗口则会有时间段重叠的情况。
- 计数窗口则是根据元素数量进行划分的，当一个窗口内的元素达到指定的数量时，就会触发计算，如每 100 条数据进行处理。计数窗口主要用于对有固定元素数目的数据进行处理。

窗口计算的应用场景非常广泛，如对数据流中的一段时间窗口内的数据进行聚合分析。常见的应用场景包括：

1）实时计算：对于某些实时计算场景，需要对一段时间内的数据进行计算，如计算最近 5 min 内的网站访问量或者 5 s 内的订单量等。

2）数据统计：窗口计算可以用于数据的统计，如对于某个网站或者应用，可以通过窗口计算来统计一段时间内用户的点击、浏览、下单等行为。

3）风险控制：通过对一定时间窗口内的数据进行实时监控，可以快速发现风险事件，如对于金融交易场景，可以通过窗口计算来实时监控一段时间内的交易行为，及时发现异常行为。

4）实时分析：对于实时数据分析场景，如电商推荐系统，通过对一定时间窗口内的数据进行实时分析，可以快速得出用户喜好、购买倾向等信息，从而为用户提供更准确的推荐服务。

### 6.1.3 水位线

**1. 水位线是什么**

在流计算中，数据采集和传输往往采用分布式的环境，数据可以按顺序到达，也可以是乱序到达的。乱序流指的是数据到达的时间和数据生成的时间不一致，数据的时间戳不是严格递增的。而顺序流指的是数据按照生成时间严格递增的顺序到达。

在流计算中，数据乱序通常是由以下原因引起的：

1）网络延迟：在分布式系统中，网络延迟是不可避免的，数据包可能会因为网络传输延迟而被重新排序。

2）大量数据的并行处理：流计算通常使用多个并行任务来处理输入数据，这可能导致来自不同任务的数据流交错而产生乱序。

3）消息传输中断：如果一个数据包在传输过程中丢失了，那么接收方可能会在之后的某个时间点收到它，这会导致数据流的乱序。

4）数据源并发：如果数据源本身就是并发的，比如多个传感器并发地向系统发送数据，这也会导致数据的乱序。

时间戳是指特定时刻的标识。在计算机系统中，通常使用一个整数或浮点数来表示某个时刻的时间戳，以便于计算和比较时间。时间戳通常是相对于某个固定的基准时间点（如 1970 年 1 月 1 日 00:00:00）计算得出的。时间戳在计算机系统中广泛应用，例如：

- 在操作系统中，用于记录文件的创建时间、修改时间和访问时间等信息。
- 在数据库中，用于记录数据的更新时间、创建时间等信息。
- 在分布式系统中，用于记录事件发生的时间，如日志、监控等信息。
- 在数据处理系统中，用于进行数据的时间序列分析、实时计算等。

在实际应用中，数据到达的时间和数据生成的时间可能会存在延迟、乱序等情况。这时候需要使用时间窗口、水位线等技术来解决乱序数据带来的问题，保证计算的准确性。

举个例子来说明，假设有一个实时交易系统，交易数据会不断地发送到 Flink 中进行处理。其中，每笔交易数据都包含交易时间戳。如果交易数据按照事件时间顺序到达，那么就是顺序流。例如，交易数据按照时间戳顺序依次到达：

```
Transaction 1: timestamp = 2023-02-25T09:00:00.000Z
Transaction 2: timestamp = 2023-02-25T09:00:00.100Z
Transaction 3: timestamp = 2023-02-25T09:00:00.200Z
Transaction 4: timestamp = 2023-02-25T09:00:00.300Z
```

当交易数据的到达顺序与其时间戳顺序不一致时，这种数据流就是乱序流。例如，交易数据可以按照以下顺序到达：

```
Transaction 1: timestamp = 2023-02-25T09:00:00.100Z
Transaction 2: timestamp = 2023-02-25T09:00:00.300Z
Transaction 3: timestamp = 2023-02-25T09:00:00.200Z
Transaction 4: timestamp = 2023-02-25T09:00:00.400Z
```

从上面的例子可以看出，尽管 Transaction 3 的时间戳在 Transaction 2 之前，但它却在 Transaction 2 之后到达。这就是乱序流的一个典型示例。

在这种情况下，需要使用水位线来确定时间的进展，判断窗口是否可以关闭。

水位线是 Flink 中用于处理事件时间（Event Time）的一种机制，它用于追踪事件时间的进展和处理乱序数据。水位线是一种特殊的元数据，表示“在此时间戳之前的所有事件都已经处理完毕”。水位线是事件时间处理中的重要概念。在数据流中，每个事件都带有一个时间戳，代表这个事件发生的时间。但由于数据可能存在乱序、延迟等情况，因此需要引入水位线来解决这些问题。

水位线的核心作用是确定数据流的事件时间进展到了哪个时间点，即代表了一个“时间边界”，该时间点之前的所有事件都已经到达，可以进行计算。水位线实际上是一种可以“放心”地处理已经发生的事件，而不必担心之后会出现迟到事件（Late Svents）的技术。

水位线主要解决的问题是处理乱序数据的延迟问题。在事件时间处理中，数据可能会以任意顺序到达，因此 Flink 需要对这些数据进行时间排序，这样才能得到正确的计算结果。由于网络传输等原因，数据的到达顺序和产生顺序可能会不一致，从而导致计算延迟和结果不正确。

水位线通过约束数据到达时间的上限，告诉 Flink 一个时间点之后不再期望新数据到达，从而解决了乱序数据的计算问题。具体来说，Flink 在处理每个数据时，都会根据数据中的时间戳和当前水位线的时间值计算出一个延迟时间，只有在这个延迟时间内的数据才会被纳入计算。如果某个数据的时间戳比当前水位线的时间值还要早，那么这个数据就被认为是迟到数据（Late Data），在不同的配置下，可以选择丢弃这些数据或者对其进行特殊处理。

假设要统计某个数据流中一段时间内用户的购物次数，其中，数据流中的事件时间指代的是用户实际购物的时间。当设置水位线为当前系统时间减去 1 h 时，表示当前时间点之后 1 h 内的数据都已经到达，不再期望新数据到达。在处理数据时，如果某条数据的事件时间早于当前水位线时间减去 1 h，那么这条数据就被认为是迟到数据。此时可以根据具体需求来处理这些迟到数据，如将其丢弃或者延迟一段时间再进行处理。

在有序流中，由于数据的时间戳按照事件发生的顺序递增，因此水位线可以被认为是固定的，一旦观察到了一个时间戳比水位线更小的数据，它就不可能再到达系统中了。在这种情况下，水位线的主要作用是告诉 Flink 可以开始执行窗口操作了（见图 6-1）。

在乱序流中，由于数据的时间戳不是按照事件发生的顺序递增的，所以需要使用水位线来推进事件时间，并在数据迟到时进行处理。例如，对于用户点击日志的数据流，在处理时间为 t 的数据时，我们可能已经收到了一些时间戳比 t 更早的数据，这时候需要根据已经收到的数据推断出来哪些数据是迟到的，并把它们归到对应的窗口中去（见图 6-2）。

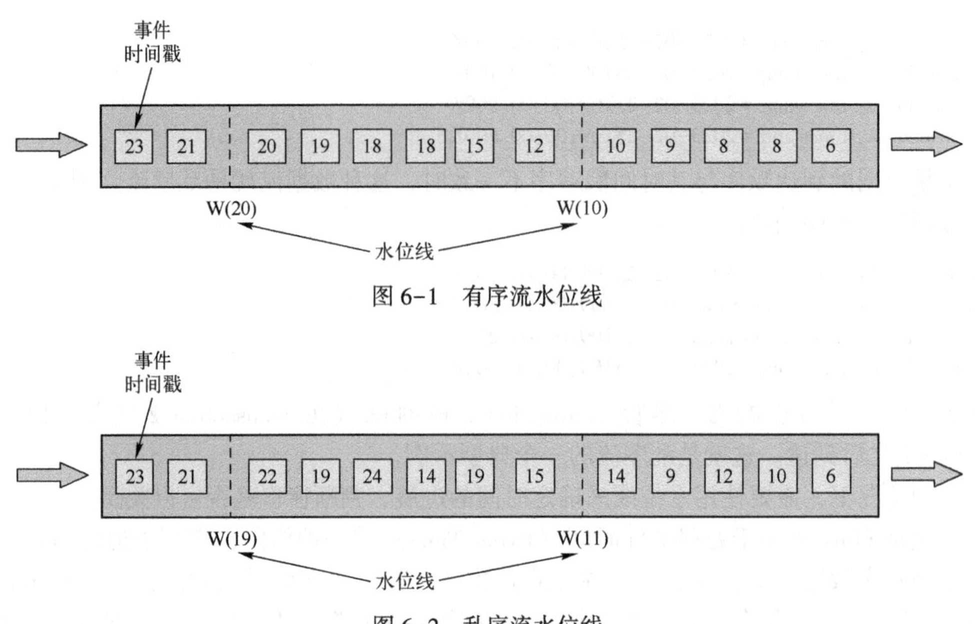


图 6-1　有序流水位线

图 6-2　乱序流水位线

水位线在 Flink 中具有以下特性。

1）推进：随着时间的推移，水位线会不断地向前推进，表示当前数据流中已经没有比水位线更早的事件了。

2）延迟：由于事件的乱序和延迟，水位线并不能完全准确地表示当前所有事件已经到达的情况，而是会有一定的延迟，需要根据具体应用场景进行设置。

3）触发：当水位线达到某个特定的时间点时，可以触发一些操作，如触发窗口计算、触发事件输出等。

4）推导：由于水位线反映的是当前数据流中已经到达的最大时间点，因此可以根据水位线推导出当前数据流的处理进度。

5）传递：在分布式系统中，水位线可以通过网络传递给各个任务节点，以便统一协调各节点的处理进度和计算结果。

总之，水位线是事件时间处理中非常重要的概念，可以帮助解决事件乱序和延迟的问题，从而提高数据处理的准确性和效率。

**2. 水位线传递机制**

在 Flink 中，水位线会根据上游任务发射的事件时间戳及延迟情况来自动向下游任务发送，以保证下游任务能够及时进行窗口计算并输出结果。具体来说，水位线的传递是通过数据流中的特殊事件进行的。上游任务发射的每个 Watermark 都会随着数据一起流向下游任务，并被下游任务的窗口算子用于确定已经完成的窗口，进而触发窗口计算并输出相应的结果。由于 Watermark 本身也是一种数据，因此在实现上，Flink 会将 Watermark 视为一种特殊的数据事件。同时，Flink 会为每个数据流中的元素和 Watermark 按照事件时间戳进行排序，以确保数据按照正确的顺序进入窗口计算。

具体来说，当一个任务 A 发送水位线时，Flink 会将该水位线打包成一个特殊的数据元素，并将其插入任务 A 的数据流中，然后将该数据流发送到下游任务 B。下游任务 B 会接收该数据流，然后根据水位线更新自己的水位线。下游任务 B 会保证在处理完水位线之前，不会处理任何时间戳小于该水位线的数据，从而保证了数据处理的正确性。

如果下游任务 B 还有后续的下游任务 C，那么 B 会继续将包含水位线的数据流发送给任务 C，C 也会根据接收到的水位线更新自己的水位线。因此，水位线可以沿着数据流一直传递到任务链的末端，从而确保整个任务链的数据处理正确性。

当有多个上游任务和下游任务时，水位线有以下几种传递方式。

1）单个上游算子到单个下游算子：水位线是通过数据流的传递由上游算子生成并向下游算子传递的。下游算子接收到水位线事件时，会更新自己的水位线，并根据新的水位线来决定是否触发窗口计算。

2）单个上游算子到多个下游算子：水位线是通过数据流的传递由上游算子生成并向所有下游算子同时发送的。下游算子接收到水位线事件时，会更新自己的水位线，并根据新的水位线来决定是否触发窗口计算。

3）多个上游算子到单个下游算子：在这种情况下，下游算子会将所有上游算子的水位线中最小的那个作为自己的水位线。这是因为对于下游算子来说，只有所有上游算子的事件都到达了，才能进行计算。

4）多个上游算子到多个下游算子：在这种情况下，Flink 采用了双重水位线机制，即上游算子生成的水位线是由下游算子来处理的。下游算子会维护多个上游算子的水位线中最小的那个，并作为自己的水位线，根据新的水位线来决定是否触发窗口计算。同时，上游算子也会生成水位线事件，传递给下游算子，但并不直接触发窗口计算。

两个并行的流数据源与两个算子之间的事件时间、水位线传递流程如图 6-3 所示。

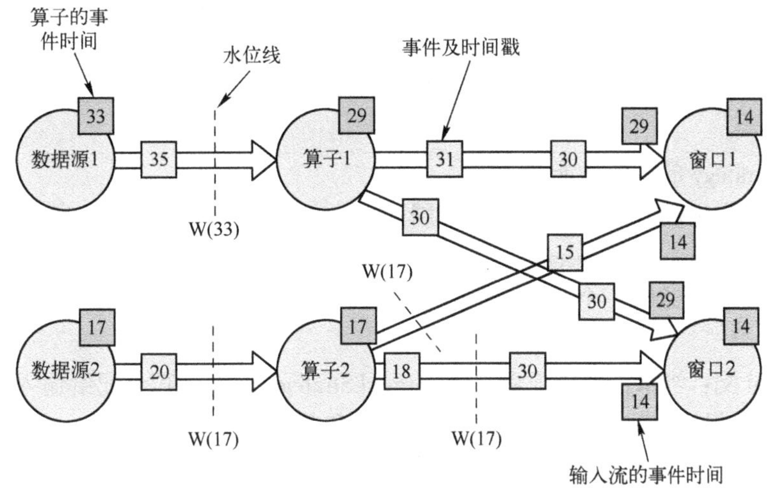


图 6-3　流数据源与算子事件时间、水位线传递流程图

在每个并行的流数据源中，水位线是在事件时间的基础上向前推进的，一旦生成，就会向下游算子发送。在图 6-3 中，两个数据源分别发送了事件和水位线，并在各自的输出流中标识了它们的事件时间和水位线。

在后续的两个算子中，每个算子都维护了它接收到的最小的事件时间。当一个算子接收到一个新的事件时，它会将自己的事件时间更新为所有输入流中的最小事件时间，并在输出流中发送一个新的水位线。在图 6-3 中，两个算子都接收到了它们的输入流中的事件和水位线，并在各自的输出流中标识了它们的事件时间和水位线。

最终，所有算子的输出流中都包含了最新的事件时间和水位线信息，这些信息可以用于计算基于事件时间的聚合和处理。

**3. 水位线的生成**

生成水位线是指在流处理过程中，如何根据已经处理的事件确定当前的事件时间进度，并产生相应的水位线。在 Flink 中有以下几种生成水位线的方式。

1）周期性水位线分配器（Periodic Watermark Assigner）：周期性生成水位线，基于 Flink 的 ProcessingTimeService。周期性水位线分配器根据一个固定的时间间隔生成水位线。在这种情况下，水位线的生成与数据流无关。

2）水位线策略（WatermarkStrategy）：

- 单调递增的时间戳（Monotonous Timestamps）：当事件的时间戳单调递增（无乱序事件）时，可以使用此策略。例如，可以使用 WatermarkStrategy. forMonotonousTimestamps( ) 创建一个水位线策略。
- 有界无序（Bounded Out-of-Order）事件时间：在事件时间戳无序，但是乱序程度有界限的情况下，可以使用这种策略。例如，可以使用 WatermarkStrategy. forBoundedOutOfOrderness( Duration. ofSeconds( 3) ) 创建一个有界无序事件时间的水位线策略，允许最多 3 s 的乱序。
- 自定义水位线策略：如果以上策略不适用于自己的应用场景，就可以实现自定义的水位线策略。可以通过实现 WatermarkGenerator 或 WatermarkGeneratorSupplier 接口来创建自定义水位线生成器。

WatermarkStrategy 是 Flink 在 1. 11 版本之后引入的新的水位线生成方式，用于水位线的生成和分配。它取代了之前的 AssignerWithPunctuatedWatermarks 和 AssignerWithPeriodicWatermarks 接口。WatermarkStrategy 提供了更加灵活和强大的方式来生成和处理水位线，支持基于事件时间的 Flink 应用程序。

WatermarkStrategy 的主要功能如下。

1）定义水位线生成方式：它可以生成周期性水位线（forBoundedOutOfOrderness）或不规律的水位线（forMonotonousTimestamps），具体取决于用户自己的需求。

2）时间戳提取：提供一个 TimestampAssigner，可以为 WatermarkStrategy 指定如何从事件中提取时间戳。

3）水位线分配：当水位线生成后，WatermarkStrategy 负责将其分配给输入数据流。这样，流处理引擎就可以根据水位线来处理事件时间窗口和其他基于时间的操作。

以下是一些 WatermarkStrategy 的常用方法：

- forBoundedOutOfOrderness( duration: Duration)：基于有界乱序事件生成周期性水位线。传入参数 duration 用于指定最大允许的乱序时间。
- forMonotonousTimestamps( )：生成单调递增（或相等）的时间戳的水位线。这对于没有乱序事件的场景是很有用的。
- withTimestampAssigner ( timestampAssigner: SerializableTimestampAssigner [ T ] )：为 WatermarkStrategy 提供一个 SerializableTimestampAssigner，用于从事件中提取时间戳。
- withIdleness( duration: Duration)：设置空闲超时时间。在此时间段内，如果没有收到数据，那么数据源将被标记为空闲，这对于处理具有稀疏数据的流非常有用。

要使用 WatermarkStrategy，需要在数据流上调用 assignTimestampsAndWatermarks 方法，并

传入一个 WatermarkStrategy 实例。这样，Flink 就可以根据用户指定的策略生成和分配水位线。

forBoundedOutOfOrderness 和 forMonotonousTimestamps 都是 Watermark Strategy 工具类提供的用于生成水位线的方法，但它们在生成水位线的策略上有所不同。

1）forBoundedOutOfOrderness：这种策略用于处理有界乱序事件的场景。也就是说，事件时间戳可能会乱序到达，但乱序程度有一个最大值。此策略会生成周期性水位线，其值为观察到的最大事件时间戳减去最大允许的乱序时间。

应用场景：在现实世界中，许多数据源的事件可能会存在一定程度的乱序，如网络延迟或系统故障。在这种情况下，可以使用 forBoundedOutOfOrderness 策略来生成水位线，以便处理这些乱序事件。用户需要预先估计最大的乱序时间，并将其传递给此策略，以便正确地生成水位线。

2）forMonotonousTimestamps：这种策略适用于事件时间戳单调递增（或相等）的场景。也就是说，事件时间戳没有乱序。在这种策略下，水位线的值始终与观察到的最大事件时间戳相等。

应用场景：如果用户的数据源产生的事件时间戳是严格有序的，或者用户已经对数据进行了预处理，以确保事件时间戳没有乱序，那么可以使用 forMonotonousTimestamps 策略。这种情况下，水位线与最大事件时间戳相等，因此不需要考虑乱序事件。

用户需要根据实际的业务场景和数据特点来选择合适的水位线生成策略。如果数据存在较大的延迟和乱序，就需要使用 forBoundedOutOfOrderness 来生成水位线；如果数据没有乱序，就可以使用 forMonotonousTimestamps 来生成水位线。

这里通过 WatermarkStrategy. forMonotonousTimestamps( ) 方法来创建一个单调递增时间戳的水位线生成策略，并通过 withTimestampAssigner( ) 方法来指定如何从数据中提取时间戳。

```
import org.apache.flink.api.common.eventtime.{SerializableTimestampAssigner, WatermarkStrategy}
import org.apache.flink.streaming.api.scala._
import org.apache.flink.streaming.api.windowing.assigners.TumblingEventTimeWindows
import org.apache.flink.streaming.api.windowing.time.Time

// 定义事件数据结构
case class Event(id: String, timestamp: Long)

object MonotonousTimestampsExample {
  def main(args: Array[String]): Unit = {
    // 获取执行环境
    val env = StreamExecutionEnvironment.getExecutionEnvironment
    env.setParallelism(1)
    // 从 Netcat 接收数据，监听 localhost 的 8888 端口
    val textStream = env.socketTextStream("localhost", 8888)

    // 解析接收到的数据为 Event 对象
    val eventStream = textStream.map { line =>
      val fields = line.split(",")
      val id = fields(0).toString
      val timestamp = fields(1).toLong
      Event(id, timestamp)
    }

    // 设置水印策略，以处理单调递增的事件时间戳
    val watermarkStrategy = WatermarkStrategy
```

```
        .forMonotonousTimestamps[Event]()
        .withTimestampAssigner(new SerializableTimestampAssigner[Event] {
          override def extractTimestamp(element: Event, recordTimestamp: Long): Long = {
            element.timestamp
          }
        })

      // 应用水印策略
      val timedEventStream = eventStream.assignTimestampsAndWatermarks(watermarkStrategy)

      // 对事件流进行聚合操作
      val aggregatedStream = timedEventStream
        .map(event => (event.id, 1))
        .keyBy(_._1)
        .window(TumblingEventTimeWindows.of(Time.milliseconds(10)))
        .sum(1)

      // 将结果输出到控制台
      aggregatedStream.print()

      // 启动执行
      env.execute("Flink Monotonous Timestamps Example")
    }
  }
```

首先，代码中定义了一个名为 Event 的样例类，表示流中的事件。Event 包含一个 id 字段和一个 timestamp 字段，分别表示事件的标识和时间戳。

接下来，在 main()方法中，创建了一个 StreamExecutionEnvironment 实例，该实例表示流处理的执行环境。通过调用 socketTextStream()方法，创建了一个数据流 textStream，用于从指定的 IP 地址和端口接收数据。

然后，通过 map 操作将接收到的文本数据解析为 Event 对象，并创建了一个新的数据流 eventStream。

接着，定义了一个水印策略 WatermarkStrategy，用于生成水印。使用 forMonotonousTimestamps 方法创建了一个单调递增的水印策略，并通过 withTimestampAssigner()指定了如何从 Event 对象中提取事件时间戳。然后，将水印策略应用于 eventStream，创建了一个带有时间戳和水印的流 timedEventStream。

最后，代码对 timedEventStream 进行一系列的操作。首先使用 map 操作将事件流映射为（id，1）的键值对形式，然后使用 keyBy 操作按照 id 进行分组，接着使用 window 操作定义了一个滚动窗口，其时长为 10 ms。最后，使用 sum 操作对窗口内的数据进行求和。

最终，结果流 aggregatedStream 会被输出到控制台。

在终端中输入以下数据：

```
a,0
a,5
a,10
a,15
a,19
a,20
```

当输入 a,10 时，会触发窗口计算，计算[0,10)之间的数据，输出(a,2)；当输入 a，20 时，会触发第 2 次窗口计算，计算[10,20)之间的数据，输出(a,3)。注意，a,10 和 a,20 数据仅会触发窗口计算，不会被累积到结果中。

可以使用 BoundedOutOfOrdernessWatermarks 类来创建基于乱序程度的水位线生成策略。在此示例中，将使用一个简单的数据源，其中，事件时间戳可能是无序的。我们将为这个数据源创建一个水位线策略，允许最大延迟为 2 ms，并使用 window( ) 函数对事件进行分组。

```
// 导入所需的 Flink 库
import org.apache.flink.api.common.eventtime.{SerializableTimestampAssigner, WatermarkStrategy}
import org.apache.flink.streaming.api.scala._
import org.apache.flink.streaming.api.windowing.assigners.TumblingEventTimeWindows
import org.apache.flink.streaming.api.windowing.time.Time

import java.time.Duration

// 定义事件数据结构
case class Event(id: String, timestamp: Long)

object BoundedOutOfOrdernessWatermarksExample {
  def main(args: Array[String]): Unit = {
    // 获取执行环境
    val env = StreamExecutionEnvironment.getExecutionEnvironment
    env.setParallelism(1)
    // 从 Netcat 接收数据，监听 localhost 的 8888 端口
    val textStream = env.socketTextStream("localhost", 8888)

    // 解析接收到的数据为 Event 对象
    val eventStream = textStream.map { line =>
      val fields = line.split(",")
      val id = fields(0).toString
      val timestamp = fields(1).toLong
      Event(id, timestamp)
    }

    // 设置水印策略，以处理无序事件时间戳
    val watermarkStrategy = WatermarkStrategy
      .forBoundedOutOfOrderness[Event](Duration.ofMillis(2))
      .withTimestampAssigner(new SerializableTimestampAssigner[Event] {
        override def extractTimestamp(element: Event, recordTimestamp: Long): Long = {
          element.timestamp
        }
      })

    // 应用水印策略
    val timedEventStream = eventStream.assignTimestampsAndWatermarks(watermarkStrategy)

    // 对事件流进行聚合操作
    val aggregatedStream = timedEventStream
      .map(event => (event.id, 1))
      .keyBy(_._1)
      .window(TumblingEventTimeWindows.of(Time.milliseconds(10)))
      .sum(1)
```

```
        // 将结果输出到控制台
        aggregatedStream.print()

        // 启动执行
        env.execute("Flink Bounded Out-of-Orderness Watermarks Example")
    }
}
```

在终端中输入以下数据：

```
a,0
a,10
a,11
a,12
a,20
a,22
```

当输入 a,12 时，12 与 0 的距离达到时间间隔 10 ms 加上允许乱序时间 2 ms，会触发窗口计算，计算[0,10)之间的数据，输出(a,1)；当输入 a,22 时，会触发窗口计算，计算[10,20)之间的数据，输出(a,3)。

## 6.2 窗口的基本使用

窗口是由窗口分配器（Window Assigner）和窗口触发器（Window Trigger）组合而成的，是 Flink 中定义窗口的两个重要组件。

- 窗口分配器（Window Assigner）用于将数据流划分成不同的窗口，可决定哪些数据进入哪个窗口。Flink 提供了多种窗口分配器，如按时间、按数量、按会话等方式划分窗口。
- 窗口触发器（Window Trigger）用于决定窗口何时关闭并触发计算，即判断一个窗口是否应该进行计算，以及何时进行计算。Flink 提供了多种窗口触发器，如按时间、按数量、按事件等方式触发计算。

常见的窗口类型包括：

1）时间窗口（Time Window）：将数据流按照时间分成固定大小的窗口。

2）数量窗口（Count Window）：将数据流按照指定数量分成固定大小的窗口。

3）会话窗口（Session Window）：将数据流按照一定的空闲时间分成若干个窗口，如果两个数据之间的间隔超过了空闲时间，则将它们分到不同的窗口中。

4）全局窗口（Global Window）：将整个数据流作为一个窗口处理。

对于窗口触发器，常见的有：

1）基于时间的触发器（Time-based Trigger）：基于时间的定时器，如基于事件时间或者处理时间的定时器，到达指定时间后触发窗口计算。

2）基于数量的触发器（Count-based Trigger）：基于元素数量触发窗口计算。

3）基于混合条件的触发器（Mixed Trigger）：同时基于时间和元素数量触发窗口计算。

4）自定义触发器（Custom Trigger）：用户可以根据自己的业务逻辑自定义窗口触发器。

通过不同的窗口类型和触发器的组合，Flink 可以满足不同场景下的窗口计算需求。

下面展示了 Flink 窗口在 Keyed Streams 和 Non-Keyed Streams 上使用的基本结构，可以看到，这两者唯一的区别在于：Keyed Streams 要先调用 keyBy(...)再调用 window(...)，而 Non-Keyed Streams 直接调用 windowAll(...)即可。

Keyed Windows 的调用方式如下：

```
stream
       .keyBy(...)                  <-  仅 keyed 窗口需要
       .window(...)                 <-  必填项："assigner"
      [.trigger(...)]               <-  可选项："trigger"（省略则使用默认 trigger）
      [.evictor(...)]               <-  可选项："evictor"（省略则不使用 evictor）
      [.allowedLateness(...)]       <-  可选项："lateness"（省略则为 0）
      [.sideOutputLateData(...)]    <-  可选项："output tag"（省略则不对迟到数据使用 side output）
       .reduce/aggregate/apply()    <-  必填项："function"
      [.getSideOutput(...)]         <-  可选项："output tag"
```

Non-Keyed Windows 的调用方式如下：

```
stream
       .windowAll(...)              <-  必填项："assigner"
      [.trigger(...)]               <-  可选项："trigger"（else default trigger）
      [.evictor(...)]               <-  可选项："evictor"（else no evictor）
      [.allowedLateness(...)]       <-  可选项："lateness"（else zero）
      [.sideOutputLateData(...)]    <-  可选项："output tag"（else no side output for late data）
       .reduce/aggregate/apply()    <-  必填项："function"
      [.getSideOutput(...)]         <-  可选项："output tag"
```

上面方括号（[...]）中的命令是可选的。

### 6.2.1 窗口分配器

WindowAssigner 是 Flink 中窗口分配器的抽象类，它定义了窗口如何分配的基本方法。所有的窗口分配器都需要继承 WindowAssigner 并实现其中的抽象方法，WindowAssigner 的主要抽象方法包括：

1）assignWindows(element: T, timestamp: Long, context: WindowAssigner.Context)：这是一个抽象方法，需要在具体实现中定义。该方法负责为给定的元素分配一个或多个窗口。输入参数包括元素（Element）本身、元素的事件时间戳以及窗口分配器上下文（Context）。该方法返回一个分配给该元素的窗口集合。

2）getDefaultTrigger(streamExecutionEnvironment: StreamExecutionEnvironment)：这是一个抽象方法，需要在具体实现中定义。该方法返回一个默认的触发器，用于在窗口分配器中触发窗口计算。触发器定义了窗口何时被认为是“完成”的，以便对窗口中的数据进行计算。

3）isEventTime()：此方法返回一个布尔值，指示窗口分配器是否基于事件时间。如果为 true，则窗口分配器基于事件时间；如果为 false，则窗口分配器基于处理时间。

下面是一个自定义 WindowAssigner 示例，定义了一个基于事件时间的固定大小窗口分配器，窗口大小为 10 s。

```
import org.apache.flink.api.common.eventtime.{SerializableTimestampAssigner, WatermarkStrategy}
import org.apache.flink.streaming.api.environment
import org.apache.flink.streaming.api.scala._
import org.apache.flink.streaming.api.windowing.assigners.{SlidingEventTimeWindows, WindowAssigner}
import org.apache.flink.streaming.api.windowing.windows.TimeWindow

import java.time.Duration
import java.util.Collections

object CustomWindowAssigner {
```

```
  def main(args: Array[String]): Unit = {
    val env = StreamExecutionEnvironment.getExecutionEnvironment

    // 模拟数据源，每秒生成一个元素
    val dataStream = env.fromSequence(1L, 10L)
      .map(i => (s"key${i % 3}", i * 1000L))

    val windowedStream = dataStream
      .assignTimestampsAndWatermarks(
        WatermarkStrategy
          .forMonotonousTimestamps[(String, Long)]()
          .withTimestampAssigner(new SerializableTimestampAssigner[(String, Long)] {
            override def extractTimestamp(element: (String, Long), recordTimestamp: Long): Long =
              element._2
          }))
      .windowAll(new CustomWindowAssigner(Duration.ofSeconds(5)))

    val result =windowedStream.sum(1)

    result.print()

    env.execute("Custom Window Assigner Example")
  }

  // 自定义窗口分配器，每 5 s 生成一个窗口
  class CustomWindowAssigner(val size: Duration) extends WindowAssigner[Object, TimeWindow] {
    override def assignWindows(element: Object, timestamp: Long, context: WindowAssigner.WindowAssigner-
Context): java.util.List[TimeWindow] = {
      val startTime = timestamp - (timestamp % size.toMillis)
      val endTime = startTime + size.toMillis - 1
      Collections.singletonList(new TimeWindow(startTime, endTime))
    }

    override def getDefaultTrigger(env: environment.StreamExecutionEnvironment): org.apache.flink.streaming.
api.windowing.triggers.Trigger[Object, TimeWindow] = {
      org.apache.flink.streaming.api.windowing.triggers.EventTimeTrigger.create()
    }

    override def getWindowSerializer(executionConfig: org.apache.flink.api.common.ExecutionConfig):
org.apache.flink.api.common.typeutils.TypeSerializer[TimeWindow] = {
      new TimeWindow.Serializer
    }

    override def isEventTime: Boolean = true
  }
}
```

上述程序中，CustomWindowAssigner 是一个自定义的 Flink 窗口分配器，它的作用是将输入数据流划分为多个窗口，使得 Flink 可以对每个窗口进行计算。

在该实现中，CustomWindowAssigner 类继承了 WindowAssigner[Object,TimeWindow]类，它需要实现 3 种方法。

1）assignWindows()方法：这个方法的主要作用是将输入元素分配到窗口中。在 CustomWindowAssigner 中，我们实现了自定义的窗口分配规则，即每 5 s 生成一个窗口。在该方法中，

首先获取当前元素的时间戳，然后根据自定义的窗口大小进行计算，得到窗口的起始时间戳和结束时间戳，最后将元素分配到唯一的一个窗口中。

2）getDefaultTrigger()方法：这个方法的主要作用是为窗口分配器提供默认的触发器。在 CustomWindowAssigner 中，我们使用了 Flink 提供的 EventTimeTrigger 触发器，以事件时间作为触发计算的条件。

3）getWindowSerializer()方法：这个方法的主要作用是为窗口分配器提供窗口序列化器。在 CustomWindowAssigner 中，我们使用了 Flink 提供的 TimeWindow.Serializer 序列化器，用于序列化窗口。

通过以上 3 个方法的实现，CustomWindowAssigner 定义了一种自定义的窗口分配规则，并在 Flink 应用中使用，将输入流按照一定规则进行窗口分配，使得 Flink 可以对每个窗口进行计算，并最终输出结果。

### 6.2.2　内置窗口分配器

Flink 提供了多种内置的窗口分配器（Window Assigner），包括基于事件时间的窗口分配器：

- TumblingEventTimeWindows：滚动时间窗口，将数据分配到固定大小的、不重叠的时间窗口中。
- SlidingEventTimeWindows：滑动时间窗口，将数据分配到固定大小的、可以重叠的时间窗口中。
- EventTimeSessionWindows：会话窗口，将数据分配到不固定大小的、基于间隔时间的会话中。

窗口分配器也包括基于处理时间的窗口分配器：

- TumblingProcessingTimeWindows：滚动时间窗口，将数据分配到固定大小的、不重叠的时间窗口中。
- SlidingProcessingTimeWindows：滑动时间窗口，将数据分配到固定大小的、可以重叠的时间窗口中。
- ProcessingTimeSessionWindows：会话窗口，将数据分配到不固定大小的、基于间隔时间的会话中。

上述方法的使用方式类似，区别在于是基于事件时间还是基于处理时间来分配元素。除了上述分配器外，还有比较特殊的全局窗口分配器。如 GlobalWindows，是全局窗口，可将所有数据分配到同一个窗口中。

**1. 滚动窗口**

Flink 滚动窗口是一种固定大小的窗口，窗口不会随时间滑动，彼此之间没有重叠。当处理一个数据元素时，如果该元素属于某个窗口，则该元素会被放入该窗口中，并进行相应的处理操作。例如，每隔 1 h 统计过去 1 h 内的商品点击量，那么 1 天就只能分为 24 个窗口，窗口彼此之间是不存在重叠的，如图 6-4 所示。

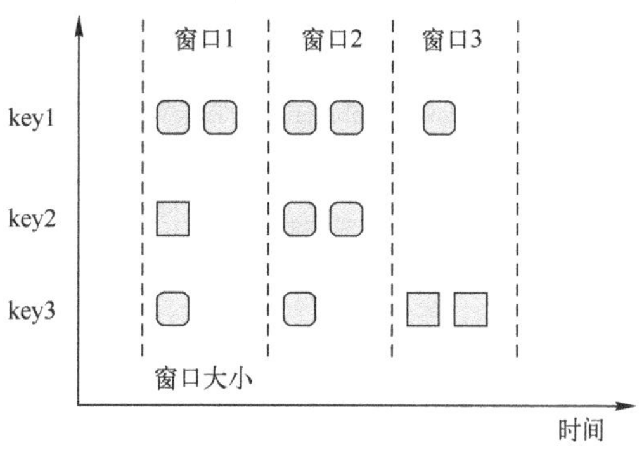


图 6-4　Flink 滚动窗口图示

下面是一个使用 TumblingEventTimeWindows

的示例程序，对每个 key（即第一个元素）进行窗口计算，并对每个窗口内的元素进行求和操作。

```
import org.apache.flink.api.common.eventtime.{SerializableTimestampAssigner, WatermarkStrategy}
import org.apache.flink.streaming.api.scala._
import org.apache.flink.streaming.api.windowing.assigners.TumblingEventTimeWindows
import org.apache.flink.streaming.api.windowing.time.Time

// 定义事件数据结构
case class Event(id: String, timestamp: Long)

object TumblingEventTimeWindowsExample {
  def main(args: Array[String]): Unit = {
    // 获取执行环境
    val env = StreamExecutionEnvironment.getExecutionEnvironment
    env.setParallelism(1)
    // 从 Netcat 接收数据，监听 localhost 的 9999 端口
    val textStream = env.socketTextStream("localhost", 9999)

    // 解析接收到的数据为 Event 对象
    val eventStream = textStream.map { line =>
      val fields = line.split(",")
      val id = fields(0).toString
      val timestamp = fields(1).toLong
      Event(id, timestamp)
    }

    // 设置水印策略，以处理单调递增的事件时间戳
    val watermarkStrategy = WatermarkStrategy
      .forMonotonousTimestamps[Event]()
      .withTimestampAssigner(new SerializableTimestampAssigner[Event] {
        override def extractTimestamp(element: Event, recordTimestamp: Long): Long = {
          element.timestamp
        }
      })

    // 应用水印策略
    val timedEventStream = eventStream.assignTimestampsAndWatermarks(watermarkStrategy)

    // 对事件流进行聚合操作
    val aggregatedStream = timedEventStream
      .map(event => (event.id, 1))
      .keyBy(_._1)
      .window(TumblingEventTimeWindows.of(Time.milliseconds(5)))
      .sum(1)

    // 将结果输出到控制台
    aggregatedStream.print()

    // 启动执行
    env.execute("Flink Example")
  }
}
```

上面的程序中创建了一个输入数据流 stream，对其进行了 keyBy 操作，然后使用 TumblingEventTimeWindows 进行窗口计算，指定窗口大小为 5 ms，接着对每个窗口内的元素进行求和操作，最后输出计算结果。

假设程序运行时，从 socket 端口 9999 接收到的输入数据流为：

```
a,1
a,2
a,5
a,7
a,10
```

则程序的输出结果为：

```
(a,2)
(a,2)
```

**2. 滑动窗口**

Flink 的滑动窗口是一种基于时间的窗口，它将数据流分成固定大小的窗口，并在这些窗口之间进行滑动。滑动窗口可以用于处理连续的数据流，如传感器数据或交易数据。例如，每隔 6 min 统计一次过去 1 h 内所有商品的点击量，那么统计窗口彼此之间就是存在重叠的，即 1 天可以分为 240 个窗口，如图 6-5 所示。

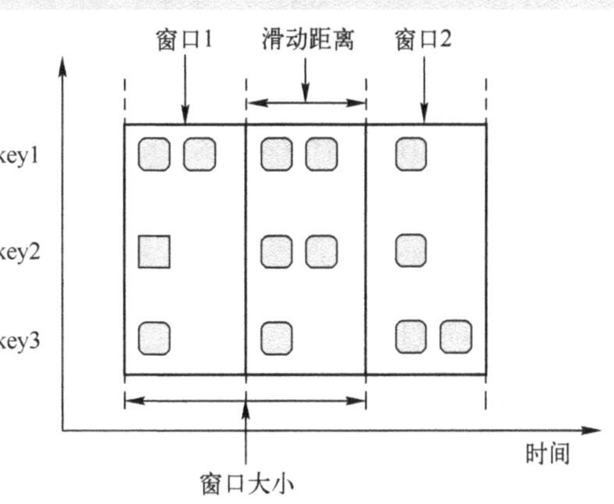


图 6-5　Flink 滑动窗口图示

可以看到，窗口 1 和窗口 2 这两个窗口彼此之间存在着时间相等的重叠部分。

下面是一个使用 Flink 滑动窗口的示例程序，窗口大小为 5 ms，滑动距离为 2 ms，分别计算了多个窗口，并对每个窗口内的时间戳进行了求和，代码如下：

```
import org.apache.flink.api.common.eventtime.{SerializableTimestampAssigner, WatermarkStrategy}
import org.apache.flink.streaming.api.scala._
import org.apache.flink.streaming.api.windowing.assigners.{SlidingEventTimeWindows, TumblingEventTime-
Windows}
import org.apache.flink.streaming.api.windowing.time.Time

// 定义事件数据结构
case class Event(id: String, timestamp: Long)

object SlidingEventTimeWindowsExample{
  def main(args: Array[String]): Unit = {
    // 获取执行环境
    val env = StreamExecutionEnvironment.getExecutionEnvironment
    env.setParallelism(1)
    // 从 Netcat 接收数据, 监听 localhost 的 9999 端口
    val textStream =env.socketTextStream("localhost", 9999)

    // 解析接收到的数据为 Event 对象
    val eventStream = textStream.map { line =>
```

```
      val fields = line.split(",")
      val id = fields(0).toString
      val timestamp = fields(1).toLong
      Event(id, timestamp)
    }

    // 设置水印策略，以处理单调递增的事件时间戳
    val watermarkStrategy = WatermarkStrategy
      .forMonotonousTimestamps[Event]()
      .withTimestampAssigner(new SerializableTimestampAssigner[Event] {
        override def extractTimestamp(element: Event, recordTimestamp: Long): Long = {
          element.timestamp
        }
      })

    // 应用水印策略
    val timedEventStream = eventStream.assignTimestampsAndWatermarks(watermarkStrategy)

    // 对事件流进行聚合操作
    val aggregatedStream = timedEventStream
      .map(event => (event.id, 1))
      .keyBy(_._1)
      .window(SlidingEventTimeWindows.of(Time.milliseconds(5),Time.milliseconds(2)))
      .sum(1)

    // 将结果输出到控制台
    aggregatedStream.print()

    // 启动执行
    env.execute("Flink Example")
  }
}
```

假设程序运行时，从 socket 端口 9999 接收到的输入数据流为：

```
a,0
a,1
a,2
a,3
a,6
a,9
```

则程序的输出结果为：

```
(a,1)
(a,3)
(a,4)
(a,3)
(a,1)
```

**3. 会话窗口**

Flink 会话窗口是一种根据事件时间（Event Time）进行分组的窗口类型，它将具有相似时间戳（时间差小于一定阈值）的事件分配到同一个窗口中。与滑动窗口和滚动窗口不同，会话窗口的大小不是固定的，而是由数据本身的特点来决定的，具有更好的灵活性。会话窗口

会根据输入数据流的延迟、活动和空闲时间来动态地调整窗口的大小，从而更好地捕捉数据的实际特征（见图 6-6）。

EventTimeSessionWindows 是 Flink 内置的一个基于事件时间的会话窗口分配器，会话窗口根据数据流中事件的间隔来创建窗口，间隔时间大于或等于指定的 gap 时，当前的会话窗口结束。

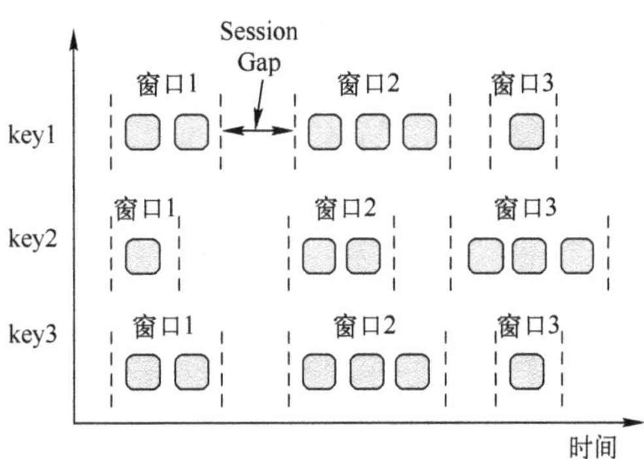


图 6-6　Flink 会话窗口图示

当用户在进行持续浏览时，可能每时每刻都会有点击数据，例如在活动区间内，用户可能频繁地将某类商品加入和移除购物车，而我们只想知道用户本次浏览最终的购物车情况，此时就可以在用户持有的会话结束后再进行统计。想要实现这类统计，可以通过 Session Windows 来实现。

以下是 EventTimeSessionWindows 的使用示例：

```
import org.apache.flink.api.common.eventtime.{SerializableTimestampAssigner, WatermarkStrategy}
import org.apache.flink.streaming.api.scala._
import org.apache.flink.streaming.api.windowing.assigners.{EventTimeSessionWindows, SlidingEventTime-
Windows, TumblingEventTimeWindows}
import org.apache.flink.streaming.api.windowing.time.Time

// 定义事件数据结构
case class Event(id: String, timestamp: Long)

object EventTimeSessionWindowsExample {
  def main(args: Array[String]): Unit = {
    // 获取执行环境
    val env = StreamExecutionEnvironment.getExecutionEnvironment
    env.setParallelism(1)
    // 从 Netcat 接收数据，监听 localhost 的 9999 端口
    val textStream = env.socketTextStream("localhost", 9999)

    // 解析接收到的数据为 Event 对象
    val eventStream = textStream.map { line =>
      val fields = line.split(",")
      val id = fields(0).toString
      val timestamp = fields(1).toLong
      Event(id, timestamp)
    }

    // 设置水印策略，以处理单调递增的事件时间戳
    val watermarkStrategy = WatermarkStrategy
      .forMonotonousTimestamps[Event]()
      .withTimestampAssigner(new SerializableTimestampAssigner[Event] {
        override def extractTimestamp(element: Event, recordTimestamp: Long): Long = {
          element.timestamp
        }
      })

    // 应用水印策略
```

```
    val timedEventStream = eventStream.assignTimestampsAndWatermarks(watermarkStrategy)

    // 对事件流进行聚合操作
    val aggregatedStream = timedEventStream
      .map(event => (event.id, 1))
      .keyBy(_._1)
      .window(EventTimeSessionWindows.withGap(Time.milliseconds(2)))
      .sum(1)

    // 将结果输出到控制台
    aggregatedStream.print()

    // 启动执行
    env.execute("Flink Example")
  }
}
```

假设程序运行时，从 socket 端口 9999 接收到的输入数据流为：

```
a,0
a,3
a,5
a,8
```

则程序的输出结果为：

```
(a,1)
(a,2)
```

### 6.2.3 窗口触发器

在 Flink 中，窗口触发器（Window Trigger）用于定义何时将窗口数据发送到窗口函数进行处理。Flink 提供了多种类型的触发器，如时间驱动型触发器、处理驱动型触发器和自定义触发器等。

Trigger 是 Flink 中触发器的抽象基类，包含了窗口触发器的各种方法，主要作用是决定窗口何时触发计算，具体包括以下方法。

1）onElement(element: IN, timestamp: Long, window: W, ctx: TriggerContext): TriggerResult。该方法在窗口中添加一个元素时调用。在该方法中，可以更新内部状态，以决定是否触发窗口计算。

2）onProcessingTime(time: Long, window: W, ctx: TriggerContext): TriggerResult。该方法在窗口中的当前处理时间到达触发时间时调用。在该方法中，可以更新内部状态，以决定是否触发窗口计算。

3）onEventTime(time: Long, window: W, ctx: TriggerContext): TriggerResult。该方法在窗口中的当前事件时间到达触发时间时调用。在该方法中，可以更新内部状态，以决定是否触发窗口计算。

4）onMerge(window: W, ctx: TriggerContext): TriggerResult。该方法在多个窗口合并为一个窗口时调用。在该方法中，可以更新内部状态，以决定是否触发窗口计算。

5）clear(window: W, ctx: TriggerContext)。该方法在窗口中的所有元素都已被删除时调用。在该方法中，可以清除内部状态。

上述多个方法的返回值类型为 TriggerResult。TriggerResult 是 Flink 中的窗口触发器处理完一条数据后的返回结果，它表示触发器是否应该继续等待更多数据，或者是否应该触发窗口计算并清除窗口状态。TriggerResult 枚举类型包括以下几种。

- CONTINUE：触发器继续等待更多数据。
- FIRE：触发器触发窗口计算，并清除窗口状态。
- PURGE：触发器清除窗口状态，但不触发窗口计算。
- FIRE_AND_PURGE：触发器触发窗口计算，并清除窗口状态。

例如，一个基于事件时间的滑动窗口触发器可能会在每次收到新的事件后检查当前窗口的水位线是否已经足够高。如果已经超过了窗口结束时间，那么触发器将返回 FIRE_AND_PURGE，以便触发窗口计算并清除窗口状态。如果当前水位线不足以触发窗口计算，那么触发器将返回 CONTINUE，以便继续等待更多数据。

Trigger 的具体实现决定了触发器如何根据事件时间或处理时间进行触发，以及如何处理合并窗口时的触发逻辑。这些逻辑是由 onElement()、onProcessingTime()、onEventTime()、onMerge()等方法实现的。

例如，当 Trigger 的实现中实现了 onElement()方法时，每次添加新的元素到窗口，该方法都会被调用，根据该方法的返回值决定是否触发窗口计算。当实现了 onProcessingTime()或 onEventTime()方法时，可以基于处理时间或事件时间进行触发，从而实现基于时间的触发逻辑。当实现了 onMerge()方法时，可以在窗口合并时决定触发的行为。具体来说，onMerge()方法会在合并后的窗口中被调用，此时可以根据原来的窗口触发器的状态决定新窗口的触发逻辑。

下面是一个实现简单的 Trigger 的示例，当窗口中的元素数量超过一定阈值时触发计算。在这个示例中，我们定义了一个 CountTrigger 类来继承 Trigger 抽象类，并重写了其中的 onElement()和 onProcessingTime()方法来实现计数的功能。

```
import org.apache.flink.streaming.api.windowing.triggers.{Trigger, TriggerResult}
import org.apache.flink.streaming.api.windowing.windows.Window

class CountTrigger[W <: Window](maxCount: Int) extends Trigger[Any, W] {
  private var count = 0

  override def onElement(element: Any, timestamp: Long, window: W, ctx: Trigger.TriggerContext): TriggerResult = {
    count += 1
    if (count >= maxCount) {
      count = 0
      TriggerResult.FIRE_AND_PURGE
    } else {
      TriggerResult.CONTINUE
    }
  }

  override def onProcessingTime(time: Long, window: W, ctx: Trigger.TriggerContext): TriggerResult = {
    TriggerResult.CONTINUE
  }

  override def onEventTime(time: Long, window: W, ctx: Trigger.TriggerContext): TriggerResult = {
    TriggerResult.CONTINUE
  }
```

```
  override def clear(window: W,ctx: Trigger.TriggerContext): Unit = {
    count = 0
  }
}
```

我们在 onElement()方法中实现了计数的功能。每次接收到一个元素时，计数器就会增加 1。当计数器的值超过了指定的最大值 maxCount 时，就会触发计算并清空计数器，返回 TriggerResult.FIRE_AND_PURGE，否则返回 TriggerResult.CONTINUE。

注意，这里我们只重写了 onElement()和 onProcessingTime()两个方法，因为 CountTrigger 只关心这两种触发条件。对于 onEventTime()方法没有做任何处理，直接返回 TriggerResult.CONTINUE。

最后，我们可以在 Flink 应用程序中使用 CountTrigger，例如：

```
val stream:DataStream[(String, Int)] = ...
stream
  .keyBy(_._1)
  .window(TumblingEventTimeWindows.of(Time.seconds(10)))
  .trigger(new CountTrigger[(String, Int)](100))
  .process(...)
```

在这个示例中，我们使用 CountTrigger 来触发一个 10 s 的滚动窗口，当窗口中的元素数量达到 100 个时触发计算。

### 6.2.4 内置触发器

Flink 内置了多种 Trigger 实现，可以满足不同的需求，常见的 Trigger 实现包括：

- EventTimeTrigger：以事件时间为基准触发窗口计算，即根据水位线（Watermark）和窗口结束时间触发计算。
- ProcessingTimeTrigger：以处理时间为基准触发窗口计算，即根据系统时间触发计算。
- CountTrigger：根据窗口中元素的数量触发计算，当窗口中的元素数量达到指定值时触发计算。
- PurgingTrigger：可以结合其他 Trigger 使用，用于在触发窗口计算时清除窗口中的元素。
- ContinuousEventTimeTrigger：基于连续事件时间（即连续的时间片）触发计算，适用于基于事件时间的连续计算。
- ContinuousProcessingTimeTrigger：基于连续处理时间（即连续的时间片）触发计算，适用于基于处理时间的连续计算。

**1. CountTrigger**

CountTrigger 是 Flink 内置的一个基于元素数量的 Trigger 实现，可以在数据元素达到一定数量时触发窗口计算，可以用于实现计数窗口。以下是使用 CountTrigger 的示例代码：

```
import org.apache.flink.streaming.api.windowing.triggers.Trigger.TriggerContext
import org.apache.flink.streaming.api.windowing.windows.TimeWindow
import org.apache.flink.streaming.api.windowing.triggers._

class MyCountTrigger(maxCount: Long) extends Trigger[(String, Long), TimeWindow] {

  var count = 0L
```

```
    override def onElement(element: (String, Long), timestamp: Long, window: TimeWindow, ctx: TriggerContext): TriggerResult = {

      count += 1
      if (count >= maxCount) {
        count = 0
        TriggerResult.FIRE_AND_PURGE
      } else {
        TriggerResult.CONTINUE
      }
    }

    override def onProcessingTime(time: Long, window: TimeWindow, ctx: TriggerContext): TriggerResult = {
      TriggerResult.CONTINUE
    }

    override def onEventTime(time: Long, window: TimeWindow, ctx: TriggerContext): TriggerResult = {
      TriggerResult.CONTINUE
    }

    override def clear(window:TimeWindow, ctx: TriggerContext): Unit = {
      count = 0
    }
  }
```

这里定义了一个名为 MyCountTrigger 的类，实现了 Trigger 抽象类中的 4 个方法，具体作用如下。

- onElement：每当有新的数据元素到来时，触发该方法的执行，count 变量会增加 1。如果 count 大于或等于 maxCount，则返回 TriggerResult.FIRE_AND_PURGE，表示触发窗口计算，并清空窗口中的数据。否则返回 TriggerResult.CONTINUE，表示不触发窗口计算，继续等待新的数据元素到来。
- onProcessingTime：每当处理时间到达窗口结束时间时，触发该方法的执行，返回 TriggerResult.CONTINUE，表示不触发窗口计算。
- onEventTime：每当事件时间到达窗口结束时间时，触发该方法的执行，返回 TriggerResult.CONTINUE，表示不触发窗口计算。
- clear：清空计数器 count。

下面是使用 MyCountTrigger 的示例代码：

```
import org.apache.flink.streaming.api.scala._
import org.apache.flink.streaming.api.windowing.assigners.TumblingEventTimeWindows
import org.apache.flink.streaming.api.windowing.time.Time

object CountTriggerExample {
  def main(args: Array[String]): Unit = {
    val env = StreamExecutionEnvironment.getExecutionEnvironment
    val stream =env.socketTextStream("localhost", 9999)
      .map(line => {
        val tokens = line.split(",")
        (tokens(0), tokens(1).toLong)
      })
```

```
      .keyBy(_._1)
      .window(TumblingEventTimeWindows.of(Time.seconds(10)))
      .trigger(new MyCountTrigger(3))
      .process(new MyProcessFunction())

    stream.print()
    env.execute("Count Trigger Example")
  }
}

class MyProcessFunction extends ProcessWindowFunction[(String, Long), String, String, TimeWindow] {
  override def process(key: String, context: Context, elements: Iterable[(String, Long)], out: Collector
[String]): Unit = {
    val count = elements.size
    val windowStart = context.window.getStart
    val windowEnd = context.window.getEnd
    val result = s"Key:$key, Count:$count, Window: [$windowStart,$windowEnd]"
    out.collect(result)
  }
}
```

代码首先创建了一个 StreamExecutionEnvironment 对象，然后使用 socketTextStream( ) 方法创建一个从 localhost 的 9999 端口接收数据的 DataStream。接着，使用 map 将数据转换为元组 (String,Long)，其中的第一个元素是 Key，第二个元素是时间戳。之后，使用 keyBy( ) 方法按照第一个元素进行 keyBy 操作，将相同 Key 的数据放到同一个分区中。接着，使用 TumblingEventTimeWindows 窗口分配器，将数据分配到大小为 10 s 的窗口中。最后，使用 MyCountTrigger 作为触发器，在每个窗口内收集 3 个元素后触发计算。最终，通过 process( ) 方法对窗口内的数据进行计算，并将计算结果打印出来。

值得注意的是，MyCountTrigger 类中实现了 onElement( ) 方法，在每个元素到达时将计数器加 1，当计数器达到 3 时触发计算，并清空计数器。onProcessingTime( ) 方法和 onEventTime( ) 方法目前没有实现，因为该示例中只使用了事件时间，没有使用处理时间。最后，使用 env.execute( ) 方法启动程序的执行。

**2. PurgingTrigger**

PurgingTrigger 是 Flink 提供的一种 Trigger 实现，它在触发计算前，先清空窗口中的所有元素，再对窗口进行计算。相对于其他 Trigger 实现，PurgingTrigger 的触发时机更加灵活，可以根据用户定义的条件进行触发，通常用于实时的聚合计算场景。下面给出一个 PurgingTrigger 的使用示例：

```
import org.apache.flink.streaming.api.scala._
import org.apache.flink.streaming.api.windowing.assigners.TumblingEventTimeWindows
import org.apache.flink.streaming.api.windowing.time.Time
import org.apache.flink.streaming.api.windowing.triggers.Trigger.TriggerContext
import org.apache.flink.streaming.api.windowing.triggers.{Trigger, TriggerResult}
import org.apache.flink.streaming.api.windowing.windows.TimeWindow

object PurgingTriggerExample {

  def main(args: Array[String]): Unit = {
```

```
    val env = StreamExecutionEnvironment.getExecutionEnvironment
    val stream = env.socketTextStream("localhost", 9999)
      .map(line => {
        val tokens = line.split(",")
        (tokens(0), tokens(1).toLong)
      })
      .keyBy(_._1)
      .window(TumblingEventTimeWindows.of(Time.seconds(10)))
      .trigger(new MyPurgingTrigger)
      .process(new MyProcessFunction())

    stream.print()
    env.execute("Purging Trigger Example")
  }

  class MyPurgingTrigger extends Trigger[(String, Long), TimeWindow] {

    override def onElement(element: (String, Long), timestamp: Long, window: TimeWindow, ctx: TriggerContext): TriggerResult = {
      // 根据具体业务逻辑判断是否触发计算
      if (element._2 >= 100) {
        TriggerResult.FIRE_AND_PURGE
      } else {
        TriggerResult.CONTINUE
      }
    }

    override def onProcessingTime(time: Long, window: TimeWindow, ctx: TriggerContext): TriggerResult = {
      TriggerResult.CONTINUE
    }

    override def onEventTime(time: Long, window: TimeWindow, ctx: TriggerContext): TriggerResult = {
      TriggerResult.CONTINUE
    }

    override def clear(window: TimeWindow, ctx: TriggerContext): Unit = {
    }
  }
}
```

在上面的示例中，定义了一个 MyPurgingTrigger 类，继承自 Trigger 抽象类，实现了 onElement()方法。在该方法中根据具体业务逻辑判断是否触发计算，如果条件满足则返回 TriggerResult.FIRE_AND_PURGE，表示需要先清空窗口中的元素，再进行计算。然后在主函数中，使用 PurgingTrigger 来触发窗口计算。

**3. ContinuousTrigger**

ContinuousTrigger 按照时间的不同可以分为 ContinuousEventTimeTrigger 和 ContinuousProcessingTimeTrigger，使用时需要指定一个参数 interval，表示触发的时间间隔。当窗口中有数据的事件时间大于窗口的结束时间，而且当前时间与上一次触发的时间的时间差大于 interval 时，触发器就会触发计算。

下面是使用 ContinuousEventTimeTrigger 的示例代码：

```
import org.apache.flink.streaming.api.scala._
import org.apache.flink.streaming.api.windowing.assigners.TumblingEventTimeWindows
import org.apache.flink.streaming.api.windowing.time.Time
import org.apache.flink.streaming.api.windowing.triggers.ContinuousEventTimeTrigger

object ContinuousEventTimeTriggerExample {
  def main(args: Array[String]): Unit = {
    val env = StreamExecutionEnvironment.getExecutionEnvironment
    val stream = env.socketTextStream("localhost", 9999)
      .map(line => {
        val tokens = line.split(",")
        (tokens(0), tokens(1).toLong)
      })
      .keyBy(_._1)
      .window(TumblingEventTimeWindows.of(Time.seconds(10)))
      .trigger(ContinuousEventTimeTrigger.of(Time.seconds(5)))
      .process(new MyProcessFunction())

    stream.print()
    env.execute("Continuous Event Time Trigger Example")
  }
}
```

在上面的代码中，我们将事件流按照第一个字段进行 keyBy 操作，然后使用 TumblingEventTimeWindows 对窗口进行划分，将每个窗口的大小设置为 10 s。接着使用 ContinuousEventTimeTrigger 作为触发器，将每个窗口的计算间隔设置为 5 s。

当有数据到达窗口后，如果当前窗口已经过期，那么就会立即触发计算。如果当前窗口未过期，那么当当前时间与上一次触发的时间的时间差大于或等于 5 s 时，就会触发计算。

需要注意的是，ContinuousEventTimeTrigger 触发的计算会一直进行，直到窗口被清空或者超过 EventTimeTrigger 触发的计算时间（即 Watermark 超过窗口结束时间）。因此，在使用 ContinuousEventTimeTrigger 时，需要谨慎考虑计算开销。

**4. 全局窗口**

Flink 的 GlobalWindows 是 Flink 提供的一种特殊的窗口分配器，它将所有元素分配给一个无限时间范围内的窗口中，即全局窗口。它与其他窗口类型不同，不需要根据时间或者其他特定的规则来划分窗口，而是将所有数据视为单个窗口，因此不需要指定窗口大小和滑动大小。全局窗口适用于需要在整个数据流上进行聚合计算时的场景。

全局窗口会将所有 Key 相同的元素分配到同一个窗口中，其通常配合触发器（Trigger）进行使用。如果没有相应的触发器，则计算将不会被执行（见图 6-7）。

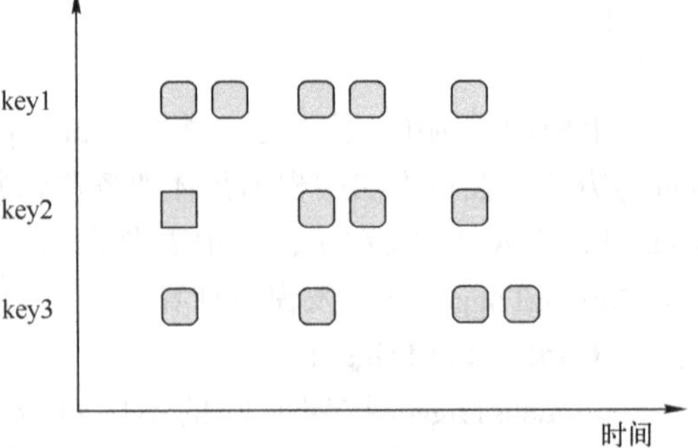

图 6-7　Flink 全局窗口图示

下面是使用 GlobalWindows 的简单示例程序，假设输入数据流的类型是(String, Long)，其中的第一个元素为单词，第二个元素为单词出现的次数。程序将每个单词的计数累加到全局窗口中，并输出每个单词的总计数：

```
object GlobalWindowsExample {
  def main(args: Array[String]): Unit = {
    val env = StreamExecutionEnvironment.getExecutionEnvironment
    env.setParallelism(1)
    val dataStream = env.fromElements(
      ("foo", 1L), ("bar", 1L), ("foo", 1L), ("bar", 1L), ("foo", 1L)
    )

    val windowedStream = dataStream
      .keyBy(_._1)
      .window(GlobalWindows.create())
      .trigger(CountTrigger.of(3)) // 指定计数触发器，当累计元素数量达到 3 时触发计算
      .reduce((a, b) => (a._1, a._2 + b._2))

    windowedStream.print()

    env.execute("Global Windows Example")
  }
}
```

输出结果为：

```
(foo,3)
```

可以看到，程序将所有输入数据放在同一个全局窗口中，并按照单词进行累加计数。由于不涉及时间或其他规则，因此无须指定时间戳或水印。

## 6.3　窗口函数

窗口函数（Window Function）是 Flink 中用于对窗口内数据进行处理的函数。窗口函数会在窗口中的所有数据就绪后被调用，对窗口内的数据进行操作，然后输出结果。窗口函数是作用在窗口上的，而窗口是由窗口分配器（Window Assigner）和窗口触发器（Window Trigger）组合而成的。因此，在使用窗口函数时，需要指定窗口分配器和窗口触发器。

在 Flink 中，可以通过调用 DataStream 或 KeyedStream 上的 window()方法，传递 WindowAssigner 和 WindowTrigger 来创建窗口，然后调用 apply()方法，并传递 WindowFunction 来应用窗口函数。

窗口函数一般可以分为 3 类：ReduceFunction、AggregateFunction、ProcessWindowFunction。

- ReduceFunction：对窗口中的元素按指定字段进行聚合，返回一个聚合后的元素。
- AggregateFunction：将窗口中的元素进行预聚合，返回一个中间聚合状态，然后将所有的中间聚合状态合并，返回一个最终的聚合结果。
- ProcessWindowFunction：对窗口中的元素进行处理，可以获取到窗口的所有信息，如窗口的起止时间、窗口内的元素等，然后输出需要的结果。

### 6.3.1　ReduceFunction

ReduceFunction 指定两条输入数据如何合并起来以产生一条输出数据，输入和输出数据的类型必须相同。Flink 使用 ReduceFunction 对窗口中的数据进行增量聚合。

ReduceFunction 可以像下面这样使用：

```
val input:DataStream[(String, Long)] = ...
input
    .keyBy(<key selector>)
    .window(<window assigner>)
    .reduce { (v1, v2) => (v1._1, v1._2 + v2._2) }
```

上面的例子是对窗口内元组的第二个属性求和，也可以采用重写方法的形式使用，具体代码如下：

```
import org.apache.flink.streaming.api.scala._
import org.apache.flink.streaming.api.windowing.time.Time
import org.apache.flink.api.common.functions.ReduceFunction

case class WordWithCount(word: String, count: Long)

object ReduceFunctionExample {
    def main(args: Array[String]): Unit = {
        val env = StreamExecutionEnvironment.getExecutionEnvironment
        env.setParallelism(1)

        val stream =env.socketTextStream("localhost", 9999)

        val windowedStream = stream
        .flatMap(line => line.split("\\W+").filter(_.nonEmpty))
        .map(word =>WordWithCount(word, 1))
        .keyBy(_.word)
        .timeWindow(Time.seconds(5))
        .reduce(new ReduceFunction[WordWithCount] {
            override def reduce(w1:WordWithCount, w2: WordWithCount): WordWithCount = {
                WordWithCount(w1.word, w1.count + w2.count)
            }
        })

        windowedStream.print()

        env.execute("ReduceFunction Example")
    }
}
```

此示例中，从套接字接收文本流，将其转换为一个单词计数的数据流，并应用了一个滚动窗口。这里使用 keyBy()方法按单词分组，然后使用 timeWindow()方法指定窗口大小，最后使用 reduce()方法将每个窗口中的数据合并到一个值。这里实现了 ReduceFunction 接口来定义合并逻辑，该逻辑将两个 WordWithCount 对象相加，并返回一个新对象。最后，将合并的结果打印到控制台。

假设输入的数据为：

```
a,1
a,2
a,3
b,1
b,2
```

则程序的输出为：

```
a,6
b,3
```

其中，第一列是分组的键，第二列是窗口内经过 ReduceFunction 处理后的值。

### 6.3.2　AggregateFunction

ReduceFunction 是 AggregateFunction 的特殊情况。AggregateFunction 接收 3 种类型：输入数据的类型（IN）、累加器的类型（ACC）和输出数据的类型（OUT）。输入数据的类型是输入流的元素类型，AggregateFunction 接口有如下几个方法：把每一条元素加进累加器、创建初始累加器、合并两个累加器、从累加器中提取输出（OUT 类型）。与 ReduceFunction 相同，Flink 会在输入数据到达窗口时直接进行增量聚合。

AggregateFunction 可以像下面这样使用：

```
class AverageAggregate extends AggregateFunction[(String, Long), (Long, Long), Double] {
    override def createAccumulator() = (0L, 0L)

    override def add(value: (String, Long), accumulator: (Long, Long)) =
    (accumulator._1 + value._2, accumulator._2 + 1L)

    override def getResult(accumulator: (Long, Long)) = accumulator._1 / accumulator._2

    override def merge(a: (Long, Long), b: (Long, Long)) =
    (a._1 + b._1, a._2 + b._2)
}

val input:DataStream[(String, Long)] = ...

input
.keyBy(<key selector>)
.window(<window assigner>)
.aggregate(new AverageAggregate)
```

上例计算了窗口内所有元素第二个属性的平均值，其中的主要方法作用如下：

- createAccumulator()：创建一个新的累加器，用于保存窗口中元素的聚合结果。
- add(value: IN, accumulator: ACC): ACC：将窗口中的一个元素添加到累加器中，并返回更新后的累加器。
- getResult(accumulator: ACC): OUT：从累加器中获取最终的聚合结果。
- merge(a: ACC, b: ACC): ACC：合并两个累加器的状态，返回合并后的累加器。

上面的方法中，IN 是窗口中元素的数据类型，ACC 是累加器的数据类型，OUT 是聚合结果的数据类型。createAccumulator()方法在每个窗口执行之前调用，用于创建一个新的累加器。add()方法会在窗口中添加一个新的元素时调用，用于将该元素聚合到累加器中，并返回更新后的累加器。getResult()方法在窗口结束时调用，用于从累加器中提取最终的聚合结果。merge()方法用于将两个累加器的状态进行合并，主要在分布式场景下，将不同节点上的累加器状态合并起来。

在使用 AggregateFunction 进行聚合操作时，可以通过实现该函数的 createAccumulator()方法来初始化累加器状态，然后在 add()方法中累加每个元素的状态，最后在 getResult()方法中提取聚合结果。例如，在对一个流计算每个窗口中元素的总和时，可以将 createAccumulator()

方法的返回值初始化为 0，然后在 add( )方法中将每个元素加到累加器中，最后在 getResult( )方法中返回累加器的值。

### 6.3.3 ProcessWindowFunction

ProcessWindowFunction 是 Flink 中窗口计算的另一种方式，与 ReduceFunction 和 AggregateFunction 不同，它能获取包含窗口内所有元素的 Iterable，以及用来获取时间和状态信息的 Context 对象，比其他窗口函数更加灵活。ProcessWindowFunction 在窗口收集到所有数据之后对整个窗口的数据进行计算，而不是对单个数据进行累加或聚合。ProcessWindowFunction 的输入是一个窗口中的所有元素以及它们的元数据，它的输出是零个或多个结果元素。

ProcessWindowFunction 的灵活性是以性能和资源消耗为代价的，因为窗口中的数据无法被增量聚合，而需要在窗口触发前缓存所有数据。

ProcessWindowFunction 的主要方法是 process( )，它的签名如下：

```
def process(key: K, context: Context, elements:Iterable[IN], out: Collector[OUT]): Unit
```

其中：

- key：输入数据的 Key，类型为 K。
- context：窗口计算的上下文，类型为 Context。
- elements：窗口内所有的元素，类型为 Iterable[IN]。
- out：输出结果的集合，类型为 Collector[OUT]。

需要注意的是，ProcessWindowFunction 的输入是 Iterable 类型，即所有窗口内的元素被收集到 Iterable 集合中，并一起传递给 process( )方法。而在 ReduceFunction 和 AggregateFunction 中，输入是单个数据。

Context 类型的参数提供了对当前窗口和计算的访问。它包含以下方法：

- window( )：返回当前窗口，类型为 W。
- globalState( )：返回窗口全局状态，类型为 GlobalWindow。
- state( )：返回窗口状态，类型为 StateT。

ProcessWindowFunction 可以像下面这样使用：

```
val input:DataStream[(String, Long)] = ...

input
  .keyBy(_._1)
  .window(TumblingEventTimeWindows.of(Time.minutes(5)))
  .process(new MyProcessWindowFunction())

class MyProcessWindowFunction extends ProcessWindowFunction [(String, Long), String, String,
TimeWindow] {

  def process(key: String, context: Context, input:Iterable[(String, Long)], out: Collector[String]) = {
    var count = 0L
    for (in <- input) {
      count = count + 1
    }
    out.collect(s"Window ${context.window} count: $count")
  }
}
```

上例使用了 ProcessWindowFunction 对窗口中的元素计数，并且将窗口本身的信息一同输出，MyProcessWindowFunction 继承自 ProcessWindowFunction，它的输入参数是一个字符串类型的键、一个 TimeWindow 上下文对象、一个可迭代的（String, Long）类型的输入及一个 Collector，输出是一个字符串类型的消息。在 MyProcessWindowFunction 的 process( )方法中，遍历输入流 input，计算元素个数，然后输出一个包含窗口信息和元素个数的字符串，最后通过 Collector 发送出去。

### 6.3.4　增量聚合的 ProcessWindowFunction

使用 ProcessWindowFunction 完成简单的聚合任务是非常低效的，ProcessWindowFunction 可以与 ReduceFunction 或 AggregateFunction 搭配使用，使其能够在数据到达窗口的时候进行增量聚合。当窗口关闭时，ProcessWindowFunction 将会得到聚合的结果。这样它就可以增量聚合窗口的元素，并且从 ProcessWindowFunction 中获得窗口的元数据。

下例展示了如何将 ReduceFunction 与 ProcessWindowFunction 组合，并返回窗口中的最小元素和窗口的开始时间。

```
val input:DataStream[SensorReading] = ...

input
.keyBy(<key selector>)
.window(<window assigner>)
.reduce(
    (r1:SensorReading, r2: SensorReading) => { if (r1.value > r2.value) r2 else r1 },
    ( key: String,
     context: ProcessWindowFunction[_, _, _, TimeWindow]#Context,
     minReadings: Iterable[SensorReading],
     out: Collector[(Long, SensorReading)] ) =>
    {
      val min = minReadings.iterator.next()
      out.collect((context.window.getStart, min))
    }
)
```

这段程序用于处理 SensorReading 数据流。代码中首先通过 keyBy( )对输入流进行分区，然后使用 window( )方法将数据流划分为按照指定时间长度的滚动窗口。最后使用 reduce( )函数进行聚合操作，并且对每个窗口输出窗口起始时间和该窗口内最小的 SensorReading 对象。

具体来说，代码中的 reduce( )函数接收两个参数：第一个参数是 ReduceFunction，定义了如何在窗口中对数据进行聚合；第二个参数是 ProcessWindowFunction，定义了如何在窗口关闭时输出聚合结果。在这个例子中，ReduceFunction 的实现用于计算窗口中最小的 SensorReading 对象，而 ProcessWindowFunction 的实现用于将最小 SensorReading 对象和窗口起始时间一起输出。

下例展示了如何将 AggregateFunction 与 ProcessWindowFunction 组合，计算平均值并与窗口对应的 Key 一起输出。

```
val input:DataStream[(String, Long)] = ...

input
.keyBy(<key selector>)
```

```
.window(<window assigner>)
.aggregate(new AverageAggregate(), new MyProcessWindowFunction())

class AverageAggregate extends AggregateFunction[(String, Long), (Long, Long), Double] {
    override def createAccumulator() = (0L, 0L)

    override def add(value: (String, Long), accumulator: (Long, Long)) =
    (accumulator._1 + value._2, accumulator._2 + 1L)

    override def getResult(accumulator: (Long, Long)) = accumulator._1 / accumulator._2

    override def merge(a: (Long, Long), b: (Long, Long)) =
    (a._1 + b._1, a._2 + b._2)
}

class MyProcessWindowFunction extends ProcessWindowFunction[Double, (String, Double), String, TimeWindow] {

    def process(key: String, context: Context, averages: Iterable[Double], out: Collector[(String, Double)]) = {
        val average = averages.iterator.next()
        out.collect((key, average))
    }
}
```

这段程序使用 Flink 流处理来计算每个键的平均值。首先，输入流被分组（keyBy），按照键进行分组，然后流被窗口分配器（Window Assigner）分配到一个 TumblingEventTimeWindow 中，每个窗口的大小为 1 min。

接下来，使用聚合函数（AggregateFunction）计算每个窗口内键对应值的平均值。在这个例子中，平均值的计算是通过累加器（Accumulator）完成的。累加器是一个元组，其中包含两个元素：累加器的总和与累加器的计数器。累加器通过调用 createAccumulator()方法创建。

累加器在每个元素上更新，通过调用 add()方法实现，其中第一个元素是输入流中的元素，第二个元素是累加器。然后使用 getResult()方法计算平均值。

最后，使用 ProcessWindowFunction 将每个键对应的平均值输出。这个类的实现需要一个 Key Selector，用于从输入流中选择要分组的键。它还需要一个上下文（Context），可用于访问窗口信息，以及一个输出收集器（Out），用于发出结果。

在这个例子中，MyProcessWindowFunction 的 process()方法会将键和平均值作为元组发送到输出收集器中。在这个例子中，平均值是从一个可迭代的集合中获得的，因为窗口可以包含多个元素。因此，在此实现中，直接将第一个平均值作为输出。

## 6.4 习题

1）Flink 中有哪些时间概念？它们之间有什么区别？各自的应用场景有哪些？

2）什么是 Flink 中的水位线？有什么作用？

3）Flink 中的水位线是如何处理乱序数据的？

4）Flink 中有哪些类型的窗口？它们的区别是什么？

5）设有一组用户行为数据，包括用户 ID、行为类型（如“点击”“浏览”等）、商品 ID

和时间戳。数据格式如下：

```
userId,behavior,itemId,timestamp
1,click,1001,1623067600
2,view,1002,1623067601
3,click,1001,1623067602
1,click,1003,1623067603
1,view,1001,1623067604
2,click,1002,1623067605
2,view,1003,1623067606
1,click,1001,1623067607
```

- 对于每个商品，计算最近 10 min 内被点击的次数，并将结果输出到控制台。
- 对于每个用户，计算最近 1 h 内其行为数量的滑动窗口，输出到控制台。

# 第 7 章 处理函数与状态管理

本章将介绍 Flink 中的处理函数和状态管理。读者将学习如何编写自定义的处理函数，并管理应用程序的状态，以实现复杂的数据处理逻辑。

## 7.1 处理函数

在 Flink 中，ProcessFunction 用于对数据流进行底层的操作，它提供了更灵活的处理方式，允许开发人员访问时间戳、元素时间、计时器和状态等底层元素，从而可以实现更加细粒度的控制和处理逻辑。

具体来说，ProcessFunction 接收一个输入数据流，对每个输入数据进行处理，然后生成零个、一个或多个输出数据。与其他函数不同的是，ProcessFunction 可以将元素添加到输出流中，也可以忽略元素，甚至可以注册和删除计时器，以实现事件时间处理和状态管理等复杂功能。

ProcessFunction 通常被用于实现一些高级的数据流处理操作，如基于事件时间或者处理时间的窗口操作、基于 Key 的状态管理、基于定时器的事件处理等。它通常需要手动管理状态和定时器，因此比较适合一些需要更细粒度控制的场景，如需要实现一些非常复杂的业务逻辑或者需要处理带有特殊需求的数据流。

ProcessFunction 主要应用于以下场景。

- 事件处理：对于每个输入的数据元素，都会触发 processElement( ) 方法的执行，开发人员可以在其中自定义处理逻辑。
- 状态管理：ProcessFunction 可以访问 Flink 中的键控状态，键控状态（Keyed State）是指在 Flink 中与某个键（Key）相关联的状态。在 Flink 中，数据流是根据指定的键进行分区的，因此同一分区内的数据将会共享同一个状态。键控状态可以用于实现具有状态的计算，实现状态的累积和更新。此种方式仅限于 Keyed Stream。
- 定时器：通过 Context 对象，ProcessFunction 可以访问定时器服务，并且可以在指定时间触发定时器。定时器可以在事件时间和处理时间两种模式下使用，可以注册回调函数，并在触发定时器时进行相关操作。此种方式仅限于 Keyed Stream。
- 侧输出流（Side Outputs）：通过使用 SideOutput API，ProcessFunction 可以生成侧输出流，将元素发送到不同的输出流中。

### 7.1.1 ProcessFunction

Flink 提供了 ProcessFunction 抽象类，作为通用处理函数接口，可以通过调用 DataStream 的 process( ) 方法传入此类的实例，也就是可利用处理函数进行底层的数据处理。process( ) 方法的作用是将一个 ProcessFunction 应用于当前数据流中的每一个元素，使得这些元素可以被自定义处理逻辑所修改、转换和过滤。具体来说，process( )方法的函数签名如下：

```
def process[O: TypeInformation](processFunction: ProcessFunction[T, O]): DataStream[O]
```

其中，processFunction 参数是一个继承自 ProcessFunction 抽象类的用户自定义函数，它用于对数据流中的每一个元素进行处理，并返回处理结果。processFunction 函数的输入类型 T 对应着当前数据流的元素类型，而输出类型 O 则表示经过处理后的元素类型。

在 ProcessFunction 抽象类中，主要包含以下两个方法。

1）processElement( )方法，签名如下：

```
public abstract void processElement(I value, Context ctx, Collector<O> out) throws Exception;
```

processElement( )是一个核心方法，可处理输入流中的每一个元素，并将结果传递给下游。在这个方法的参数中：

- value 代表输入流中的元素，也就是当前正在处理的数据。
- ctx 是一个上下文环境对象，它允许访问元素的时间戳、注册定时器等相关操作。
- out 是一个 Collector，用于将处理后的数据发送到下游。

2）onTimer( )方法，签名如下：

```
public void onTimer(long timestamp, OnTimerContext ctx, Collector<O> out) throws Exception {}
```

此方法用于处理定时器被触发时的逻辑。当指定的时间戳（可能是 processing time 或 event time）到达时，这个方法会被调用。在这个方法的参数中：

- timestamp 表示触发定时器的时间戳，它可以基于 processing time 或 event time。
- ctx 是一个上下文对象，它允许访问元素的时间戳、定时器、状态以及广播变量等信息。
- out 是一个 Collector，用于发出处理后的结果。

一个简单的 processFunction 示例如下：

```
import org.apache.flink.streaming.api.scala._
import org.apache.flink.streaming.api.functions.ProcessFunction
import org.apache.flink.util.Collector

object ProcessFunctionExample {
  def main(args: Array[String]): Unit = {
    val env = StreamExecutionEnvironment.getExecutionEnvironment
    env.setParallelism(1)

    val stream = env.fromElements(
      ("a", 1),
      ("b", 2),
      ("c", 3),
      ("d", 4),
      ("e", 5)
    )

    stream
      .process(new MyProcessFunction)
      .print()

    env.execute("ProcessFunctionExample")
  }
```

```
class MyProcessFunction extends ProcessFunction[(String, Int), String] {
    override def processElement(value: (String, Int), ctx: ProcessFunction[(String, Int), String]#Context,
out: Collector[String]): Unit = {
        val currentTime = ctx.timerService().currentProcessingTime()
        val eventTime = ctx.timestamp()
        val key = value._1
        val count = value._2
        out.collect(s"Key:$key, Count:$count, Current Time:$currentTime, Event Time:$eventTime")
    }
  }
}
```

输出结果：

```
Key: a, Count: 1, Current Time: 1645841558999, Event Time: 0
Key: b, Count: 2, Current Time: 1645841558999, Event Time: 0
Key: c, Count: 3, Current Time: 1645841558999, Event Time: 0
Key: d, Count: 4, Current Time: 1645841558999, Event Time: 0
Key: e, Count: 5, Current Time: 1645841558999, Event Time: 0
```

在上面的例子中，MyProcessFunction 类继承了 ProcessFunction 抽象类，并实现了 processElement()方法。processElement()方法从输入元素中提取键和计数，并使用当前处理时间和事件时间输出一条消息。最后，使用 env.execute()方法来执行作业。

### 7.1.2 KeyedProcessFunction

KeyedProcessFunction 是 ProcessFunction 的一个扩展，它在 ProcessFunction 的基础上提供了对键控状态的访问和操作，并且允许在定时器回调时访问事件的键值。KeyedProcessFunction 主要用于实现需要对键控状态进行操作的应用场景，如对每个 Key 维护一个计数器或者对每个 Key 维护一个时间窗口等。

KeyedProcessFunction 的典型应用场景如下：

```
stream.keyBy(...).process(new MyProcessFunction());
```

下面是使用 KeyedProcessFunction 的示例代码。该代码读取一个字符串流，将字符串解析为一个二元组，并根据第一个元素进行分组，最后计算每个组的元素个数并输出到控制台：

```
import org.apache.flink.api.common.functions.MapFunction
import org.apache.flink.streaming.api.scala._
import org.apache.flink.streaming.api.functions.KeyedProcessFunction
import org.apache.flink.util.Collector

object KeyedProcessFunctionExample {

    def main(args: Array[String]): Unit = {
        val env = StreamExecutionEnvironment.getExecutionEnvironment
        // 输入的数据流
        val input:DataStream[String] = env.fromElements("hello world", "goodbye world", "hello flink")

        // 将字符串解析为二元组 (word, 1)
        val tuples: DataStream[(String, Int)] = input
        .map(new MapFunction[String, (String, Int)] {
            override def map(s: String): (String, Int) = (s.split("")(0), 1)
```

```
        })
        // 按照第一个元素进行分组，并计算每个组的元素个数
        val result: DataStream[(String, Int)] = tuples
        .keyBy(_._1)
        .process(new KeyedProcessFunction[String, (String, Int), (String, Int)] {
            var count: Int = 0

            override def processElement(value: (String, Int), ctx: KeyedProcessFunction[String, (String,
Int), (String, Int)]#Context, out: Collector[(String, Int)]): Unit = {
                count += 1
                out.collect((value._1, count))
            }
        })

        // 输出到控制台
        result.print()

        env.execute("ProcessFunction Example")
    }
}
```

在上述代码中，首先定义了一个数据流 input，它包含一些字符串。接着通过 map 操作将每个字符串解析为一个二元组，其中第一个元素为字符串中的第一个单词，第二个元素为 1。然后按照第一个元素进行分组，并在 KeyedProcessFunction 中计算每个组的元素个数。最后将结果输出到控制台。

### 7.1.3 定时器

Flink 的定时器是指允许在事件时间和处理时间上注册回调函数的机制。使用定时器，可以在特定时间点对元素进行处理，或者在特定时间后对状态进行处理。例如，可以使用定时器来实现会话窗口，即在特定的时间段内收集和处理数据。另一个用例是在某个元素的时间戳之后的一段时间内，发送延迟的结果。

在 Flink 中，使用定时器通常需要基于 KeyedProcessFunction 类，可以通过下列步骤来使用定时器：

1）在 processElement()方法中，使用 Context 对象注册一个定时器。定时器分为两种类型，分别是 Processing Time Timer 和 Event Time Timer。例如，可以使用 Context 对象调用 timerService()方法来获取 TimerService 对象注册定时器。

2）当定时器被触发时，Flink 会调用 onTimer()方法。在该方法中，可以对数据进行操作，如将数据发送到下游。

TimerService 提供了访问事件时间定时器和处理时间定时器的方法。具体来说，TimerService 提供以下几个方法。

- currentProcessingTime()：返回当前处理时间的时间戳。
- currentWatermark()：返回当前 Watermark 的时间戳。
- registerEventTimeTimer(long time)：注册事件时间定时器，将在指定的时间戳触发。
- registerProcessingTimeTimer(long time)：注册处理时间定时器，将在指定的时间戳触发。
- deleteEventTimeTimer(long time)：删除指定时间戳的事件时间定时器。

● deleteProcessingTimeTimer(long time)：删除指定时间戳的处理时间定时器。

TimerService 可以通过 KeyedProcessFunction 和 ProcessFunction 中的 Context 对象获取，具体代码如下：

```
import org. apache. flink. streaming. api. scala. {DataStream, StreamExecutionEnvironment}
import org. apache. flink. streaming. api. scala. function. KeyedProcessFunction
import org. apache. flink. util. Collector

class MyProcessFunction extends KeyedProcessFunction[String, String, String] {

  override def processElement(value: String, ctx: KeyedProcessFunction[String, String, String]#Context, out: Collector[String]): Unit = {
    // 获取当前的 Watermark
    val currentWatermark: Long = ctx. timerService(). currentWatermark()

    // 注册一个事件时间定时器，将在 Watermark 到达 1000 时触发
    // 在使用定时器时，需要注意定时器触发的时间。在 Event Time 中，需要注意 Watermark 的进度，以确保定时器被正确触发
    ctx. timerService(). registerEventTimeTimer(1000)

    // 删除一个处理时间定时器，其时间戳为 2000
    ctx. timerService(). deleteProcessingTimeTimer(2000)
  }

  override def onTimer(timestamp: Long, ctx: KeyedProcessFunction[String, String, String]#OnTimerContext, out: Collector[String]): Unit = {
    // 处理定时器触发的逻辑
  }
}

object MyProcessFunction {
  def main(args: Array[String]): Unit = {
    val env = StreamExecutionEnvironment. getExecutionEnvironment

    val input:DataStream[String] = env. fromElements("hello world", "goodbye world", "hello flink")

    val result:DataStream[String] = input. keyBy(_. split("")(0))
      . process(new MyProcessFunction)

    result. print()

    env. execute("My Process Function Example")
  }
}
```

以下是一个使用定时器的完整示例，它对输入的字符串进行计数，每到一定时间就输出当前的计数结果：

```
import org. apache. flink. api. common. functions. FlatMapFunction
import org. apache. flink. streaming. api. functions. KeyedProcessFunction
import org. apache. flink. streaming. api. scala. _
import org. apache. flink. util. Collector

import java. time. Duration
```

```
object TimerExample {
  def main(args: Array[String]): Unit = {
    val env = StreamExecutionEnvironment.getExecutionEnvironment
    env.setParallelism(1)

    val input:DataStream[String] = env.socketTextStream("localhost", 9999)
    val counts:DataStream[(String, Int)] = input
      .flatMap(new FlatMapFunction[String, (String, Int)]() {
        override def flatMap(value: String, out: Collector[(String, Int)]): Unit = {
          for (word <- value.split("\\s")) {
            out.collect((word, 1))
          }
        }
      })
      .keyBy(_._1)
      .process(new CountFunction)

    counts.print()
    env.execute("Timer Example")
  }

  class CountFunction extends KeyedProcessFunction[String, (String, Int), (String, Int)] {
    private var count = 0
    private var timer: Long = _

    override def processElement(value: (String, Int), ctx: KeyedProcessFunction[String, (String, Int),
(String, Int)]#Context, out: Collector[(String, Int)]): Unit = {
      count += 1
      out.collect((value._1, count))

      // 注册一个处理时间定时器，在 5s 后触发
      if (timer == 0) {
        timer =ctx.timerService().currentProcessingTime() + 5000
        ctx.timerService().registerProcessingTimeTimer(timer)
      }
    }

    override def onTimer(timestamp: Long, ctx: KeyedProcessFunction[String, (String, Int), (String, Int)]#
OnTimerContext, out: Collector[(String, Int)]): Unit = {
      out.collect(("Result", count))
      count = 0
      timer = 0
    }
  }
}
```

该程序首先将输入字符串切分为单词，并使用 keyBy()方法对单词进行分组。在 processElement()方法中，对于每个单词，程序都会增加计数器并发出（word,count）元组。同时，如果之前没有设置过定时器，则注册一个处理时间定时器，在 5s 后触发。当定时器触发时，程序会输出当前的计数结果，并将计数器重置为 0。

Flink 的定时器（Timer）只适用于键控流（Keyed Stream）。这是因为在键控流中，Flink 使用了一种基于键的状态分区机制，允许在处理元素时对特定的状态进行读写和管理。这种状

态分区机制可以保证在定时器的回调函数中，只有与当前键关联的状态才能被访问和修改，从而确保定时器的精确性和正确性。

在非键控流（Non-Keyed Stream）中，由于无法确定特定元素的状态分区，因此无法正确地实现定时器回调函数。因此，非键控流上不能使用 Flink 的定时器。

## 7.2 多流操作

Flink 多流操作指的是在 Flink 数据流处理框架中，对多个数据流进行操作和处理的方式。常见的多流操作包括：

- Union：将两个或多个数据流联合来创建一个包含所有流中数据的新流。
- Connect/CoMap：将两个数据流按 Key 连接，然后对每个流进行 map 操作，最后将两个流合并。
- Connect/CoFlatMap：将两个数据流按 Key 连接，然后对每个流进行 flatMap 操作，最后将两个流合并。
- Window Join：根据指定的 Key 和窗口来连接两个数据流。
- Interval Join：根据 Key 相等并且满足指定的时间范围内（e1. timestamp + lowerBound <= e2. timestamp <= e1. timestamp + upperBound）的条件将分别属于两个 Keyed Stream 的元素 e1 和 e2 连接在一起。

### 7.2.1 Union

在 Flink 中，Union 操作用于将两个或多个数据流组合成一个数据流。组合后的数据流中包含所有输入流的元素，按它们在各自的输入流中的顺序交错排列。Union 操作不进行任何数据转换或重组，只是简单地将多个流串联起来，使用方法如下：

```
dataStream.union(otherStream1, otherStream2, ...)
```

Union 的应用场景主要包括以下几个方面：

- 将不同来源的数据流合并到一起，例如，将多个不同来源的传感器数据合并成一个数据流。
- 在一些场景中，需要对相同类型的数据流进行水平切分，进行并行处理，然后在某个节点上将多个切分流进行合并。这个时候就需要使用 Union。
- 在一些场景中，需要将数据流分开处理，然后将不同的数据流进行合并。例如，将广告曝光和广告点击数据进行分别处理，然后将两个数据流合并起来，以进行后续的分析。

下面是一个使用 Union 操作的简单示例：

```
val env = StreamExecutionEnvironment.getExecutionEnvironment

val stream1 = env.fromElements(1, 2, 3)
val stream2 = env.fromElements(4, 5, 6)

val unionStream = stream1.union(stream2)

unionStream.print()

env.execute("Union Example")
```

在这个示例中，创建了两个数据流 stream1 和 stream2，每个数据流都包含 3 个整数。然后使用 Union 操作将它们合并成一个数据流 unionStream，并打印输出结果。这个示例的输出结果应该是：

```
1
2
3
4
5
6
```

可以看到，输出结果中包含了 stream1 和 stream2 中的所有元素，按照它们在各自数据流中的顺序交错排列。需要注意的是，使用 Union 操作将多个数据流组合成一个数据流时，它们的类型必须相同，否则 Flink 将无法进行串联操作。

### 7.2.2 Connect

在 Flink 中，Connect 操作可将两个不同类型的流连接起来，即将两个不同的 DataStream 连接成一个 ConnectedStream，而不是简单地将它们合并成一个流。在 Connect 中，会将两个流的元素封装成 Tuple2 类型的元素，连接后得到的新数据流的类型为 ConnectedStream，使用方法如下：

```
val stream1:DataStream[IN1] = ...
val stream2:DataStream[IN2] = ...

val connected:ConnectedStreams[IN1, IN2] = stream1.connect(stream2)
```

Connect 操作返回 ConnectedStreams 对象，该对象提供了许多方法，如 map 和 flatMap，可以应用于示例中两个流的数据。使用 Connect 操作时，需要定义两个转换函数：一个是针对第一个流中元素的转换函数，另一个是针对第二个流中元素的转换函数。

**1. CoMap**

Flink 的滚动窗口是一种固定大小的窗口，彼此之间没有重叠。当处理每个数据元素时，它会根据时间戳确定其所属的窗口，并将其放入相应的窗口中进行处理。例如，如果我们每隔 1 h 统计过去 1 h 的商品点击量，那么一天会有 24 个这样的窗口，窗口之间不会重叠。

在 Flink 中，CoMap 是一个特殊的算子，允许我们在 ConnectedStreams 上分别对两个输入流进行映射操作，并将结果合并为一个流。这在需要对两种不同的数据类型进行处理的场景中非常有用。要使用 CoMap 算子，首先需要使用 connect()方法连接两个不同的数据流，产生一个 ConnectedStreams 对象。然后，可以使用 map()方法，为这两个流提供单独的映射函数，并将它们的结果合并。

CoMap 算子的语法如下：

```
def connect[R1, R2](stream:DataStream[R1]): ConnectedStreams[T, R1]
def map[R](fun1: (T) => R, fun2: (R1) => R):DataStream[R]
```

其中，connect()方法用于将两个输入流连接成 ConnectedStreams，map()方法用于对两个流进行单独的 map 操作并将结果合并成一个流。

下面是一个使用 CoMap 算子的示例：

```
val input1:DataStream[String] = env.socketTextStream("localhost", 9999)
val input2:DataStream[Int] = env.fromElements(1, 2, 3)
```

```
val connected:ConnectedStreams[String, Int] = input1.connect(input2)

val result:DataStream[String] = connected.map(
  str => str.toUpperCase(),
  int => (int * 10).toString()
)

result.print()
```

该示例中，我们首先创建了两个输入流 input1 和 input2，然后将它们连接成 ConnectedStreams。接着，对 input1 进行大写转换，对 input2 进行乘以 10 的操作，最后将它们合并成一个流并输出。

除了在 map()函数中传入 Lambda 表达式外，也可以传入 CoMapFunction 接口类型的参数。CoMapFunction 有两个输入流和一个输出流，其核心方法为 map1()和 map2()，分别对应第一个输入流和第二个输入流的处理逻辑。

CoMapFunction 的定义如下：

```
trait CoMapFunction[IN1, IN2, OUT] extends Function with Serializable {

  @throws(classOf[Exception])
  def map1(in1: IN1): OUT

  @throws(classOf[Exception])
  def map2(in2: IN2): OUT
}
```

其中，IN1 和 IN2 代表两个输入流的数据类型，OUT 代表输出流的数据类型。

使用 CoMapFunction，需要将两个流通过 connect()方法进行连接，然后调用 map()方法对每个流分别应用 CoMapFunction 进行处理。

下面是一个简单的使用 CoMapFunction 的示例：

```
val stream1:DataStream[Int] = env.fromElements(1, 2, 3)
val stream2:DataStream[String] = env.fromElements("a", "b", "c")

val connected:ConnectedStreams[Int, String] = stream1.connect(stream2)

val result:DataStream[String] = connected.map(new MyCoMapFunction())

class MyCoMapFunction extends CoMapFunction[Int, String, String] {
  override def map1(value: Int): String = "Stream 1: " + value.toString
  override def map2(value: String): String = "Stream 2: " + value
}
```

上述示例将一个包含整数的流和一个包含字符串的流通过 connect()方法进行连接，并应用自定义的 MyCoMapFunction 对两个流的数据进行处理。在 MyCoMapFunction 中，map1()方法对第一个流的数据进行处理，将整数转换为字符串，并加上“Stream 1:”前缀；map2()方法对第二个流的数据进行处理，将字符串加上“Stream 2:”前缀，最终得到一个包含字符串的流。

**2. CoFlatMap**

CoFlatMap 与 CoMap 类似，只不过是在 ConnectedStreams 流上进行 FlatMap 操作。CoFlatMap 也可以使用 Lambda 表达式形式和接口形式，Lambda 表达式形式如下：

```
DataStream<T> input1 = ...;
DataStream<S> input2 = ...;

DataStream<R> result = input1.connect(input2)
  .flatMap((T value1, Collector<R> out) -> {
    // CoFlatMapFunction 第一个流的处理逻辑
    ...
  }, (S value2, Collector<R> out) -> {
    // CoFlatMapFunction 第二个流的处理逻辑
    ...
  });
```

其中，value1 和 value2 分别表示连接的两个流中的元素，out 表示结果收集器。在 flatMap()方法中，可以分别对两个流进行处理，最终将结果输出到 out 中。注意，在 CoFlatMap 中，每个流的处理逻辑都需要通过一个 Lambda 表达式来定义。

下面是一个使用 CoFlatMap 函数的完整示例：

```
import org.apache.flink.streaming.api.scala._

object CoFlatMapLambdaExample {

  def main(args: Array[String]): Unit = {
    // 创建执行环境
    val env = StreamExecutionEnvironment.getExecutionEnvironment

    // 创建两个整数流
    val stream1:DataStream[Int] = env.fromElements(1, 2, 3, 4, 5)
    val stream2:DataStream[Int] = env.fromElements(10, 20, 30, 40, 50)

    // 连接两个流，并应用 CoFlatMap 函数将两个流合并
    val connectedStreams = stream1.connect(stream2)

    val resultStream: DataStream[String] = connectedStreams
      .flatMap(
        // 第一个流的 flatMap
        (i: Int) =>Seq(i.toString),
        // 第二个流的 flatMap
        (j: Int) =>Seq((j * 2).toString)
      )

    // 打印合并后的结果
    resultStream.print()

    // 执行应用程序
    env.execute("CoFlatMapLambdaExample")
  }
}
```

flatMap()函数中，宏也可以传入 CoFlatMapFunction 接口类型的参数。CoFlatMapFunction 接口定义如下：

```
public interface CoFlatMapFunction<IN1, IN2, OUT> extends Function, Serializable {
    void flatMap1(IN1 value, Collector<OUT> out) throws Exception;
    void flatMap2(IN2 value, Collector<OUT> out) throws Exception;
}
```

其中，flatMap1()方法用于处理第一个输入流中的元素，flatMap2()方法用于处理第二个输入流中的元素，两个方法的输入参数分别为输入流中的元素，输出参数为 Collector 对象，用于将结果发送到下游操作或 Sink。

以下是 CoFlatMapFunction 的一个使用示例：

```
var stream1 =env.fromElements(1, 2, 3);
var stream2 =env.fromElements("A", "B", "C");

stream1.connect(stream2)
.flatMap(new CoFlatMapFunction<Integer, String, Object>() {
    @Override
    public void flatMap1(Integer value, Collector<Object> out) {
        out.collect(value);
    }

    @Override
    public void flatMap2(String value, Collector<Object> out) {
        out.collect(value);
    }
})
.print();
```

在这个示例中，我们定义了两个数据流，即 stream1 和 stream2，一个包含整数，另一个包含字符串。接下来，使用 connect()方法将它们连接起来，并使用 flatMap()方法对它们进行处理。

在 flatMap()方法中，定义了一个 CoFlatMapFunction，并实现了 flatMap1()和 flatMap2()方法。当处理第一个流和第二个流的元素时，将其原封不动地发送到输出 Collector 中。最终输出的结果就是这两个流的元素混合在一起的结果。

**3. CoProcessFunction**

ConnectedStreams 还可以使用 process()方法进行更为灵活的操作，具体来说，process()方法可以接收一个 CoProcessFunction 对象，该对象定义了两个输入流的处理逻辑。在 CoProcessFunction 中，可以实现对两个流的任意处理操作，也可以分别对两个流的数据进行操作，还可以根据两个流之间的关系来对数据进行整合。

示例代码如下：

```
import org.apache.flink.streaming.api.scala._

object ConnectExample {

    case class SensorReading(id: String, timestamp: Long, temperature: Double)

    def main(args: Array[String]): Unit = {
        val env = StreamExecutionEnvironment.getExecutionEnvironment

        val controlStream = env.socketTextStream("localhost", 9999)
        .map(line => {
            val arr = line.split(",")
            SensorReading(arr(0), arr(1).toLong, arr(2).toDouble)
        })
```

```
    val dataStream = env.socketTextStream("localhost", 9998)
    .map(line => {
        val arr = line.split(",")
        SensorReading(arr(0), arr(1).toLong, arr(2).toDouble)
    })

    val connectedStream = controlStream.connect(dataStream)

    val processedStream = connectedStream.process(new MyCoProcessFunction)

    processedStream.print()

    env.execute("Connect Example")
  }

  class MyCoProcessFunction extends org.apache.flink.streaming.api.functions.co.CoProcessFunction[SensorReading, SensorReading, String] {

    override def processElement1(value: SensorReading, ctx: org.apache.flink.streaming.api.functions.co.CoProcessFunction[SensorReading, SensorReading, String]#Context, out: org.apache.flink.util.Collector[String]): Unit = {
        // 处理 controlStream 的数据
        out.collect(s"Control Stream: ${value.id}, ${value.temperature}")
    }

    override def processElement2(value: SensorReading, ctx: org.apache.flink.streaming.api.functions.co.CoProcessFunction[SensorReading, SensorReading, String]#Context, out: org.apache.flink.util.Collector[String]): Unit = {
        // 处理 dataStream 的数据
        out.collect(s"Data Stream: ${value.id}, ${value.temperature}")
    }
  }
}
```

程序中需要两个 socket 数据源，一个是 9999 端口的 controlStream 数据源，另一个是 9998 端口的 dataStream 数据源。每个数据源都会发送类似于“sensor_1,1547718199,25.3”这样的字符串数据，表示一个传感器的 ID、时间戳和温度值。

这里定义了两个输入流，分别为 controlStream 和 dataStream，这两个流都包含了 SensorReading 类型的数据。我们使用 connect( ) 方法将这两个流连接起来，然后使用 process( ) 方法来处理这两个流。在 MyCoProcessFunction 中，实现了两个处理方法 processElement1( ) 和 processElement2( )，分别用于处理 controlStream 和 dataStream 中的数据。最终，将处理结果打印出来。

### 7.2.3 Window Join

Window Join 作用在两个流中有相同 Key 且处于相同窗口的元素上，两个流中的元素在组合之后，会被传递给用户定义的 JoinFunction 或 FlatJoinFunction，用户可以用它们输出符合 Join 要求的结果。

在 Window Join 中，需要在两个流中找到相同的 Key，并且这两个 Key 所对应的元素在相同的窗口中才能进行 Join 操作。这和 Inner-Join 类似，Inner-Join 也是需要在两个表中找到相同的 Key 才能进行 Join 操作，也就是说，一个流中的元素如果没有与另一个流中的元素组合起来，它就不会被输出。

完成 Join 的元素会将它们的 Timestamp 设为对应窗口中允许的最大 Timestamp：在 Window Join 中，元素需要属于相同的窗口才能进行 Join 操作，而每个窗口都有一个边界时间。当元素完成 Join 操作之后，它们的 Timestamp 会被设置为窗口的最大时间戳，这样可以避免后续对这些元素的重复处理。举个例子，如果一个元素属于边界为［5,10）的窗口，而在 Join 之后的时间戳为 9，这是因为这个窗口允许的最大时间戳是 9。

Window Join 的典型用法如下：

```
stream.join(otherStream)
      .where(<KeySelector>)
      .equalTo(<KeySelector>)
      .window(<WindowAssigner>)
      .apply(<JoinFunction>);
```

- stream.join(otherStream)：表示对两个流进行 Join 操作。
- .where(<KeySelector>)：表示使用 KeySelector 对第一个流进行分组，以便与第二个流中的元素进行匹配。<KeySelector>可以是一个 Lambda 表达式或一个实现了 KeySelector 接口的类的实例。例如：

```
.where(r1 => r1.key)                // 使用 Lambda 表达式
.where(new MyKeySelector())         // 使用 KeySelector 接口的实现类
```

- .equalTo(<KeySelector>)：表示使用一个 KeySelector 对第二个流进行分组，以便与第一个流中的元素进行匹配。<KeySelector>与上述的<KeySelector>是一样的。
- .apply(<JoinFunction>)：表示在窗口 Join 操作后，使用给定的 JoinFunction 进行合并。<JoinFunction> 可以是一个 Lambda 表达式或一个实现了 JoinFunction 接口的类的实例。JoinFunction 接口有两个参数，分别表示第一个流和第二个流中的元素，返回值表示输出的结果。例如：

```
.apply((r1, r2) => (r1.key, r1.value, r2.value))  // 使用 Lambda 表达式
.apply(new MyJoinFunction())                       // 使用 JoinFunction 接口的实现类
```

根据窗口类型的不同，可以将 Window Join 分为 3 类，即滚动 Window Join、滑动 Window Join、会话 Window Join，接下来对它们进行详细介绍。

**1. 滚动 Window Join**

使用滚动 Window Join 时，所有 Key 相同且共享一个滚动窗口的元素会被组合成对，并传递给 JoinFunction 或 FlatJoinFunction。

如图 7-1 所示，定义了一个大小为 2 ms 的滚动窗口，即形成了边界为［0,1］、［2,3］等的窗口。图中展示了如何将每个窗口中的元素组合成对，组合的结果将被传递给 JoinFunction。注意，滚动窗口［4,5］将不会输出任何数据，因为正方形所代表的数据流中没有数据可以与圆形所代表的数据流中的④和⑤配对。

相比于滑动 Window Join，滚动 Window Join 算子的计算代价更低，因为每个元素仅会参与一次 Join 操作。但是，滚动 Window Join 只能处理时间戳单调递增的数据流，并且相邻两个窗口之间的数据不会交叉。具体来说，滚动 Window Join 会在一个窗口关闭后，针对这个窗口中

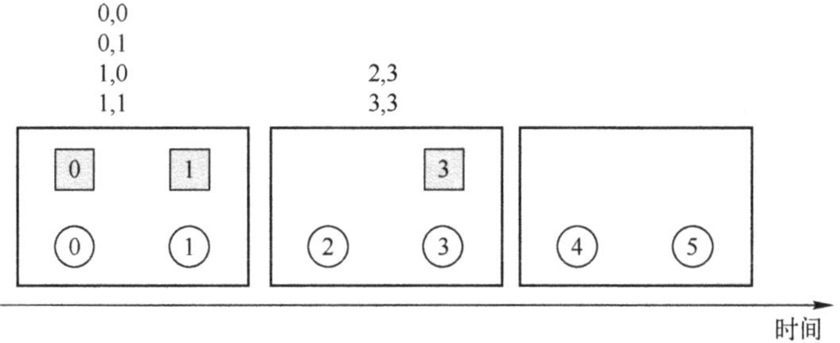


图 7-1　Flink 滚动 Window Join

的每个元素，在另一个数据流中查找具有相同 Key 且时间戳在 Join 窗口范围内的元素。当找到这样的元素时，将两个元素进行 Join 操作，并输出结果。

滚动 Window Join 的使用方式与普通 Window Join 相同，只需要指定好 Key、窗口分配器、窗口大小和 join( ) 函数即可。示例代码如下：

```
import org.apache.flink.api.common.eventtime.{SerializableTimestampAssigner, WatermarkStrategy}
import org.apache.flink.streaming.api.scala._
import org.apache.flink.streaming.api.windowing.assigners.TumblingEventTimeWindows
import org.apache.flink.streaming.api.windowing.time.Time

import java.time.Duration

case class OrderEvent(orderId: Long, eventType: String, eventTime: Long)

case class PayEvent(orderId: Long, eventType: String, eventTime: Long)

object TumblingWindowJoinExample {
  def main(args: Array[String]): Unit = {
    val env = StreamExecutionEnvironment.getExecutionEnvironment
    env.setParallelism(1)

    // 数据流 1：订单事件流
    val orderStream = env
      .fromElements(
        OrderEvent(1, "create", 1000L),
        OrderEvent(2, "create", 2000L),
        OrderEvent(1, "pay", 3000L),
        OrderEvent(2, "pay", 4000L)
      )
    .assignTimestampsAndWatermarks(
        WatermarkStrategy
          .forBoundedOutOfOrderness[OrderEvent](Duration.ofSeconds(1))
          .withTimestampAssigner(new SerializableTimestampAssigner[OrderEvent] {
              override def extractTimestamp(element: OrderEvent, recordTimestamp: Long): Long = ele-
ment.eventTime
          })
      )
      .keyBy(_.orderId)

    // 数据流 2：支付事件流
    val payStream = env
```

```
        .fromElements(
          PayEvent(1, "pay", 3500L),
          PayEvent(2, "pay", 4200L)
        )
      .assignTimestampsAndWatermarks(
          WatermarkStrategy
            .forBoundedOutOfOrderness[PayEvent](Duration.ofSeconds(1))
            .withTimestampAssigner(new SerializableTimestampAssigner[PayEvent] {
                override def extractTimestamp(element: PayEvent, recordTimestamp: Long): Long = ele-
ment.eventTime
            })
        )
        .keyBy(_.orderId)

      // 连接两个数据流，使用滚动窗口
      val joinedStream = orderStream
        .join(payStream)
        .where(_.orderId)
        .equalTo(_.orderId)
        .window(TumblingEventTimeWindows.of(Time.seconds(5)))
        .apply((order:OrderEvent, pay: PayEvent) => s"Order${order.orderId} paid at${pay.eventTime}")

      joinedStream.print()
      env.execute("Window Join Example")
    }
  }
```

程序的输入为两个数据流，分别是订单事件流和支付事件流。每个事件流都包含 3 个字段：订单 ID、事件类型和事件时间。订单事件流中的事件类型为“create”或“pay”，支付事件流中的事件类型为“pay”。

程序的输出为匹配到的订单事件和支付事件的信息，包括订单 ID 和支付事件的时间戳。输出的格式为“Order orderId paid at eventTime”，具体输出结果如下：

```
Order 1 paid at 3500
Order 1 paid at 3500
Order 2 paid at 4200
Order 2 paid at 4200
```

**2. 滑动 Window Join**

当使用滑动 Window Join 时，所有 Key 相同且处于同一个滑动窗口的元素将被组合成对，并传递给 JoinFunction 或 FlatJoinFunction。当前滑动窗口内，如果一个流中的元素没有与另一个流中的元素组合起来，它就不会被输出。注意，在某个滑动窗口中被连接的元素不一定会在其他滑动窗口中被连接。

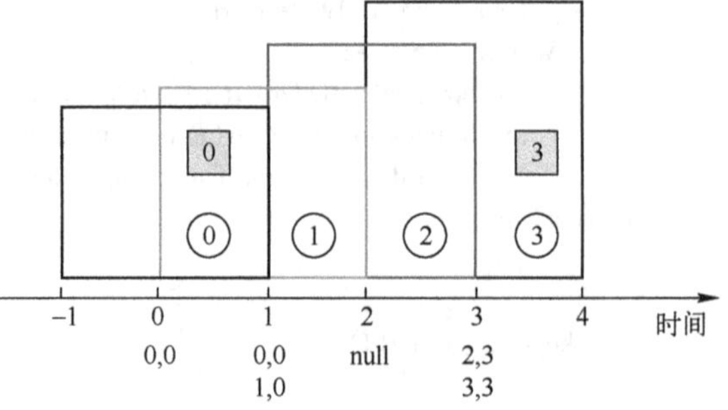

图 7-2 Flink 滑动 Window Join

如图 7-2 所示，定义了长度为 2 ms、滑动距离为 1 ms 的滑动窗口，生成的窗口实例区间为［-1,0］、［0,1］、［1,2］、

[2,3] 等。时间下方是每个滑动窗口中被连接后传递给 JoinFunction 的元素。可以看到，圆形所代表数据流中的 2、3 元素与正方形所代表数据流中的元素 3 在区间 [2,3] 中连接，但没有与区间 [1,2] 中任何元素连接。

以下是一个示例程序，演示如何使用 Flink 实现滑动窗口 Join：

```
import org.apache.flink.api.common.eventtime.{SerializableTimestampAssigner, WatermarkStrategy}
import org.apache.flink.streaming.api.scala._
import org.apache.flink.streaming.api.windowing.assigners.{SlidingEventTimeWindows, TumblingEventTime-
Windows}
import org.apache.flink.streaming.api.windowing.time.Time

import java.time.Duration

case class OrderEvent(orderId: Long, eventType: String, eventTime: Long)

case class PayEvent(orderId: Long, eventType: String, eventTime: Long)

object SlidingWindowJoinExample {
    def main(args: Array[String]): Unit = {
        val env = StreamExecutionEnvironment.getExecutionEnvironment
        env.setParallelism(1)

        // 数据流 1：订单事件流
        val orderStream = env
        .fromElements(
            OrderEvent(1, "create", 1000L),
            OrderEvent(2, "create", 2000L),
            OrderEvent(1, "pay", 3000L),
            OrderEvent(2, "pay", 4000L),
            OrderEvent(1, "create", 5000L),
            OrderEvent(1, "pay", 6000L)
        )
        .assignTimestampsAndWatermarks(
            WatermarkStrategy
            .forBoundedOutOfOrderness[OrderEvent](Duration.ofSeconds(1))
            .withTimestampAssigner(new SerializableTimestampAssigner[OrderEvent] {
                override def extractTimestamp(element: OrderEvent, recordTimestamp: Long): Long = ele-
ment.eventTime
            })
        )
        .keyBy(_.orderId)

        // 数据流 2：支付事件流
        val payStream = env
        .fromElements(
            PayEvent(1, "pay", 3500L),
            PayEvent(2, "pay", 4200L),
            PayEvent(1, "pay", 5500L),
            PayEvent(1, "pay", 7000L)
        )
        .assignTimestampsAndWatermarks(
            WatermarkStrategy
```

```
            .forBoundedOutOfOrderness[PayEvent](Duration.ofSeconds(1))
            .withTimestampAssigner(new SerializableTimestampAssigner[PayEvent] {
                override def extractTimestamp(element: PayEvent, recordTimestamp: Long): Long = element.eventTime
            })
        )
        .keyBy(_.orderId)

        // 连接两个数据流,使用滚动窗口
        val joinedStream = orderStream
        .join(payStream)
        .where(_.orderId)
        .equalTo(_.orderId)
        .window(SlidingEventTimeWindows.of(Time.seconds(10), Time.seconds(5)))
        .apply((order: OrderEvent, pay: PayEvent) => s"Order ${order.orderId} paid at ${pay.eventTime}")

        joinedStream.print()
        env.execute("Window Join Example")
    }
}
```

上述程序调用了 window( )函数，使用了 SlidingEventTimeWindows，设定窗口大小为 10 s，滑动窗口大小为 5 s。最后，调用了 apply( )函数，将相同 orderId 的 OrderEvent 和 PayEvent 组成的元组转换成一个字符串，表示这个订单什么时候被支付了。

最后，使用 print( )函数输出结果，并执行了 Flink 程序，程序输出结果如下：

```
Order 1 paid at 3500
Order 1 paid at 3500
Order 2 paid at 4200
Order 2 paid at 4200
Order 1 paid at 3500
Order 1 paid at 5500
Order 1 paid at 7000
Order 1 paid at 3500
Order 1 paid at 5500
Order 1 paid at 7000
Order 1 paid at 3500
Order 1 paid at 5500
Order 1 paid at 7000
Order 1 paid at 3500
Order 1 paid at 5500
Order 1 paid at 7000
Order 2 paid at 4200
Order 2 paid at 4200
Order 1 paid at 5500
Order 1 paid at 7000
Order 1 paid at 5500
Order 1 paid at 7000
```

### 3. 会话 Window Join

使用会话 Window Join 时，所有 Key 相同且组合后符合会话要求的元素将被组合成对，并传递给 JoinFunction 或 FlatJoinFunction。这个操作同样是 Inner Join，所以如果一个会话窗口中只含有某一个流的元素，这个窗口就不会产生输出。

这里定义了一个间隔至少为 1 ms 的会话窗口。如图 7-3 所示，总共有 3 个会话，前两者中的两个流都有元素，它们被连接并传递给 JoinFunction。而第三个会话中，流没有任何元素，所以④和⑤没有被连接。

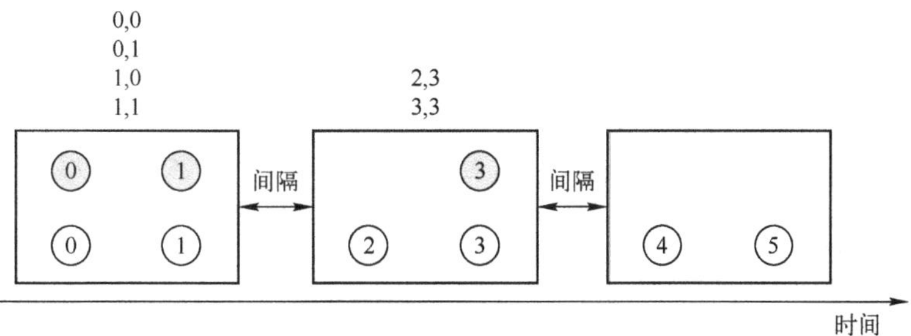


图 7-3　Flink 会话 Window Join

以下是一个示例程序，演示如何使用 Flink 实现会话窗口连接：

```
import org. apache. flink. api. common. eventtime. {SerializableTimestampAssigner, WatermarkStrategy}
import org. apache. flink. streaming. api. scala. _
import org. apache. flink. streaming. api. windowing. assigners. {EventTimeSessionWindows, SlidingEventTimeWindows,
TumblingEventTimeWindows}
import org. apache. flink. streaming. api. windowing. time. Time

import java. time. Duration

case class OrderEvent(orderId: Long, eventType: String, eventTime: Long)

case class PayEvent(orderId: Long, eventType: String, eventTime: Long)

object SessionWindowJoinExample {
    def main(args: Array[String]): Unit = {
        val env = StreamExecutionEnvironment. getExecutionEnvironment
        env. setParallelism(1)

        // 数据流 1：订单事件流
        val orderStream = env
        . fromElements(
            OrderEvent(1, "create", 1000L),
            OrderEvent(2, "create", 2000L),
            OrderEvent(1, "pay", 3000L),
            OrderEvent(2, "pay", 4000L),
            OrderEvent(1, "create", 5000L),
            OrderEvent(1, "pay", 6000L)
        )
        . assignTimestampsAndWatermarks(
            WatermarkStrategy
            . forBoundedOutOfOrderness[OrderEvent](Duration. ofSeconds(1))
            . withTimestampAssigner(new SerializableTimestampAssigner[OrderEvent] {
                override def extractTimestamp(element: OrderEvent, recordTimestamp: Long): Long = ele-
ment. eventTime
            })
        )
```

```
      .keyBy(_.orderId)

    // 数据流 2: 支付事件流
    val payStream = env
      .fromElements(
        PayEvent(1, "pay", 3500L),
        PayEvent(2, "pay", 4200L),
        PayEvent(1, "pay", 5500L),
        PayEvent(1, "pay", 7000L)
      )
      .assignTimestampsAndWatermarks(
        WatermarkStrategy
          .forBoundedOutOfOrderness[PayEvent](Duration.ofSeconds(1))
          .withTimestampAssigner(new SerializableTimestampAssigner[PayEvent] {
            override def extractTimestamp(element: PayEvent, recordTimestamp: Long): Long = element.eventTime
          })
      )
      .keyBy(_.orderId)

    // 连接两个数据流,使用会话窗口
    val joinedStream = orderStream
      .join(payStream)
      .where(_.orderId)
      .equalTo(_.orderId)
      .window(EventTimeSessionWindows.withGap(Time.seconds(5)))
      .apply((order: OrderEvent, pay: PayEvent) => s"Order ${order.orderId} paid at ${pay.eventTime}")

    joinedStream.print()
    env.execute("Window Join Example")
  }
}
```

程序输出结果如下：

```
Order 2 paid at 4200
Order 2 paid at 4200
Order 1 paid at 3500
Order 1 paid at 5500
Order 1 paid at 7000
Order 1 paid at 3500
Order 1 paid at 5500
Order 1 paid at 7000
Order 1 paid at 3500
Order 1 paid at 5500
Order 1 paid at 7000
Order 1 paid at 3500
Order 1 paid at 5500
Order 1 paid at 7000
```

### 7.2.4 Interval Join

Interval Join 是一种基于时间间隔的数据流连接技术，它可以在两个数据流之间匹配某种关系，例如，一个数据流中的事件发生在另一个数据流中的事件之后的一段时间。Interval Join 组合元素的条件为：两个流（暂时称为 A 和 B）中的 Key 相同且 B 中元素的 Timestamp 处于 A 中元素 Timestamp 的一定范围内。这个条件可以更加正式地表示为“b. timestamp ∈ [a. timestamp + lowerBound; a. timestamp + upperBound]”或“a. timestamp + lowerBound <= b. timestamp <= a. timestamp + upperBound”。

这里的 a 和 b 为 A 和 B 中共享相同 Key 的元素。上界和下界可正可负，只要下界永远小于或等于上界即可。Interval Join 的典型使用示例如下：

```
import org.apache.flink.streaming.api.functions.co.ProcessJoinFunction
import org.apache.flink.streaming.api.windowing.time.Time

...

val orangeStream: DataStream[Integer] = ...
val greenStream: DataStream[Integer] = ...

orangeStream
.keyBy(elem => /* select key */)
.intervalJoin(greenStream.keyBy(elem => /* select key */))
//interval Join 支持一个时间范围内的所有事件连接，通过 .between() 方法来设置
.between(Time.milliseconds(-2), Time.milliseconds(1))
.process(new ProcessJoinFunction[Integer, Integer, String] {
    override def processElement(left: Integer, right: Integer, ctx: ProcessJoinFunction[Integer, Integer,
String]#Context, out: Collector[String]): Unit = {
        out.collect(left + "," + right)
    }
})
```

这段代码演示了 Flink 中的 Interval Join 操作，将两个流 orangeStream 和 greenStream 按照指定的键（keyBy）进行分区，并使用 intervalJoin 连接这两个流。intervalJoin 支持一个时间范围内的所有事件连接，具体是通过 .between()方法来设置的。在这个例子中，我们设置了时间范围为［-2,1］ ms 内，表示 orangeStream 中的事件与 greenStream 中时间戳早于该事件时间戳 1 ms 且晚于该事件时间戳 2 ms 的事件连接。然后，使用 ProcessJoinFunction 来对连接的结果进行处理，将连接结果 left 和 right 进行合并。具体而言，将它们转换为字符串并输出。

其中的 ProcessJoinFunction 是 Flink 中的一个接口，用于实现基于时间窗口的 Join 操作。它的定义如下：

```
trait ProcessJoinFunction[IN1, IN2, OUT] extends Function with Serializable {
  @throws[Exception]
  def processElement(left: IN1, right: IN2, ctx: ProcessJoinFunction.Context, out: Collector[OUT]): Unit
}
```

其中，IN1 和 IN2 分别代表两个输入流的数据类型，OUT 代表输出流的数据类型。processElement()方法是该接口的核心方法，用于实现 Join 操作。它的参数包括：

- left：左侧数据流的一个元素。
- right：右侧数据流的一个元素。
- ctx：上下文信息，包括时间戳、窗口信息等。
- out：输出元素的集合。

在实现 Join 操作时，processElement()方法会被自动调用，并将满足 Join 条件的数据对作

为参数传递给该方法。接着，可以在该方法中进行自定义的处理逻辑，如将数据对合并为一条输出数据。

需要注意的是，ProcessJoinFunction 可以用于处理基于时间窗口的 Join 操作，但它不同于 JoinFunction，后者是用于处理基于键值对的 Join 操作。

### 7.2.5 侧输出流

在 Flink 中，侧输出流（Side Output）是一种将数据流发送到一个或多个附加流（Additional Stream）的机制。这些附加流与主数据流（Main Stream）相互独立。通常情况下，一个数据流只有一个输出流，而侧输出流则可以使一个数据流产生多个输出流，从而扩展数据流的输出能力。侧输出流常用于处理数据流中的异常数据或错误数据等特殊情况。

使用侧输出流可以将某些特殊的数据分离到单独的流中进行处理，避免这些数据丢失或与正常数据混淆，提高数据的可靠性和正确性。常见的应用场景包括：

- 实时监测系统中的告警数据流处理，将告警数据从正常数据中分离出来单独处理。
- 数据质量控制中的数据异常检测，将异常数据从正常数据中分离出来单独处理。
- 数据库 CDC（Change Data Capture）场景中的数据同步，将变更数据和删除数据等操作分离到不同的流中进行处理。

使用侧输出流时，首先需要定义用于标识侧输出流的 OutputTag。OutputTag 可以看作一个标签，可以为每个 OutputTag 指定一个类型，用于标识侧输出流的类型。在定义 OutputTag 时，需要指定其泛型类型。例如，可以定义一个 OutputTag 来标识错误数据的流：

```
val outputTag = OutputTag[String]("error-output")
```

接着，需要使用 ProcessFunction 或 KeyedProcessFunction 来将数据发送到侧输出流。在处理函数中，可以使用 OutputTag 来定义侧输出流，然后使用 Context 对象的 Output()方法将数据发送到侧输出流中。下面是一个示例代码：

```
class MyProcessFunction(outputTag: OutputTag[String]) extends ProcessFunction[String, String] {
  override def processElement(value: String, ctx: ProcessFunction[String, String]#Context, out: Collector
[String]): Unit = {
    // 根据条件判断是否发送到侧输出流
    if (condition) {
      ctx.output(outputTag, "error message: " + value)
    } else {
      out.collect(value)
    }
  }
}
```

在上述代码中，如果满足 condition 条件，则将 value 发送到侧输出流中，否则将其发送到主输出流中。侧输出流中的数据可以通过 getSideOutput()方法获取，并进行后续的处理。

在使用 OutputTag 时，可以调用 DataStream 中的 getSideOutput(outputTag) 方法来获取侧输出流，例如：

```
import org.apache.flink.streaming.api.scala._
import org.apache.flink.streaming.api.scala.OutputTag
import org.apache.flink.util.Collector
```

```
val mainStream: DataStream[String] = ...
val outputTag: OutputTag[String] = new OutputTag[String]("error-output")

val sideOutput = mainStream.process(new MyProcessFunction(outputTag))

sideOutput.getSideOutput(outputTag).print()
```

下面是一个侧输出流使用示例。假设我们有一个数据源，包含学生的成绩信息，每条记录都包含学生的姓名、学科和成绩，这里要将成绩按照及格和不及格进行分流，即大于或等于 60 分的为及格成绩，小于 60 分的为不及格成绩。

```
import org.apache.flink.streaming.api.scala._
import org.apache.flink.streaming.api.functions.ProcessFunction
import org.apache.flink.util.Collector

object SideOutputExample {

    case class Score(name: String, subject: String, grade: Int)

    def main(args: Array[String]): Unit = {
        val env = StreamExecutionEnvironment.getExecutionEnvironment

        val stream = env.fromElements(
            Score("Alice", "Math", 80),
            Score("Bob", "English", 55),
            Score("Tom", "Math", 70),
            Score("Jerry", "English", 45),
            Score("Lucy", "Math", 90),
            Score("Mike", "English", 65)
        )

        // 定义 OutputTag，用于标记及格成绩和不及格成绩的侧输出流
        val passTag = new OutputTag[String]("pass")
        val failTag = new OutputTag[String]("fail")

        val result = stream.process(new ProcessFunction[Score, String] {
            override def processElement(value: Score, ctx: ProcessFunction[Score, String]#Context, out: Collector[String]): Unit = {
                if (value.grade >= 60) {
                    // 发送到及格成绩侧输出流
                    ctx.output(passTag, s"${value.name} passed ${value.subject} with grade ${value.grade}")
                } else {
                    // 发送到不及格成绩侧输出流
                    ctx.output(failTag, s"${value.name} failed ${value.subject} with grade ${value.grade}")
                }
            }
        })

        // 获取侧输出流
        val passStream = result.getSideOutput(passTag)
        val failStream = result.getSideOutput(failTag)
```

```
            passStream.print("Pass")
            failStream.print("Fail")

            env.execute("SideOutput Example")
    }
}
```

在这个示例程序中，我们定义了两个 OutputTag，一个用于标记及格成绩，另一个用于标记不及格成绩。在 processElement()方法中，根据成绩是否及格将数据发送到不同的侧输出流中。最后通过 getSideOutput()方法获取侧输出流，并进行打印。

示例程序的输出结果如下：

```
Pass:4> Alice passed Math with grade 80
Pass:6> Tom passed Math with grade 70
Pass:8> Lucy passed Math with grade 90
Pass:5> Mike passed English with grade 65
Fail:2> Bob failed English with grade 55
Fail:4> Jerry failed English with grade 45
```

### 7.2.6 处理迟到数据

在事件时间处理中，数据迟到是指到达处理器的数据的时间戳（Timestamp）小于当前的 Watermark。这通常是由于数据到达的延迟或事件时间引入的延迟（如数据乱序等）导致的。迟到的数据可能会对结果产生影响，需要特殊处理。

在 Flink 中，可以使用以下方法处理迟到的数据：

- 窗口延迟关闭（Window Late Data Processing）：可以设置窗口延迟关闭时间，即允许一定时间的迟到数据进入窗口，然后关闭窗口并进行计算。
- 侧输出流（SideOutputs）：可以使用侧输出流来输出迟到的数据，通过调用 OutputTag 类的 SideOutputWithTimestamp()方法将数据发送到指定的侧输出流中。
- 处理函数（ProcessFunction）：可以使用 ProcessFunction 来处理迟到的数据。例如，可以使用 onTimer()方法来处理迟到数据的逻辑。

其中，侧输出流是很常用的方法，可以将迟到数据输出到另一个流中进行处理，以避免影响正常计算的结果，而窗口延迟关闭则在迟到数据较少或者对结果的实时性要求较低的场景下使用。

**1. 窗口延迟关闭**

在 Flink 中，可以通过设置窗口的允许迟到时间来接收迟到的数据，迟到的数据会被追加到相应的窗口，不会触发新的计算。可以通过调用 allowedLateness()方法来设置窗口的允许迟到时间。

默认情况下，Flink 不会接收迟到的数据，只会处理事件时间小于或等于窗口结束时间的数据。如果需要接收迟到的数据，则需要调用 allowedLateness()方法，并传入一个迟到时间参数。例如：

```
val stream:DataStream[(String, Int)] = ...
stream
  .keyBy(_._1)
  .timeWindow(Time.minutes(5))
```

```
    .allowedLateness(Time.minutes(1))
    .sum(1)
```

在上面的代码中，我们对键值对流按照键进行分组，然后开启一个 5 min 的滚动时间窗口，并设置窗口允许的迟到时间为 1 min。如果在 5 min 的窗口结束后，还有事件时间小于或等于 6 min 的数据到达，则这些数据会被追加到原来的窗口中，并再次触发计算。

**2. 侧输出流**

在 Flink 中，使用侧输出流（SideOutputs）可以处理迟到的数据。将迟到的数据发送到一个指定的侧输出流中，就可以将其与正常数据分离开来进行后续处理，具体实现步骤如下。

创建一个 OutputTag 对象，用于标识侧输出流：

```
val lateDataOutputTag = new OutputTag[MyData]("late-data")
```

在窗口操作中，调用 getSideOutput()方法将迟到的数据发送到侧输出流中：

```
val result = inputStream
    .keyBy(_.key)
    .window(TumblingEventTimeWindows.of(Time.seconds(10)))
    .allowedLateness(Time.seconds(5))
    .sideOutputLateData(lateDataOutputTag)
    .apply(new MyWindowFunction())
```

在程序中，使用 getSideOutput()方法获取侧输出流中的数据，并进行后续处理：

```
val lateDataStream = result.getSideOutput(lateDataOutputTag)
lateDataStream.print()
```

## 7.3　状态管理

### 7.3.1　有状态的流处理

**1. 什么是状态**

在 Flink 中，状态是指流处理过程中需要被记录、维护和更新的数据，可以是中间结果、缓存或历史数据等。流处理应用程序通常需要存储一些中间结果、缓存和计数器等信息，以便在后续的数据处理中使用。状态可以由 Flink 进行管理和持久化，以保证容错和高可用性。在流处理应用程序中，状态可以存储在内存、磁盘或外部存储中，具体取决于应用程序的需求和性能。

状态可以是一个简单的计数器、一个累加器，也可以是一个复杂的数据结构，如一个缓存、一个集合或一个 Map。在现实生活中，我们可以将银行账户的余额视为一种状态。余额可以随着时间不断变化，也可以根据不同的操作进行修改，如存款、取款、转账等。银行账户的余额是一个会随着时间变化而持续更新的状态，同时它还需要被不同的操作访问和修改。

Flink 中的状态也是类似的，它表示计算过程中需要被记录的数据可以随着时间不断变化，同时可以被不同的算子访问和修改。比如在流式计算中，我们可以使用状态来保存某些数据的累计结果，或者记录一些需要跨事件进行计算的信息。

在实际的流处理场景中，经常需要在处理数据时保存一些中间状态，以便于后续的计算。例如：

- 计算平均数时需要累加每个数据点的值和数量，以便于计算平均数。

- 在窗口处理中，需要保存窗口内的数据，以便于进行统计。
- 对于连续的事件流，可能需要维护一些状态，以便于进行流的判断和处理。

**2. 状态分类**

Flink 中的状态分为键控状态（Keyed State）和算子状态（Operator State）。Keyed State 是针对 KeyedStream 而言的，是一种维护键值对状态的机制。它是在被 KeyBy 操作后的数据流中维护的，每个键都有其对应的状态，即状态是根据 Key 值进行区分的，Flink 会为每类键值维护一个状态实例（见图 7-4）。

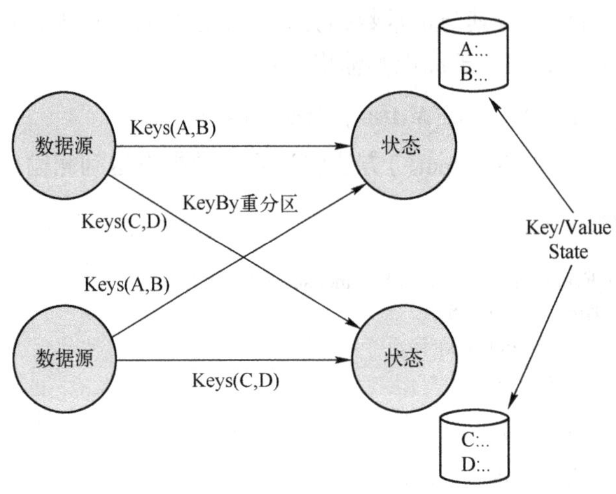


图 7-4　Flink 状态分类

算子状态，顾名思义，状态是和算子进行绑定的，一个算子的状态不能被其他算子访问到，是与 KeyedStream 无关的一种状态处理机制。它是在算子内部维护的状态，不同算子之间的状态不共享。Operator State 可以用于维护一些算子内部的状态信息，如排序算子中的 buffer 状态，可以帮助算子实现更高效的数据处理操作。

更为确切地说，一个算子状态是与一个并发的算子实例所绑定的，即假设算子的并行度是 2，那么其应有两个对应的算子状态。

**3. 状态持久化**

在流式计算中，处理数据的算子通常需要保存一些中间状态，如聚合操作需要保存聚合结果。这些状态的存在是保证流式计算正确性的关键。然而，在分布式计算中，可能存在故障（如节点故障、网络分区等），这些故障可能导致状态丢失，进而导致流式计算的结果不正确。

为了解决这个问题，状态需要被持久化到外部存储中，以便在发生故障时能够恢复状态并继续计算。Flink 提供了状态持久化机制，通过保存中间状态数据，可以在应用程序崩溃时或者主机故障时恢复数据流处理的状态，保证数据处理的准确性和完整性。

常见的状态持久化机制包括 Checkpoint 和 Savepoint。Checkpoint 是周期性的自动快照，用于在发生故障时恢复应用程序的状态。Savepoint 是手动触发的快照，用于在更新应用程序代码或更改应用程序配置时对应用程序进行版本控制。

默认情况下，所有的状态都存储在 JVM 的堆内存中。在状态数据过多的情况下，这种方式很有可能导致内存溢出，因此，Flink 提供了其他方式来存储状态数据，这些存储方式被统一称为状态后端（或状态管理器）。

状态后端是 Flink 存储状态的底层机制。Flink 提供了不同的状态后端，用于指定状态的存储方式和位置。常用的状态后端包括内存状态后端、文件系统状态后端、RocksDB 状态后端等。状态后端可以对 Checkpoint 和 Savepoint 的创建、存储、恢复进行优化。

当创建 Checkpoint 或 Savepoint 时，Flink 会将状态写入状态后端。当从 Checkpoint 或 Savepoint 恢复应用程序时，Flink 会从状态后端读取状态，Flink 状态持久化如图 7-5 所示。由于不同的状态后端在性能和容错性方面的差异，选择合适的状态后端对于 Flink 应用程序的性能和稳定性都非常重要。

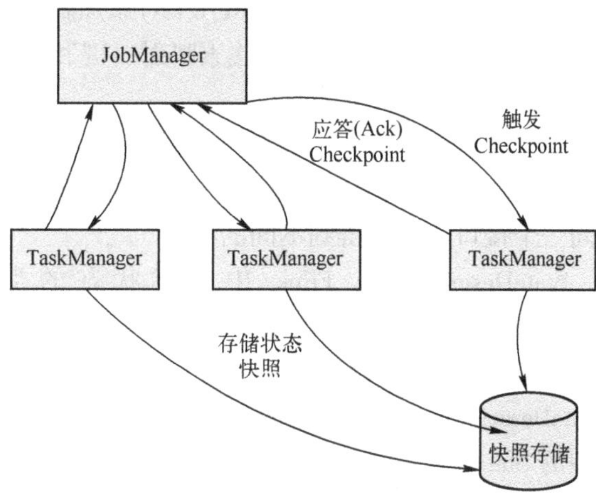


图 7-5　Flink 状态持久化

## 7.3.2　键控状态

Keyed State 可以在 Flink 中实现状态化的数据处理。在 Flink 中，数据流被划分为多个分区，每个分区都有一个唯一的标识符，即 Key。Keyed State 提供了一种按照 Key 进行状态管理的机制，使得每个 Key 对应的状态数据可以被持久化、更新和访问。这种机制非常适合需要在数据流中对某个 Key 进行状态管理的场景，如对事件按照用户 ID 进行聚合分析、对传感器数据按照设备 ID 进行统计分析等。

具体来说，Keyed State 可以帮助实现以下功能。

1）事件聚合：对具有相同 Key 的事件进行聚合操作，如求和、计数、平均值等。

2）状态分离：将某些状态数据从全局状态中分离出来，只与当前 Key 相关，可用于提高计算效率。

3）状态共享：多个算子之间可以共享某个 Key 对应的状态数据，实现数据共享和状态复用。

4）有状态的流处理：Keyed State 可以与 Flink 的窗口机制结合使用，实现有状态的流处理，如滑动窗口、会话窗口等。

Keyed State 提供不同类型状态的访问接口，这些状态都作用于当前输入数据的 Key 下。换句话说，这些状态仅可在 KeyedStream 上使用，在 Java/Scala API 上可以通过 stream. keyBy(...) 得到 KeyedStream。

接下来介绍不同类型的状态，然后介绍如何使用它们。所有支持的状态类型如下：

- ValueState<T>：存储单值类型的状态，每个值都对应到当前的输入数据的 Key，因此算子接收到的每个 Key 都可能对应一个值。这个值可以通过 update(T)进行更新，通过 T value()进行检索。
- ListState<T>：存储列表类型的状态，可以往这个列表中追加数据，并在当前的列表上进行检索。可以通过 add(T)或者 addAll(List<T>) 添加元素，通过 Iterable<T> get()获得整个列表，还可以通过 update(List<T>) 覆盖当前的列表。
- ReducingState<T>：用于存储经过 ReduceFunction 计算后的结果。接口与 ListState 类似，使用 add(T)增加元素。
- AggregatingState<IN,OUT>：用于存储经过 AggregatingFunction 计算后的结果，表示添加到状态的所有值的聚合，接口与 ListState 类似，使用 add(IN)添加的元素。

- MapState<UK,UV>：维护了一个映射列表，可以添加键值对到状态中，使用 put(UK, UV) 或者 putAll(Map<UK,UV>)添加映射，使用 get(UK)检索特定 Key。使用 entries()、keys()和 values()分别检索映射、键和值的可迭代视图，还可以通过 isEmpty()来判断是否包含任何键值对。

所有类型的状态都有一个 clear()方法，可以清除当前输入元素所代表的 Key 下的状态数据。需要注意的是，从状态中获取的值取决于输入元素所代表的 Key，因此，在不同 Key 上调用同一个接口，可能得到不同的值。

StateDescriptor 是 Flink 中描述状态的类。在使用状态之前，必须先创建一个 StateDescriptor 实例。这个实例会保存状态的名称、状态所持有的值类型以及可能包含的一些函数，根据不同的状态类型，可以创建不同类型的 StateDescriptor，如 ValueStateDescriptor、ListStateDescriptor、ReducingStateDescriptor、AggregatingStateDescriptor 或 MapStateDescriptor。每种类型的 StateDescriptor 都有自己独特的属性和方法。

StateDescriptor 在 Flink 中的角色是描述和定义状态的属性，但它本身并不负责保存具体的状态数据。实际的状态数据可能被存储在内存、磁盘或其他存储介质中。要想操作或访问这些状态数据，则需要首先通过 RuntimeContext 获取到对应的状态句柄。值得注意的是，状态管理的这些高级功能只能在所谓的“富函数”（RichFunctions）中使用，因为它们拥有访问 RuntimeContext 的能力。

RichFunction 中，RuntimeContext 提供了如下方法：

- ValueState<T> getState(ValueStateDescriptor<T>)。
- ReducingState<T> getReducingState(ReducingStateDescriptor<T>)。
- ListState<T> getListState(ListStateDescriptor<T>)。
- AggregatingState<IN, OUT> getAggregatingState(AggregatingStateDescriptor<IN, ACC, OUT>)。
- MapState<UK,UV> getMapState(MapStateDescriptor<UK,UV>)。

**1. ValueState**

下面是一个 FlatMapFunction 的例子，展示了如何在富函数中初始化、读取、更新和使用 ValueState 状态：

```
import org.apache.flink.api.common.functions.RichFlatMapFunction
import org.apache.flink.api.common.state.{ValueState, ValueStateDescriptor}
import org.apache.flink.configuration.Configuration
import org.apache.flink.util.Collector
import org.apache.flink.api.scala._
import org.apache.flink.streaming.api.scala.StreamExecutionEnvironment

class CountWindowAverage extends RichFlatMapFunction[(Long, Long), (Long, Long)] {

  private var sum: ValueState[(Long, Long)] = _

  // flatMap() 函数
  override def flatMap(input: (Long, Long), out: Collector[(Long, Long)]): Unit = {

    // 获取状态值
    val tmpCurrentSum = sum.value

    // 如果状态值为 null，就初始化为 (0, 0)
```

```
      val currentSum = if (tmpCurrentSum != null) {
        tmpCurrentSum
      } else {
        (0L, 0L)
      }

      // 更新计数器
      val newSum = (currentSum._1 + 1, currentSum._2 + input._2)

      // 更新状态
      sum.update(newSum)

      // 如果计数器达到了 2，就输出平均值并清除状态
      if (newSum._1 >= 2) {
        out.collect((input._1, newSum._2 / newSum._1))
        sum.clear()
      }
    }

    // open() 函数
    override def open(parameters: Configuration): Unit = {
      // 创建状态句柄
      sum = getRuntimeContext.getState(
        new ValueStateDescriptor[(Long, Long)]("average", createTypeInformation[(Long, Long)])
      )
    }
  }
  object ValueStateExample {
    def main(args: Array[String]): Unit = {
      val env = StreamExecutionEnvironment.getExecutionEnvironment
      env.setParallelism(1)
      val stream = env.fromElements(
        ("hello", 1),
        ("world", 2),
        ("hello", 3)
      )
      val result = stream
        .keyBy(_._1)
        .sum(1)
      result.print()
      env.execute("sum example")
    }
  }
```

该程序演示了如何使用状态来计算一个窗口内数据的平均值。在 flatMap()函数中，程序首先从状态中获取当前的计数器和累加器。如果状态为 null，说明是第一次访问状态，就将计数器和累加器都初始化为 0。然后程序更新计数器和累加器，并将它们保存到状态中。如果计数器达到了 2，就输出平均值并清除状态，以便开始计算下一个窗口的数据。程序中使用了 ValueStateDescriptor 来创建状态句柄。最后，程序将输入数据按照 Key 分组，然后使用 flatMap()函数处理每个组的数据。程序输出每个组窗口的平均值。

输出结果为：

```
(hello,1)
(world,2)
(hello,4)
```

**2. ListState**

下面是使用 ListState 实现温度报警的一个例子。

假设有一个温度传感器，每隔一段时间就会记录当前的温度值，并将其发送到 Flink 数据流中。我们希望在温度超过某个阈值时发出警报，具体来说，想在连续 3 个温度值都超过阈值时发出警报。

首先，需要定义一个温度数据的类型，以及一个检查连续温度是否超过阈值的函数：

```
case class TemperatureReading(sensorId: String, timestamp: Long, temperature: Double)

def checkTemperatureAlert(temps: List[Double], threshold: Double): Boolean = {
  temps.length == 3 && temps.forall(_ >= threshold)
}
```

接下来，需要定义一个 FlatMapFunction 来处理温度数据。在此函数中，将使用 ListState 来存储最近的 3 个温度值，并检查它们是否超过阈值：

```
class TemperatureAlertFunction(threshold: Double) extends RichFlatMapFunction[TemperatureReading, String] {

  private var temperatureListState: ListState[Double] = _

  override def flatMap(reading: TemperatureReading, out: Collector[String]): Unit = {

    // 获取状态值
    val previousTemperatures = temperatureListState.get().asScala.toList

    // 将当前温度添加到状态中
    temperatureListState.add(reading.temperature)

    // 如果状态中的元素数量超过 3，就移除最旧的元素
    if (previousTemperatures.length >= 3) {
      temperatureListState.update(previousTemperatures.tail)
    }

    // 检查当前和前两个温度是否都超过阈值
    if (checkTemperatureAlert(reading.temperature :: previousTemperatures, threshold)) {
      out.collect(s"Temperature alert for sensor ${reading.sensorId} at ${reading.timestamp}!")
    }
  }

  override def open(parameters: Configuration): Unit = {
    // 获取状态句柄
    temperatureListState = getRuntimeContext.getListState(
      new ListStateDescriptor[Double]("temperatureList", classOf[Double])
    )
  }

  // 判断是否需要报警
```

```
    def checkTemperatureAlert(temperatures: List[Double], threshold: Double): Boolean = {
      temperatures.forall(_ > threshold)
    }
  }
```

在 flatMap() 函数中，我们首先获取之前的 3 个温度值，将当前的温度值添加到 ListState 中，如果 ListState 已经有 3 个元素，就移除最旧的一个元素。最后，检查最新的 3 个温度值是否都超过阈值，如果是，就发出警报。

最后，将 TemperatureReading 数据按传感器 ID 进行分组，然后使用 TemperatureAlertFunction 来处理温度数据。如果某个传感器的温度超过阈值，就会发出警报：

```
val env = StreamExecutionEnvironment.getExecutionEnvironment

val readings: DataStream[TemperatureReading] = ...

readings.keyBy(_.sensorId)
  .flatMap(new TemperatureAlertFunction(25.0))
  .print()

env.execute("TemperatureAlertExample")
```

**3. 状态有效期（TTL）**

Flink 中的 Keyed State 支持有效期（TTL），可以配置某个状态值的过期时间。如果配置了 TTL，当状态值过期后，Flink 就会尽可能多地清除对应的值。

状态有效期可以帮助自动管理应用程序的状态，自动删除那些已经过期的状态，以避免应用程序的状态无限增长，消耗过多的存储资源和处理时间。

在使用状态 TTL 之前，需要构建一个 StateTtlConfig 配置对象，然后将其传递给状态描述符 StateDescriptor 来启用 TTL 功能。通过配置状态的 TTL，可以指定状态的过期时间，并自动清理过期的状态。这种自动清理可以在后台进行，不需要应用程序编写特定的逻辑来管理状态的清理和删除。

TTL 在实时数据处理和流式计算中的应用广泛。例如，在处理实时事件时，可能需要维护一些状态信息，以便更好地理解事件。但是，如果这些状态信息长时间保留在内存中而不被清除，则会占用大量内存资源并影响系统性能，因此需要使用 TTL 来自动管理状态信息，确保不必要的数据在一定时间后被自动清理。另一个常见的应用场景是窗口聚合，可以使用 TTL 删除过时的聚合结果，以避免不必要的存储和计算。

下面是一个示例代码：

```
import org.apache.flink.api.common.state.StateTtlConfig
import org.apache.flink.api.common.state.ValueStateDescriptor
import org.apache.flink.api.common.time.Time

object TTLExample {
  def main(args: Array[String]): Unit = {
    val ttlConfig = StateTtlConfig
      .newBuilder(Time.seconds(1))
      .setUpdateType(StateTtlConfig.UpdateType.OnCreateAndWrite)
      .setStateVisibility(StateTtlConfig.StateVisibility.NeverReturnExpired)
      .build
```

```
        val stateDescriptor = new ValueStateDescriptor[String]("text state", classOf[String])
        stateDescriptor.enableTimeToLive(ttlConfig)
    }
}
```

这段代码使用了 Flink 的 StateTtlConfig 和 ValueStateDescriptor 类来启用状态的 TTL 功能。

首先，通过 StateTtlConfig.newBuilder()方法创建了一个新的 TTL 配置对象，并设置了数据的有效期为 1s（Time.seconds(1)）。然后，调用.setUpdateType()方法设置了 TTL 的更新策略为 OnCreateAndWrite，即只有在创建或写入时才会更新 TTL。接下来，调用.setStateVisibility()方法设置了数据在过期但还未被清理时的可见性配置为 NeverReturnExpired，表示过期数据不会被返回。

接着，创建了一个名为"text state"、类型为 String 的状态描述符对象 stateDescriptor。最后，调用 enableTimeToLive()方法并将之前创建的 TTL 配置对象 ttlConfig 传递进去，启用了状态的 TTL 功能。

上述配置中，.newBuilder()的参数表示数据的有效期，是必选项。.setUpdateType()用于设置 TTL 的更新策略，可选的枚举值有：

- StateTtlConfig.UpdateType.OnCreateAndWrite：此项为默认值，表示仅在创建和写入时更新 TTL，即如果一个状态值被创建或者写入，那么它的 TTL 会被更新。
- StateTtlConfig.UpdateType.OnReadAndWrite：读取时也更新，表示每次读取或写入状态值时都会更新它的 TTL。

setStateVisibility 用于设置在状态已过期但尚未被清除时的状态可见性。该方法接收一个枚举类型 StateVisibility，可选的值有两种：

- StateVisibility.NeverReturnExpired：默认选项，当状态已过期时，不会返回已过期的数据。这种设置适用于敏感数据等不希望被访问的情况。
- StateVisibility.ReturnExpiredIfNotCleanedUp：当状态已过期时，会返回已过期的数据，直到被清理。这种设置适用于允许访问过期数据但在数据被清理之前不能保证完全准确的情况。

### 7.3.3 算子状态

算子状态是绑定到一个并行算子实例的状态，它通常用于实现一些特殊类型的状态，如实现 Source/Sink，以及无法对 state 进行分区而没有主键的场景等。当并行度发生改变时，算子状态还支持将状态重新分发给各并行算子实例，以保证数据的正确处理。不过在典型的有状态 Flink 应用中，通常不需要使用算子状态，而是使用键控状态或操作符状态来管理状态。

相比于键控状态，算子状态目前支持的存储类型只有以下 3 种。

- ListState：存储列表类型的状态。
- UnionListState：存储列表类型的状态。与 ListState 的区别在于：如果并行度发生变化，那么 ListState 会将该算子的所有并发的状态实例进行汇总，然后均分给新的 Task；而 UnionListState 只是将所有并发的状态实例汇总起来，具体的划分行为则由用户进行定义。
- BroadcastState：用于广播的算子状态。

算子状态的使用步骤与键控状态类似。

1）定义状态描述符，代码如下：

```
val countDescriptor = new ValueStateDescriptor[Long]("count", classOf[Long])
```

2）获取或创建状态，代码如下：

```
val countState: ValueState[Long] = getRuntimeContext.getState(countDescriptor)
```

3）在算子函数中使用状态，代码如下：

```
val currentCount = countState.value()
countState.update(currentCount + 1)
```

下面是一个使用算子状态的简单示例程序，用于实现一个计数器算子，每当接收到一个事件时，就将计数器加 1 并输出计数器的值：

```
import org.apache.flink.api.common.functions.{RichMapFunction, RuntimeContext}
import org.apache.flink.configuration.Configuration
import org.apache.flink.streaming.api.scala.StreamExecutionEnvironment
import org.apache.flink.streaming.api.scala._
import org.apache.flink.api.common.state.{OperatorStateStore, ValueState, ValueStateDescriptor}

object OperatorStateExample {
  def main(args: Array[String]): Unit = {
    val env = StreamExecutionEnvironment.getExecutionEnvironment
    env.setParallelism(1)

    val stream = env.fromElements("a", "b", "c", "d", "e")

    stream.map(new CountFunction()).print()

    env.execute("Operator State Example")
  }

  class CountFunction extends RichMapFunction[String, Long] {

    private var countState: ValueState[Long] = _

    override def open(parameters: Configuration): Unit = {
      // 定义状态描述符
      val countDescriptor = new ValueStateDescriptor[Long]("count", classOf[Long])
      // 获取或创建状态
      countState = getRuntimeContext.getState(countDescriptor)
    }

    override def map(value: String): Long = {
      // 获取当前计数
      val currentCount = countState.value()

      // 更新计数
      countState.update(currentCount + 1)

      // 返回计数
```

```
            currentCount + 1
        }
    }
}
```

在这个例子中，我们定义了一个计数器算子 CountFunction，每当接收到一个事件时，就将计数器加 1 并输出计数器的值。在 CountFunction 中，使用了算子状态 countState 来保存计数器的值，countState 的类型为 ValueState[Long]。在 open()方法中，通过 getRuntimeContext. getState(countDescriptor) 来获取或创建状态，countDescriptor 是一个 ValueStateDescriptor 对象，表示状态的名称和类型。在 map()方法中，先获取当前计数，然后将计数加 1 并更新状态，最后返回计数值。

## 7.4 状态持久化

Flink 状态持久化是指将 Flink 程序的状态保存到外部存储系统中，以便在 Flink 程序出现故障或进行升级时，能够从故障或升级前的状态恢复程序运行，避免数据丢失和重复计算。状态持久化主要依赖于 Checkpoint 和 Savepoint 机制。

- Checkpoint（检查点）是一种在 Flink 程序运行时周期性地将状态快照保存到外部存储系统的机制，以便在程序出现故障时进行恢复。Checkpoint 机制可以保证 Flink 程序的 exactly-once 语义，即对于每条输入数据，Flink 程序只会处理一次，并且不会丢失。
- Savepoint 是一种手动触发的状态快照保存机制，与 Checkpoint 不同的是，Savepoint 可以在 Flink 程序不出现故障的情况下进行。Savepoint 机制可以用于 Flink 程序的升级、降级、扩容等场景，以便在进行变更前保存程序的状态，并在变更后从保存的状态恢复程序运行。

### 7.4.1 Checkpoint

Checkpoint（检查点）是 Flink 中实现容错机制的关键。在 Flink 中，Checkpoint 通过周期性地将应用程序的状态信息写入外部存储器（通常是分布式文件系统），来实现对应用程序状态的持久化。当发生故障时，Flink 会使用存储在外部存储器中最近的 Checkpoint 恢复应用程序的状态，以便在上一个 Checkpoint 之后的数据能够被正确地处理。

**1. 基本原理**

检查点是基于异步快照机制实现的，这意味着，在进行检查点操作时，任务不会暂停。Flink 的检查点实现基于 Chandy-Lamport 算法的变种，即"异步 Barrier 快照"（Asynchronous Barrier Snapshotting）。为了这个目的，Flink 会在数据流中注入一个特定的"Barrier"，这个 Barrier 标示 Barrier 之前的所有数据已经得到了处理，并相应地记录了状态。负责管理检查点执行流程的是 JobManager 内的一个子组件，名为"Checkpoint Coordinator"。该组件与 TaskManager 进行互动，确保在进行检查点操作时所有任务达到统一的状态。Checkpoint Coordinator 的主要职责包括：

1）启动检查点流程并为其分配一个唯一的 ID。

2）确保所有的 TaskManager 在 Barrier 上实现同步，从而确保准备好进行检查点操作。

3）监控检查点的进行，当 TaskManager 遭遇问题时，负责任务的重新启动。

4）保留检查点的元数据，从而对潜在的故障进行恢复。

5）负责管理并清除过期的检查点数据。

Checkpoint Coordinator 使用异步 Barrier 快照算法来协调 Checkpoint 的执行。该算法利用 Checkpoint Barrier 在所有 TaskManager 之间进行同步，并在所有 TaskManager 上生成一致的快照。在执行 Checkpoint 时，Checkpoint Coordinator 会向所有 TaskManager 发送 Barrier 消息，该消息告诉 TaskManager 在 Barrier 之前完成所有处理任务，并等待所有其他 TaskManager 都已达到相同 Barrier 的状态。然后，Checkpoint Coordinator 将在所有 TaskManager 上同时生成快照，以确保所有 TaskManager 都处于相同的状态。

当 Checkpoint Coordinator 触发 Checkpoint 操作时，通过插入 Checkpoint Barrier 来进行流数据的划分和同步。首先，Checkpoint Coordinator 向所有 TaskManager 发送触发 Checkpoint 的请求，然后每个 TaskManager 都会向它所负责的所有算子发送 Barrier。Barrier 是一个特殊的事件，可以被算子识别并在流数据中进行同步。

当算子接收到 Barrier 时，会将它视为一个信号，表明所有之前的事件都已经被完全处理，并且它已经将状态同步到了状态后端。接着，算子将 Barrier 继续发送到下游算子。

当 Barrier 到达 Sink 算子时，它会通知 Checkpoint Coordinator 该 Barrier 已经被所有算子处理完毕，并且该 Barrier 之前的所有事件都已经被成功处理。然后，Checkpoint Coordinator 就可以对状态进行持久化，生成 Checkpoint。

这样一来，通过 Barrier 的同步，可以保证在生成 Checkpoint 时所有算子的状态都已经被同步到状态后端，并且这些状态都是一致的，从而实现了 Flink 的 exactly-once 语义。

因为 Flink 不需要等待所有的状态信息都写入快照之后才继续处理数据，这也使得 Flink 的性能得到了很大的提升。同时，Flink 通过使用多个 Checkpoint 实现了更加精细的容错机制，可以在不同的 Checkpoint 之间进行恢复。这些 Checkpoint 还可以通过 Flink 的状态后端存储在外部存储器中，从而实现了 Flink 的高可用性和可扩展性。

当需要进行恢复时，Flink 会根据检查点存储系统中的信息进行操作。在恢复过程中，所有的任务都会从最近的检查点重新开始执行，并重新加载各自的状态。由于 Flink 中的状态是不可变的，因此无须担心检查点之后的状态修改。在恢复时，任务可以直接从检查点存储系统中加载其状态，并从上一次的状态继续执行。

**2. 检查点的配置**

默认情况下，Checkpoint 是禁用的。通过调用 StreamExecutionEnvironment 的 enableCheckpointing(n)来启用 Checkpoint，n 表示执行检查点的时间间隔，单位是毫秒，除了可以配置时间间隔外，还有以下参数可以选择。

- 精确一次（exactly-once）对比至少一次（at-least-once）：这个参数决定了 Flink 的数据处理模式。如果选择精确一次，那么 Flink 会确保每个数据只被处理一次，保证数据处理的准确性；如果选择至少一次，那么 Flink 会确保数据最终被处理，但是可能会重复处理同一份数据。
- Checkpoint 超时时间：这个参数规定了一个 Checkpoint 的最长允许执行时间。如果超过了这个时间，那么未完成的 Checkpoint 将被丢弃。
- 两个 Checkpoint 之间的最小时间：这个参数定义了两个 Checkpoint 之间的最小时间间隔，保证应用程序有效地进行，同时避免了过于频繁地触发 Checkpoint（检查点）。
- Checkpoint 可容忍连续失败次数：这个参数定义了可容忍的 Checkpoint 失败的最大次数。超过这个次数，Flink 将会执行故障转移，即重新启动应用程序。

- 并发 Checkpoint 的数量：这个参数定义了可以并行执行的 Checkpoint 数量。如果当前正在进行的 Checkpoint 还未完成，那么 Flink 将不会触发新的 Checkpoint。这个设置适用于有较大延迟的场景，使得 Flink 可以在保证数据完整性的前提下频繁地执行 Checkpoint（检查点）。
- Externalized Checkpoints：这个参数可以将 Checkpoint 周期性地存储到外部系统中，保证在应用程序失败时可以使用已有的 Checkpoint 来进行恢复。

使用方法如下：

```
val env = StreamExecutionEnvironment.getExecutionEnvironment()

// 每 1000ms 开始一次 Checkpoint
env.enableCheckpointing(1000)

// 高级选项：
// 设置模式为精确一次 (这是默认值)
env.getCheckpointConfig.setCheckpointingMode(CheckpointingMode.EXACTLY_ONCE)

// 确认 Checkpoint 之间的时间会进行 500ms
env.getCheckpointConfig.setMinPauseBetweenCheckpoints(500)

// Checkpoint 必须在 1min 内完成，否则就会被抛弃
env.getCheckpointConfig.setCheckpointTimeout(60000)

// 允许两个连续的 Checkpoint 错误
env.getCheckpointConfig().setTolerableCheckpointFailureNumber(2)

// 同一时间只允许一个 Checkpoint 进行
env.getCheckpointConfig.setMaxConcurrentCheckpoints(1)

// 使用 Externalized Checkpoints，这样 Checkpoint 在作业取消后仍会被保留
env.getCheckpointConfig().setExternalizedCheckpointCleanup(
  ExternalizedCheckpointCleanup.RETAIN_ON_CANCELLATION)

// 开启实验性的 Unaligned Checkpoints
env.getCheckpointConfig.enableUnalignedCheckpoints()
```

### 7.4.2 StateBackend

StateBackend 是 Flink 中的一个重要概念，用于管理和维护状态。在 Flink 中，所有的算子都可以产生状态，这些状态需要保存在一定的位置上，以便在恢复应用程序时重新读取状态。StateBackend 提供了一种可插拔的机制，允许用户将状态存储在不同的后端中，如内存、文件系统、分布式存储系统等。

默认情况下，状态保持在 TaskManagers 的内存中，Checkpoint 保存在 JobManager 的内存中。为了合适地持久化大体量状态，Flink 支持各种各样的途径去存储 Checkpoint 状态到其他的 StateBackend 上，可以通过 StreamExecutionEnvironment.setStateBackend 来配置所选的 StateBackend。

在启动 Checkpoint 机制时，状态会随着 Checkpoint 而持久化，以防止数据丢失，保障恢复时的一致性。状态内部的存储格式、状态在 Checkpoint 时如何持久化以及持久化在哪里，均取

决于选择的 StateBackend。

Flink 内置了以下这些开箱即用的 StateBackend：

1）HashMapStateBackend：将状态以对象形式存储在 JVM 堆内存中，适用于中小规模数据集的场景，此项为默认值。

2）EmbeddedRocksDBStateBackend：将状态存储在 RocksDB 中。RocksDB 默认将数据存储在 TaskManager 的数据目录。RocksDB 是一种高性能、可扩展的键值存储引擎，适用于超大规模数据集的场景。

在选择 HashMapStateBackend 和 RocksDB 的时候，其实就是在速度与可扩展性之间权衡。由于 HashMapStateBackend 直接在 Java 堆内存上操作，它的读写速度是非常快的，但是状态的大小受限于集群中可用的内存。另外，RocksDB 的状态可以随着磁盘空间扩展，并且它支持增量快照功能。然而，由于每个状态的读取都涉及（反）序列化操作，而且在磁盘上读写数据时，它的操作速度可能会慢于基于内存的 HashMapStateBackend。

使用 StateBackend 非常简单，只需要在创建 StreamExecutionEnvironment 对象时指定即可，代码如下：

```
val env = StreamExecutionEnvironment.getExecutionEnvironment()
env.setStateBackend(new HashMapStateBackend())
```

Flink 中内置了 RocksDB，可以在 flink-conf.yaml 文件中通过 state.backend 配置 StateBackend，可选值包括 hashmap（代表 HashMapStateBackend）、rocksdb（代表 EmbeddedRocksDBStateBackend）。如果使用自定义的 StateBackend，可以提供实现了 StateBackendFactory 接口的类的全限定类名，例如，EmbeddedRocksDBStateBackend 对应的工厂类是 org.apache.flink.contrib.streaming.state.EmbeddedRocksDBStateBackendFactory。此外，也可以通过 state.checkpoints.dir 选项指定所有 StateBackend 写 Checkpoint 数据和写元数据文件的目录，配置方式如下：

```
# 用于存储 Operator State 快照的 StateBackend
state.backend: rocksdb
# 存储快照的目录
state.checkpoints.dir: file:///checkpoint-dir/
# 可选项，如果指定了 checkpoints.dir 目录，那么 Flink 会自动使用文件系统进行存储，在这里，将其设置为 filesystem，表示使用 Flink 支持的文件系统来存储检查点数据
state.checkpoint-storage: filesystem
```

state.backend 和 state.checkpoint-storage 都是与状态管理和检查点相关的配置选项，但是它们的作用略有不同。

state.backend 配置项指定了 Flink 在内存或磁盘上维护状态数据的方式。Flink 内置了多种状态后端，包括 MemoryStateBackend、FsStateBackend、RocksDBStateBackend 等，用户可以根据自己的需求选择相应的状态后端。state.backend 的值指定的就是所选状态后端的名称，以便在 Flink 中进行正确的配置和初始化。

而 state.checkpoint-storage 则指定了 Flink 在检查点时将状态数据存储到何种存储介质中。默认情况下，Flink 会将检查点状态存储在 JobManager 的内存中。这种方式对于小规模的应用可能足够了。但对于大规模的应用，通常需要使用分布式文件系统或者其他云存储服务来进行检查点状态的持久化存储。state.checkpoint-storage 的值指定的就是所选检查点存储后端的名称或者工厂类名，以便在 Flink 中进行正确的配置和初始化。

需要注意的是，state.backend 和 state.checkpoint-storage 选项之间存在关联。某些状态后

端（如 MemoryStateBackend）只支持将状态数据存储在 JobManager 的内存中，而另一些状态后端（如 RocksDBStateBackend）则需要一个外部的存储介质来进行持久化存储。因此，在选择状态后端时，需要考虑所选状态后端的存储特性，以及选择相应的检查点存储方式来进行配合。

更多的属性与默认值需要在 conf/flink-conf. yaml 中设置，conf/flink-conf. yaml 参数项及其含义如表 7-1 所示。

**表 7-1　conf/flink-conf. yaml 参数项及其含义**

| 参　　数 | 默认值 | 类型 | 含　义 |
| --- | --- | --- | --- |
| state. backend. incremental | false | Boolean | 此选项用于控制状态后端是否尽可能地创建增量式的 Checkpoint。对于增量式 Checkpoint，仅存储与前一个 Checkpoint 的差异，而不是完整的 Checkpoint 状态。一旦启用了增量式 Checkpoint，WebUI 或 Rest API 中显示的状态大小仅代表增量 Checkpoint 大小，而不是完整 Checkpoint 大小。一些状态后端可能不支持增量式 Checkpoint 并忽略此选项 |
| state. backend. local-recovery | false | Boolean | 此选项配置状态后端的本地恢复。默认情况下，本地恢复处于未激活状态。本地恢复目前仅支持键控状态后端（包括 EmbeddedRocksDBStateBackend 和 HashMapStateBackend） |
| state. checkpoint-storage | none | String | 此配置项用于指定 Checkpoint 状态的存储方式，可以通过内置名称指定，如"jobmanager"和"filesystem"，也可以通过实现 CheckpointStorageFactory 接口的类名称进行指定 |
| state. checkpoints. dir | none | String | 此选项用于指定在 Flink 支持的文件系统中存储检查点数据文件和元数据的默认目录。存储路径必须对所有参与的进程/节点（即所有 TaskManager 和 JobManager）都可访问 |
| state. checkpoints. num-retained | 1 | Integer | 此选项用于配置可以保留的最大完成的检查点数量 |
| state. savepoints. dir | none | String | 这个参数指定了存储保存点的默认目录，通常用于那些将保存点写入文件系统的状态后端，如 HashMapStateBackend 和 EmbeddedRocksDBStateBackend |
| state. storage. fs. memory-threshold | 20 kb | MemorySize | 该配置项是指在 Checkpoint 中，所有小于指定大小的 state 数据文件将直接存储在根 Checkpoint 元数据文件中，而不是存储在外部的持久化存储介质中。因为小的 state 数据文件不值得单独存储，将它们存储在根文件中可以减少文件系统开销。但是，如果所有 state 都存储在根文件中，则可能会导致根文件过大，从而影响恢复性能。此外，该配置项的最大内存阈值为 1 MB，即对于大于 1 MB 的 state 数据文件，即使指定了该配置项，它们仍将存储在外部的持久化存储介质中 |
| state. storage. fs. write-buffer-size | 4096 | Integer | 该参数设置写入文件系统的检查点流的默认写缓冲区大小。实际写缓冲区大小将被确定为此选项值和选项"state. storage. fs. memory-threshold"值之间的最大值 |
| taskmanager. state. local. root-dirs | none | String | 这个配置参数用来定义本地恢复时文件存储的根目录。目前，本地恢复只支持基于键值的状态后端（包括 EmbeddedRocksDBStateBackend 和 HashMapStateBackend）。如果没有配置，则默认为 <WORKING_DIR>/localState。其中，<WORKING_DIR>可以通过 process. taskmanager. working-dir 配置 |

### 7.4.3　Savepoint

Savepoint 是 Flink 中的一种保存应用程序状态的机制。与 Checkpoint 类似，Savepoint 也可以用于故障恢复。但与 Checkpoint 不同的是，Savepoint 是手动触发的，而 Checkpoint 是自动触发的。

Checkpoint 的主要目的是为意外失败的作业提供恢复机制。Checkpoint 的生命周期由 Flink 管理，即 Flink 创建、管理和删除，并且无须用户参与；Savepoint 仅由用户创建、管理和删除。

Savepoint 适用于以下情况：

- 应用程序需要升级或者需要进行一些调整，但是又不想丢失之前的状态数据。
- 应用程序需要调整并发度或任务数量，但是不想重启应用程序并从头开始读取数据。

可以使用 bin/flink savepoint 命令手动触发 Savepoint。命令格式如下：

```
bin/flink savepoint :jobId [:targetDirectory]
```

其中，jobId 是要创建 Savepoint 的 Flink 作业的 JobId；targetDirectory 是可选参数，用于指定 Savepoint 文件保存的目录。如果未指定目录，则 Flink 将使用默认目录，可以通过 state. savepoints. dir 配置 Savepoint 的默认目录，代码如下：

```
# 默认 Savepoint 目标目录
state.savepoints.dir: hdfs:///flink/savepoints
```

可以使用 Savepoint 恢复应用程序状态。可以在应用程序提交时指定要恢复的 Savepoint，也可以在应用程序运行时手动恢复。在提交应用程序时指定要恢复的 Savepoint，例如：

```
bin/flink run -s :savepointPath [:runArgs]
```

这个命令用于在指定的 Savepoint 路径上启动一个 Flink 应用程序。其中，:savepointPath 指定了 Savepoint 的路径，:runArgs 是其他的启动参数。具体来说，命令可以如下：

```
bin/flink run -s /path/to/savepoint -c com.example.MyJob ./my-job.jar --job-arg1 value1 --job-arg2 value2
```

其中，-s /path/to/savepoint 指定了 Savepoint 的路径，-c com. example. MyJob 指定了 Flink 应用程序的入口类，./my-job. jar 是 Flink 应用程序的 jar 包路径，--job-arg1 value1 和 --job-arg2 value2 是 Flink 应用程序的其他启动参数。注意，如果 Savepoint 包含了应用程序的状态，则这些状态会被加载到 Flink 应用程序中。

## 7.5　习题

1）在 Flink 中如何处理迟到的数据？有哪些策略可以选择？

2）什么是状态？在 Flink 中，状态的作用是什么？

3）Flink 的异步快照机制是如何实现的？如何控制异步快照机制的行为？

4）如何在 Flink 中实现跨任务的状态共享？

5）假设有两个数据流，分别为 stream1 和 stream2，它们的数据格式分别如下：

```
stream1: (id: Int, timestamp: Long, value: Double)
stream2: (id: Int, timestamp: Long, name: String)
```

stream1 和 stream2 的数据如下：

```
stream1:
(1, 1623306400000, 10.0)
(2, 1623306401000, 20.0)
(1, 1623306415000, 30.0)
```

```
(3, 1623306416000, 40.0)
(2, 1623306425000, 50.0)
(1, 1623306430000, 60.0)
stream2:
(1, 1623306400000, "A")
(2, 1623306401000, "B")
(1, 1623306415000, "C")
(3, 1623306416000, "D")
(2, 1623306425000, "E")
(1, 1623306430000, "F")
```

请使用 Flink 实现如下操作：

① 以 id 字段为 Key，将两个流连接在一起。

② 使用滚动窗口，窗口大小为 10 s。

③ 对每个窗口中的 Join 结果，计算其 value 字段的和，并将其打印输出。

# 第 8 章 Table API 和 SQL API

本章将介绍 Flink 的 Table API 和 SQL API，这是更简洁的、声明式的编程方式。读者将学习如何使用 Table API 和 SQL API 进行数据处理与查询，以提高开发效率。

## 8.1 Table API 和 SQL API 概述

Flink 提供了两种用于处理结构化数据的 API：Table API 和 SQL API。这两种 API 都是基于 Flink 的底层 DataStream 构建的，它们提供了类似于传统数据库查询语言的高级抽象，以便更简便地处理结构化数据。相比于 Flink 的 DataStream API，Table API 和 SQL API 更加简洁、易用，可以将流式和批处理程序转换为关系查询，并使用常规 SQL 编写查询，同时还可以使用强类型的 Scala 和 Java API 进行编写。Table API 和 SQL API 对于那些熟悉 SQL 的开发人员而言是非常友好的，并且可以将 SQL 查询转换为基于流和批处理的程序。

Table API 和 SQL API 支持丰富的窗口、聚合、连接、过滤等操作，能够灵活地处理不同的数据类型和数据格式，还可以将结果写入外部系统，如 Kafka、Elasticsearch 等。

与传统的流式和批处理编程模型相比，Table API 和 SQL API 更加简洁和易于维护，可以大幅度减少开发和维护的工作量，特别是对于一些类似于 ETL 和数据仓库等的应用场景非常适用。

在 Flink 中，Table API 和 SQL API 支持了流处理和批处理两种模式，可以轻松实现从流处理到批处理的转换。同时，还提供了很多与 Flink 生态系统集成的连接器和格式化器，可以直接读写 HDFS、Hive、Kafka、Elasticsearch 等外部系统，同时也支持自定义的格式化器和连接器。

Table API 是基于 Scala 和 Java 的内嵌领域特定语言（DSL），是 Flink 提供的一种声明式查询编写方式，能够让用户使用类似于 SQL 的语法来进行 Flink 程序的开发，它以声明式的方式编写查询，而不是直接编写 SQL 语句。Table API 是一种类型安全的 API，允许使用 IDE 来进行代码补全和调试，可以像操作普通 Scala 或 Java 集合一样操作 Flink 表。Table API 支持许多内置的聚合、连接、过滤等操作，还可以自定义用户自定义函数（UDF）。

SQL API 允许直接使用标准的 SQL 来处理 Flink 中的结构化数据。Flink 实现了 Apache Calcite，它提供了对 ANSI SQL 标准的支持。与 Table API 一样，SQL API 也支持批处理和流处理。使用 SQL API，用户可以编写更熟悉、更易读的查询，而无须学习新的领域特定语言。此外，SQL API 也支持许多内置的聚合、连接、过滤等操作，以及用户自定义函数（UDF）。

Table API 和 SQL API 本质上是相同的，它们都将流或批处理作业转换成关系型数据处理的形式，并且可以互相转换。在 Flink 中，Table API 会将关系型的操作转换成逻辑计划，然后转换成物理计划进行执行；SQL 加工也是先将 SQL 语句转换成逻辑计划，再转换成物理计划执行。因此，Table API 和 SQL API 本质上是一种中间语言，用于将关系型数据处理转换成物理执行计划。

Flink 的 Table API 和 SQL API 都是用于处理关系型数据的 API，它们有一些相似之处，例如都可以支持类似于 SELECT、JOIN、GROUP BY、WHERE 等的操作，但是也有一些区别。

1）在语法上，Table API 是 Scala 和 Java 的内嵌 DSL，需要学习新的领域特定语言。而 SQL API 使用的是标准 SQL，对于大多数开发者来说更加熟悉和直观。

2）在表达力上，虽然 Table API 和 SQL API 都支持许多内置的操作和自定义函数，但 Table API 是内嵌的 DSL，能提供更丰富的表达力。

3）编译时和运行时错误：Table API 在编译时可以捕获一些运行时错误，如类型不匹配等，而 SQL 只能在运行时才能捕获这些错误。

4）在互操作性上，Table API 与 Scala 和 Java 的互操作性更强，可以与其他 Scala 和 Java 库更好地集成。而 SQL API 更适合于与其他 SQL 工具和库集成。

5）在可读性上，SQL API 的可读性更高，因为它使用的是广泛使用的 SQL 标准语言。Table API 的可读性可能取决于开发者对领域特定语言的熟悉程度。

Table API 和 SQL API 都是强大的 Flink 结构化数据处理 API，它们之间的选择取决于开发者的需求和偏好。如果用户更喜欢使用 Scala 或 Java 编程，并希望更紧密地集成其他 Scala 或 Java 库，那么 Table API 可能是更好的选择。而如果用户更熟悉 SQL，并希望利用已有的 SQL 知识和工具进行开发，那么 SQL API 可能更适合。对于有 SQL 基础的开发者来说，SQL API 的学习曲线相对较低，因为它遵循标准 SQL 语法。而对于使用 Table API，开发者需要熟悉其领域特定语言。然而，对于有 Scala 或 Java 基础的开发者，Table API 可能会更容易上手。由于 Flink SQL API 遵循 ANSI SQL 标准，因此在社区中有更多的支持和资源。对于遇到问题或需要帮助的开发者来说，这可能是一个重要的考虑因素。Table API 虽然也有社区支持，但相对较少。

Table API 和 SQL API 都适用于处理结构化数据的各种场景。但是，在一些特定场景下，如数据探索和报表生成等，SQL API 可能更方便，因为它使用了广泛使用的 SQL。而在需要更紧密地与其他 Scala 或 Java 库集成的场景下，Table API 则可能更适合。Flink 的查询优化器可以对 Table API 和 SQL API 的查询进行优化。实际上，Table API 和 SQL API 的查询在执行前都会转换为相同的底层查询计划。因此，从性能和优化的角度来看，这两种 API 之间没有显著差异。

### 8.1.1 程序基本结构

在 Flink 1.14 及更高版本中使用 Table API 和 SQL API，需要在 Maven 项目中添加以下依赖：

```
<dependencies>
<!-- Flink 依赖 -->
<dependency>
<groupId>org.apache.flink</groupId>
<artifactId>flink-streaming-java_${scala.binary.version}</artifactId>
<version>${flink.version}</version>
</dependency>
<dependency>
<groupId>org.apache.flink</groupId>
```

```
<artifactId>flink-clients</artifactId>
<version>${flink.version}</version>
</dependency>
<dependency>
<groupId>org.scala-lang</groupId>
<artifactId>scala-library</artifactId>
<version>${scala.version}</version>
</dependency>

<!-- 表相关 API -->
<dependency>
<groupId>org.apache.flink</groupId>
<artifactId>flink-table-api-scala-bridge_${scala.binary.version}
</artifactId>
<version>${flink.version}</version>
</dependency>
<dependency>
<groupId>org.apache.flink</groupId>
<artifactId>flink-table-planner_${scala.binary.version}</artifactId>
<version>${flink.version}</version>
</dependency>
<dependency>
<groupId>org.apache.flink</groupId>
<artifactId>flink-table-common</artifactId>
<version>${flink.version}</version>
</dependency>
</dependencies>
```

其中，${scala.binary.version} 和 ${flink.version} 是根据使用的 Scala 版本和 Flink 版本进行替换的变量。

- flink-streaming-java_${scala.binary.version}：Flink Streaming Java API，用于实时流式处理数据，需要根据使用的 Scala 版本进行替换。
- flink-table-api-scala-bridge_${scala.binary.version}：Flink Table API Scala Bridge，用于 Scala 语言的 Table API 实现。
- flink-table-api-java-bridge：Flink Table API Java Bridge，用于 Java 语言的 Table API 实现。
- flink-table-planner_${scala.binary.version}：Flink Table Planner，用于将 Table API 转换为底层 Flink 的执行计划。
- flink-table-functions：Flink Table Functions，用于在 Table API 中定义和使用用户自定义函数（UDF）。

这些依赖项在使用 Flink Table API 时都是必需的。其中，前 3 个依赖项是 Table API 的核心依赖项，而最后一个依赖项是用于定义和使用 UDF 的常用依赖项。

Table API 和 SQL API 集成在同一套 API 中，这套 API 的核心概念是 Table，用作查询的输入和输出，所有用于批处理和流处理的 Table API 和 SQL API 程序都遵循相同的模式。下面的代码示例展示了 Table API 和 SQL 程序的通用结构。

```
import org.apache.flink.table.api._
import org.apache.flink.connector.datagen.table.DataGenConnectorOptions
```

```
// 创建批处理或流处理的 TableEnvironment
val tableEnv = TableEnvironment.create(/ * … * /)
// 创建源表
tableEnv.createTemporaryTable("SourceTable",
  TableDescriptor.forConnector("datagen")
  .schema(Schema.newBuilder()
     .column("f0", DataTypes.STRING())
     .build())
  .option(DataGenConnectorOptions.ROWS_PER_SECOND, 100L)
  .build())

// 创建接收表 (使用 SQL DDL)
tableEnv.executeSql("CREATE TEMPORARY TABLE SinkTable WITH (" +
"'connector' = 'blackhole') LIKE SourceTable (EXCLUDING OPTIONS) ")

// 从 Table API 查询创建一个 Table 对象
val table1 = tableEnv.from("SourceTable")

// 从 SQL 查询创建一个 Table 对象
val table2 = tableEnv.sqlQuery("SELECT * FROM SourceTable")

// 将 Table API 查询结果 Table 发送到 TableSink
val tableResult = table1.insertInto("SinkTable").execute()
```

这段代码展示了 Flink Table API 的基本使用流程。

1）通过 TableEnvironment. create( )创建一个 TableEnvironment 对象，用于后续的表操作。

2）使用 tableEnv. createTemporaryTable( )创建一个源表 SourceTable，该表使用 datagenconnector 生成一些测试数据。

3）使用 tableEnv. executeSql( )创建一个输出表 SinkTable，该表使用 blackholeconnector 将数据丢弃。

4）使用 tableEnv. from( )和 tableEnv. sqlQuery( )创建两个 Table 对象，分别对应一个 Table API 查询和一个 SQL API 查询。这里的 from( )方法将源表 SourceTable 转换为一个 Table 对象，而 sqlQuery( )方法使用 SQL 语句创建一个 Table 对象。

5）使用 table1. insertInto("SinkTable"). execute( )将 Table API 查询结果 table1 插入接收器表 SinkTable 中，完成数据处理过程。

这段代码还展示了如何使用 DataGenConnectorOptions 和 Schema 构建数据生成器的选项和表模式，并通过 SQL DDL 创建一个接收器表。

Table API 和 SQL API 查询也可以很容易地集成并嵌入 DataStream 程序中，DataStream 与表之间也可以进行相互转换。

接下来的小节将详细介绍 Table API 和 SQL API 查询程序的通用结构、如何注册 Table、如何查询 Table 以及如何输出 Table。

### 8.1.2 TableEnvironment 创建

TableEnvironment 是 Table API 和 SQL API 的核心接口，用于创建和执行基于表的数据处理任务。它为用户提供了一个用于执行 SQL 查询、插入和创建表的接口，可以在批处理和流处理模式下使用。具体来说，TableEnvironment 提供了以下功能：

- 创建和注册表，包括临时表和永久表。
- 执行 SQL 查询，可以使用标准 SQL 或 Flink SQL。
- 执行 Table API 查询：可以使用基于 Java 或 Scala 的 Table API 编写查询。
- 注册自定义函数（Scalar、Table 或 Aggregation）。
- DataStream 和 Table 之间的转换（面向 StreamTableEnvironment）。

Flink 中的表会与创建它的 TableEnvironment 绑定，在一条查询中只能使用同一 TableEnvironment 中的表。TableEnvironment 可以通过静态方法 TableEnvironment. create( )创建，create( )方法中需要传入 EnvironmentSettings 类的实例。EnvironmentSettings 是 Flink Table API 和 SQL API 中用于配置执行环境的类，可以用于设置执行模式（批处理或流处理），具体使用方法如下：

```
import org.apache.flink.table.api.{EnvironmentSettings, TableEnvironment}
val settings = EnvironmentSettings
    .newInstance()
    //流处理
    .inStreamingMode()
    //批处理
    //.inBatchMode()
    .build()
val tEnv = TableEnvironment.create(settings)
```

这段程序通过 TableEnvironment. create( settings) 方法创建的 TableEnvironment 对象将在流式处理模式下运行。如果使用 inBatchMode( )方法指定了批处理模式，则会在批处理模式下运行。

也可以从已有的 StreamExecutionEnvironment 流处理环境创建 StreamTableEnvironment，StreamTableEnvironment 是 Flink Table API 中用于处理流数据的执行环境。它继承自 TableEnvironment，提供了与流数据相关的一些特定方法和配置选项。使用 StreamTableEnvironment，可以在 Flink 流处理程序中将 DataStream 和 Table 相互转换，以及执行 SQL 查询和 Table API 操作。

使用方法如下：

```
import org.apache.flink.streaming.api.scala.StreamExecutionEnvironment
import org.apache.flink.table.api.EnvironmentSettings
import org.apache.flink.table.api.bridge.scala.StreamTableEnvironment

val env = StreamExecutionEnvironment.getExecutionEnvironment
val tEnv = StreamTableEnvironment.create(env)
```

### 8.1.3　创建 Table

在 Flink 中，根据生命周期的不同可以将表分为临时表和永久表。

- 临时表是在 Flink 作业的生命周期中创建的表，作业终止后，表就会被删除。它们可以用于在 Flink 作业中暂时存储和处理数据。Flink 中的 Table API 和 SQL 支持创建临时表，可以使用 TableEnvironment. createTemporaryTable( )方法创建。
- 永久表是在 Flink 集群中创建的表，即使 Flink 作业终止，表也会被保留。它们可以用于存储和查询静态数据，如业务数据、维度数据等。Flink 提供了多个 Catalog，可以将永久表保存在不同的存储系统中，如 Hive、MySQL、Kafka 等。永久表的创建和管理需要通过 Catalog 和 Table API/SQL API 来完成。

在 Flink 中，可以通过连接器的方式，将外部数据源中的数据读取到 Flink 中创建表，表的数据来自外部数据源，可以是文件、Kafka、JDBC 等。在使用连接器表时，需要指定连接器和连接器的选项。

也可以通过 Flink 的内置函数，将一个或多个已有的表进行组合、聚合、过滤等操作，从而得到新表，此时得到的表称为虚拟表。虚拟表不需要指定数据来源，也不需要指定存储位置。虚拟表是基于已有表格的逻辑视图，在查询时动态生成。因此，虚拟表是临时性的，仅在查询的执行期间存在，查询结束后即被删除。从传统数据库系统的角度来看，虚拟表类似于 VIEW 视图。

虚拟表的典型创建方法如下：

```
// 获取 TableEnvironment
val tableEnv = ... // see "Create a TableEnvironment" section

// 经过查询、组合、聚合、过滤等操作得到的 Table 实例
val projTable: Table = tableEnv.from("X").select(...)

// 基于 Table 实例创建虚拟表
tableEnv.createTemporaryView("projectedTable", projTable)
```

除了上述方法，我们还可以通过连接器来创建虚拟表。连接器使用 TableDescriptor 类设置，它主要包含以下信息：

- Schema：指定表的列及其类型和约束。
- Connector：指定表的连接器，用于读取和写入数据。
- Options：指定连接器的配置选项。

可以通过 TableDescriptor 的静态方法 forConnector 指定连接器，如 forConnector("kafka")，然后通过 schema()方法指定 Schema，通过 option()方法指定连接器的参数。最后通过 createTemporaryTable()或 createTable()方法将 TableDescriptor 转换为 Table 对象。

forConnector()方法支持传入多种连接器，连接器可以读取和写入不同类型的数据源，如文件系统、消息队列、数据库等。在 Flink Table API 中，连接器用于创建表和绑定表到数据源。常用连接器如表 8-1 所示。

**表 8-1 常用连接器**

| 名 称 | 数 据 源 | 数据输出 |
| --- | --- | --- |
| Filesystem | Bounded and Unbounded Scan, Lookup | Streaming Sink, Batch Sink |
| Elasticsearch | 不支持 | Streaming Sink, Batch Sink |
| Apache Kafka | Unbounded Scan | Streaming Sink, Batch Sink |
| JDBC | Bounded Scan, Lookup | Streaming Sink, Batch Sink |
| Apache HBase | Bounded Scan, Lookup | Streaming Sink, Batch Sink |
| Apache Hive | Unbounded Scan, Bounded Scan, Lookup | Streaming Sink, Batch Sink |

其中：

- Bounded Scan（有界扫描）是指对有限数据集的读取。这种连接器通常用于读取静态数据，如 CSV、JSON、Parquet 或数据库表中的数据。Bounded Scan 会一次性读取整个数

据集，并生成一个有限的数据流。

- Lookup（查找）是指连接一个小的关联表，并根据某些键（Key）对数据进行关联。在 Flink 中，可以通过 Table API 或者 SQL 语句使用 Lookup 连接器读取外部数据源。
- Unbounded Scan（无界扫描）是指处理无限大小数据集的操作，如从消息队列中读取数据。在 Flink 中，可以使用 DataStream API 或者 Table API 通过连接器来读取无限数据源。
- Streaming Sink 通常用于实时处理场景，它能够将数据实时地写入外部系统，如 Kafka、Elasticsearch、JDBC 等。使用 Streaming Sink 时，可以通过实现 SinkFunction 接口来定义写出数据的逻辑。
- Batch Sink 通常用于离线处理场景，它能够将数据批量地写入外部系统，如 Hadoop HDFS、Amazon S3 等。

除了上述官方连接器，Flink 还支持自定义连接器，可以根据具体的数据源进行实现。

Schema 类用于描述表的数据结构。它包含了多个 Column 对象，每个 Column 对象都代表了一个表的列。可以通过 Schema. newBuilder( ) 来创建一个新的 Schema 对象，然后使用 SchemaBuilder. column( name: String, dataType: DataType) 方法来逐个添加列。在添加完所有的列之后，使用 build( ) 方法来构建 Schema 对象，例如，以下代码用于表示包含了两个列（id 和 name）的表结构。

```
Schema.newBuilder
    .column("id", DataTypes.INT)
    .column("name", DataTypes.STRING())
    .build
```

以下是一个示例，展示如何创建一个用于生成测试数据的连接器表。

```
import org.apache.flink.streaming.api.scala._
import org.apache.flink.table.api.{DataTypes, Schema, TableDescriptor}
import org.apache.flink.table.api.bridge.scala.StreamTableEnvironment

object DatagenExample {
  def main(args: Array[String]): Unit = {
    val env = StreamExecutionEnvironment.getExecutionEnvironment
    val tableEnv = StreamTableEnvironment.create(env)

    val sourceDescriptor: TableDescriptor = TableDescriptor.forConnector("datagen")
      .schema(
        Schema.newBuilder
          .column("f0", DataTypes.STRING)
          .build
      )
      .option("rows-per-second", "10")
      .build

    tableEnv.createTable("SourceTableA", sourceDescriptor)
    tableEnv.createTemporaryTable("SourceTableB", sourceDescriptor)
  }
}
```

上述代码首先通过 TableDescriptor. forConnector( "datagen" ) 创建了一个针对 Datagen 连接器

的 TableDescriptor 实例。Datagen 连接器是一个内置的 Flink 连接器，可以用于生成随机数据流。该连接器允许用户通过配置选项来指定随机数据流的速率、数据类型等信息。

接着，通过 schema( )方法指定了表的结构信息，表仅包含一列，列名为“f0”，类型为 string，通过 . option( "rows-per-second" , "10" ) 为连接器表设置了“rows-per-second”参数，并将其值设置为 10，代表该连接器表将每秒生成 10 行模拟数据。

最后通过 TableEnvironment 的 create( )方法创建表，其中：

- createTable( )方法将该表注册为名为 SourceTableA 的永久表。永久表在整个 Flink 应用程序的生命周期中都是可用的。
- createTemporaryTable( )方法将该表注册为名为 SourceTableB 的临时表。临时表只在当前 Flink 作业的执行期间存在，当作业结束后，临时表也会自动删除。

### 8.1.4 Table 查询

在 Flink 中，通过 Table API 和 SQL API 都可以对表进行查询处理，两者的区别在于 Table API 是基于 Scala 和 Java 语言的查询 API，而 SQL API 主要以字符串的形式完成，Table API 的查询不是由字符串指定，而是基于语言中定义的各类方法完成。

Table API 提供了一系列基于 Table 类的关系操作方法，经过这些方法的查询处理后会返回一个新的 Table 对象。该对象表示对输入 Table 进行关系操作的结果，多个方法可以进行链式调用，如 table. groupBy( . . . ). select( )，其中 groupBy( . . . ) 指定 table 的分组，而 select( ) 在 table 分组上进行查询。

表创建完成后可以通过 TableEnvironment. from( )方法获取到 Table 对象，后续可以基于表对象完成各类操作，典型的使用方法如下：

```
// 获取执行环境
val tableEnv = ...

// 创建虚拟表
tableEnv.createTable(...)
// 获取 Table 对象
val orders = tableEnv.from("Orders")
// 计算来自法国客户的总收入
val revenue = orders
  .filter($"cCountry" === "FRANCE")
  .groupBy($"cID", $"cName")
  .select($"cID", $"cName", $"revenue".sum AS "revSum")

// 执行查询
```

这段代码使用了 Flink Table API，它基于表达式（Expression）构建的 API，用于进行数据分析和处理。

这段代码的含义是：对名为 orders 的表进行过滤，只保留 cCountry 列等于“FRANCE”的记录；对保留的记录按照 cID 和 cName 分组；最后对分组后的每组记录，计算 revenue 列的总和，并将计算结果赋值给名为 revSum 的新列，然后返回包含 cID、cName 和 revSum 列的新表，赋值给变量 revenue。

其中，$符号表示一个符号字面量（Symbol Literal）。在 Flink Table API 的 Scala DSL 中，使用 $符号可以将字符串插值为一个列引用，如$"cName"表示引用表中的 cName 列。符号字面量在 Scala 语言中是一种简洁的表示方式，用于构建更为简洁的 DSL。在 Flink Table API 的 Scala DSL 中，符号字面量用于构建表达式树。

也可以使用单引号替换$符号，如 $"event_time"，可以替换为'event_time'，这里注意只有一个单引号。这两种表示方式在功能上是等效的。使用 $"event_time" 的方式更符合 Scala 语言中字符串插值的风格，而使用单引号 ' 的方式则是 Scala 的符号字面量表示。无论选择哪种表示方式，都能正确地引用字段。

.filter() 和 .groupBy() 方法都接收一个或多个列引用，代表要对哪些列进行过滤和分组。.select() 方法接收一个或多个表达式作为参数，用于对表进行投影操作，类似于 SQL 中的 SELECT 语句。在这个例子中，使用了 $"revenue".sum AS "revSum" 表达式，用于计算 revenue 列的总和，并将结果命名为 revSum 列。

最终的查询结果是一个新表，包含了 cID、cName 和 revSum 这 3 列。

一个完整的示例如下：

```
import org.apache.flink.streaming.api.scala.StreamExecutionEnvironment
import org.apache.flink.table.api.bridge.scala.StreamTableEnvironment
import org.apache.flink.table.api._

object TableExample {
  def main(args: Array[String]): Unit = {
    val env = StreamExecutionEnvironment.getExecutionEnvironment
    val tableEnv = StreamTableEnvironment.create(env)

    // 创建表
    val sourceDesc = TableDescriptor.forConnector("datagen")
      .option("rows-per-second", "2")
      .option("fields.name.length", "5")
      .option("fields.id.min", "1")
      .option("fields.id.max", "100")
      .option("fields.score.min", "1")
      .option("fields.score.max", "100")
      .schema(Schema.newBuilder()
        .column("id", "INT")
        .column("name", "STRING")
        .column("score", "DOUBLE")
        .build
      )
      .build()

    tableEnv.createTemporaryTable("student", sourceDesc)
    // 获取表对象
    val table = tableEnv.from("student")

    val result = table.filter($"score" > 60)

    tableEnv.toDataStream(result).print()
    env.execute()
  }
}
```

上述代码首先创建了一个 StreamExecutionEnvironment 和一个 StreamTableEnvironment，然后

使用 TableDescriptor 创建一个名为“student”的虚拟表，虚拟表中的数据通过 datagenconnector 自动生成。接下来通过 tableEnv. from( )方法获取到“student”表的对象，并使用 filter( )方法过滤出分数大于 60 的学生信息，然后将结果转换为 DataStream 并输出到控制台。最后调用 env. execute( )启动流式作业的执行。

### 8.1.5 Table 输出

处理后的表可以输出到外部系统中，Table 提供了 insertInto( )方法将数据传输到一个被注册的输出表中。需要注意的是，需要输出的数据结构需要与被注册的输出表的结构一致。

下面是一个表输出的典型程序结构：

```
// 获取一个 TableEnvironment
val tableEnv = ...

// 创建输出的 Table
val schema = Schema. newBuilder( )
    . column( "a" , DataTypes. INT( ) )
    . column( "b" , DataTypes. STRING( ) )
    . column( "c" , DataTypes. BIGINT( ) )
    . build( )

tableEnv. createTemporaryTable( " CsvSinkTable" , TableDescriptor
    . forConnector( " filesystem" )
    . schema( schema)
    . option( " path" , " /path/to/file" )
    . format( FormatDescriptor. forFormat( " csv" )
        . option( " field-delimiter" , " | " )
        . build( ) )
    . build( ) )

// 使用 Table API 操作符或 SQL 查询计算结果表
val result: Table = ...

// 准备插入管道中
val pipeline = result. insertInto( " CsvSinkTable" )

// 打印执行计划的详细信息
pipeline. printExplain( )

// 将结果表输出到已注册的 TableSink 中
pipeline. execute( )
```

这段代码演示了如何使用 Table API 将结果表输出到外部系统。具体来说，代码首先创建了一个输出表的描述符，其中指定了外部系统的连接器类型（filesystem）和输出文件的路径等信息。然后，使用 tableEnv. createTemporaryTable( )方法创建一个临时表，并使用 schema 和 TableDescriptor 对象指定表的结构与外部系统的相关信息。最后，使用 result. insertInto( )方法将结果表插入输出管道中，并使用 pipeline. execute( )方法将结果表输出到已注册的 TableSink 中。在输出前可以使用 pipeline. printExplain( )方法查看执行计划的详细信息，以确保输出的正确性。

代码中使用了 filesystem 连接器将数据写入本地系统的 CSV 文件中，程序在本地环境中执行时还需要加入以下依赖：

```
<dependency>
<groupId>org.apache.flink</groupId>
<artifactId>flink-csv</artifactId>
<version>${flink.version}</version>
</dependency>
<dependency>
<groupId>org.apache.flink</groupId>
<artifactId>flink-connector-files</artifactId>
<version>${flink.version}</version>
</dependency>
```

下面是一个完整的示例程序，从 datagen 连接器中读取数据，对数据进行简单的过滤操作，再输出到外部的 CSV 文件中，代码如下：

```
import org.apache.flink.streaming.api.scala.StreamExecutionEnvironment
import org.apache.flink.table.api.bridge.scala.StreamTableEnvironment
import org.apache.flink.table.api._

object CSVTableDemo {
    def main(args: Array[String]): Unit = {
        val env = StreamExecutionEnvironment.getExecutionEnvironment
        val tableEnv = StreamTableEnvironment.create(env)

        // 创建源表以用于提供数据
        val sourceDesc = TableDescriptor.forConnector("datagen")
        .option("rows-per-second", "2")
        .option("fields.name.length", "5")
        .option("fields.id.min", "1")
        .option("fields.id.max", "100")
        .option("fields.score.min", "1")
        .option("fields.score.max", "100")
        .schema(Schema.newBuilder()
            .column("id", "INT")
            .column("name", "STRING")
            .column("score", "DOUBLE")
            .build
        )
        .build()
        val schema = Schema.newBuilder()
        .column("id", "INT")
        .column("name", "STRING")
        .column("score", "DOUBLE")
        .build()
        // 创建输出表，用于将数据写入 CSV 文件
        tableEnv.createTemporaryTable("CsvSinkTable", TableDescriptor
                                    .forConnector("filesystem")
                                    .schema(schema)
                                    .option("path", "D://student")
                                    .format(FormatDescriptor.forFormat("csv")
                                        .option("field-delimiter", ",")
                                        .build())
                                    .build())
```

```
        tableEnv.createTemporaryTable("student", sourceDesc)
        // 获取表对象
        val table = tableEnv.from("student")
        val result = table.filter($"score" > 60)
        val pipeline =  result.insertInto("CsvSinkTable")
        pipeline.execute()
    }
}
```

### 8.1.6 Table 与 DataStream 的转换

Flink Table API 和 DataStream API 是 Flink 中两种常用的 API，其中，Table API 主要是基于关系型数据的操作，而 DataStream API 则是对流式数据的处理。在 Flink 中，可以通过 Table API 和 DataStream API 相互转换，便于在两个 API 之间进行灵活的切换。

下面是 Table 到 DataStream 的转换方法和 DataStream 到 Table 的转换方法。

tableEnv.toDataStream(table)：将 Table 转换成 DataStream。示例代码如下：

```
// 获取执行环境
val tableEnv = ...
// 创建虚拟表
tableEnv.createTable(...)
// 获取 Table 对象
val table = tableEnv.from("...")
val dataStream: DataStream[Row] = tableEnv.toDataStream(table)
```

Row 是一个通用的数据类型，用于表示数据集中的一行数据。它是一个包含多个字段的数据结构，每个字段都可以是 Flink 支持的任何数据类型，如 String、Integer、Double 等。DataStream[Row]表示一个包含多个 Row 对象的数据流。这种数据流的每个元素都是一个 Row 对象，可以通过下标或字段名来访问每个字段的值。因此，使用 Row 对象可以很方便地表示结构化的数据，如 CSV 文件、数据库表等。

同时需要注意的是，使用 Row 对象来表示数据可能会导致类型信息丢失，因为 Row 对象中的每个字段都可以是不同的数据类型。为了避免类型信息丢失，建议使用 Flink Table API 或 Flink SQL API 来处理数据。这些 API 可以将 Row 对象转换为具有结构化数据类型的 Table 对象，从而更好地处理和优化数据。

tableEnv.fromDataStream(dataStream)：将 DataStream 转换成 Table。示例代码如下：

```
val tableEnv = StreamTableEnvironment.create(streamExecutionEnvironment)
val dataStream: DataStream[(String, Int)] = streamExecutionEnvironment
    .fromElements(("Alice", 12), ("Bob", 20))
val table: Table = tableEnv.fromDataStream(dataStream, $("name"), $("age"))
```

上述代码使用 tableEnv.fromDataStream()方法将 DataStream[(String, Int)] 转换为 Table。这里需要使用 $指定每个字段的名称，以便在后面的 Table API 操作中使用这些字段引用。

需要注意的是，fromDataStream()方法在 Flink 1.12 版本中被标记为过时。取而代之的是使用 StreamTableEnvironment 的 toTable()方法将 DataStream 转换为 Table。

首先，确保引入了以下依赖：

```
import org.apache.flink.table.api._
import org.apache.flink.streaming.api.scala._
```

然后使用 toTable( )方法进行转换。

```
val tableEnv = StreamTableEnvironment.create(streamExecutionEnvironment)
val dataStream: DataStream[(String, Int)] = streamExecutionEnvironment
    .fromElements(("Alice", 12), ("Bob", 20))
val table: Table = dataStream.toTable(tableEnv, $("name"), $("age"))
```

## 8.2　Flink SQL 使用

### 8.2.1　基本使用

Flink 同时提供了基于 SQL 的方式对表进行创建、查询、输出等操作。相较于 Table API，使用 SQL API 有以下优势：

1）SQL API 是标准的关系型数据库查询语言，很多开发者都已经熟悉和掌握。使用 SQL 开发 Flink 程序可以让开发者更加方便、快捷地进行数据分析和处理，降低学习和使用成本。

2）SQL API 可以快速完成简单的数据分析和查询任务，使得开发人员可以快速迭代和开发新的功能、业务需求，提高开发效率。

3）SQL API 提供了丰富的内置函数、聚合函数和窗口函数，使得处理数据更加灵活和便捷。例如，Flink 提供了大量的时间函数、数学函数和字符串函数等，能够满足不同的数据处理需求。

4）SQL API 抽象了查询细节，使得程序员不需要关注数据的物理存储和操作细节，从而降低程序员的开发难度和错误率，提高程序的可维护性和可扩展性。

使用 Flink SQL API，可以通过 DDL（Data Definition Language）方式创建表，使用 DQL（Data Query Language）查询表，再利用 executeInsert( )方法将数据输出到外部系统中。

接下来以 SQL API 为例，介绍 SQL API 的基本使用流程。

1）创建一个 TableEnvironment 实例，用于执行 SQL 查询。

```
import org.apache.flink.streaming.api.environment.StreamExecutionEnvironment
import org.apache.flink.table.api.bridge.scala.StreamTableEnvironment

val env = StreamExecutionEnvironment.getExecutionEnvironment
val tEnv = StreamTableEnvironment.create(env)
```

2）使用 DDL 语句创建一个输入表。例如，从 Kafka 中读取数据。

```
val createSourceTableDDL =
"""
    |CREATE TABLE source_table (
    |  user_id INT,
    |  item_id INT,
    |  behavior STRING,
    |  timestamp TIMESTAMP(3)
    |) WITH (
    |  'connector' = 'kafka',
    |  'topic' = '<your-kafka-topic>',
    |  'properties.bootstrap.servers' = '<your-kafka-bootstrap-servers>',
    |  'format' = 'json',
    |  'json.timestamp-format.standard' = 'ISO-8601'
```

```
    |)
  """.stripMargin

  tEnv.executeSql(createSourceTableDDL)
```

executeSql()方法是 Flink Table API 中用于执行 SQL 查询的方法，该方法的参数为一条 SQL 语句，可以是 DDL（数据定义语言）或 DML（数据操作语言），如 CREATE TABLE、INSERT INTO 等。执行成功后，会返回一个 TableResult 对象，其中包含了查询结果或执行状态信息。

这段代码是用来定义一个 Flink SQL API 的 Source Table，表示从 Kafka 中读取数据。具体来说，它使用 CREATE TABLE 语句定义一个名为 source_table 的表，表中包含 4 个字段：user_id、item_id、behavior 和 timestamp。其中，user_id 和 item_id 都是整型；behavior 是字符串类型；timestamp 是时间戳类型，精度为毫秒。

表的来源是 Kafka，通过配置参数来指定。其中'connector' = 'kafka'表示使用 Kafka connector。除了 Kafka 连接器，Flink 还提供了多种不同的连接器，如 filesystem、datagen、jdbc 等。用户可以根据自己的需求选择合适的连接器，并按照相应的参数配置来创建表。'topic' = '<your-kafka-topic>' 表示从 Kafka 中读取的 topic 名称，'properties.bootstrap.servers' = '<your-kafka-bootstrap-servers>'表示 Kafka Broker 的地址，'format' = 'json'表示读取的数据格式为 JSON 格式，'json.timestamp-format.standard' = 'ISO-8601'表示时间戳的格式为 ISO-8601 标准格式。

3）使用 SQL 查询从输入表中筛选和处理数据：

```
val query =
  """
    |SELECT
    |  user_id,
    |  item_id,
    |  behavior,
    |  HOUR(timestamp) AS hour
    |FROM source_table
    |WHERE behavior = 'buy'
  """.stripMargin

val resultTable = tEnv.sqlQuery(query)
```

这段代码使用 Flink SQL API 创建了一个查询，该查询从 Kafka 主题中消费数据，对其进行过滤和转换，最终将结果存储在一个新的表中。

具体来说，val query 定义了一个名为 query 的字符串常量，包含一个 SELECT 语句。该语句选择 source_table 中的 user_id、item_id、behavior 和 timestamp 字段，并使用 HOUR()函数将 timestamp 转换为小时数，存储在 hour 字段中。WHERE 子句过滤了 behavior 字段为 buy 的记录。

tEnv.sqlQuery(query)使用 Flink Table API 中的 sqlQuery()方法执行了这个查询，并将结果存储在 resultTable 变量中。该方法将查询解析为 Flink 内部的数据流操作，并生成一个新的表来存储结果。最终，我们可以将这个结果表连接到其他的输出源，如 Kafka、MySQL 或者 Elasticsearch 等。

4）使用 DDL 语句创建了一个输出表。例如，将结果输出到 MySQL 数据库：

```
val createSinkTableDDL =
"""
     |CREATE TABLE sink_table (
     |  user_id INT,
     |  item_id INT,
     |  behavior STRING,
     |  hour INT
     |) WITH (
     |  'connector' = 'jdbc',
     |  'url' = 'jdbc:mysql://<your-db-host>:3306/<your-db>',
     |  'table-name' = '<your-db-table>',
     |  'username' = '<your-db-username>',
     |  'password' = '<your-db-password>'
     |)
""".stripMargin

tEnv.executeSql(createSinkTableDDL)
```

这段代码使用 Flink SQL 创建了一个 JDBC 连接器的 Sink Table，它指定了 JDBC 连接器和对应的目标表的信息，包括连接器的类型“jdbc”，目标数据库的 URL、表名、用户名和密码等。Flink 会根据指定的信息在目标数据库中创建一个新的表。创建成功后，就可以将 Flink 数据流中的结果写入该表中。

5）将结果写入输出表，并执行作业：

```
resultTable.executeInsert("sink_table")
env.execute("Flink SQL DDL Example")
```

以上示例展示了如何使用 Flink SQL API 和 DDL 方式创建表、查询表和输出表。根据用户的数据源和数据输出目的地，需要根据实际情况进行调整。

## 8.2.2 DDL 创建表

Flink SQL 支持多种 DDL（Data Definition Language）语句，用于定义和管理表结构、数据库、视图等，可以使用 TableEnvironment 中的 executeSql( ) 方法执行 CREATE 语句。若 CREATE 操作执行成功，则 executeSql( )方法返回“OK”，否则会抛出异常。

**1. 指定连接器**

Flink 支持不同的连接器和格式相结合的方式定义表，连接器和格式需要在 SQL 中进行指定，具体语法如下：

```
CREATE TABLE table_name (
     column_name data_type,
     column_name data_type,
     ...
) WITH (
     'connector' = 'connector_name',
     'property1' = 'value1',
     ...
)
```

其中，table_name 为创建的表名，column_name 为表的列名，data_type 为该列的数据类型，connector_name 表示连接器类型，property1 和 value1 是用于设置连接器的参数，不同的连接器通过设置不同的参数来满足实际的需求。

也可以通过 DROP TABLE、ALTER TABLE 等语法对表进行删除和修改操作。

使用 DDL 方式创建的表并不区分是用于读取还是写入的，在该表进行读取和写入操作均能满足需要，具体示例如下：

```
val tableEnv = TableEnvironment.create(...)
// 对已注册的表进行 SQL 查询
// 注册名为“Orders”的表
tableEnv.executeSql("CREATE TABLE Orders (`user` BIGINT, product STRING, "+
" amount INT) WITH (...)")
// 在表上执行 SQL 查询,并把得到的结果作为一个新的表
val result = tableEnv.sqlQuery(
"SELECT product, amount FROM Orders WHERE product LIKE '%Rubber%'")

// 对已注册的表进行 INSERT 操作
// 注册 TableSink
tableEnv.executeSql("CREATE TABLE RubberOrders(product STRING, amount INT) "+
"WITH ('connector.path'='/path/to/file' ...)")
// 在表上执行 INSERT 语句并向 TableSink 发出结果
tableEnv.executeSql(
"INSERT INTO RubberOrders SELECT product, amount FROM Orders WHERE product "+
"LIKE '%Rubber%'")
```

其中，Orders 表被创建后会被注册为虚拟表，接下来使用 SQL 语句对其进行查询和处理，此时可以将其看作源表，也就是提供数据的表。后续又使用同样的方法创建了 RubberOrders 表，接着使用 INSERT INTO 语句将处理结构写入其中，因此可以将其看作输出表。

**2. 时间处理**

以表格的方式同样可以处理时间相关的数据，包括之前学习的事件时间和处理时间。时间字段的指定可以在使用 SQL 语句定义表格时完成，也可以在流数据转换为表时进行单独的指定。

使用 DDL 方式定义表时，使用 WATERMARK 定义表的事件时间属性，其形式为 WATERMARK FOR rowtime_column_name AS watermark_strategy_expression。rowtime_column_name 的作用是将表中已有的列定义为一个标记事件时间的属性。该列的类型必须为 TIMESTAMP(3)。在 SQL 中，TIMESTAMP(n)中的 n 表示时间精度，即表示秒后面的小数位数。而 TIMESTAMP(3) 表示精确到毫秒，即小数点后面有 3 位。例如，'2022-03-24 13:30:45.123' 表示一个 TIMESTAMP(3)类型的时间，其中 .123 表示毫秒部分。

watermark_strategy_expression 定义了 Watermark 的生成策略，允许使用任意非查询表达式来计算 Watermark，表达式的返回类型必须是 TIMESTAMP(3)。需要注意的是，使用事件时间语义时，表必须包含事件时间属性和 Watermark 策略。Flink 提供了几种常用的 Watermark 策略。

- 严格递增时间戳：WATERMARK FOR rowtime_column AS rowtime_column。发出到目前为止已观察到的最大时间戳的 Watermark，此策略要求事件时间戳必须是严格单调递增的，即后来的事件时间戳必须大于前面的事件时间戳，否则该事件将被视为迟到事件。一般适用于数据源生成事件时间戳的场景。
- 递增时间戳：WATERMARK FOR rowtime_column AS rowtime_column - INTERVAL '0.001' SECOND。发出到目前为止已观察到的最大时间戳减 1 的 Watermark，时间戳大于或等

于最大时间戳的数据被认为没有迟到。

- 有界乱序时间戳：WATERMARK FOR rowtime_column AS rowtime_column - INTERVAL 'string' timeUnit。发出到目前为止已观察到的最大时间戳减去指定延迟的 Watermark，此策略适用于存在乱序事件时间戳的场景，即一些事件时间戳比其他事件时间戳早到达，但在某个阈值范围内。例如，使用 WATERMARK FOR rowtime_column AS rowtime_column - INTERVAL '5' SECOND，意味着 Flink 认为时间戳为 t 的事件的数据应该在时间戳为 t+5 的时间戳之前到达。

使用示例如下：

```
CREATE TABLE Orders (
    `user` BIGINT,
    product STRING,
    order_time TIMESTAMP(3),
    WATERMARK FOR order_time AS order_time - INTERVAL '5' SECOND
) WITH ( . . . );
```

上面的例子中，水位线是通过事件时间列 order_time 减去 5 s 计算得到的，表示水位线的延迟时间为 5 s。

除了 SECOND 时间单位以外，Flink 还支持以下常用时间单位：

- MINUTE：分钟（min）。
- HOUR：小时。
- DAY：天。
- WEEK：星期。
- MONTH：月。
- QUARTER：季度。
- YEAR：年。

如果要使用 DDL 方式定义表并表示处理时间，则可以使用内置的 PROCTIME( ) 函数。以下是如何在 CREATE TABLE 语句中使用 PROCTIME( ) 表示处理时间的示例：

```
CREATE TABLE example_table (
    user_id INT,
    item_id INT,
    processing_time AS PROCTIME( ) -- 添加处理时间字段
) WITH (
    'connector' = 'connector_name',
    'property1' = 'value1',
    ...
)
```

在上述示例中，processing_time 列通过 AS PROCTIME( ) 的方式来定义为处理时间列。在表中每次插入数据时，Flink 会自动将该列赋值为当前的处理时间。需要注意的是，处理时间是由 Flink 自身生成的，而不是从数据流中提取的。因此，定义处理时间列时不需要像处理事件时间那样声明 Watermark。

除了在定义表时指定时间属性外，还有一种常见的情况是，将 DataStream 转换为 Table 时指定时间属性。将流中的数据指定为事件时间可以使用 rowtime 属性，具体示例如下。

首先，定义一个样例类来表示事件：

```
case class Event(user_id: Int, item_id: Int, event_time: Long)
```

创建一个 StreamExecutionEnvironment 实例和一个 StreamTableEnvironment 实例：

```
val env = StreamExecutionEnvironment.getExecutionEnvironment
val tEnv = StreamTableEnvironment.create(env)
```

创建一个 DataStream 实例，如从 Kafka 或 Socket 源读取数据：

```
val dataStream: DataStream[Event] = env.fromElements(
  Event(1, 100, 1633018923000L),
  Event(2, 101, 1633018924000L),
  Event(3, 102, 1633018925000L)
)
```

使用 fromDataStream( ) 方法将 DataStream 转换为 Table，并使用 .rowtime 指定事件时间字段：

```
val table =tEnv.fromDataStream(dataStream,'user_id,'item_id,'event_time.rowtime)
```

完整代码如下：

```
import org.apache.flink.table.api.bridge.scala.StreamTableEnvironment
import org.apache.flink.streaming.api.scala._
import org.apache.flink.table.api._
import org.apache.flink.table.api.bridge.scala._
object SQLDemo {
  case class Event(user_id: Int, item_id: Int, event_time: Long)

  def main(args: Array[String]): Unit = {

    val env = StreamExecutionEnvironment.getExecutionEnvironment
    val tEnv = StreamTableEnvironment.create(env)
    val dataStream: DataStream[Event] = env.fromElements(
      Event(1, 100, 1633018923000L),
      Event(2, 101, 1633018924000L),
      Event(3, 102, 1633018925000L)
    )
    val table = dataStream.toTable(tEnv, 'user_id, 'item_id,'event_time.rowtime)
    tEnv.createTemporaryView("events", table) // 为转换后的表创建一个临时视图

  }
}
```

类似地，可以使用 proctime 将时间属性设置为处理时间，示例代码如下：

```
val env = StreamExecutionEnvironment.getExecutionEnvironment
val tEnv = StreamTableEnvironment.create(env)

val dataStream: DataStream[(Int, String, Long)] = ...

val table: Table = dataStream.toTable(tEnv, 'id, 'name, 'proctime.proctime)
```

### 8.2.3 查询表

相对于传统数据库查询，Flink SQL 可在无界流中持续地处理到达的记录行，并对结果进行更新。也就是说，Flink SQL 的查询永远不会终止，它会不断地消费数据流并产生一个动态

表作为结果，这就是 Flink 中 Table API 和 SQL 支持流数据的核心概念。

在流上进行聚合操作，需要在查询执行期间不断地存储聚合结果。例如，需要从一个数据流中计算每个部门的员工人数。这个查询需要维护每个部门的最新计数，以便在处理新行时及时输出结果。此种方式可以认为是一种有状态的查询。

使用 SQL 查询时可以在 Flink 中使用 TableEnvironment. sqlQuery( ) 方法。该方法接收一个字符串类型的 SQL 语句作为参数，并返回一个 Table 对象，表示执行该查询所得到的结果表。Table 对象可以在后续的 SQL 和 Table API 查询中使用，也可以转换为 DataStream 对象，或写入 TableSink 中。SQL 和 Table API 查询可以无缝地混合使用。

使用 sqlQuery( ) 方法需要先创建一个 TableEnvironment 对象，通过该对象调用该方法执行查询。例如：

```
val env = StreamExecutionEnvironment. getExecutionEnvironment
val tEnv = StreamTableEnvironment. create( env)
// 创建 people 虚拟表...
val query = "SELECT name, age FROM people WHERE age > 18"
val resultTable = tEnv. sqlQuery( query)
```

需要注意的是，为了在 SQL 查询中访问表格，必须将其注册到 TableEnvironment 环境中，可以通过 TableSource、Table、CREATE TABLE 语句、DataStream 等多种方式注册表格。

首先，以 DDL 方式创建的表格会自动被注册到表环境中，可以直接使用 SQL 对其进行查询，示例如下：

```
val tableEnv = ...
val createTableDDL =
"""
  |CREATE TABLE my_table (
  |  id INT,
  |  name STRING,
  |  age INT
  |) WITH (
  |  'connector. type' = 'filesystem',
  |  'format. type' = 'csv',
  |  'connector. path' = '/path/to/my_table'
  |)
""". stripMargin

tableEnv. executeSql( createTableDDL)

val resultTable = tableEnv. sqlQuery( "SELECT * FROM my_table" )
```

在执行完 DDL 语句后，my_table 会自动被注册到 tableEnv 中，可以直接使用 SELECT * FROM my_table 查询数据，并将结果存储在 resultTable 中。

通过流转换得到的 Table 对象，或经过其他方式处理得到的 Table 对象，需要先注册到表环境中，才能进行查询，如通过 createTemporaryView( ) 方法将 Table 对象注册为虚拟表再进行查询，示例如下：

```
// 创建流数据
DataStream<Tuple3<Long, String, Integer>> ds = env. addSource(...);
// 通过 createTemporaryView 注册虚拟表
tableEnv. createTemporaryView( "Orders", ds, $( "user"), $( "product"), $( "amount"));
```

```
// 对虚拟表进行查询
Table result2 = tableEnv.sqlQuery(
"SELECT product, amount FROM Orders WHERE product LIKE '%Rubber%'");
```

Flink 还提供了另一种更简便的方法对 Table 对象进行注册，调用 Table.toString()方法会自动在其表环境中注册表格并返回其名称。因此，Table 对象可以直接嵌入 SQL 查询中：

```
// 创建流数据
DataStream<Tuple3<Long, String, Integer>> ds = env.addSource(...);
// 将流转换为 Table 对象
Table table = tableEnv.fromDataStream(ds, $("user"), $("product"), $("amount"));
// 使用嵌入的方式对表进行注册并查询
Table result = tableEnv.sqlQuery(
"SELECT SUM(amount) FROM " + table + " WHERE product LIKE '%Rubber%'");
```

使用 TableEnvironment.executeSql()方法可以执行 SELECT 查询并将结果收集到本地，该方法会返回 TableResult 类型的对象，表示对 SQL 查询的执行结果，它包含了查询结果的元数据和数据内容。TableResult 对象提供了多个方法，用于获取查询结果、打印查询结果、将查询结果转换为流式数据等。

类似地，也可以使用 Table.execute()方法执行 Table 对象以将查询的内容收集到本地客户端，同样会返回 TableResult 对象。

下面是 TableResult 中常用的方法：

- print()：将查询结果以表格的形式输出到控制台。
- collect()：返回一个可关闭的行迭代器，类型为 CloseableIterator，其中包含了查询结果的每一行数据。注意，除非所有结果数据已被收集，否则查询作业不会结束，实际使用时应主动关闭作业以避免资源泄露，可以通过 CloseableIterator 的 close()方法进行关闭。

在 TableResult 中，结果数据只能被访问一次，因此 collect()和 print()不能依次调用，具体使用示例如下：

```
tableEnv.executeSql("CREATE TABLE Orders (`user` BIGINT, product STRING, " +
"amount INT) WITH (...)");
TableResult tableResult1 = tableEnv.executeSql("SELECT * FROM Orders");
// 使用 try-with-resources 语句可以确保迭代器自动关闭
try (CloseableIterator<Row> it = tableResult1.collect()) {
    while(it.hasNext()) {
        //获取每行数据
        Row row = it.next();
    }
}
// 使用 Table 对象的 execute()方法，并将结果输出到控制台
TableResult tableResult2 = tableEnv.sqlQuery("SELECT * FROM Orders").execute();
tableResult2.print();
```

### 8.2.4 插入数据

当需要将处理后的结果作为报表或仪表板的数据来源，并写到另一个表时，可以使用 INSERT INTO 语句来实现。

单条 INSERT 语句可以使用 TableEnvironment 中的 executeSql()方法执行。使用 executeSql()方法执行 INSERT 语句时会立即提交一个 Flink 作业，并且返回一个 TableResult 对象。通过该

对象，我们可以获取 JobClient，使得对已提交作业的操作变得更方便。

多条 INSERT 语句，使用 TableEnvironment 中的 createStatementSet 创建一个 StatementSet 对象，然后使用 StatementSet 中的 addInsertSql()方法添加多条 INSERT 语句，最后通过 StatementSet 中的 execute()方法来执行。

单条 INSERT 语句的示例如下：

```
// 创建执行环境
val tEnv = TableEnvironment.create(...)

// 注册"Orders"源表和"RubberOrders"输出表
tEnv.executeSql("CREATE TABLE Orders (`user` BIGINT, product STRING, " +
"amount INT) WITH (...)")
tEnv.executeSql("CREATE TABLE RubberOrders(product STRING, amount INT) " +
"WITH (...)")

// 执行一条 INSERT 语句，将源表的数据输出到结果表中
val tableResult1 = tEnv.executeSql(
"INSERT INTO RubberOrders SELECT product, amount FROM Orders WHERE product " +
"LIKE '%Rubber%'")
// 通过 TableResult 来获取作业状态
println(tableResult1.getJobClient().get().getJobStatus())
```

多条 INSERT 语句的示例如下：

```
// 注册一个"GlassOrders"结果表，用于运行多条 INSERT 语句
tEnv.executeSql("CREATE TABLE GlassOrders(product VARCHAR, amount INT) " +
"WITH (...)");

// 运行多条 INSERT 语句，将原表数据输出到多个结果表中
val stmtSet = tEnv.createStatementSet()
// addInsertSql()方法每次只接收单条 INSERT 语句
stmtSet.addInsertSql(
"INSERT INTO RubberOrders SELECT product, amount FROM Orders WHERE product " +
"LIKE '%Rubber%'")
stmtSet.addInsertSql(
"INSERT INTO GlassOrders SELECT product, amount FROM Orders WHERE product " +
"LIKE '%Glass%'")
// 执行刚刚添加的所有 INSERT 语句
val tableResult2 = stmtSet.execute()
// 通过 TableResult 来获取作业状态
println(tableResult1.getJobClient().get().getJobStatus())
```

下面是一个示例代码，通过 datagen 连接器创建一个动态表，再通过 filesystem 连接器创建一个输出表，并将查询结果输出到一个 CSV 文件中。

```
import org.apache.flink.table.api.bridge.scala.StreamTableEnvironment
import org.apache.flink.streaming.api.scala._
class CSVSQLExample {
  def main(args: Array[String]): Unit = {
    val env = StreamExecutionEnvironment.getExecutionEnvironment
    val tEnv = StreamTableEnvironment.create(env)
    // 创建 datagen 动态表
```

```
    tEnv.executeSql(
"""
    CREATE TABLE source (
      id INT,
      name STRING,
      age INT,
      salary DOUBLE
    ) WITH (
      'connector' = 'datagen',
      'rows-per-second' = '10',
      'fields.id.kind' = 'random',
      'fields.id.min' = '1',
      'fields.id.max' = '100',
      'fields.name.length' = '10',
      'fields.age.kind' = 'random',
      'fields.age.min' = '18',
      'fields.age.max' = '60',
      'fields.salary.kind' = 'random',
      'fields.salary.min' = '5000',
      'fields.salary.max' = '10000'
    )
""".stripMargin)

    // 创建 filesystem 输出表
    tEnv.executeSql(
"""
    CREATE TABLE sink (
      id INT,
      name STRING,
      age INT,
      salary DOUBLE
    ) WITH (
      'connector' = 'filesystem',
      'path' = 'D:/test',
      'format' = 'csv',
      'csv.field-delimiter' = ','
    )
""".stripMargin)

    // 查询结果并输出到 sink 表中
    tEnv.executeSql("INSERT INTO sink SELECT * FROM source")
  }
}
```

这个示例中，使用了 tEnv.executeSql( )方法，执行了 DDL 语句，创建了两个表，然后通过 SQL 语句查询 source 表的全部数据，并将结果插入 sink 表中，这样就将查询结果输出到了 CSV 文件中。

## 8.3　窗口处理

### 8.3.1　窗口表值函数

Flink SQL 中提供了一种声明式的方式来定义窗口和计算窗口聚合的函数，称为窗口表值函数（Window Table-valued Functions，窗口 TVF），TVF 可以在无界数据流上计算窗口聚合。Flink SQL 的窗口表值函数包括以下几种。

- TUMBLE Windows（滚动窗口）是一种固定大小的窗口，不会重叠。例如，如果指定一个大小为 5 min 的 TUMBLE Windows，则 Flink 会每 5 min 创建一个新窗口。
- HOP Windows（滑动窗口）是一种可以重叠的窗口，滑动窗口具有固定大小，并沿着时间轴以固定的间隔滑动。窗口之间可能会重叠，例如，如果指定一个大小为 5 min、滑动间隔为 1 min 的 HOP Windows，则 Flink 会创建一个每 1 min 滑动一次的大小为 5 min 的窗口，并在这些窗口之间允许有重叠。
- CUMULATE Windows（累积窗口）是一种根据某个时间戳字段创建的窗口，窗口的结束时间为当前行的时间戳加上一个固定大小的时间跨度。例如，如果指定一个时间跨度为 5 min 的 CUMULATE Windows，则 Flink 会将所有时间戳小于当前行时间戳 5 min 的行分到同一个窗口中。

这些窗口表值函数可以帮助我们实现基于时间的数据分析和处理，如计算过去 5 min 内的某个指标的平均值、窗口内的去重、窗口间的连接等。

TUMBLE、HOP 和 CUMULATE 窗口函数的返回值是一个新的关系，包括原始关系的所有列，以及额外的 3 列“window_start”“window_end”“window_time”，用于表示分配的窗口。在流式处理模式下，“window_time”字段是窗口的时间属性。在批处理模式下，“window_time”字段是基于输入时间字段类型的 TIMESTAMP 或 TIMESTAMP_LTZ 类型的属性。可以在后续的基于时间的操作中使用“window_time”字段，如另一个窗口函数或区间聚合。window_time 的值始终等于窗口结束时间减去 1 ms。

#### 1. TUMBLE

TUMBLE 函数将每个元素分配到指定窗口大小的窗口中。TUMBLE 窗口具有固定的大小，不会重叠。例如，假设指定一个大小为 5 min 的 TUMBLE 窗口，此时，Flink 将评估当前窗口，并且每隔 5 min 开始一个新的窗口，如图 8-1 所示。

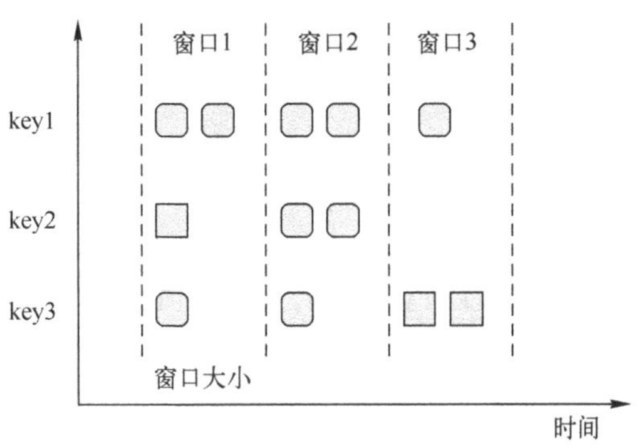

图 8-1　窗口处理函数 TUMBLE 原理图

其语法如下：

```
TUMBLE(TABLE data, DESCRIPTOR(timecol), size [, offset ])
```

其中：

- data 是一个表参数，可以是任何包含时间属性列的关系型表。
- timecol 是一个列描述符，指定哪个时间属性列应该被映射到滚动窗口。
- size 是一个持续时间，用于指定滚动窗口的宽度。

● offset 是一个可选参数，用于指定窗口开始时间的偏移量。

该函数返回一个新的表，其中包括原始表的所有列，以及 3 列额外的列，即“window_start”“window_end”和“window_time”，用于表示分配给该元素的窗口。窗口的大小由参数“size”指定，窗口的开始和结束时间由时间属性“timecol”决定。如果提供了可选参数“offset”，则窗口的开始时间将偏移该时间量。

假设有 bid 表数据，如图 8-2 所示。

**表 8-2 bid 表数据**

| bidtime | price | item |
|---|---|---|
| 2020-4-15 8:05 | 4 | C |
| 2020-4-15 8:07 | 2 | A |
| 2020-4-15 8:09 | 5 | D |
| 2020-4-15 8:11 | 3 | B |
| 2020-4-15 8:13 | 1 | E |
| 2020-4-15 8:17 | 6 | F |

将上述数据存储到本地 CSV 文件中，文件路径为 D:/test/bid. csv，创建表的 DDL 语句如下：

```
CREATE TABLE bid (
    bidtime TIMESTAMP(3),
    price DECIMAL(10, 2),
    item STRING,
    WATERMARK FOR bidtime AS bidtime - INTERVAL '1' SECOND
) WITH (
    'connector' = 'filesystem',
    'path' = 'D:/test/bid. csv',
    'format' = 'csv',
    'csv. field-delimiter' = ',',
);
```

接着对 bid 表进行窗口处理：

```
SELECT * FROM TABLE(
   TUMBLE(TABLE bid, DESCRIPTOR(bidtime), INTERVAL '10' MINUTES));
```

这是使用 TUMBLE 函数对名为 bid 的表进行滚动聚合操作的 SQL 查询语句。它的作用是将 bid 表中的数据按照 bidtime 字段进行分组，每 10min 滚动一次，并对每个时间窗口内的数据进行聚合操作，返回聚合结果。

TUMBLE 函数的第一个参数是待处理的表名 bid；第二个参数是描述时间字段的 DESCRIPTOR()函数，指定时间字段为 bidtime；第三个参数是时间窗口大小，这里是 10min。最终返回的结果包含 6 列数据，分别是 bidtime、price、item、window_start、window_end 和 window_time。其中，window_start 和 window_end 表示时间窗口的起始和结束时间，window_time 表示窗口时间。

返回结果如表 8-3 所示，由于列长的限制，window_end 列省略了最后的“:00. 000”时间字段。

**表 8-3　返回结果**

| bidtime | price | item | window_start | window_end | window_time |
|---|---|---|---|---|---|
| 2020-04-15 08:05:00.000 | 4.00 | C | 2020-04-15 08:00:00.000 | 2020-04-15 08:10 | 2020-04-15 08:09:59.999 |
| 2020-04-15 08:07:00.000 | 2.00 | A | 2020-04-15 08:00:00.000 | 2020-04-15 08:10 | 2020-04-15 08:09:59.999 |
| 2020-04-15 08:09:00.000 | 5.00 | D | 2020-04-15 08:00:00.000 | 2020-04-15 08:10 | 2020-04-15 08:09:59.999 |
| 2020-04-15 08:11:00.000 | 3.00 | B | 2020-04-15 08:10:00.000 | 2020-04-15 08:20 | 2020-04-15 08:19:59.999 |
| 2020-04-15 08:13:00.000 | 1.00 | E | 2020-04-15 08:10:00.000 | 2020-04-15 08:20 | 2020-04-15 08:19:59.999 |
| 2020-04-15 08:17:00.000 | 6.00 | F | 2020-04-15 08:10:00.000 | 2020-04-15 08:20 | 2020-04-15 08:19:59.999 |

可以在上述窗口操作的基础上进行窗口聚合：

```
SELECT window_start, window_end, SUM(price)
  FROM TABLE(
      TUMBLE(TABLE bid, DESCRIPTOR(bidtime), INTERVAL '10' MINUTES))
  GROUP BY window_start, window_end;
```

查询结果如表 8-4 所示。

**表 8-4　查询结果（一）**

| window_start | window_end | price |
|---|---|---|
| 2020-4-15 8:00 | 2020-4-15 8:10 | 11 |
| 2020-4-15 8:10 | 2020-4-15 8:20 | 10 |

完整示例代码如下：

```
import org.apache.flink.streaming.api.scala.StreamExecutionEnvironment
import org.apache.flink.table.api.bridge.scala.StreamTableEnvironment

object TableWindowExample {
  def main(args: Array[String]): Unit = {

    val env = StreamExecutionEnvironment.getExecutionEnvironment
    val tEnv = StreamTableEnvironment.create(env)
    // 创建 datagen 动态表
    tEnv.executeSql(
"""
   CREATE TABLE Bid (
     bidtime TIMESTAMP(3),
     price DECIMAL(10, 2),
     item STRING,
     WATERMARK FOR bidtime AS bidtime - INTERVAL '1' SECOND
) WITH (
     'connector' = 'filesystem',
     'path' = 'D:/test/bid.csv',
     'format' = 'csv',
     'csv.field-delimiter' = ','
);
""".stripMargin)

    val resultTable = tEnv.sqlQuery("SELECT * FROM TABLE(TUMBLE(TABLE Bid, " +
"DESCRIPTOR(bidtime), INTERVAL '10' MINUTES));")
```

```
// resultTable.execute().print()
    var aggResult = tEnv.sqlQuery(
"""
        SELECT window_start, window_end, SUM(price)
        FROM TABLE(
        TUMBLE(TABLE Bid, DESCRIPTOR(bidtime), INTERVAL '10' MINUTES))
        GROUP BY window_start, window_end;
""".stripMargin)
    aggResult.execute().print()

  }
}
```

**2. HOP**

HOP 函数将元素分配到固定长度的窗口中。与 TUMBLE 窗口函数一样，窗口的大小由窗口大小参数配置。额外的窗口滑动参数控制滑动窗口启动的频率。因此，如果滑动窗口的滑动步长小于窗口的大小，则滑动窗口可以重叠。在这种情况下，元素将分配到多个窗口中。

例如，可以使用大小为 10 min、滑动步长为 5 min 的窗口。这样，就可以每 5 min 得到一个窗口，该窗口包含在过去 10 min 内到达的事件，如图 8-2 所示。

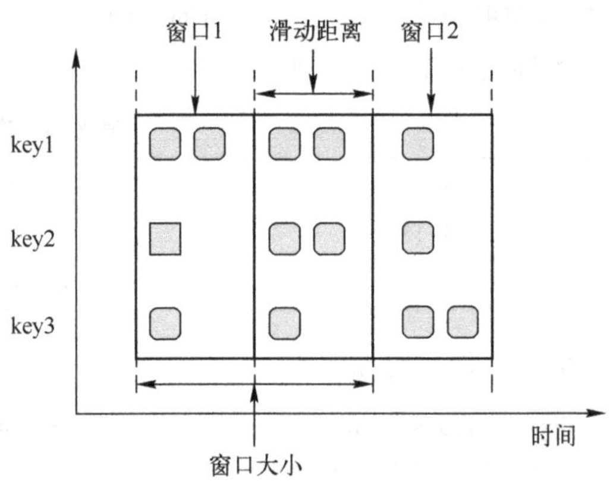

图 8-2　窗口处理函数 HOP 原理图

HOP 函数语法如下：

```
HOP ( TABLE data, DESCRIPTOR ( timecol ),
slide, size, [ offset ])
```

- data 是一个表参数，可以是任何带有时间属性列的关系表。
- timecol 是一个列描述符，指示应将哪个数据的时间属性列映射到滑动窗口。
- slide 是指连续滑动窗口之间的时间间隔。
- size 是指滑动窗口的宽度的持续时间。
- offset 是可选参数，用于指定窗口起始偏移量。

依然对之前的 bid 表进行查询：

```
SELECT * FROM TABLE(
    HOP(TABLE bid, DESCRIPTOR(bidtime), INTERVAL '5' MINUTES, INTERVAL '10' MINUTES));
```

这个查询会对 bid 表按照时间列 bidtime 进行窗口划分，并将窗口大小设置为 10 min，设置滑动窗口大小为 5 min，然后对每个窗口内的数据进行聚合操作，将窗口的开始时间、结束时间以及聚合结果作为输出（见表 8-5）。

**表 8-5　返回结果数据列表（一）**

| bidtime | price | item | window_start | window_end | window_time |
|---|---|---|---|---|---|
| 2020-04-15 08:05 | 4.00 | C | 2020-04-15 08:00 | 2020-04-15 08:10 | 2020-04-15 08:09:59.999 |
| 2020-04-15 08:05 | 4.00 | C | 2020-04-15 08:05 | 2020-04-15 08:15 | 2020-04-15 08:14:59.999 |
| 2020-04-15 08:07 | 2.00 | A | 2020-04-15 08:00 | 2020-04-15 08:10 | 2020-04-15 08:09:59.999 |

（续）

| bidtime | price | item | window_start | window_end | window_time |
|---|---|---|---|---|---|
| 2020-04-15 08:07 | 2.00 | A | 2020-04-15 08:05 | 2020-04-15 08:15 | 2020-04-15 08:14:59.999 |
| 2020-04-15 08:09 | 5.00 | D | 2020-04-15 08:00 | 2020-04-15 08:10 | 2020-04-15 08:09:59.999 |
| 2020-04-15 08:09 | 5.00 | D | 2020-04-15 08:05 | 2020-04-15 08:15 | 2020-04-15 08:14:59.999 |
| 2020-04-15 08:11 | 3.00 | B | 2020-04-15 08:05 | 2020-04-15 08:15 | 2020-04-15 08:14:59.999 |
| 2020-04-15 08:11 | 3.00 | B | 2020-04-15 08:10 | 2020-04-15 08:20 | 2020-04-15 08:19:59.999 |
| 2020-04-15 08:13 | 1.00 | E | 2020-04-15 08:05 | 2020-04-15 08:15 | 2020-04-15 08:14:59.999 |
| 2020-04-15 08:13 | 1.00 | E | 2020-04-15 08:10 | 2020-04-15 08:20 | 2020-04-15 08:19:59.999 |
| 2020-04-15 08:17 | 6.00 | F | 2020-04-15 08:10 | 2020-04-15 08:20 | 2020-04-15 08:19:59.999 |
| 2020-04-15 08:17 | 6.00 | F | 2020-04-15 08:15 | 2020-04-15 08:25 | 2020-04-15 08:24:59.999 |

可以对上述数据进行聚合：

```
SELECT window_start, window_end, SUM(price)
  FROM TABLE(
    HOP(TABLE bid, DESCRIPTOR(bidtime), INTERVAL '5' MINUTES, INTERVAL '10' MINUTES))
  GROUP BY window_start, window_end;
```

查询结果如表 8-6 所示。

**表 8-6　查询结果（二）**

| window_start | window_end | price |
|---|---|---|
| 2020-04-15 08:00 | 2020-04-15 08:10 | 11.00 |
| 2020-04-15 08:05 | 2020-04-15 08:15 | 15.00 |
| 2020-04-15 08:10 | 2020-04-15 08:20 | 10.00 |
| 2020-04-15 08:15 | 2020-04-15 08:25 | 6.00 |

### 3. CUMULATE

CUMULATE（累积）窗口在某些场景下非常有用，例如，在固定窗口间隔中具有早期触发的滚动窗口。例如，每天的仪表板从 00:00 开始，每分钟累积绘制 UV，10:00 时的 UV 代表从 00:00 到 10:00 的累积 UV 数量。通过 CUMULATE 窗口可以轻松高效地实现这一点。

CUMULATE 函数将元素分配给窗口，这些窗口开始于一个固定的初始间隔并随每个步长扩展，直到它们达到最大窗口大小。用户可以将 CUMULATE 函数视为首先应用最大窗口大小的 TUMBLE 窗口，并将每个滚动窗口拆分为多个小窗口，它们以相同的窗口开始时间为起点，但结束时间则是根据步长逐渐增加的。因此，累积窗口是重叠的且没有固定大小（见图 8-3）。

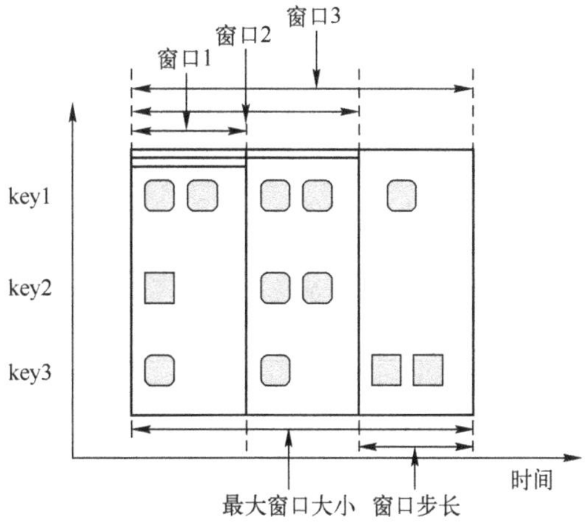


图 8-3　窗口处理函数 CUMULATE 原理图

例如，可以为每天的 1 h 步长和 1 天的最大窗口大小设置累积窗口，将获得以下窗口：[00:00，01:00)，[00:00，02:00)，[00:00，03:00)，…，[00:00，24:00)。CUMULATE 函数基于时间属性列分配窗口。

CUMULATE 函数语法如下：

```
CUMULATE(TABLE data, DESCRIPTOR(timecol), step, size)
```

- data：是一个表参数，可以是任何带有时间属性列的关系。
- timecol：是一个列描述符，指示数据的哪个时间属性列应映射到累积窗口。
- step：是一个持续时间，指定连续累积窗口之间的窗口大小增加量。
- size：是一个持续时间，指定累积窗口的最大宽度。大小必须是步长的整数倍。

对 bid 表进行处理：

```
SELECT * FROM TABLE(
    CUMULATE(TABLE bid, DESCRIPTOR(bidtime), INTERVAL '2' MINUTES, INTERVAL '10' MINUTES));
```

该查询使用了 CUMULATE 函数，对 bid 表进行了窗口分析，窗口的时间范围从窗口开始时间到每个窗口的开始时间加上最大时间跨度。具体地，该函数将 bid 表的数据按照 bidtime 列进行分组，窗口的开始时间从最早的 bidtime 值开始，以 2 min 为步长逐渐向后移动，并且每个窗口最大的时间跨度为 10 min。这意味着，窗口的大小是动态的，从 2 到 10 min 不等。该函数返回的是一个新的关系，其中包含了原始关系中的所有列，以及额外的 3 列，分别是“window_start”“window_end”和“window_time”，用于表示当前行所属窗口的开始时间、结束时间和窗口时间。原始的时间属性列“timecol”在窗口分析之后将变成一个普通的时间戳列。

返回结果数据列表如表 8-7 所示。

**表 8-7 返回结果数据列表（二）**

| bidtime | price | item | window_start | window_end | window_time |
|---|---|---|---|---|---|
| 2020-04-15 08:05 | 4.00 | C | 2020-04-15 08:00 | 2020-04-15 08:06 | 2020-04-15 08:05:59.999 |
| 2020-04-15 08:05 | 4.00 | C | 2020-04-15 08:00 | 2020-04-15 08:08 | 2020-04-15 08:07:59.999 |
| 2020-04-15 08:05 | 4.00 | C | 2020-04-15 08:00 | 2020-04-15 08:10 | 2020-04-15 08:09:59.999 |
| 2020-04-15 08:07 | 2.00 | A | 2020-04-15 08:00 | 2020-04-15 08:08 | 2020-04-15 08:07:59.999 |
| 2020-04-15 08:07 | 2.00 | A | 2020-04-15 08:00 | 2020-04-15 08:10 | 2020-04-15 08:09:59.999 |
| 2020-04-15 08:09 | 5.00 | D | 2020-04-15 08:00 | 2020-04-15 08:10 | 2020-04-15 08:09:59.999 |
| 2020-04-15 08:11 | 3.00 | B | 2020-04-15 08:10 | 2020-04-15 08:12 | 2020-04-15 08:11:59.999 |
| 2020-04-15 08:11 | 3.00 | B | 2020-04-15 08:10 | 2020-04-15 08:14 | 2020-04-15 08:13:59.999 |
| 2020-04-15 08:11 | 3.00 | B | 2020-04-15 08:10 | 2020-04-15 08:16 | 2020-04-15 08:15:59.999 |
| 2020-04-15 08:11 | 3.00 | B | 2020-04-15 08:10 | 2020-04-15 08:18 | 2020-04-15 08:17:59.999 |
| 2020-04-15 08:11 | 3.00 | B | 2020-04-15 08:10 | 2020-04-15 08:20 | 2020-04-15 08:19:59.999 |
| 2020-04-15 08:13 | 1.00 | E | 2020-04-15 08:10 | 2020-04-15 08:14 | 2020-04-15 08:13:59.999 |
| 2020-04-15 08:13 | 1.00 | E | 2020-04-15 08:10 | 2020-04-15 08:16 | 2020-04-15 08:15:59.999 |
| 2020-04-15 08:13 | 1.00 | E | 2020-04-15 08:10 | 2020-04-15 08:18 | 2020-04-15 08:17:59.999 |
| 2020-04-15 08:13 | 1.00 | E | 2020-04-15 08:10 | 2020-04-15 08:20 | 2020-04-15 08:19:59.999 |
| 2020-04-15 08:17 | 6.00 | F | 2020-04-15 08:10 | 2020-04-15 08:18 | 2020-04-15 08:17:59.999 |
| 2020-04-15 08:17 | 6.00 | F | 2020-04-15 08:10 | 2020-04-15 08:20 | 2020-04-15 08:19:59.999 |

对上述结果进行窗口聚合：

```
SELECT window_start, window_end, SUM(price)
  FROM TABLE(
    CUMULATE(TABLE Bid, DESCRIPTOR(bidtime), INTERVAL '2' MINUTES, INTERVAL '10' MIN-
UTES))
  GROUP BY window_start, window_end;
```

查询结果列表如表 8-8 所示。

**表 8-8 查询结果列表**

| window_start | window_end | price |
| --- | --- | --- |
| 2020-04-15 08:00 | 2020-04-15 08:06 | 4.00 |
| 2020-04-15 08:00 | 2020-04-15 08:08 | 6.00 |
| 2020-04-15 08:00 | 2020-04-15 08:10 | 11.00 |
| 2020-04-15 08:10 | 2020-04-15 08:12 | 3.00 |
| 2020-04-15 08:10 | 2020-04-15 08:14 | 4.00 |
| 2020-04-15 08:10 | 2020-04-15 08:16 | 4.00 |
| 2020-04-15 08:10 | 2020-04-15 08:18 | 10.00 |
| 2020-04-15 08:10 | 2020-04-15 08:20 | 10.00 |

## 8.3.2 窗口聚合

Flink 的窗口聚合操作可以将数据流分成固定大小的窗口，并在每个窗口中应用一个聚合函数来计算窗口内的结果。Flink 支持 3 种类型的窗口聚合：TUMBLE、HOP 和 CUMULATE。其中，TUMBLE 窗口是基于固定大小的时间段进行划分的，HOP 窗口是基于重叠的时间段进行划分的，而 CUMULATE 窗口则是对整个时间轴上的数据进行聚合。在流模式下，窗口表值函数的时间属性字段必须是事件时间或处理时间属性之一。在批处理模式下，窗口表值函数的时间属性字段必须是 TIMESTAMP 或 TIMESTAMP_LTZ 类型的属性。

**1. 窗口 TVF 聚合**

使用窗口 TVF 聚合操作时，需要在 GROUP BY 子句中包含应用窗口表值函数的“window_start”和“window_end”列。与常规 GROUP BY 子句的查询类似，具有窗口聚合的 GROUP BY 查询将为每个组计算一个单独的结果行。例如，可以计算每小时的平均温度或每 10 min 的最大订单金额。

使用语法如下：

```
SELECT ...
FROM <windowed_table> // 窗口表值函数
GROUP BY window_start, window_end, ...
```

基于上一小节的 bid 表，使用窗口 TVF 聚合，具体示例如下：

使用 TUMBLE 窗口函数将 bidtime 字段作为时间戳，按照 10 min 的时间间隔划分为不重叠的窗口。然后对每个窗口内的 price 字段进行求和，并按照窗口开始时间和结束时间进行分组，返回每个窗口的开始时间、结束时间与价格总和。

```
SELECT window_start, window_end, SUM(price)
FROM TABLE(
    TUMBLE(TABLE Bid, DESCRIPTOR(bidtime), INTERVAL '10' MINUTES))
GROUP BY window_start, window_end;
```

使用 HOP 窗口函数，将 bid 表作为输入表，将 bidtime 字段作为时间戳，按照 5 min 的滑动间隔和 10 min 的窗口长度进行窗口划分。对每个窗口内的 price 字段进行求和，并按照窗口开始时间和结束时间进行分组，返回每个窗口的开始时间、结束时间与价格总和。

```
SELECT window_start, window_end, SUM(price)
FROM TABLE(
    HOP(TABLE bid, DESCRIPTOR(bidtime), INTERVAL '5' MINUTES, INTERVAL '10' MINUTES))
GROUP BY window_start, window_end;
```

使用 CUMULATE 窗口函数，将 bid 表作为输入表，将 bidtime 字段作为时间戳，按照 2 min 的滑动间隔和 10 min 的窗口长度进行窗口划分。对于每个窗口，将窗口内的所有记录作为一个组，并计算该组内 price 字段的累积总和。最后按照窗口开始时间和结束时间进行分组，返回每个窗口的开始时间、结束时间与价格总和。

```
SELECT window_start, window_end, SUM(price)
FROM TABLE(
    CUMULATE(TABLE bid, DESCRIPTOR(bidtime), INTERVAL '2' MINUTES, INTERVAL '10' MIN-
UTES))
GROUP BY window_start, window_end;
```

**2. OVER 聚合**

在 Flink SQL 中，OVER Aggregation（OVER 子句）用于在分区数据上计算累积或滚动窗口聚合。这种类型的窗口聚合非常适合计算每行数据的累积和、平均值、排名等。OVER 子句在聚合函数内部使用，可以指定窗口的范围以及排序和分区条件。与 GROUP BY 聚合函数相比，OVER 聚合函数不会将结果行数减少到每个组的单个行。相反，OVER 聚合函数会为每个输入行产生一个聚合值。

OVER 聚合的语法如下：

```
SELECT
  agg_func(agg_col) OVER (
    [PARTITION BY col1[, col2, ...]]
    ORDER BY time_col
    range_definition),
  ...
FROM ...
```

假设有一个名为 sales 的表，它包含以下数据：

```
order_id | product_id | price | sale_date
-----------------------------------------
1        | 100        | 10.0  | 2021-09-01
2        | 101        | 20.0  | 2021-09-01
3        | 100        | 30.0  | 2021-09-02
4        | 102        | 15.0  | 2021-09-02
5        | 100        | 25.0  | 2021-09-03
```

可以使用 OVER 子句计算每个产品的累积销售额：

```
SELECT
  order_id,
  product_id,
  price,
  sale_date,
  SUM(price) OVER (PARTITION BY product_id ORDER BY sale_date) AS cumulative_sales
FROM
  sales;
```

查询结果如下：

```
order_id | product_id | price | sale_date   | cumulative_sales
-----------------------------------------------------------------
1        | 100        | 10.0  | 2021-09-01 | 10.0
3        | 100        | 30.0  | 2021-09-02 | 40.0
5        | 100        | 25.0  | 2021-09-03 | 65.0
2        | 101        | 20.0  | 2021-09-01 | 20.0
4        | 102        | 15.0  | 2021-09-02 | 15.0
```

在这个示例中，使用 SUM(price) OVER (PARTITION BY product_id ORDER BY sale_date) 计算了每个产品的累积销售额。PARTITION BY 子句按产品 ID 对数据进行分区，ORDER BY 子句按销售日期对数据进行排序。因此，计算将在每个产品的销售日期范围内进行。

请注意，OVER 子句还可以用于计算其他类型的聚合，如 AVG、MIN、MAX、COUNT 等。此外，可以使用 ROWS BETWEEN 子句来指定窗口的大小，以便在滚动窗口而非累积窗口中计算聚合。

### 8.3.3 窗口连接

Flink 支持在动态表格之间进行各种复杂的连接操作。默认情况下，连接操作的顺序不会被优化，表格的连接顺序与 SQL 中指定的顺序一致，可以通过将更新频率最低的表格放在最前面，将更新频率最高的表格放在最后面，来提高连接操作的性能。在进行连接时需要避免笛卡儿积，否则会导致查询失败。

**1. Regular Joins**

在关系型数据库中，Regular Joins 是最通用的一种连接类型，它可以将两个表格中匹配的记录合并成一个连接结果。在这种类型的连接中，任何新记录或任何一侧的更改都会影响连接结果的整体，例如，将订单表与商品表进行连接，连接的条件为商品的 ID 值。

```
SELECT * FROM Orders
INNER JOIN Product
ON Orders.productId = Product.id
```

Flink 同样支持各种类型的外连接，示例如下：

```
-- 左连接
SELECT *
FROM Orders
LEFT JOIN Product
ON Orders.product_id = Product.id
-- 右连接
SELECT *
FROM Orders
RIGHT JOIN Product
```

```
ON Orders. product_id = Product. id
-- 全连接
SELECT *
FROM Orders
FULL OUTER JOIN Product
ON Orders. product_id = Product. id
```

**2. Interval Joins**

间隔连接（Interval Joins）返回受连接条件和时间约束限制的查询结果。一个间隔连接需要满足以下条件：至少有一个等值连接条件，至少有一个时间约束，可以使用的符号有<、<=、>=、>，表示或使用 BETWEEN 控制范围。此外，它还可以包含一个谓词，用于比较两个输入表中相同类型的时间属性，如处理时间或事件时间。

例如，此查询将把所有订单与其相应的发货信息连接在一起，前提是在收到订单后的 4 h 内发货。

```
SELECT *
FROM Orders o, Shipments s
WHERE o. id = s. order_id
AND o. order_time BETWEEN s. ship_time - INTERVAL '4' HOUR AND s. ship_time
```

以下谓词是有效的间隔连接条件的示例：

- ltime = rtime。
- ltime >= rtime AND ltime < rtime + INTERVAL '10' MINUTE。
- ltime BETWEEN rtime - INTERVAL '10' SECOND AND rtime + INTERVAL '5' SECOND。

### 8.3.4 Top-N

Top-N 查询是指按照某些列的顺序返回最小或最大的 N 个值。在需要根据某些条件仅显示批处理/流处理表的 N 个最低或最高记录时，Top-N 查询非常有用。此结果集可用于进一步分析。

Flink 使用 OVER 窗口子句和过滤条件的组合来表示 Top-N 查询。借助 OVER 窗口 PARTITION BY 子句的功能，Flink 还支持在每个分组中进行 Top-N 查询。例如，实时获取每个类别销售额最高的前 5 个产品。Top-N 查询支持批处理和流处理表上的 SQL。以下是 Top-N 语句的语法：

```
SELECT [column_list]
FROM (
   SELECT [column_list],
     ROW_NUMBER() OVER ([PARTITION BY col1[, col2...]]
       ORDER BY col1 [asc|desc][, col2 [asc|desc]...]) AS rownum
   FROM table_name)
WHERE rownum <= N [AND conditions]
```

- ROW_NUMBER()是一个窗口函数，用于对每一行进行编号，编号按照窗口内的行顺序递增，从 1 开始。目前，Flink 只支持 ROW_NUMBER()作为窗口函数，未来还会支持 RANK()和 DENSE_RANK()。
- PARTITION BY 子句用于指定分区的列，每个分区都会有一个 Top-N 结果。
- ORDER BY 子句用于指定排序的列。

- WHERE 子句中的 rownum <= N 是让 Flink 识别这是一个 Top-N 查询的必要条件，其中的 N 代表要保留的 N 个最小或最大的记录。

以下示例显示了如何在流式表上指定具有 Top-N 的 SQL 查询。这是一个例子，用于获取实时销售额最高的每个类别的前 5 种产品。

```
CREATE TABLE ShopSales (
  product_id    STRING,
  category      STRING,
  product_name STRING,
  sales          BIGINT
) WITH (...);

SELECT *
FROM (
  SELECT *,
    ROW_NUMBER() OVER (PARTITION BY category ORDER BY sales DESC) AS row_num
  FROM ShopSales)
WHERE row_num <= 5
```

这段代码创建了一个名为 ShopSales 的表，该表包含 4 列：product_id 表示产品 ID，category 表示产品类别，product_name 表示产品名称，sales 表示销售额。这里使用了 WITH 子句来设置表的一些属性。

接下来的 SQL 查询用于检索实时销售数据的每个类别中销售额最高的前 5 个产品。查询中的子查询使用了 ROW_NUMBER() 函数，它根据每个类别中的销售额从高到低对每行数据进行排序，并为每个分区分配一个唯一的 row_num 值。然后在外部查询中，将 row_num 限制为"<= 5"，以获取每个类别中销售额最高的前 5 个产品。

Top-N 操作还可以和窗口结合使用。窗口 Top-N 是一种特殊的 Top-N 查询，它返回每个窗口和其他分区键的 N 个最小或最大值。

流式查询与连续表上的普通 Top-N 不同，窗口 Top-N 不会发出中间结果，而仅有最终结果，即窗口结束时的总 Top-N 记录。此外，窗口 Top-N 在不再需要时会清除所有中间状态。因此，如果用户不需要每个记录更新的结果，则窗口 Top-N 查询具有更好的性能。通常，Window Top-N 直接与 Windowing TVF 一起使用。此外，Window Top-N 还可与基于 Windowing TVF 的其他操作一起使用，如窗口聚合、窗口 Top-N 和窗口连接。

Window Top-N 可以采用与常规 Top-N 相同的语法进行定义。需要注意的是，PARTITION BY 子句包含应用于 Windowing TVF 或窗口聚合的关系的 window_start 和 window_end 列。

以下是窗口 Top-N 语句的语法：

```
SELECT [column_list]
FROM (
SELECT [column_list],
ROW_NUMBER() OVER (PARTITION BY window_start, window_end [, col_key1...]
ORDER BY col1 [asc|desc][, col2 [asc|desc]...]) AS rownum
FROM table_name) -- 应用窗口 TVF 的关系
WHERE rownum <= N [AND conditions]
```

下面的示例展示了如何在每个 10 min 的滚动窗口中计算出销售额最高的前 3 个供应商。

bid 表结构如下：

```
CREATE TABLE bid (
bidtime TIMESTAMP(3) ROWTIME,
price DECIMAL(10, 2),
item STRING,
supplier_id STRING,
WATERMARK FOR bidtime AS bidtime - INTERVAL '1' SECOND
)
```

数据如下：

```
+------------------+-------+------+-------------+
|          bidtime | price | item | supplier_id |
+------------------+-------+------+-------------+
| 2020-04-15 08:05 |  4.00 |    A |   supplier1 |
| 2020-04-15 08:06 |  4.00 |    C |   supplier2 |
| 2020-04-15 08:07 |  2.00 |    G |   supplier1 |
| 2020-04-15 08:08 |  2.00 |    B |   supplier3 |
| 2020-04-15 08:09 |  5.00 |    D |   supplier4 |
| 2020-04-15 08:11 |  2.00 |    B |   supplier3 |
| 2020-04-15 08:13 |  1.00 |    E |   supplier1 |
| 2020-04-15 08:15 |  3.00 |    H |   supplier2 |
| 2020-04-15 08:17 |  6.00 |    F |   supplier5 |
+------------------+-------+------+-------------+
```

查询语句如下：

```
SELECT *
  FROM (
    SELECT *, ROW_NUMBER() OVER (PARTITION BY window_start, window_end ORDER BY price
DESC) as rownum
    FROM (
      SELECT window_start, window_end, supplier_id, SUM(price) as price, COUNT(*) as cnt
      FROM TABLE(
        TUMBLE(TABLE bid, DESCRIPTOR(bidtime), INTERVAL '10' MINUTES))
      GROUP BY window_start, window_end, supplier_id
    )
  ) WHERE rownum <= 3;
```

上述查询首先使用嵌套的 SELECT 语句对表进行聚合操作，计算每个窗口（以 10min 为单位）、供应商的总价格和数量。然后，使用 ROW_NUMBER()函数对每个窗口和供应商的数据进行排序，并为每个组中的前 3 个元素分配一个行号。最后，使用外层 SELECT 语句选择行号小于或等于 3 的所有行。

查询结果如下：

```
+------------------+------------------+-------------+-------+-----+--------+
|     window_start |       window_end | supplier_id | price | cnt | rownum |
+------------------+------------------+-------------+-------+-----+--------+
| 2020-04-15 08:00 | 2020-04-15 08:10 |   supplier1 |  6.00 |   2 |      1 |
| 2020-04-15 08:00 | 2020-04-15 08:10 |   supplier4 |  5.00 |   1 |      2 |
| 2020-04-15 08:00 | 2020-04-15 08:10 |   supplier2 |  4.00 |   1 |      3 |
| 2020-04-15 08:10 | 2020-04-15 08:20 |   supplier5 |  6.00 |   1 |      1 |
| 2020-04-15 08:10 | 2020-04-15 08:20 |   supplier2 |  3.00 |   1 |      2 |
| 2020-04-15 08:10 | 2020-04-15 08:20 |   supplier3 |  2.00 |   1 |      3 |
+------------------+------------------+-------------+-------+-----+--------+
```

### 8.3.5 去重

数据去重（Deduplication）是指在一组列中删除重复的行，只保留第一行或最后一行。在某些情况下，上游 ETL 作业没有实现端到端的精准一次处理语义，这可能会导致在故障转移的情况下在 Sink 中出现重复记录。但是，重复记录会影响下游分析作业（如 SUM、COUNT）的正确性，因此在进一步分析之前需要进行去重处理。

Flink 使用 ROW_NUMBER( ) 去除重复记录，就像 Top-N 查询一样。从理论上讲，去重是 Top-N 的一种特殊情况，其中 N 为 1，并按照处理时间或事件时间进行排序。

以下是去重语句的语法：

```
SELECT [column_list]
FROM (
   SELECT [column_list],
     ROW_NUMBER() OVER ([PARTITION BY col1[, col2...]]
       ORDER BY time_attr [asc|desc]) AS rownum
   FROM table_name)
WHERE rownum = 1
```

参数说明：

- ROW_NUMBER( ) 函数可为每一行分配一个唯一的、连续的数字，从 1 开始。
- PARTITION BY 子句指定去重所需的分区列，即去重键。
- ORDER BY time_attr [asc|desc]：ORDER BY 子句指定排序的列，必须是时间属性。目前，Flink 支持处理时间属性和事件时间属性。按照 ASC 顺序排序表示保留第一行，按照 DESC 顺序排序则表示保留最后一行。
- WHERE 子句中的 rownum=1 表示这是一个去重操作。

以下示例展示了如何在流表上指定具有去重功能的 SQL 查询，首先创建示例表：

```
CREATE TABLE Orders (
  order_id     STRING,
  user         STRING,
  product      STRING,
  num          BIGINT,
  proctime AS PROCTIME()
) WITH (...);
```

上述代码定义了一个名为 Orders 的表，它有 4 个列：order_id、user、product 和 num。此外，它还有一个 proctime 列，使用了 PROCTIME( ) 函数，用于生成处理时间属性。

接着根据 order_id 去除重复的行：

```
SELECT order_id, user, product, num
FROM (
  SELECT *,
    ROW_NUMBER() OVER (PARTITION BY order_id ORDER BY proctime ASC) AS row_num
  FROM Orders)
WHERE row_num = 1
```

上述代码根据 order_id 进行分区并按 proctime 属性升序排序，然后对每个分区的行编号，在条件中选择 row_num 为 1 的行。这表示对于具有相同 order_id 的行，它将保留第一次出现的行，并删除所有重复的行。

去重操作也可以结合窗口完成。窗口去重是一种特殊的去重操作，它会移除重复的行且保留窗口和分区键中的第一条或最后一条。对于流式查询，与常规的去重操作不同的是，窗口去重不会生成中间结果，而只在窗口结束时生成最终结果。此外，窗口去重会在不再需要时清除所有的中间状态。因此，如果用户不需要每条记录的更新结果，则窗口去重查询的性能更好。通常，窗口去重直接与窗口函数一起使用。除此之外，窗口去重也可以与基于窗口函数的其他操作一起使用，如窗口聚合、窗口 Top-N 和窗口连接。

窗口去重可以使用与常规去重相同的语法进行定义，窗口去重需要 PARTITION BY 子句包含关系的 window_start 和 window_end 列。Flink 使用 ROW_NUMBER( )来移除重复项，与窗口 Top-N 查询的方式类似。在理论上，窗口去重是窗口 Top-N 的一种特殊情况，其中 N 为 1，按处理时间或事件时间排序。

以下是窗口去重语句的语法：

```
SELECT [column_list]
FROM (
SELECT [column_list],
ROW_NUMBER() OVER (PARTITION BY window_start, window_end [, col_key1...]
ORDER BY time_attr [asc|desc]) AS rownum
FROM table_name) -- 与窗口 TVF 相关的关系
WHERE (rownum = 1 | rownum <=1 | rownum < 2) [AND conditions]
```

参数说明：

- ROW_NUMBER( )是一个窗口函数，可以为每一行分配一个唯一的序号，用于后续的去重操作。
- PARTITION BY 子句指定了用于去重的分区键，其中包含了窗口的起始时间和结束时间，以及其他的分区键。
- ORDER BY 子句指定了用于去重的排序键，必须是时间属性，Flink 支持处理时间属性和事件时间属性，ASC 表示保留第一行，DESC 表示保留最后一行。
- WHERE 子句中的条件指定是去重操作，其中 rownum = 1、rownum < = 1 或 rownum<2 的条件是必需的。

假如有以下数据表：

```
CREATE TABLE Bid (
    bidtime TIMESTAMP(3) METADATA FROM 'timestamp',
    price DECIMAL(10, 2),
    item STRING,
    WATERMARK FOR bidtime AS bidtime - INTERVAL '1' SECOND
)
```

数据如下：

```
+------------------+-------+-------+
|          bidtime | price | item |
+------------------+-------+-------+
| 2020-04-15 08:05 |  4.00 | C     |
| 2020-04-15 08:07 |  2.00 | A     |
| 2020-04-15 08:09 |  5.00 | D     |
| 2020-04-15 08:11 |  3.00 | B     |
| 2020-04-15 08:13 |  1.00 | E     |
```

```
| 2020-04-15 08:17 |   6.00 | F     |
+------------------+-------+-------+
```

以下示例展示如何在每个 10 min 的滚动窗口中保留最后一条记录。

```
SELECT *
  FROM (
      SELECT bidtime, price, item, supplier_id, window_start, window_end,
      ROW_NUMBER() OVER (PARTITION BY window_start, window_end ORDER BY bidtime DESC)
AS rownum
      FROM TABLE(
          TUMBLE(TABLE Bid, DESCRIPTOR(bidtime), INTERVAL '10' MINUTES))
  ) WHERE rownum <= 1;
```

查询结果如下：

```
+------------------+-------+------+-------------+------------------+------------------+--------+
|          bidtime | price | item | supplier_id |     window_start |       window_end | rownum |
+------------------+-------+------+-------------+------------------+------------------+--------+
| 2020-04-15 08:09 |  5.00 |    D |   supplier4 | 2020-04-15 08:00 | 2020-04-15 08:10 |      1 |
| 2020-04-15 08:17 |  6.00 |    F |   supplier5 | 2020-04-15 08:10 | 2020-04-15 08:20 |      1 |
+------------------+-------+------+-------------+------------------+------------------+--------+
```

## 8.4　函数

FlinkSQL 提供了一些内置的系统函数和聚合函数，可以用于数据转换和计算，如时间函数、数学函数和字符串函数。以下是各类常用函数的简要介绍。

时间相关常用函数：

- NOW()：返回当前时间戳（包括日期和时间）。
- CURRENT_DATE()：返回当前日期。
- CURRENT_TIME()：返回当前时间。
- EXTRACT（单位 FROM 时间表达式）：从日期/时间值中提取给定单位（如年、月、日、小时等）的值。
- DATEADD（单位，数量，时间表达式）：在给定的日期/时间值中添加特定单位的数值。
- DATEDIFF（单位，时间表达式 1，时间表达式 2）：计算两个日期/时间值之间给定单位的差值。

数学相关常用函数：

- ABS(x)：返回数字的绝对值。
- CEIL(x)：对数字向上取整。
- FLOOR(x)：对数字向下取整。
- ROUND(x, y)：对数字进行四舍五入，保留 y 位小数。
- MOD(x, y)：计算 x 除以 y 的余数。
- POWER(x, y)：返回 x 的 y 次方。
- SQRT(x)：返回数字的平方根。
- LOG10(x)：计算以 10 为底的对数。

字符串相关常用函数：

- CONCAT(s1, s2, ...)：将多个字符串连接成一个字符串。

- LENGTH(s)：返回字符串的长度。
- UPPER(s)：将字符串中的字符转换为大写。
- LOWER(s)：将字符串中的字符转换为小写。
- LTRIM(s)：删除字符串左侧的空格。
- RTRIM(s)：删除字符串右侧的空格。
- REPLACE(s, search, replace)：在字符串中用 replace 替换 search 子串。
- SUBSTRING(s FROM start [FOR length])：从字符串中提取子串，从指定位置开始，可选地指定长度。
- POSITION(substring IN string)：返回子串在字符串中首次出现的位置。

此外，Flink SQL 还支持用户自定义函数（User-Defined Function，UDF）。UDF 是指用户自行编写的、可以在 SQL 语句中被调用的函数。在 Flink SQL 中，UDF 可以用来扩展 SQL 的功能，使用户可以使用自己定义的函数对数据进行处理和计算。UDF 在 Flink SQL 中通常使用 Java 或 Scala 编写，需要实现特定的接口或继承特定的类，并且需要打包成 jar 文件后才能在 Flink 中使用。

Flink SQL 中的自定义函数可以根据其功能和使用方式进行分类，主要包括以下几类。

1）标量函数（Scalar Function）：将一个或多个输入参数转换为单个输出值的函数，如字符串拼接、数据清洗、数据加密等。

2）表值函数（Table Function）：将一个或多个输入参数转换为多个输出行的函数，如解析 JSON 字符串、提取网页文本等。

3）聚合函数（Aggregate Function）：根据输入的一组值计算单个结果的函数，如计算平均值、求和、最大值、最小值等。

4）表值聚合函数（Table Aggregate Function）：根据输入的一组值计算多个结果的函数，如按照时间窗口统计数据、计算不同类别的商品销售量等。

### 8.4.1 标量函数

自定义标量函数（User-Defined Scalar Function，UDSF）是 Flink SQL 中用于处理一行数据并返回一个值的用户自定义函数。UDSF 需要实现 ScalarFunction 接口，并重写其 eval()方法。该方法接收一行数据，并输出一个值。同时，UDSF 需要在 SQL 中进行声明和注册，才能在 SQL 中使用。

下面是自定义标量函数的使用示例。

首先，用户可以实现一个继承自 ScalarFunction 的类作为函数实现，该类需要实现 eval()方法以实现具体的计算逻辑。例如，以下是一个简单的函数实现，将输入字符串转换为大写：

```
import org.apache.flink.table.functions.ScalarFunction

class UpperCase extends ScalarFunction {
  def eval(s: String): String = {
    s.toUpperCase()
  }
}
```

用户需要将函数实现注册到 Flink SQL 中，以便在 SQL 查询中使用。可以通过以下方式注册函数：

```
val env = TableEnvironment.create(...)
// 注册函数
env.createTemporarySystemFunction("SubstringFunction", classOf[UpperCase])
```

在 SQL 里调用注册好的函数：

```
env.sqlQuery("SELECT upper(name) FROM users")
```

### 8.4.2　表值函数

自定义表值函数（User-Defined Table Function，UDTF）是 Flink 中的一种自定义函数，用于将一条输入记录映射为多条输出记录，常用于将一个输入流转换为多个输出流的场景。

下面是一个简单的 UDTF 实现示例，将输入字符串按照逗号分隔后输出多条记录：

```
import org.apache.flink.table.functions.TableFunction

class SplitFunction extends TableFunction[(String, Int)] {

  def eval(str: String): Unit = {
    val fields = str.split(",")
    fields.foreach(field => collect((field, field.length)))
  }
}
```

该 UDTF 的 eval()方法将输入字符串按逗号分隔后，将每个字段和它的长度作为一个二元组输出。

注册函数：

```
env.createTemporarySystemFunction("SplitFunction", SplitFunction.class);
```

UDTF 可以通过 LATERAL TABLE 语法在 SQL 查询中使用，代码如下：

```
SELECT t.*
FROM MyTable, LATERAL TABLE(SplitFunction(MyTable.field)) AS t(name, length)
```

该 SQL 查询中，使用 LATERAL TABLE 将 MyTable 表的 field 字段作为输入，通过 SplitFunction UDTF 将其拆分为多个输出记录，并将每个字段及其长度作为一个二元组输出。

### 8.4.3　聚合函数

自定义聚合函数（UDAGG）可把一个表（一行或者多行，每行都可以有一列或者多列）聚合成一个标量值。自定义聚合函数通过扩展 AggregateFunction 来实现的。AggregateFunction 需要先创建一个累加器，用于存储聚合的中间结果。通过调用 AggregateFunction 的 createAccumulator() 方法创建一个空的累加器。接下来，对于每一行数据，调用 accumulate()方法来更新累加器。当所有的数据都处理完了之后，通过调用 getValue()方法来计算和返回最终的结果。

下面是一个示例代码，演示如何实现自定义聚合函数。假设有一个 Person 表，包含 name 和 age 两列，需要计算每个人的平均年龄。

首先，需要定义一个继承自 AggregateFunction 的类，代码如下：

```
import org.apache.flink.table.functions.AggregateFunction

class AvgAge extends AggregateFunction[Double, AvgAgeAccumulator] {

  override def createAccumulator(): AvgAgeAccumulator = new AvgAgeAccumulator

  def accumulate(acc: AvgAgeAccumulator, age: Int): Unit = {
    acc.count += 1
    acc.sum += age
  }

  def getValue(acc: AvgAgeAccumulator): Double = {
    acc.sum.toDouble / acc.count
  }
}

class AvgAgeAccumulator {
  var sum: Long = 0L
  var count: Long = 0L
}
```

在上面的示例中，定义了一个名为 AvgAge 的聚合函数，它的输入类型是 Int，输出类型是 Double。累加器类型为 AvgAgeAccumulator，它包含了两个属性，即 sum 和 count，分别用于记录所有年龄的总和与人数。

在 accumulate()方法中，将输入的年龄加入累加器中，同时更新人数计数器。

在 getValue()方法中，计算出每个人的平均年龄，并返回该值。

接下来，可以在 Flink SQL 中使用该聚合函数，示例如下：

```
SELECT name,AvgAge(age) AS avg_age
FROM Person
GROUP BY name
```

在上面的查询中，使用 AvgAge()聚合函数来计算每个人的平均年龄，并按照 name 进行分组。

### 8.4.4 表值聚合函数

自定义表值聚合函数（UDTAGG）可以把一个表（一行或者多行，每行都有一列或者多列）聚合成另一张表，结果中可以有多行多列。

用户自定义表值聚合函数是通过扩展 TableAggregateFunction 类来实现的。TableAggregateFunction 需要一个累加器负责存储聚合的中间结果。通过调用 TableAggregateFunction 的 createAccumulator()方法来构造一个空的累加器。接下来，对于每一行数据，会调用 accumulate()方法来更新累加器。当所有数据都处理完之后，调用 emitValue()方法来计算和返回最终的结果。

以下是一个基本的 TableAggregateFunction 示例。这个示例定义了一个名为 Average 的聚合函数，用于计算输入数值的平均值。

```
import org.apache.flink.table.functions.TableAggregateFunction
import org.apache.flink.types.Row
import org.apache.flink.util.Collector
```

```scala
case class InputValue(value: Int)

class AverageAccumulator(var sum: Long, var count: Long)

class Average extends TableAggregateFunction[Row, AverageAccumulator] {
  override def createAccumulator():
    AverageAccumulator = new AverageAccumulator(0L, 0L)

  def accumulate(accumulator: AverageAccumulator, value: Int): Unit = {
    accumulator.sum += value
    accumulator.count += 1
  }

  def emitValue(accumulator: AverageAccumulator, out: Collector[Row]): Unit = {
    if (accumulator.count > 0) {
      out.collect(Row.of(accumulator.sum / accumulator.count))
    }
  }
}
```

在这个示例中，定义了一个名为 Average 的 TableAggregateFunction。这个聚合函数的作用是计算输入值的平均值。这里创建了一个名为 InputValue 的样例类来存储输入数据。另外，还定义了一个名为 AverageAccumulator 的累加器类，用于存储中间结果。createAccumulator()、accumulate()和 emitValue()方法分别用于创建初始累加器、更新累加器和输出结果。

在 TableAggregateFunctionExample 对象中，创建了一个 Flink 流执行环境和表执行环境，然后根据 DataStream 创建了一个输入表。接下来，注册了 Average()聚合函数，并在输入表上应用了该函数。最后，将结果表转换回 DataStream，打印结果并执行程序。

## 8.5 习题

1）Flink Table API 和 SQL 有什么区别？

2）利用 Table API 和 SQL 从 HBase 中读取任意数据并输出到控制台，列出详细实现步骤。

3）利用 Table API 和 SQL 从 DataGen 连接器中生成模拟数据并将数据写入 HBase，列出详细实现步骤。

4）假设有一个数据表 orders，其中包含订单信息：

```sql
CREATE TABLE orders (
    order_id STRING,
    user_id STRING,
    item_id STRING,
    order_time TIMESTAMP(3),
    price DOUBLE
) WITH (
    'connector' = '...', -- 指定连接器类型，如 'kafka' 'filesystem' 等
    -- 其他连接器相关配置，如 'topic' = '...' 'path' = '...' 等
);
```

① 编写 SQL 语句，计算每个用户的总订单金额。

② 编写 SQL 语句，查询特定时间范围内（如 2023-01-01—2023-01-31）的订单总金额。

5）假设有一个数据表 user_clicks，其中包含用户单击信息：

```
CREATE TABLE user_clicks (
    click_id STRING,
    user_id STRING,
    item_id STRING,
    category_id STRING,
    click_time TIMESTAMP(3)
) WITH (
    'connector' = '...', -- 指定连接器类型，如 'kafka' 'filesystem' 等
    -- 其他连接器相关配置，如 'topic' = '...' 'path' = '...' 等
);
```

编写 SQL 查询每个类别（category_id）下单击次数最多的商品及其单击次数。

# 第9章 Flink Kafka 连接器

本章将介绍 Flink 与 Kafka 之间的连接器。读者将学习如何使用 Flink 的 Kafka 连接器实现与 Kafka 的数据交互，以支持高可靠性的流式数据处理。

## 9.1 Kafka 概述

### 9.1.1 基本概念

Kafka 是由 LinkedIn 公司在 2010 年开发的一个分布式流处理平台。Kafka 采用 Scala 语言编写，最初是为了满足其实时消息传输需求而设计的。在 2011 年，LinkedIn 公司将 Kafka 作为一个开源项目发布到 GitHub 上，并加入 Apache 软件基金会孵化器项目。随着时间的推移，Kafka 逐渐成为业界流处理领域的主流解决方案之一。

Kafka 最初的设计目标是用于高吞吐量的日志收集和处理，其特点是高吞吐量、高可靠性、支持分布式部署、支持数据复制和容错等。它是一个分布式的发布—订阅消息系统，可以处理流式数据，支持水平扩展，可以容易地处理数据流的增长。现在，Kafka 已经成为 Apache 软件基金会的顶级项目之一，并且被广泛应用于各个领域的实时数据处理和分析。

Kafka 是一种分布式流处理平台，主要用于高吞吐量的数据处理，可以用于以下几种场景。

1）消息队列：Kafka 最初被设计为一种高吞吐量的分布式消息队列，可以用于异步通信，同时也可帮助解耦系统之间的依赖关系。这意味着，Kafka 可以存储和转发消息，允许不同的系统或应用程序在异步模式下进行通信，从而解耦系统之间的依赖关系。Kafka 的消息队列架构可用于大规模分布式应用程序的实现，如微服务架构中的事件驱动架构。

2）存储系统：Kafka 还可以用作可扩展的、分布式的、高可靠的数据存储系统，用于存储大规模数据集和日志数据。Kafka 的分区和副本机制提供了高可靠性与高可用性，而且 Kafka 的存储机制可以在集群中水平扩展，使得 Kafka 能够承载大规模数据集和日志数据，从而提供高效的数据存储和读取功能。

3）流处理平台：使用 Kafka 的 Streams API，可以在 Kafka 内部进行数据处理和转换，使得 Kafka 成为一个可扩展的、高性能的流处理平台。Kafka Streams API 提供了许多流处理操作，如过滤、转换、聚合等，而且它可以使用 Kafka 的分布式存储机制进行状态管理，从而允许处理无限量的数据流。使用 Kafka Streams API 可以消除需要将数据从 Kafka 读取到另一个流处理引擎中的复杂性，提高数据处理效率和减少延迟。

4）日志收集器：Kafka 可以用作日志收集器，通过 log4j 或 logback 等日志框架，将应用程序产生的日志数据发送到 Kafka 集群中，方便进行日志分析和监控。将日志数据存储在 Kafka

集群中，可以方便地进行日志的收集、存储、分析和监控。另外，Kafka 还可以通过结合其他工具（如 Elasticsearch、Logstash 和 Kibana（ELK）等）实现更加全面的日志管理和分析。

Kafka 是一个分布式系统，它的集群架构由以下几个重要的部分构成，如图 9-1 所示。

- Producer：消息生产者，负责产生消息并将其发布到 Kafka 集群中。Producer 通常采用异步方式发送消息，从而实现高吞吐量和低延迟。
- Broker：Kafka 集群中的一个节点，负责存储消息和服务消费者请求。Broker 通常部署在多台服务器上，每个 Broker 都是一个独立的节点，具有唯一的 ID 和主题分区的副本。每个分区都在集群中的一个 Broker 上有一个副本，可以有多个副本，以提高可用性。
- Consumer：消息消费者，从 Kafka 集群中订阅一个或多个主题，并消费其中的消息。Consumer 消费消息时可以按照分区来进行，也可以按照主题来进行。
- ZooKeeper：Kafka 集群依赖于 ZooKeeper 来存储和管理元数据，如主题、分区、Broker 等信息。ZooKeeper 还负责管理 Kafka 的控制器，并协调分布式系统中的各种操作。

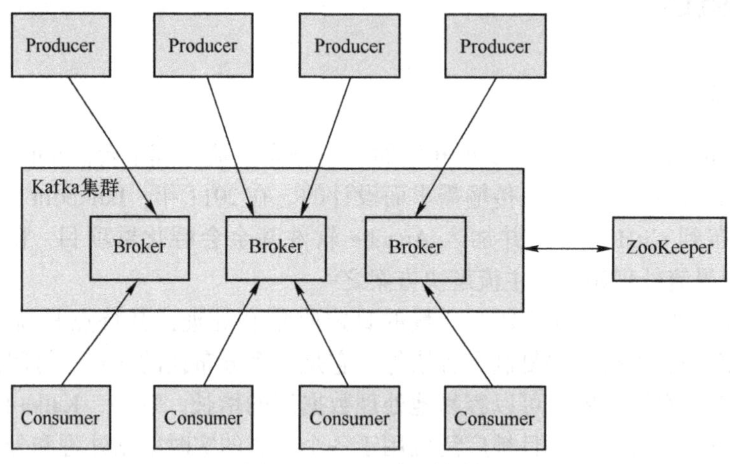


图 9-1　Kafka 集群架构

在 Kafka 中，生产者向 Topic 发布消息，消费者从 Topic 中订阅消息。Topic 是一个逻辑上的概念，用于区分不同的消息流。可以将一个 Topic 看作一个消息分类，所有相同类别的消息都会被发布到同一个 Topic 中。

Kafka 提供了两种消费模式：一种是消息队列模式，另一种是发布—订阅模式。

- 在消息队列模式中，多个消费者可以从一个主题的不同分区消费消息。每个分区的消息都会按照顺序被消费，不同分区之间的消息进行消费是独立的。在这种模式下，同一分区的消息只会被一个消费者消费，这种方式可以保证消费的顺序性，同时也可以保证每个消息只被处理一次。这种模式适用于需要对消息进行顺序处理的场景，如日志处理。
- 在发布—订阅模式中，多个消费者可以同时消费同一主题的消息。每个消费者都会接收到相同的消息。这种模式适用于需要对消息进行广播的场景，如实时数据推送。需要注意的是，在发布—订阅模式下，由于每个消费者都会接收到相同的消息，因此不适合需要保证消息顺序的场景。

每个 Topic 都可以被分为一个或多个分区（Partition），每个分区又可以被存储在不同的 Broker 节点上，这种分区机制是 Kafka 实现高吞吐量和横向扩展的关键。每个分区都是一个有序的消息序列，并且每个分区中的消息都会被分配一个唯一的 ID，称为 Offset。分区的作用在于实现了消息的并行处理和水平扩展。

分区的数量通常由 Topic 的负责人根据实际需求和可用资源来配置，分区的数量对 Kafka 集群的性能和可伸缩性都有很大的影响。如果分区数量过少，那么可能会导致单个 Broker 的负载过重；而如果分区数量过多，则可能会导致管理和维护的复杂度过高。每个分区在实际存储中都对应一个物理文件，这些物理文件存储着生产者发布到该 Topic 中的所有消息。

### 9.1.2 环境准备

从 Kafka 2.8.x 开始不再支持 Java 8，需要使用 Java 11 或以上版本。Kafka 2.x 版本则要求 Java 8 或以上版本，目前企业中使用最多的 Kafka 是 2.0 以上的版本。本节将使用 Kafka 2.6.3 版本，其中 Scala 的版本为 2.12。Kafka 2.x 版本除了依赖 Java 环境外，还需要使用 ZooKeeper。Kafka 中内置了 ZooKeeper 组件，也可以使用单独配置的 ZooKeeper 服务。如果使用单独配置的 ZooKeeper，则要求版本是 ZooKeeper 3.4.x 或 3.5.x。

接下来详细介绍 Kafka 的环境安装配置步骤。

**1. ZooKeeper 安装与配置**

ZooKeeper 是一个开源的分布式协调服务，具有管理大型分布式系统中的配置信息、命名、提供分布式锁和协调等功能。ZooKeeper 最初由雅虎研发团队开发，后来成为 Apache 软件基金会的一部分。它是一个高可用、高可靠性、高性能的分布式协调系统，被广泛用于 Hadoop、HBase、Kafka 等分布式系统中。

第一步，下载 ZooKeeper 安装包，访问 Apache ZooKeeper 官网下载页面，地址为 https://zookeeper.apache.org/releases.html，选择需要的版本，下载二进制版本的压缩包。此处选择 Apache ZooKeeper 3.5.10 版本。

第二步，将下载的安装包上传到 CentOS 系统，解压到指定目录，此处将 ZooKeeper 解压至/opt/server/目录下：

```
tar -zxvf apache-zookeeper-3.5.10-bin.tar.gz -C /opt/server/
```

第三步，配置 ZooKeeper 到系统环境变量，以方便使用 zookeeper 命令，编辑/etc/profile 文件，将 ZooKeeper 的 bin 目录路径导入 PATH 中：

```
export ZOOKEEPER_HOME=/opt/server/apache-zookeeper-3.5.10-bin
export PATH=${PATH}:$ZOOKEEPER_HOME/bin
```

通过 source 命令使其生效：

```
source /etc/profile
```

第四步，进入 ZooKeeper 的 conf 目录，修改配置文件，复制一份 zoo_sample.cfg，并重命名为 zoo.cfg，作为 ZooKeeper 的配置文件。然后，编辑 zoo.cfg 文件。zoo.cfg 文件的内容如下：

```
tickTime=2000
dataDir=/var/lib/zookeeper/data
dataLogDir=/var/lib/zookeeper/log
clientPort=2181
initLimit=5
syncLimit=2
```

参数含义如下：

1）tickTime：表示 ZooKeeper 服务器之间或客户端与服务器之间维持心跳的时间间隔，单位为毫秒。默认值是 2000 ms，即 2 s。

2）dataDir：ZooKeeper 服务器保存数据的目录。默认是 /tmp/zookeeper，可以通过修改配置文件更改为其他目录。在 dataDir 目录下，ZooKeeper 会创建一个名为 myid 的文件，用于标识当前服务器的 ID。

3）dataLogDir：ZooKeeper 服务器保存事务日志的目录。默认是 dataDir 目录下的 dataLogDir 子目录，也可以通过修改配置文件更改为其他目录。

4）clientPort：ZooKeeper 服务器监听客户端连接的端口号。默认是 2181。

5）initLimit：表示 ZooKeeper 服务器初始化连接时，允许客户端和服务器建立连接的最大时间，单位为 tickTime 的倍数。默认值是 10，即 20 s。

6）syncLimit：表示 ZooKeeper 服务器与客户端之间维持同步的时间间隔，单位为 tickTime 的倍数。默认值是 5，即 10 s。

配置文件中涉及的数据目录和日志目录需要进行创建：

```
mkdir -p /var/lib/zookeeper/data
mkdir -p /var/lib/zookeeper/log
```

在 ZooKeeper 的数据目录（通常在配置中使用 dataDir 参数指定，如/var/lib/zookeeper/data）下创建一个 myid 文件，并写入任意的数值，如 0，用于标识当前服务器的 ID，也就是集群中服务器的编号。需要注意的是，多台服务器的 ID 不能相同。此文件也可以由 ZooKeeper 生成。

第五步，启动 ZooKeeper，进入 ZooKeeper 的 bin 目录下，然后执行命令启动 ZooKeeper：

```
./zkServer.sh start
```

至此，单节点的 ZooKeeper 安装配置已经完成。在生产环境中一般使用集群模式，集群模式下，需要在 zoo.cfg 文件中添加以下配置，如使用 3 台机器搭建集群，配置示例如下：

```
server.1=zkserver1:2888:3888
server.2=zkserver2:2888:3888
server.3=zkserver3:2888:3888
```

这段内容是指 ZooKeeper 集群中每个节点的配置信息。其中，server.x 参数表示 ZooKeeper 集群中的每个节点，数字“1”“2”“3”表示当前节点的 ID，也就是 myid 文件中的数值，需要在每个节点的配置中指定一个唯一的 ID。“zkserver1”“zkserver2”“zkserver3”表示节点的主机名或 IP 地址。“2888”表示当前节点与其他节点进行通信的端口号，“3888”表示当前节点用于选举 Leader 的端口号，这两个端口一般情况下不需要改动。如果需要修改，那么所有节点都需要修改，但要保证相互之间通信的端口和选举的端口一致。配置完成后需要在每个节点使用 zkServer.sh start 启动 ZooKeeper 服务。

如果需要关闭 ZooKeeper 服务，则可以使用以下命令来停止：

```
./zkServer.sh stop
```

检查 ZooKeeper 的状态可以使用以下命令：

```
./zkServer.sh status
```

**2. Kafka 安装与配置**

完成 ZooKeeper 的安装配置后，接下来介绍 Kafka 的安装配置步骤。在此之前，需要保证服务器中已经安装了 Java 环境，JDK 的配置在之前的章节已经详细介绍过，此处不再叙述。

第一步，下载 Kafka 安装包，访问 Apache Kafka 官网下载页面，地址为 https://kafka.apache.org/downloads，选择需要的版本，下载二进制版本的压缩包，此处选择 kafka_

2.12-2.6.3 版本，2.12 表示编译 Kafka 所使用的 Scala 版本，即使用的 Scala 版本是 2.12。这个版本号通常会包含在 Kafka 发行版的文件名中。在 Kafka 的发行版中，会提供多个版本的包，不同版本的包中会使用不同的 Scala 版本进行编译。因此，在选择适合自己的 Kafka 版本时，需要根据自己所使用的 Scala 版本来选择对应的 Kafka 版本。

第二步，将下载的安装包上传到 CentOS 系统，解压到指定目录，此处将 Kafka 解压至 /opt/server/目录下：

```
tar -zxvf kafka_2.12-2.6.3.tgz -C /opt/server/
```

第三步，配置 Kafka 到系统环境变量，以方便使用 kafka 命令，编辑/etc/profile 文件，将 Kafka 的 bin 目录路径导入 PATH 中：

```
export KAFKA_HOME=/opt/server/kafka_2.12-2.6.3
export PATH=${PATH}:$KAFKA_HOME/bin
```

第四步，进入 Kafka 的 config/目录，修改 Kafka 的配置文件 server.properties，要修改的参数如下：

```
broker.id=0
listeners=PLAINTEXT://localhost:9092
log.dirs=/var/lib/kafka-logs
zookeeper.connect=localhost:2181/kafka
```

参数含义如下：

- broker.id=0：这个参数是标识一个 Kafka Broker 的唯一 ID。通常，在一个 Kafka 集群中，每个 Broker 的 ID 都是不同的。该参数的取值范围是非负整数，表示 Broker 的 ID 编号。当集群中新增或者减少 Broker 时，需要相应地修改各个 Broker 的 broker.id，以确保唯一性。
- listeners=PLAINTEXT://localhost:9092：这个参数指定 Kafka Broker 监听的客户端连接的协议、IP 地址和端口号。其中，PLAINTEXT 指明了协议类型，localhost 指明了监听的 IP 地址，9092 指明了监听的端口号。可以配置多个 listeners，用逗号隔开。
- log.dirs=/var/lib/kafka-logs：这个参数指定 Kafka Broker 存储日志数据的路径。每个 Broker 都会存储多个分区的数据，每个分区对应一个目录。该参数的取值是一个目录路径，表示所有分区日志数据存储的根目录，此目录会自动创建。
- zookeeper.connect=localhost:2181/kafka：这个参数指定了 ZooKeeper 服务器的地址和端口号，以及 Kafka 的根目录。其中，localhost 指明了 ZooKeeper 服务器所在的 IP 地址，2181 指明了 ZooKeeper 监听的端口号，/kafka 表示会在 ZooKeeper 根目录下创建/kafka，以方便管理。

如果是以集群模式安装 Kafka，则需要保证每个节点的 broker.id 是唯一的，之后再启动各节点的服务。在启动 Kafka 之前需要保证 ZooKeeper 服务处于启动的状态。

启动 Kafka 的命令如下：

```
bin/kafka-server-start.sh config/server.properties
```

如果需要在后台运行 Kafka 和 ZooKeeper，则可以添加以下参数：

```
bin/kafka-server-start.sh -daemon config/server.properties
```

可以通过 jps 命令查看 Kafka 服务进程是否已经启动，示例如下：

```
[root@ server kafka_2. 12-2. 6. 3]# jps
9225 Kafka
9258 Jps
1997 QuorumPeerMain
```

如果需要关闭 Kafka 服务，则可以使用 Kafka 的命令行工具。进入 Kafka 的安装目录下的 bin 目录，运行以下命令停止 Kafka：

```
./kafka-server-stop. sh
```

也可以通过操作系统的进程管理工具进行关闭，运行以下命令来查找 Kafka 进程的 PID：

```
ps -ef | grep kafka
```

找到 Kafka 进程的 PID 后，运行以下命令杀死进程：

```
kill <PID>
```

其中，<PID> 为 Kafka 进程的 PID。需要注意的是，如果 Kafka 配置了多个 Broker，则需要分别停止每个 Broker。另外，停止 Kafka 之前需要确保所有的生产者和消费者都已经关闭。

## 9.2 生产者与消费者

### 9.2.1 Topic 操作

在 Kafka 中，Topic 指的是发布和订阅的主题或分类，用于区分消息的不同种类。每个 Topic 都可以有多个分区，每个分区都可以分布在不同的 Broker 上，以实现分布式存储和负载均衡。生产者将消息发布到指定的 Topic 中，消费者从 Topic 中订阅消息并消费，实现了解耦和数据流的可扩展性。Topic 也可以设置不同的配置，如副本数、分区数、清理策略等，以满足不同的业务需求。

接下来介绍 Topic 常用的命令行操作，包括 Topic 的创建、查看、删除、修改等操作。

所有的 Topic 命令行操作均通过 bin 目录中的 kafka-topics. sh 脚本完成，可以通过运行以下命令查看 Topic 命令行操作的参数及作用：

```
bin/kafka-topics. sh
```

Topic 操作常用参数如表 9-1 所示。

表 9-1　Topic 操作常用参数

| 参　数 | 含　义 |
|---|---|
| --bootstrap-server | Kafka 集群的地址，格式为 host1:port1,host2:port2,… |
| --create | 创建主题 |
| --delete | 删除主题 |
| --list | 列出所有的主题 |
| --describe | 查看主题详情 |
| --alter | 修改主题 |
| --topic | 指定主题 |
| --partitions | 指定主题的分区数 |
| --replication-factor | 指定主题的副本数 |
| --config | 主题级别的配置参数，格式为 key=value |
| --help | 查看帮助信息 |

在 Kafka 中创建 Topic 可以使用以下命令，格式如下：

```
bin/kafka-topics.sh --create --topic <topic_name> --bootstrap-server <bootstrap_server_host>:<bootstrap_server_port> [--replication-factor <num_replicas>] [--partitions <num_partitions>] [--config <key=value>]
```

其中，<topic_name>是要创建的 Topic 名称；<bootstrap_server_host>:<bootstrap_server_port>是 Kafka 集群的任意一个 Broker 的连接地址，用于指定创建 Topic 时要加入的 Kafka 集群；<num_replicas>指定 Topic 的副本数，默认是 1；<num_partitions>指定 Topic 的分区数，默认是 1；<key=value>用于指定其他的配置属性。

需要注意的是，在 Kafka 2.8.0 版本之前，命令行工具需要指定-zookeeper 参数来连接 ZooKeeper，并从 ZooKeeper 获取 Kafka 集群的信息，包括 Broker 的地址和端口号等。在 Kafka 2.8.0 版本中，Kafka 集群的元数据不再存储在 ZooKeeper 中，而是使用内部的元数据管理协议。这意味着，使用 Kafka 2.8.0 及更高版本时，不再需要连接 ZooKeeper 来获取元数据，而是使用--bootstrap-server 参数来指定引导服务器的地址。

具体使用示例如下：

```
bin/kafka-topics.sh --create --topic test --bootstrap-server localhost:9092
#显示信息如下
Created topic test.
```

查看创建的 test 主题的详细信息：

```
bin/kafka-topics.sh --describe --topic test --bootstrap-server localhost:9092
#显示信息如下
Topic: test PartitionCount: 1ReplicationFactor: 1    Configs: segment.bytes=1073741824
Topic: test Partition: 0    Leader: 0    Replicas: 0    Isr: 0
```

显示信息含义如下：

- PartitionCount：1，表示该 Topic 有一个分区。
- ReplicationFactor：1，表示该 Topic 的每个分区只有一个副本。
- Configs：segment.bytes=1073741824，表示该 Topic 的配置中设置了“segment.bytes”参数为 1073741824。segment.bytes 是 Kafka 中用于控制分段文件大小的配置项，它指定了一个分段文件的最大大小。当一个分段文件达到了指定的大小后，Kafka 会创建一个新的分段文件来持久化更多的消息。
- Partition：0，表示该 Topic 的第一个分区的编号为 0。
- Leader：0，表示该 Topic 的第一个分区的 Leader 副本所在的 Broker 的编号为 0。
- Replicas：0，表示该 Topic 的第一个分区的所有副本所在的 Broker 编号为 0（因为 ReplicationFactor 为 1，所以只有一个副本）。
- Isr：0，表示该 Topic 的第一个分区的 In-Sync Replicas（ISR）中只有一个副本，即在 Broker 编号为 0 的 Broker 上的那个副本。

主题创建后，可以根据需求对主题进行修改，如分区数、副本数量等。注意，Kafka 中一个 Topic 的分区数只能增加，不能减少。因为减少分区数可能导致数据的丢失或不一致，而增加分区数则可以更好地支持更高的吞吐量。如果需要减少分区数，则需要采取备份数据、停机维护等措施，具体操作较为烦琐且风险较高，因此不被推荐。以下命令将 test 主题的分区数修改为 3：

```
bin/kafka-topics.sh --alter --topic first --partitions 3 --bootstrap-server localhost:9092
```

再次查看 test 主题信息会发现分区数已经增加，具体操作如下：

```
bin/kafka-topics.sh --describe --topic test --bootstrap-server localhost:9092
#信息如下
Topic: test PartitionCount: 3 ReplicationFactor: 1     Configs: segment.bytes=1073741824
Topic: test Partition: 0     Leader: 0    Replicas: 0Isr: 0
Topic: test Partition: 1     Leader: 0    Replicas: 0Isr: 0
Topic: test Partition: 2     Leader: 0    Replicas: 0Isr: 0
```

可以通过以下命令查看创建的所有主题：

```
bin/kafka-topics.sh --list --topic test --bootstrap-server localhost:9092
```

### 9.2.2 消息发送及消费

Kafka 生产者和消费者是 Kafka 消息系统的两个关键组件，分别用于将消息发送到 Kafka 集群和从 Kafka 集群消费消息。

**1. 生产者操作**

当应用程序通过 Kafka 提供的 API 向某个 Topic 发送消息时，API 会将消息按照指定的分区策略（默认为轮询）发送给指定的 Broker 节点，Kafka 生产者首先会将消息缓存到本地的内存缓冲区（RecordAccumulator），等待发送。这个缓冲区有两个主要的参数：缓冲区大小和缓冲区时间。如果缓冲区满了或者等待时间到了，那么缓冲区中的消息会被发送给 Broker 节点。

在发送消息之前，生产者会根据 Broker 的元数据信息获取每个分区的 Leader Broker，将消息发送给 Leader Broker，Broker 节点收到生产者发来的消息后，首先会写入本地磁盘，然后将消息发送给分区的所有副本（Replica），包括 ISR（In-Sync Replicas）和 OSR（Out-of-Sync Replica）。当 ISR 中的所有副本都写入成功后，Leader 会向生产者发送 ACK（Acknowledgement），表示消息已经成功写入 Kafka。如果 ISR 中的副本写入失败或者没有收到 ACK，那么 Kafka 会根据副本的复制策略（默认为 acks=1）进行重试或者抛出异常。

当 Broker 节点收到消息后，消息会被追加到该分区的消息日志（Log）中。Kafka 中的每个分区都有自己的消息日志，该日志以 Topic 和 Partition 的方式进行命名。消息日志是 Kafka 的核心数据存储结构，也是 Kafka 高吞吐率和持久化的关键所在。

Kafka 提供了命令行工具 kafka-console-producer.sh 来进行生产者的命令行操作，它可以将文本行输入发送到指定主题的分区中，在发送消息时可以使用--bootstrap-server 参数指定连接的 Broker 地址，使用--topic 指定消息发送到哪个主题中，具体使用示例如下：

```
bin/kafka-console-producer.sh --topic test --bootstrap-server localhost:9092
```

执行上述命令后会启动一个命令行生产者，连接到本地主机上的 Kafka 服务器，并向名为“test”的主题发送消息。此时，命令行会处于阻塞状态，等待发送消息。

**2. 消费者操作**

Kafka 的消息消费采用拉取（Pull）模式。消费者主动向 Broker 发起消息拉取请求，获取数据，Broker 会返回待消费消息的偏移量信息（Offset）。消费者接收到偏移量后，从指定分区（Partition）的指定偏移量（Offset）处开始拉取消息。消费者将消息拉取到本地进行消费，处理消息并更新当前的偏移量，同时消费者会定期将当前消费的偏移量提交给 Kafka 集群，用于记录该消费者的消费进度。如果消费者发生崩溃或者停机，那么当其重新启动后，将从上次提交的偏移量处继续消费。

拉取模式相比于消息推送（Push）模式具有更好的灵活性和控制能力，可以根据消费者的能力自由控制消息的处理速度和流量。另外，Kafka 还支持多个消费者组同时消费同一个 Topic，消费者组内部的消费者可以并行消费消息，从而提高消息消费的并发性和吞吐量。

Kafka 提供了命令行工具 kafka-console-consumer.sh，可以创建一个简单的消费者实例。例如，以下命令创建了一个从 test 主题读取消息的消费者：

```
bin/kafka-console-consumer.sh --bootstrap-server localhost:9092 --topic test
```

在默认情况下，该命令会从最新的消息开始消费。如果要从最早的消息开始消费，则可以添加 --from-beginning 参数：

```
bin/kafka-console-consumer.sh --bootstrap-server localhost:9092 --topic test --from-beginning
```

此时将会获取到主题下的所有消息，包括之前的历史消息。

### 9.2.3　容错机制

Kafka 作为一款分布式消息系统，具备很强的容错机制，能够保证在节点故障、网络抖动等异常情况下，仍然能够保证数据的可靠传输和一致性。在 Kafka 中，有多种容错机制来保证数据的可靠性，包括副本机制、ISR 机制、数据持久化机制等。下面对这些机制进行详细介绍。

**1. 副本机制**

Kafka 中的副本机制是指将一个分区的数据副本保存在多个 Broker 节点上，以确保数据的可靠性和高可用性。每个分区的原始数据都保存在一个 Broker 节点上，并且该节点被称为 Leader 副本。同时，为了提高数据的可靠性，每个分区中会有多个副本保存在其他的 Broker 节点上，这些节点被称为 Follower 副本。Leader 副本负责接收和处理来自生产者的消息，同时将消息复制到 Follower 副本。在 Leader 副本失效的情况下，Follower 副本可以接替 Leader 副本的角色，继续处理来自生产者的消息。具体来说，Kafka 的副本机制包括以下几个方面。

1）副本的复制方式：Kafka 采用基于日志的方式进行数据的复制，即 Leader 副本将接收到的消息以追加日志的方式写入本地磁盘中，同时将写入的消息异步地复制到 Follower 副本的磁盘中。Follower 副本会定期地向 Leader 副本发送拉取请求，以获取最新的消息，保持和 Leader 副本的数据同步。

2）副本的同步方式：Kafka 采用两种同步方式来保证数据的一致性，即同步复制和异步复制。同步复制是指 Follower 副本在接收到消息后必须将消息写入磁盘并向 Leader 副本发送确认消息，确认消息接收成功后才能向生产者发送 ACK 响应。异步复制是指 Follower 副本可以将消息异步地复制到本地磁盘中，并不需要等待确认消息的到达，因此异步复制的效率更高，但是存在数据不一致的风险。

3）副本的选举机制：当 Leader 副本失效时，Kafka 会自动地进行 Leader 副本的选举。首先，每个 Follower 副本都会向 ZooKeeper 上的 Controller 节点发送心跳请求，以确认自己是否还存活。Controller 节点会记录每个副本的状态，并在 Leader 副本失效后，从副本列表中选取一个具有最新日志的副本作为新的 Leader 副本。

4）副本的分配机制：Kafka 会根据 Broker 节点的负载情况和数据分布情况来分配副本。在创建分区时，Kafka 会将副本分配到不同的 Broker 节点上，以确保数据的可靠性和高可用性。如果某个 Broker 节点失效，那么 Kafka 会自动地将该节点上的副本迁移到其他节点上，以保证数据的完整性和可用性。

**2. ISR 机制**

ISR（In-Sync Replicas）机制是 Kafka 中的一项重要机制，用于保证副本之间的数据一致性，以及确保 Kafka 数据的可靠性和一致性。

在 Kafka 中，每个分区都有多个副本，其中的一个副本为 Leader 副本，其余副本为 Follower 副本。Leader 副本负责处理生产者发来的消息并将其写入本地日志，同时负责响应消费者的读请求；Follower 副本则负责从 Leader 副本同步数据，保证和 Leader 副本数据的一致性。ISR 机制要求，只有 ISR 中的副本与 Leader 副本的数据一致，才能够作为新的 Leader 副本，从而确保数据的一致性和可靠性。

在 Kafka 中，每个副本都有一个 LEO（Log End Offset）值，表示该副本已经同步的消息的最大偏移量。Kafka 会将 ISR 中的每个副本的 LEO 值相减，得到 ISR 的大小。LEO 表示每个副本的日志中已经被完全复制到 ISR 中的最后一条消息的偏移量。这个值表示该副本的数据已经和 Leader 副本的数据一致，因此只有 ISR 中的副本才会被认为是数据一致的，才能被选举为新的 Leader 副本。通过计算 ISR 的大小，Kafka 可以判断是否需要进行 Leader 副本的重新选举，以及哪些副本可以作为新的 Leader 副本。当生产者向 Leader 副本发送消息时，Leader 副本会将该消息追加到本地日志，并向 ISR 中的所有副本发送确认消息，等待 ISR 中的所有副本同步该消息后，才向生产者发送确认消息。

当 Follower 副本由于某些原因未能及时同步 Leader 副本的数据时，ISR 机制会自动地将该副本从 ISR 中移除。如果某个 Follower 副本的 LEO 值超出了 ISR 中的副本的 LEO 值，那么该 Follower 副本会被视为失效副本，不再属于 ISR 中的副本。此时，Leader 副本会将消息发送给 ISR 中的其他副本，重新建立一致性。当失效副本恢复正常后，如果它的数据和 Leader 副本的数据一致，那么它会重新加入 ISR 中。

需要注意的是，ISR 机制并不是绝对的，它会受到多个因素的影响。例如，如果 ISR 中的副本长时间未能同步 Leader 副本的数据，或者 ISR 中的副本数量不足，那么都可能导致 ISR 机制失效，从而影响数据的可靠性和一致性。因此，在实际应用中，需要根据具体情况进行合理配置和优化，以保证 ISR 机制的有效性。

**3. 数据持久化机制**

Kafka 的数据持久化机制主要包括两部分：消息存储和日志清理。

在 Kafka 中，消息会被持久化地存储在磁盘中。具体来说，Kafka 使用了一个基于日志的存储模型，它将消息存储为一个个的日志，每个日志都称为一个分区（Partition），每个分区又由若干个日志片段（Log Segment）组成。当生产者发送消息时，Kafka 会将消息追加到对应分区的当前日志片段中，并在内存中记录该消息的偏移量（Offset），以便消费者可以准确地消费消息。

Kafka 将每个分区中的消息存储在一个文件中，称为日志片段（Log Segment）。日志片段的大小由 Broker 级别的参数 log. segment. bytes 控制，默认为 1 GB。在日志片段中，每个消息都按顺序追加到文件的末尾。由于每个分区都有多个日志片段，因此可以支持非常大的消息流量，并且可以轻松地扩展磁盘容量。

由于 Kafka 的存储模型采用了基于日志的方式，因此数据会不断地被追加到磁盘上。如果不进行日志清理，那么磁盘空间将会被快速耗尽。为了解决这个问题，Kafka 提供了日志清理机制。该机制通过删除已经过期或者被删除的日志片段来释放磁盘空间。具体来说，Kafka 会保留一段时间内的消息（由 Broker 级别的参数 log. retention. ms 或者 log. retention. minutes 控制），超过这个时间的消息将会被认为是过期的，可以被删除。同时，Kafka 还支持按照消息大小来进行清理（由 Broker 级别的参数 log. retention. bytes 控制），当某个主题的日志大小超过指定大小时，Kafka 就会启动清理机制。

Kafka 的日志清理机制基于两个核心概念：段（Segment）和索引（Index）。每个主题分区都会被分成多个段，每个段都保存了一段时间内的消息。Kafka 使用索引来追踪消息在日志中的位置。当日志清理启动时，Kafka 会根据日志的过期时间和大小找到需要被删除的段，并且将这些段中过期的消息删除，并将这些被删除的消息的索引标记为已删除，这样它们就可以被后续的读写操作忽略。

需要注意的是，当日志清理启动时，正在被使用的段中可能还存在一些过期消息，这些消息不会被清理掉。这是因为 Kafka 保证了 ISR 机制，只有在 ISR 中的副本才能够进行读写操作，而 ISR 中的副本在清理时可能存在一些消息未及时同步，如果清理这些未同步的消息，就会导致 ISR 中的副本数据不一致，这会影响系统的可用性和数据的正确性。因此，Kafka 的日志清理机制需要与 ISR 机制协同工作，以确保消息的可靠性和数据的一致性。

## 9.3　Flink 集成 Kafka

Flink 和 Kafka 的结合使用非常常见，因为它们都是处理流数据的优秀工具，主要用于实时数据处理和流式计算。Flink 可以从 Kafka 读取数据并对其进行实时处理，也可以将处理结果写回 Kafka。Flink 提供了 Kafka Connector，可以将 Kafka 作为数据源或数据接收器，并使用精确一次（exactly-once）的语义在 Kafka Topic 中读取和写入数据。在实时数据处理领域，Flink 和 Kafka 的结合使用已成为非常流行的选择。

Flink 与 Kafka 集成主要用于以下场景。

- 实时数据处理：Flink 可以从 Kafka 中消费实时数据并进行处理，然后将结果写回到 Kafka 或其他存储系统中。
- 日志分析：Kafka 可以作为日志存储系统，Flink 可以对这些日志进行实时或离线分析。
- 事件驱动的应用：基于事件的实时处理和分析，如实时推荐、欺诈检测等。
- 数据管道：在大数据处理过程中，Flink 可以从 Kafka 读取数据，进行转换、聚合等操作，并将结果写入 Kafka，实现数据的实时处理和传输。

要在 Flink 中使用 Kafka，首先需要添加 Flink Kafka Connector 依赖到项目中。对于 Maven 项目，可以在 pom. xml 文件中添加如下依赖：

```
<dependency>
<groupId>org. apache. flink</groupId>
<artifactId>flink-connector-kafka</artifactId>
<version>${flink. version} </version>
</dependency>
```

如果使用 Kafka Source，那么 flink-connector-base 也需要包含在依赖中：

```
<dependency>
<groupId>org. apache. flink</groupId>
<artifactId>flink-connector-base</artifactId>
<version>${flink. version} </version>
</dependency>
```

## 9.3.1 DataStream API 集成 Kafka

**1. 从 Kafka 读取数据**

Flink 的 Kafka Connector 提供了 KafkaSource 类以用于消费 Kafka Topic 中的数据，可以使用 KafkaSource 类轻松地创建一个 Kafka 数据源。

以下代码片段展示了如何构建 KafkaSource 类来消费“test-topic”中的数据，使用消费组“test-group”，并且将 Kafka 消息体解析为字符串：

```
import org.apache.flink.api.common.eventtime.WatermarkStrategy
import org.apache.flink.api.common.serialization.SimpleStringSchema
import org.apache.flink.connector.kafka.source.KafkaSource
import org.apache.flink.connector.kafka.source.enumerator.initializer.OffsetsInitializer
import org.apache.flink.streaming.api.scala._object KafkaSourceExample {
  def main(args: Array[String]): Unit = {
    val env = StreamExecutionEnvironment.getExecutionEnvironment
    //创建 KafkaSource 类
    val source:KafkaSource[String] = KafkaSource
      .builder()
      .setBootstrapServers("192.168.80.100:9092")
      .setTopics("test-topic")
      .setGroupId("test-group")
      .setStartingOffsets(OffsetsInitializer.earliest())
      .setValueOnlyDeserializer(newSimpleStringSchema())
      .build()
    //使用 KafkaSource 类
    val kafkaStream: DataStream[String] = env.fromSource(
      source,
      WatermarkStrategy.noWatermarks(),
"Kafka Source"
    )
    //对数据流进行处理
    val processedStream = kafkaStream.map(x => x.toUpperCase())
    //输出数据流
    processedStream.print()
    //执行 Flink 作业
    env.execute("Flink Kafka Source Example")
  }
}
```

这段代码展示了如何在 Flink 中使用 KafkaSource 类从 Kafka 主题中读取数据，并将数据流传递给下游处理逻辑。

首先，设置 Kafka 服务器地址、主题、消费者组、起始偏移量等参数，使用 KafkaSource 构建了一个 Source。接着，使用 fromSource()方法将 Source 转换成数据流。然后，对数据流进行处理，通过 map()方法将字符串转换成大写字母。最后，通过 print()方法将处理后的数据输出，并使用 execute()方法执行 Flink 作业。

程序编写完毕后，通过 Kafka 的命令行工具进行测试。注意，需要将 Kafka 配置文件中的 isteners 修改为 PLAINTEXT：//IP：9092，IP 为 Kafka 所在主机的 IP。如果使用 localhost，则会导致本地客户端无法连接 Kafka 服务。

首先在 Kafka 中通过以下命令创建 Topic：

```
bin/kafka-topics.sh --create --topic test-topic --bootstrap-server 192.168.80.100:9092
```

通过命令行工具 kafka-console-producer. sh 来进行生产者的命令行操作，连接到 test-topic，命令如下：

```
bin/kafka-console-producer. sh --topic test-topic --bootstrap-server 192. 168. 80. 100:9092
```

启动 Flink 的测试程序，从 Topic 中消费数据，查看效果。

代码中需要使用一个反序列化器（Deserializer）来对 Kafka 的消息进行解析。反序列化器通过 setDeserializer(KafkaRecordDeserializationSchema)来指定，其中 KafkaRecordDeserializationSchema 定义了如何解析 Kafka 的 ConsumerRecord。如果只需要 Kafka 消息中的消息体（value）部分的数据，则可以使用 KafkaSource 构建类中的 setValueOnlyDeserializer(DeserializationSchema)方法，其中，DeserializationSchema 定义了如何解析 Kafka 消息体中的二进制数据。

上述程序中使用了 SimpleStringSchema 解析 Kafka 消息体中的二进制数据。SimpleStringSchema 是 Flink 提供的一个用于将字符串编码为 byte[ ]数组，或将 byte[ ]数组解码为字符串的 Schema，通常在 Kafka 消息中使用，因为 Kafka 消息是字节数组，而非字符串。使用 SimpleStringSchema 时，可以方便地将 Kafka 消息转换为字符串，也可以将字符串转换为 Kafka 消息。在使用 Flink 消费或生产 Kafka 消息时，需要指定 Kafka 消息的反序列化 Schema。

早期的 Flink 版本中使用 FlinkKafkaConsumer 消费 Kafka 中的数据，目前的 Flink 版本已经不推荐使用 FlinkKafkaConsumer ，而是使用 KafkaSource 代替，并且 FlinkKafkaConsumer 已经在 Flink 1. 17 中移除。

**2. 输出到 Kafka**

Flink 的 Kafka Connector 提供了 KafkaSink 类来将数据流写入一个或多个 Kafka Topic。

```
import org. apache. flink. api. common. serialization. SimpleStringSchema
import org. apache. flink. connector. base. DeliveryGuarantee
import org. apache. flink. connector. kafka. sink. _
import org. apache. flink. streaming. api. scala. _
object KafkaSinkDemo {
  def main( args: Array[String]): Unit = {
    val env = StreamExecutionEnvironment. getExecutionEnvironment
    //构造一个简单的数据源
    val dataStream: DataStream[String] = env. fromElements("Hello", "Flink", "Kafka", "Sink")
    //创建 KafkaSink
    val sink =KafkaSink
      . builder()
      . setBootstrapServers("192. 168. 80. 100:9092")                    //Broker 地址
      . setRecordSerializer(
        KafkaRecordSerializationSchema
          . builder()
          . setTopic("test-topic")                                     //Topic
          . setValueSerializationSchema(new SimpleStringSchema())
          . build())
      . setDeliveryGuarantee(DeliveryGuarantee. AT_LEAST_ONCE)          //唯一一次
      . build()

    //使用 KafkaSink
    dataStream. sinkTo(sink)
    //执行 Flink 作业
    env. execute("Flink Kafka Sink Example")
  }
}
```

首先，使用 KafkaSink. builder( )方法创建一个 KafkaSinkBuilder 对象。该对象允许我们设置一些属性来构建一个 Kafka 消息的生产者。这里使用 setBootstrapServers( )方法来指定 Kafka Broker 的地址。

然后，调用 setRecordSerializer( )方法来设置消息序列化的方式。这里使用 KafkaRecordSerializationSchema. builder( )方法创建了一个 KafkaRecordSerializationSchemaBuilder 对象。这个对象定义了如何将数据流中的数据转换成 Kafka 消息。接着，使用 setTopic( )方法来指定消息要写入的 Kafka 主题。这里将主题设置为“test-topic”。然后，使用 setValueSerializationSchema( )方法来设置消息值的序列化方式。这里使用 SimpleStringSchema( )类对字符串数据进行序列化。

最后，使用 setDeliveryGuarantee( )方法来设置消息的传递保证。这里将其设置为 DeliveryGuarantee. AT_LEAST_ONCE，这意味着消息至少会被传递一次。最终，调用 build( )方法来构建一个 KafkaSink 对象，并将其赋值给 sink 变量，以将数据流写入 Kafka。

以下属性在构建 KafkaSink 时是必须指定的。

- Bootstrap Servers：setBootstrapServers(String)。
- 消息序列化器（Serializer）：setRecordSerializer(KafkaRecordSerializationSchema)。
- 使用 DeliveryGuarantee. EXACTLY_ONCE 的语义保证。

KafkaSink 总共支持 3 种不同的语义保证（DeliveryGuarantee）。对于 DeliveryGuarantee. AT_LEAST_ONCE 和 DeliveryGuarantee. EXACTLY_ONCE，Flink Checkpoint 必须启用。默认情况下，KafkaSink 使用 DeliveryGuarantee. NONE。以下是对不同语义保证的解释。

- DeliveryGuarantee. NONE 不提供任何保证：消息有可能会因 Kafka Broker 的原因发生丢失或因 Flink 的故障发生重复。
- DeliveryGuarantee. AT_LEAST_ONCE：Sink 在 Checkpoint 时会等待 Kafka 缓冲区中的数据全部被 Kafka Producer 确认。消息不会因 Kafka Broker 端发生的事件而丢失，但可能会在 Flink 重启时重复，因为 Flink 会重新处理旧数据。
- DeliveryGuarantee. EXACTLY_ONCE：该模式下，Kafka Sink 会将所有数据通过在 Checkpoint 时提交的事务写入。因此，如果 Consumer 只读取已提交的数据（参见 Kafka Consumer 配置 isolation. level)，则在 Flink 发生重启时不会发生数据重复。然而这会使数据在 Checkpoint 完成时才会可见，因此应按需调整 Checkpoint 的间隔。事务 ID 的前缀(transactionIdPrefix）对不同的应用是唯一的，以保证不同作业的事务不会互相影响。此外，强烈建议将 Kafka 的事务超时时间调整至远大于 Checkpoint 最大间隔+最大重启时间，否则 Kafka 对未提交事务的过期处理会导致数据丢失。

### 9.3.2 Table API 集成 Kafka

在 Table API 和 SQL 中同样提供了 Kafka 连接器，相较于 DataStream 使用更为简单。以下示例展示了如何创建 Kafka 表：

```
CREATE TABLE kafka_source (
  field1 STRING,
  field2 INT,
  event_time TIMESTAMP(3),
  WATERMARK FOR event_time AS event_time - INTERVAL '5' SECOND
) WITH (
  'connector' = 'kafka',
```

```
    'topic' = 'input_topic',
    'properties.bootstrap.servers' = 'localhost:9092',
    'format' = 'json',
    'scan.startup.mode' = 'earliest-offset'
);
```

这段代码是在 Flink SQL 中使用 Kafka 连接器创建了一个名为 kafka_source 的表，该表用于读取 Kafka 的数据流。具体解释如下：

- 表名为 kafka_source。
- 表中有 3 个字段，分别是 field1、field2 和 event_time，其中，field1 为字符串类型，field2 为整型，event_time 为时间戳类型，并且通过 WATERMARK 设置了事件时间。
- 使用 Kafka 连接器进行数据读取，连接器的类型是 kafka。
- 读取的 Topic 名称为 input_topic。
- Kafka 连接器的属性中指定了 Broker 地址为 localhost:9092。
- 数据格式为 JSON 格式。
- 启动时的消费起点为最早的 Offset。

## 9.4　数据实时清洗与可视化

### 9.4.1　数据模拟

使用脚本文件定时读取服务器本地日志文件，再利用 Kafka 生产者命令将日志发送到 Topic 中，模拟实时数据流。

第一步，将准备好的日志文件上传至服务器，此处保存至/opt/log 目录，日志名为 access.log。使用以下命令创建日志目录：

```
mkdir -p /opt/log
```

第二步，编写脚本文件，按行顺序读取日志文件中的内容，并发送到 Kafka 指定的 Topic 中，脚本文件命名为 log_mooc.sh，具体内容如下：

```
#!/bin/bash

file=/opt/log/access.log
topic=nginx-access-log-topic
ip=192.168.80.100
#计算文件总行数
total_lines=$(wc -l <"$file")

#从第一行开始读取
current_line=1

while true; do
  #读取当前行
  line=$(sed -n "${current_line}p" "$file")
  if [ -n "$line" ]; then
    #发送到 Kafka
    echo "$line" | kafka-console-producer.sh --broker-list "$ip":9092 --topic "$topic"
    #更新当前行
```

```
        current_line=$((current_line + 1))
    fi
    #如果已经读到最后一行，则重新计算总行数和当前行
    if [ "$current_line" -gt "$total_lines" ]; then
        total_lines=$(wc -l <"$file")
        current_line=1
    fi
    #每秒读取一次
    sleep 1
done
```

其中，file 表示待读取的文件路径，topic 表示发送到 Kafka 的主题名，ip 表示 Kafka Broker 地址。脚本首先计算文件的总行数 total_lines 和当前行 current_line，然后在循环中读取当前行并发送到 Kafka，最后更新当前行。当前行已经到达文件末尾时，重新计算总行数和当前行，以便从文件开头重新开始顺序读取。循环每秒钟读取一次，以实现按顺序持续发送到 Kafka。

第三步，创建对应的 Kafka Topic，命令如下：

```
bin/kafka-topics.sh --create --topic nginx-access-log-topic --bootstrap-server 192.168.80.100:9092
```

第四步，使用命令行工具 kafka-console-consumer.sh 创建一个简单的消费者实例，测试能否消费数据：

```
bin/kafka-console-consumer.sh --bootstrap-server 192.168.80.100:9092 --topic nginx-access-log-topic
```

第五步，启动脚本，发送消息到 Kafka：

```
sh log_mooc.sh
```

在消费者终端如果能看到图 9-2 所示的内容，则表示已经能成功消费数据。

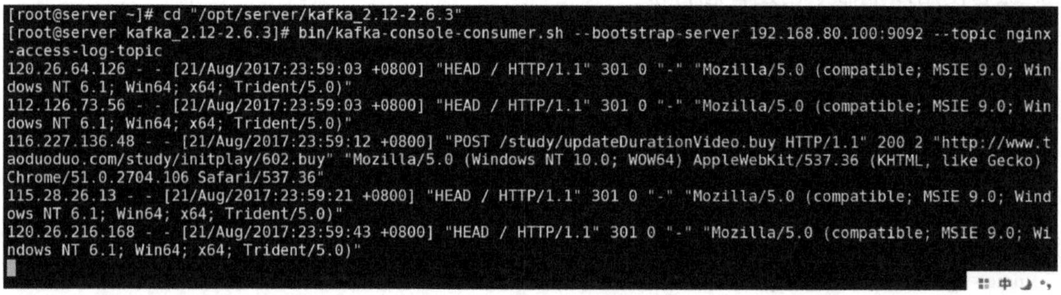

```
[root@server ~]# cd "/opt/server/kafka_2.12-2.6.3"
[root@server kafka_2.12-2.6.3]# bin/kafka-console-consumer.sh --bootstrap-server 192.168.80.100:9092 --topic nginx
-access-log-topic
120.26.64.126 - - [21/Aug/2017:23:59:03 +0800] "HEAD / HTTP/1.1" 301 0 "-" "Mozilla/5.0 (compatible; MSIE 9.0; Win
dows NT 6.1; Win64; x64; Trident/5.0)"
112.126.73.56 - - [21/Aug/2017:23:59:03 +0800] "HEAD / HTTP/1.1" 301 0 "-" "Mozilla/5.0 (compatible; MSIE 9.0; Win
dows NT 6.1; Win64; x64; Trident/5.0)"
116.227.136.48 - - [21/Aug/2017:23:59:12 +0800] "POST /study/updateDurationVideo.buy HTTP/1.1" 200 2 "http://www.t
aoduoduo.com/study/initplay/602.buy" "Mozilla/5.0 (Windows NT 10.0; WOW64) AppleWebKit/537.36 (KHTML, like Gecko)
Chrome/51.0.2704.106 Safari/537.36"
115.28.26.13 - - [21/Aug/2017:23:59:21 +0800] "HEAD / HTTP/1.1" 301 0 "-" "Mozilla/5.0 (compatible; MSIE 9.0; Wind
ows NT 6.1; Win64; x64; Trident/5.0)"
120.26.216.168 - - [21/Aug/2017:23:59:43 +0800] "HEAD / HTTP/1.1" 301 0 "-" "Mozilla/5.0 (compatible; MSIE 9.0; Wi
ndows NT 6.1; Win64; x64; Trident/5.0)"
```

图 9-2　Kafka 成功消费数据

### 9.4.2　数据清洗处理

#### 1. Flink 消费数据

编写 Flink 程序，并在其中编写自定义方法，命名为 fromKafka。该方法的作用是连接到 Kafka，并消费指定的 Topic 中的数据，具体代码如下：

```
def fromKafka(env:StreamExecutionEnvironment):DataStream[String] = {
    //创建 KafkaSource
    val source:KafkaSource[String] = KafkaSource
    .builder()
    .setBootstrapServers("192.168.80.100:9092")
```

```
        .setTopics("nginx-access-log-topic")
        .setStartingOffsets(OffsetsInitializer.earliest())
        .setValueOnlyDeserializer(new SimpleStringSchema())
        .build()
    //使用 KafkaSource
    val kafkaStream: DataStream[String] = env.fromSource(
        source,
        WatermarkStrategy.noWatermarks(),
"Kafka Source"
    )
    return kafkaStream
}
```

在 main()方法中调用即可消费数据：

```
def main(args: Array[String]): Unit = {
    val env = StreamExecutionEnvironment.getExecutionEnvironment
    //输出数据流
    vall ogStream = fromKafka(env)
    logStream.print()
    //执行 Flink 作业
    env.execute("Flink Kafka Source Example")
}
```

**2. 数据清洗处理**

定义样例类，用于表示和封装日志数据：

```
case class WebLog(ip: String,eventTime: Long, request: String, url: String, userAgent: String)
```

编写提取函数，对日志中的字段进行提取：

```
object WebLog {
    private val logPattern = """
    ^(\S+) - - \[(.+)\] "(\S+) (\S+)\s*(\S*)\s*" (\d{3}) (\S+) "([^"]*)""([^"]
*)"""".r
    private val dateTimeFormatter = DateTimeFormatter.ofPattern("dd/MMM/yyyy:HH:mm:ss Z")

    def fromLogString(log: String): Option[WebLog] = {
        log match {
            case logPattern(ip, time, method, url, _, _, _, _, userAgent) =>
            val dateFormat = new SimpleDateFormat("dd/MMM/yyyy:HH:mm:ss Z", Locale.ENGLISH)
            val eventTime = dateFormat.parse(time).getTime
            val cleanUrl = url.split('?')(0)
            Some(WebLog(ip,eventTime, method, cleanUrl, userAgent))
            case _ => None
        }
    }
}
```

在 main()方法中调用：

```
def main(args: Array[String]): Unit = {
    val env = StreamExecutionEnvironment.getExecutionEnvironment
    //并行度，如果过大，则可能导致数据量少，从而导致长时间无法触发窗口计算
    env.setParallelism(1)
    //输出数据流
```

```
    val logStream = fromKafka(env)
    //对日志数据流进行清洗处理
    val webLogStream = logStream
    .map(log => WebLog.fromLogString(log))
    .filter(_.isDefined)
    .map(_.get)
    //提取水位线
    val watermarkStrategy = WatermarkStrategy
    .forBoundedOutOfOrderness[WebLog](Duration.ofSeconds(10))
    .withTimestampAssigner(new SerializableTimestampAssigner[WebLog] {
        override def extractTimestamp(element: WebLog, recordTimestamp: Long):Long = element.eventTime
    })
    val timedWebLogStream = webLogStream.assignTimestampsAndWatermarks(watermarkStrategy)

    val pvStream = timedWebLogStream
    .map(log => (log.url, 1))
    .keyBy(_._1)
    .window(TumblingEventTimeWindows.of(Time.minutes(1)))
    .sum(1)

    pvStream.print()
    //执行 Flink 作业
    env.execute("Flink Kafka Source Example")
}
```

### 9.4.3 将数据写入 ClickHouse

ClickHouse 是一个高性能的列式数据库管理系统（Columnar Database Management System，CDBMS），由俄罗斯的 Yandex 团队于 2016 年开源。作为一个列式数据库，ClickHouse 主要用于在线分析处理（Online Analytical Processing，OLAP）场景，能够处理大量实时数据的查询和分析。

ClickHouse 使用列式存储、数据压缩和索引技术，能够在不影响查询性能的前提下，实现高效的数据存储。ClickHouse 在大批量数据存储方面，支持分布式查询和数据分片，可以横向扩展以满足大规模数据集的需求。基于底层的数据存储和分布式查询技术，ClickHouse 在上层应用支持实时查询，可以在不影响查询性能的前提下处理大量实时数据。用户可以通过 SQL 对数据进行快速查询和分析。同时，ClickHouse 支持多种数据格式（如 JSON、CSV、Parquet 等）和数据源（如 Kafka、HDFS、JDBC 等），方便与其他数据处理系统集成。

ClickHouse 的应用场景包括：

1）日志分析：存储和分析大量日志数据，如网站访问日志、服务器日志、应用程序日志等数据。

2）用户行为分析：分析用户在网站、应用等场景中的行为数据，以便进行用户画像、个性化推荐等功能的实现。

3）时序数据分析：用于存储和分析时序数据，如物联网设备数据、股票市场数据等。

4）实时报表和仪表盘：构建实时报表和监控仪表盘，用于业务数据的实时展示和监控。

5）数据仓库：作为一个高性能的数据仓库，用于存储和分析大量的历史数据，支持复杂的数据查询和统计。

ClickHouse 和 Flink 配合使用，可以实现高效的实时数据分析和处理。在很多实时数据处理场景中，Flink 被用来从各种数据源（如 Kafka）中读取数据，然后进行实时计算、转换和过滤等操作，最终将结果写入 ClickHouse 进行存储和分析。ClickHouse 和 Flink 配合的主要步骤如下。

1）数据源接入：Flink 支持多种数据源，如 Kafka、HDFS、JDBC 等。首先，需要将实时数据源接入 Flink，以便进行实时数据处理。

2）数据处理：在 Flink 中进行实时数据处理，如清洗、聚合、过滤、转换等操作。Flink 提供了丰富的算子和函数，可以方便地对数据流进行各种处理。

3）结果写入 ClickHouse：处理后的数据需要写入 ClickHouse 进行存储和分析。可以使用 Flink 的 ClickHouse Connector 将数据流批量写入 ClickHouse。ClickHouse Connector 可以高效地将数据批量写入 ClickHouse，同时提供了故障恢复、重试和超时等机制，以保证数据的可靠传输。

4）数据查询与分析：数据写入 ClickHouse 后，可以利用 ClickHouse 的高性能查询能力对数据进行实时分析和统计。例如，可以使用 SQL 语句进行实时报表和仪表盘的生成，或者进行数据挖掘和机器学习的前期数据分析。

**1. ClickHouse 安装**

在 CentOS 系统上安装 ClickHouse 有多种方式，其中比较方便的是使用 Yum 包管理器进行安装。以下是在 CentOS 系统上安装 ClickHouse 的具体步骤。

第一步，在终端中输入以下命令，添加 ClickHouse 的 Yum 仓库：

```
sudo yum install yum-utils
javascriptCopy codesudo rpm --import https://repo.clickhouse.tech/CLICKHOUSE-KEY.GPG
sudo yum-config-manager --add-repo https://repo.clickhouse.tech/rpm/stable/x86_64
```

第二步，在终端中输入以下命令，安装 ClickHouse：

```
sudo yum install clickhouse-server clickhouse-client -y
```

第三步，在终端中输入以下命令，启动 ClickHouse：

```
sudo systemctl start clickhouse-server
```

第四步，验证 ClickHouse 是否成功启动，在终端中输入以下命令，检查 ClickHouse 的状态：

```
sudo systemctl status clickhouse-server
```

如果状态为“active (running)”，则表示 ClickHouse 启动成功。

第五步，设置开机自启动，在终端中输入以下命令：

```
sudo systemctl enable clickhouse-server
```

至此，ClickHouse 在 CentOS 系统上的安装就完成了。用户可以在终端中使用 ClickHouse 的客户端进行连接和操作，具体命令如下：

```
clickhouse-client
```

成功连接后，用户可以使用 clickhouse-client 命令进行查询和操作。ClickHouse 是通过 Yum 工具进行安装的，其配置文件位于 /etc/clickhouse-server 目录下。

如果需要从外部客户端访问 ClickHouse，那么默认情况下，ClickHouse 只允许本地访问。

因此，需要修改其配置文件，以便外部客户端可以正常访问。用户可以通过编辑 /etc/clickhouse-server/config. xml 文件并搜索“listen”关键字，将注释打开来实现该功能，代码如下：

```
<listen_host>::</listen_host>
```

修改配置文件后，需要重启服务才能生效，命令如下：

```
systemctl restart clickhouse-server
```

**2. ClickHouse 的基本使用**

安装好 ClickHouse 服务后，可以通过命令行工具与 ClickHouse 服务进行交互。输入以下命令，实现客户端的启动：

```
clickhouse-client
```

连接成功后，就可以在命令行执行 SQL 语句了。接下来介绍如何通过 SQL 在 ClickHouse 中创建库和表。

要在 ClickHouse 中创建库和表，可以通过命令行或者客户端工具进行操作。以下是通过命令行创建库和表的方法。

首先创建数据库。在命令行输入以下命令，创建一个名为 test 的库：

```
CREATE DATABASE test;
```

有了数据库后，就可以创建表格了。在命令行中输入以下命令，创建一个名为 user_info 的表，该表包含 3 个字段：id、name 和 age。

```
CREATE TABLE user_info (
    id UInt64,
    name String,
    age UInt8
) ENGINE = MergeTree()
ORDER BY id;
```

其中，id 是一个 UInt64 类型的整数，name 是一个 String 类型的字符串，age 是一个 UInt8 类型的整数，该表格使用 MergeTree 引擎，表格按照 id 字段进行排序。

MergeTree 引擎是 ClickHouse 数据库中的一种存储引擎，它特别适合处理时序数据（时间序列数据）。在 MergeTree 引擎中，数据按照某个列（通常是时间列）进行排序，这使得在查询时可以更快地访问数据。当插入新数据时，它们被追加到末尾，并根据排序键进行排序和合并。这使得 MergeTree 引擎非常适合处理大量的、与时间相关的数据。

使用 MergeTree 引擎时，需要指定排序键，以及必要的分区和索引。在上述代码中，“user_info”表使用了 MergeTree 引擎，并按照“id”列进行排序，这意味着查询时按照“id”列进行检索时的查询速度将非常快。

表格创建好以后，可以利用 SQL 语句对表中的记录进行管理操作。在命令行中输入以下命令，向刚创建的表 user_info 中插入一条数据：

```
INSERT INTO user_info VALUES (1, 'Tom', 18);
```

在命令行中输入以下命令，查询表 user_info 中的所有数据：

```
SELECT * FROM user_info;
```

以上是通过命令行在 ClickHouse 中创建库和表的方法，除此之外，还可以通过客户端工具（如 DBeaver、DataGrip 等）进行可视化操作。

**3. 将数据写入 ClickHouse**

首先，需要在 pom. xml 中添加 ClickHouse 的依赖：

```
<dependency>
<groupId>ru. yandex. clickhouse</groupId>
<artifactId>clickhouse-jdbc</artifactId>
<version>0. 3. 0</version>
</dependency>
```

编写自定义 Sink，将处理好的数据写入 ClickHouse，代码如下：

```
class ClickHouseSink[T](url: String, query: String) extends RichSinkFunction[T] {
    var conn: Connection = _
    var statement:PreparedStatement = _

    override def open(parameters: org. apache. flink. configuration. Configuration): Unit = {
        super. open(parameters)
        conn =DriverManager. getConnection(url)
        statement = conn. prepareStatement(query)
    }

    override def invoke(value: T, context:SinkFunction. Context): Unit = {
        value match {
            case (url: String, pv: Int, window_start:Long,window_end:Long) => {
                statement. setObject(1, url)
                statement. setObject(2, pv)
                statement. setObject(3, window_start)
                statement. setObject(4, window_end)
                statement. executeUpdate()
            }
            case _ => throw new IllegalArgumentException("Tuple should be (String, Int)")
        }
    }

    override def close(): Unit = {
        if (statement != null) {
            statement. close()
        }
        if (conn != null) {
            conn. close()
        }
        super. close()
    }
}
```

在 ClickHouse 中创建表格，用于存储数据，代码如下：

```
CREATE TABLE pv_table (
  url String,
  pv UInt64,
  window_start DateTime,
  window_end DateTime
) ENGINE =MergeTree()
ORDER BY (window_start, window_end, url);
```

修改数据聚合函数，通过 ProcessWindowFunction 获取窗口时间，再一起写入 ClickHouse 中，完整代码如下：

```
import org.apache.flink.api.common.serialization.SimpleStringSchema
import org.apache.flink.connector.kafka.source.KafkaSource
import org.apache.flink.api.common.eventtime.{SerializableTimestampAssigner, WatermarkStrategy}
import org.apache.flink.streaming.api.functions.sink.{RichSinkFunction, SinkFunction}
import org.apache.flink.streaming.api.scala._
import org.apache.flink.streaming.api.scala.function.ProcessWindowFunction
import org.apache.flink.streaming.api.windowing.assigners.TumblingEventTimeWindows
import org.apache.flink.streaming.api.windowing.time.Time
import org.apache.flink.streaming.api.windowing.windows.TimeWindow
import org.apache.flink.util.Collector

import java.sql.{Connection, DriverManager, PreparedStatement}
import java.text.SimpleDateFormat
import java.time.Duration
import java.time.format.DateTimeFormatter
import java.util.Locale

object DataProcessingExample {
  def fromKafka(env:StreamExecutionEnvironment):DataStream[String] = {
    //创建 KafkaSource
    val source:KafkaSource[String] = KafkaSource
      .builder()
      .setBootstrapServers("192.168.80.100:9092")
      .setTopics("nginx-access-log-topic")
      //.setStartingOffsets(OffsetsInitializer.earliest())
      .setValueOnlyDeserializer(new SimpleStringSchema())
      .build()
    //使用 KafkaSource
    val kafkaStream: DataStream[String] = env.fromSource(
      source,
      WatermarkStrategy.noWatermarks(),
"Kafka Source"
    )
    //对数据流进行处理
    return kafkaStream
  }
  case class WebLog(ip:String,eventTime:Long, request:String, url:String, userAgent: String)
  object WebLog {
    private val logPattern = """^(\S+) - - \[(.+)\] "(\S+) (\S+)\s*(\S*)\s*" (\d{3}) (\S+)
"([^"]*)" "([^"]*)"""".r
    private val dateTimeFormatter = DateTimeFormatter.ofPattern("dd/MMM/yyyy:HH:mm:ss Z")

    def fromLogString(log: String): Option[WebLog] = {
      log match {
        case logPattern(ip, time, method, url, _, _, _, _, userAgent) =>

          val dateFormat = new SimpleDateFormat("dd/MMM/yyyy:HH:mm:ss Z", Locale.ENGLISH)
          val eventTime = dateFormat.parse(time).getTime
          val cleanUrl = url.split('?')(0)
          Some(WebLog(ip,eventTime, method, cleanUrl, userAgent))
```

```
            case _ => None
          }
        }
      }

      def main(args: Array[String]): Unit = {
        val env = StreamExecutionEnvironment.getExecutionEnvironment
        env.setParallelism(1)
        //输出数据流
        val logStream = fromKafka(env)
        //对日志数据流进行清洗处理
        val webLogStream = logStream
          .map(log => WebLog.fromLogString(log))
          .filter(_.isDefined)
          .map(_.get)
        //提取水位线
        val watermarkStrategy = WatermarkStrategy
          .forBoundedOutOfOrderness[WebLog](Duration.ofSeconds(3))
          .withTimestampAssigner(new SerializableTimestampAssigner[WebLog] {
            override def extractTimestamp(element: WebLog, recordTimestamp: Long):Long = {
              return element.eventTime
            }
          })
        val timedWebLogStream = webLogStream.assignTimestampsAndWatermarks(watermarkStrategy)

        val pvStream: DataStream[(String, Int, Long, Long)] = timedWebLogStream
          .map(log => (log.url, 1, log.eventTime))
          .keyBy(_._1)
          .window(TumblingEventTimeWindows.of(Time.minutes(1)))
          .reduce((a, b) => (a._1, a._2 + b._2, a._3), new ProcessWindowFunction[(String, Int, Long),
    (String, Int, Long, Long), String, TimeWindow] {
            override def process(key: String, context: Context, elements:Iterable[(String, Int, Long)], out:
    Collector[(String, Int, Long, Long)]): Unit = {
              val windowStart = context.window.getStart
              val windowEnd = context.window.getEnd
              val count = elements.head._2
              out.collect((key, count,windowStart, windowEnd))
            }
          })
        //将数据写入 ClickHouse
        val url = "jdbc:clickhouse://192.168.80.100:8123/default"
        val sql = "INSERT INTO pv_table (url, pv, window_start, window_end) VALUES (?, ?, ?, ?)"
        val sink = new ClickHouseSink[(String, Int, Long, Long)](url, sql)
        pvStream.addSink(sink)
        //执行 Flink 作业
        env.execute("Flink Kafka Source Example")
      }
    }

    class ClickHouseSink[T](url: String, query: String) extends RichSinkFunction[T] {
      var conn: Connection = _
      var statement:PreparedStatement = _
```

```
    override def open(parameters: org.apache.flink.configuration.Configuration): Unit = {
      super.open(parameters)
      conn = DriverManager.getConnection(url)
      statement = conn.prepareStatement(query)
    }

    override def invoke(value: T, context:SinkFunction.Context): Unit = {
      value match {
        case (url: String, pv: Int, window_start:Long,window_end:Long) => {
          statement.setObject(1, url)
          statement.setObject(2, pv)
          statement.setObject(3, window_start)
          statement.setObject(4, window_end)
          statement.executeUpdate()
        }
        case _ => throw new IllegalArgumentException("Tuple should be (String, Int)")
      }
    }

    override def close(): Unit = {
      if (statement != null) {
        statement.close()
      }
      if (conn != null) {
        conn.close()
      }
      super.close()
    }
  }
```

### 9.4.4 数据可视化

Docker 是一种开源的容器化平台，它可以帮助开发者和系统管理员在不同的操作系统上快速地部署、运行和管理应用程序。Docker 可以将应用程序及其所有依赖项打包成一个容器镜像，然后可以将这个镜像部署到任何支持 Docker 的系统上。Docker 提供了一种标准化的方法来构建、打包和分发应用程序，解决了不同环境下的“在我的机器上可用，为什么在你的机器上不能运行”的问题。

每个 Docker 容器都是一个独立的运行环境，可以在其中运行一个或多个应用程序。Docker 容器可以在任何支持 Docker 的操作系统上运行，而不需要对应用程序进行修改。这使得应用程序可以在不同的环境中运行，而不必担心依赖项的问题。每个 Docker 容器都是一个独立的运行环境，可以避免应用程序之间的相互干扰和安全问题。Docker 容器可以在不同的主机之间进行分布式部署，从而实现应用程序的横向扩展。

Docker 的安装和使用比较简单，可以通过 Docker 官网下载适用于不同操作系统的 Docker 客户端和服务器。使用 Docker 可以快速创建、运行和管理应用程序，同时减少应用程序的依赖项和版本冲突问题，提高开发和部署效率，本案例中，Superset 工具会利用 Docker 进行快速安装及部署。

**1. 安装 Docker**

这里详细说明 Docker 在 CentOS 中的安装方法。

第一步，卸载旧版本 Docker（如果有），命令如下：

```
yum remove docker \
                  docker-client \
                  docker-client-latest \
                  docker-common \
                  docker-latest \
                  docker-latest-logrotate \
                  docker-logrotate \
                  docker-selinux \
                  docker-engine-selinux \
                  docker-engine \
                  docker-ce
```

第二步，需要安装一些必要的依赖包，包括 yum-utils、device-mapper-persistent-data 和 lvm2。打开终端，输入以下命令：

```
yum install -y yum-utils \
        device-mapper-persistent-data \
        lvm2 --skip-broken
```

第三步，添加 Docker 的 Yum 源，输入以下命令：

```
yum-config-manager \
    --add-repo \
    https://mirrors.aliyun.com/docker-ce/linux/centos/docker-ce.repo

sed -i 's/download.docker.com/mirrors.aliyun.com\/docker-ce/g' /etc/yum.repos.d/docker-ce.repo

yum makecache fast
```

第四步，添加完 Yum 源后，就可以安装 Docker 了。打开终端，输入以下命令，其中 ce 代表社区版：

```
yum install -y docker-ce
```

Docker 使用中会涉及各种端口绑定，为了方便使用，最好关闭防火墙，命令如下：

```
#关闭防火墙
systemctl stop firewalld
#禁止开机启动防火墙
systemctl disable firewalld
```

第五步，配置 Docker 国内镜像加速。此步为可选操作，配置后，可以加速 Docker 镜像的拉取。Docker 官方和国内的很多云服务商都提供了国内加速器服务，包括：

- 中科大镜像：https://docker.mirrors.ustc.edu.cn。
- 网易镜像：https://hub-mirror.c.163.com。
- 阿里云镜像：https://<你的 ID>.mirror.aliyuncs.com。
- 七牛云加速器：https://reg-mirror.qiniu.com。

此处使用中科大镜像，具体如下：

```
sudo mkdir -p /etc/docker
sudo tee /etc/docker/daemon.json <<-'EOF'
{
"registry-mirrors": ["https://docker.mirrors.ustc.edu.cn"]
```

```
}
EOF
sudo systemctl daemon-reload
sudo systemctl restart docker
```

第六步，启动 Docker 服务。常见的 Docker 服务管理操作命令如下：

```
systemctl start docker      # 启动 Docker 服务

systemctl stop docker       # 停止 Docker 服务

systemctl restart docker    # 重启 Docker 服务

systemctl enable docker     # 开机自动启动
```

**2. 安装 Superset**

Apache Superset 是一个基于 Python 的开源数据可视化和分析工具，由 Airbnb 开发并开源，现已成为 Apache 软件基金会的顶级项目。Superset 由 Python 编程语言编写，使用 Flask 框架作为 Web 应用程序框架，同时还使用了多种 Python 库和工具，如 SQLAlchemy、pandas、NumPy、Jinja2 等。Superset 适用于各种规模的数据分析场景，包括实时分析、报表生成、数据探索等。

通过 Python 强大的生态系统和丰富的库，Superset 能够轻松地连接多种数据源，如 MySQL、PostgreSQL、SQLite、ClickHouse、Snowflake 等。通过 SQLAlchemy 和 PyODBC，Superset 可以轻松地与各种数据源进行集成。

Superset 内置了丰富的图表类型，如折线图、柱状图、饼图、散点图、地图、热力图等。用户可以根据数据特点和需求选择合适的图表类型，快速构建可视化效果。同时，Superset 支持用户创建和编辑仪表盘，将不同的图表组合在一起展示。仪表盘支持拖放布局、样式定制、图表筛选、日期范围选择等功能，方便用户构建个性化的数据展示界面。

Superset 还提供了一个功能强大的 SQL 编辑器，支持语法高亮、自动补全、查询历史、查询模板等功能。用户可以直接编写 SQL 语句，快速查询数据并进行分析。

通过将 ClickHouse 作为数据源，用户可以使用 Superset 快速构建实时报表和仪表盘，对存储在 ClickHouse 中的数据进行可视化分析。接下来介绍如何使用 Docker 安装和配置 ClickHouse。Docker 提供了一种简单的方式来管理所有相关的组件，因此推荐使用 Docker 进行安装。

第一步，使用 Docker 拉取镜像，命令如下：

```
docker pull apache/superset
```

第二步，创建并启动容器，命令如下：

```
docker run -d -p 8089:8088 --name superset apache/superset
```

第三步，初始化管理员账户，命令如下：

```
docker exec -it superset superset fab create-admin \
              --username admin \
              --firstname Superset \
              --lastname Admin \
              --email admin@ superset. com \
              --password admin
```

第四步，更新本地数据库，命令如下：

```
docker exec -it superset superset db upgrade
```

第五步，初始化 Superset，命令如下：

```
docker exec -it superset superset init
```

第六步，安装数据源驱动，根据连接的数据源选择不同的驱动进行安装，具体驱动的安装方法可以参考 Superset 官网提供的驱动安装文档：https://superset.apache.org/docs/databases/installing-database-drivers。如果需要使用 ClickHouse 作为数据源，则需要先进入 Superset 的 Docker 容器，然后在容器中安装 ClickHouse 驱动，命令如下：

```
docker exec -it superset pip install clickhouse-connect
```

第七步，重启容器，命令如下：

```
docker restart superset
```

至此，Superset 已经安装配置完毕，可以输入以下地址来访问 Superset 的 Web 控制台页面，其中的 IP 需要替换为相应的 CentOS 系统的 IP 地址。

```
http://ip:8089/login/
```

**3. 制作图表**

下面详细介绍如何在 Superset 中读取 ClickHouse 的数据并使用图表进行展示。

第一步，在打开的 Superset 的 Web 控制台页面中填写管理员账户和密码，登录 Superset，具体如图 9-3 所示。

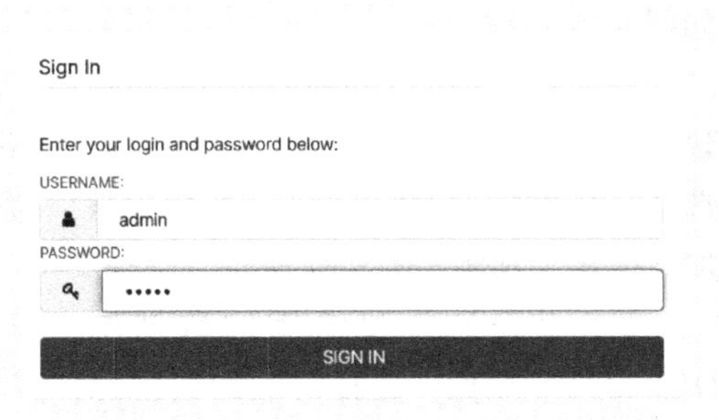


图 9-3　Superset 的 Web 控制台登录页面

第二步，选择页面顶部的“Data”→“Databases”命令，增加数据源，如图 9-4 所示。

第三步，单击右侧的“+DATABASE”按钮，然后选择“Add Database”，之后选择“ClickHouse Connect”作为数据源类型，如图 9-5 所示。

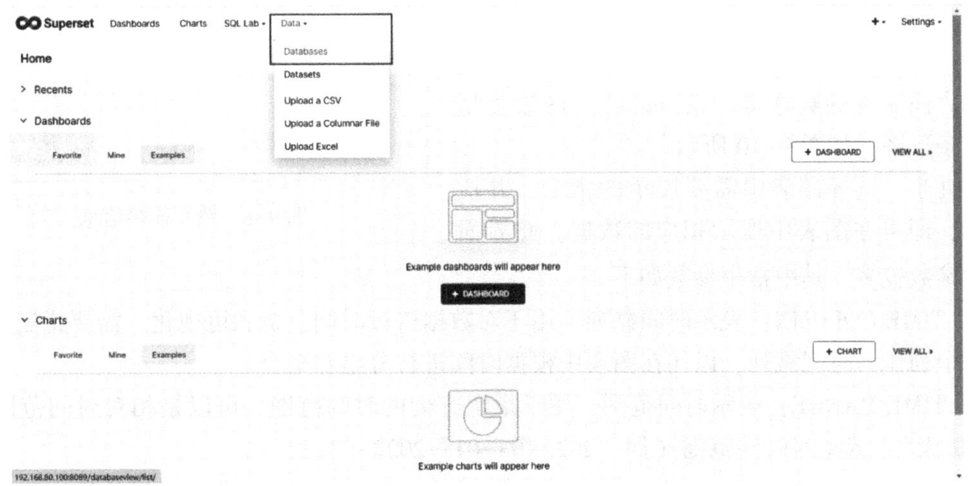


图 9-4　选择“Data”→“Databases”命令来增加数据源

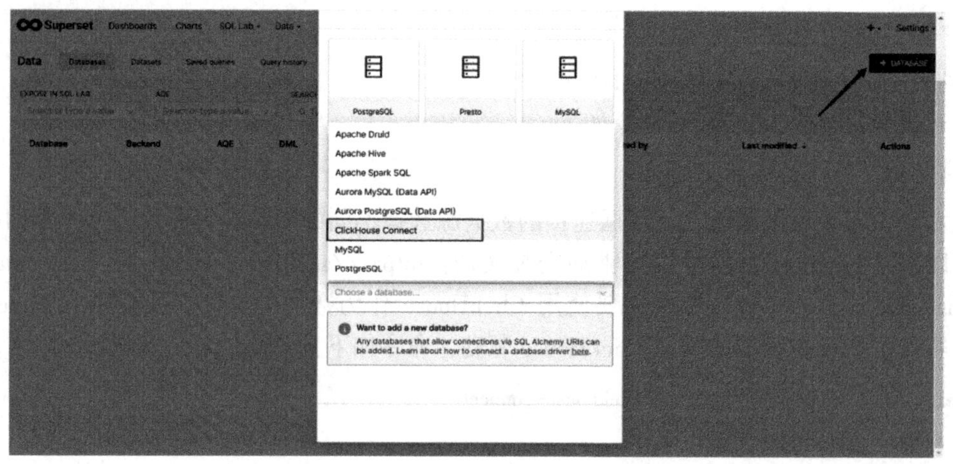


图 9-5　选择数据源类型

第四步，填写连接信息（如 IP 地址、端口号、用户名和密码等），其中 IP 为 CentOS 服务器的 IP 地址，端口号使用默认的 8123 端口，具体如图 9-6 所示。

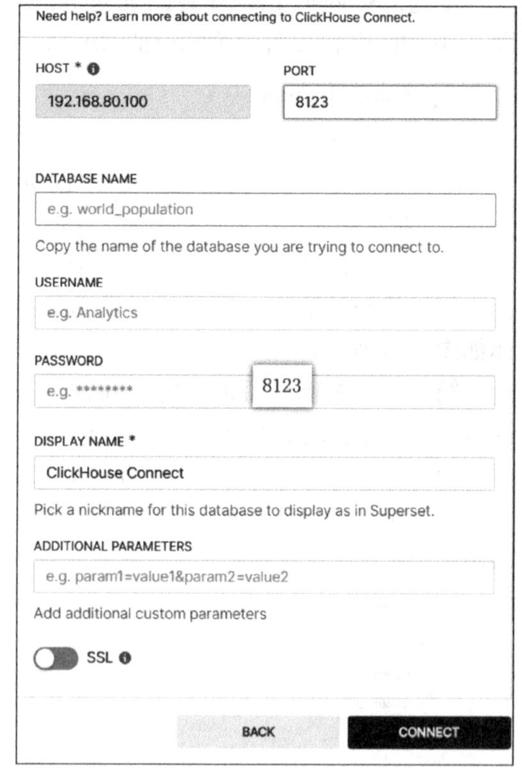


图 9-6　填写连接信息

第五步，添加 ClickHouse 数据源后，需要创建数据集，以便在 Superset 中查询和可视化数据。选择页面顶部的"Data"→"Datasets"命令，增加数据集，具体如图 9-7 所示。

第六步，选择要绘制的数据源，单击"+DATASET"按钮，选择对应的数据源，并填写数据集的名称信息，具体如图 9-8 所示。

第七步，创建好数据集后，可以使用 Superset 的图表库创建各种可视化图表，并将它们组合成仪表盘。选择顶部的"Charts"菜单，再单击右侧的选择"+CHART"按钮，具体如图 9-9 所示。

第八步，选择数据集和合适的图表类型，此处选择之前添加的数据集"pv_table"，图表类型选择了条形图，如图 9-10 所示。

第九步，选择图表中需要展示的指标，并执行查询，即可在图表中展示相应的数据，此界面涉及的参数较多，其中常用参数如下。

1）TIME COLUMN：表示时间戳列，用于对数据进行时间分析和可视化。需要指定数据集中的一个列作为时间戳列，以便在图表中根据时间进行分组和聚合。

2）TIME RANGE：表示时间范围，用于指定查询的时间范围，可以是相对时间范围（如"过去 7 天"）或绝对时间范围（如"2022-03-01—2022-03-31"）。

3）METRICS：表示要在图表中展示的指标，可以是单个指标或多个指标的组合。指标通常是数值型数据，如销售额、访问量、用户数等。

图 9-7　选择“Data”→“Datasets”命令来增加数据集

图 9-8　数据源配置

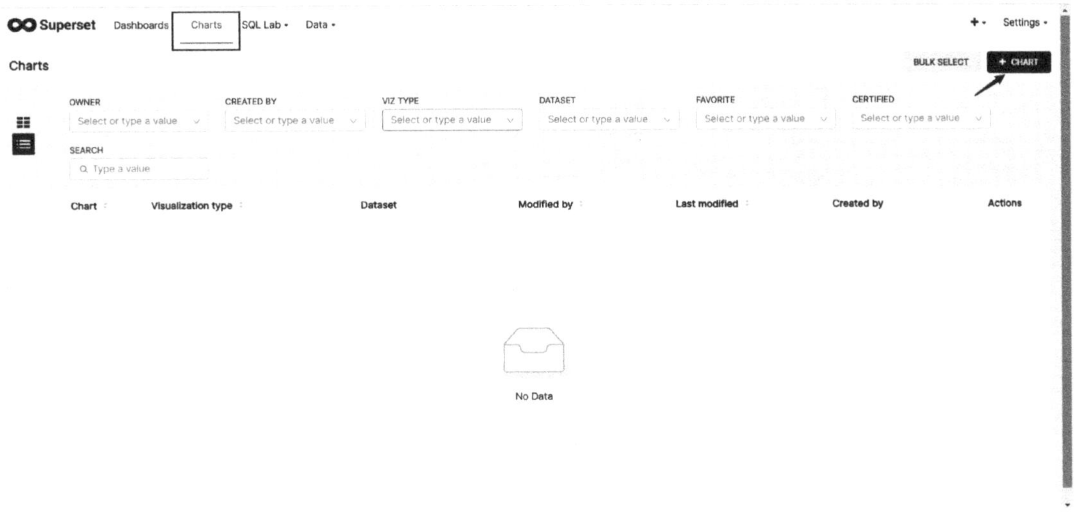


图 9-9　可视化图表配置

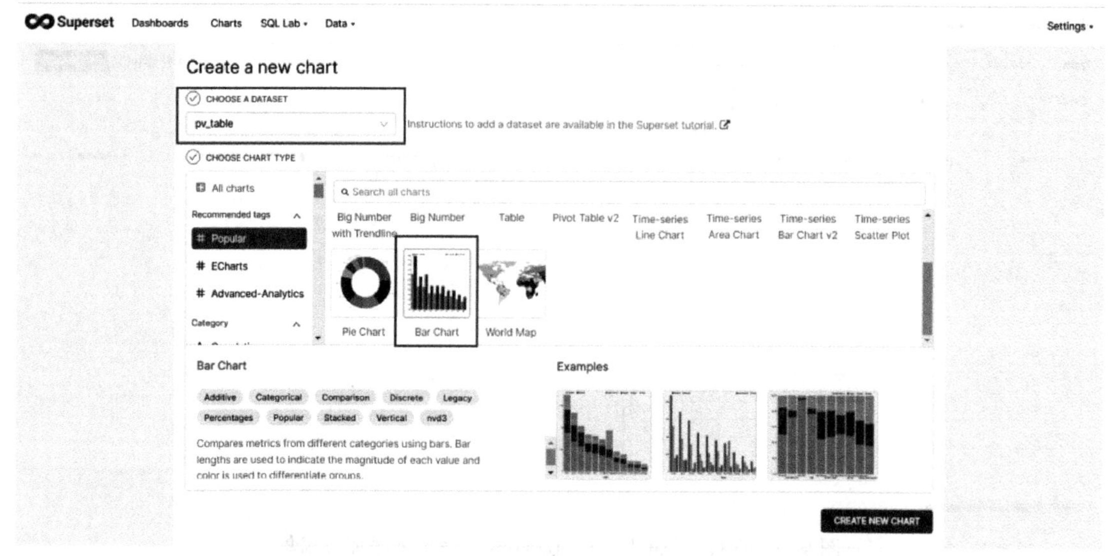


图 9-10　数据集和图表类型选择确定后的效果

4）FILTERS：表示要应用的筛选条件，用于对数据进行过滤。筛选条件可以是单个条件或多个条件的组合，如日期范围、地理位置、用户属性等。

5）SERIES：表示要分组的列，用于在图表中将数据按照指定的列进行分组展示。分组可以是单个列或多个列的组合。

6）BREAKDOWNS：表示要拆分的列，用于在图表中对指定的列进行拆分，以便更好地了解数据的细节和差异。拆分可以是单个列或多个列的组合。

7）ROW LIMIT：表示要显示的行数限制，用于限制图表中展示的数据行数。可以根据需要设置不同的行数限制，以便在图表中呈现出更全面的数据信息。

参数具体如图 9-11 所示。

图 9-11　配置图表关联的参数

第十步，单击右侧的“RUN QUERY”按钮，Superset 将根据之前选择的数据源和所填写的查询条件执行相应的 SQL 查询语句，并将查询结果展示在页面中。用户可以根据需要进行调整和修改，然后单击“Run”按钮执行查询操作。查询结果将以表格、图表等形式展示在页面中，用户可以根据需要进行进一步的数据分析和可视化操作，如图 9-12 所示。

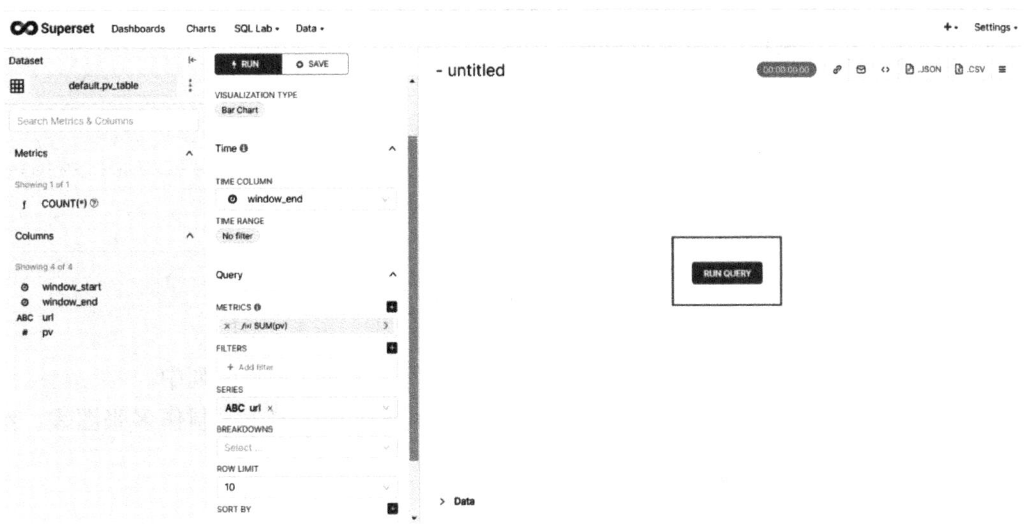


图 9-12　查询界面

最终查询结果可视化效果如图 9-13 所示。

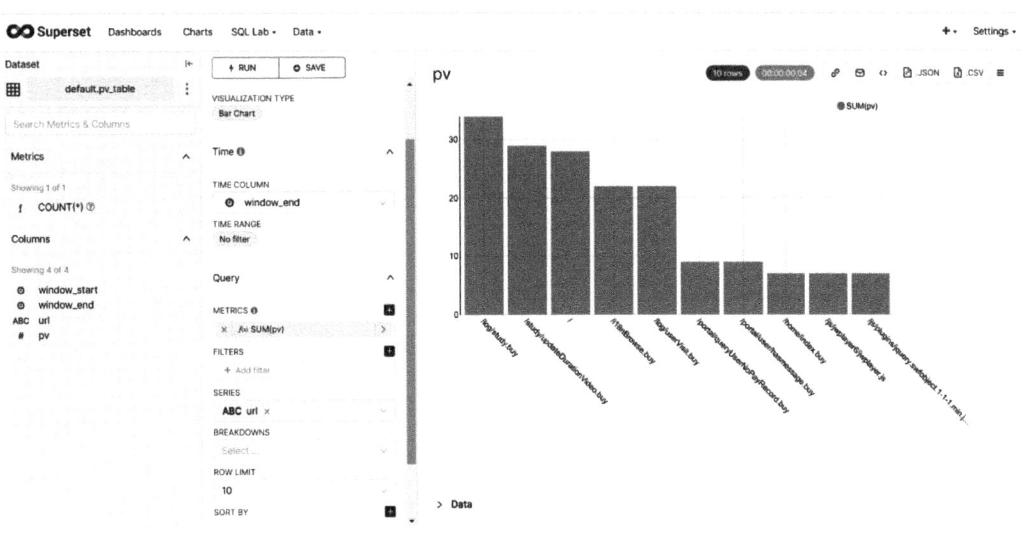


图 9-13　最终查询结果可视化效果

## 9.5　习题

1）Kafka 中的分区是什么？有什么作用？

2）请简述 ZooKeeper 对于 Kafka 的作用。

3）利用 Docker 安装 Redis 数据库，将 Flink 中的流数据写入 Redis 中，列出详细步骤。

4）假设有一个销售业务的数据集，包含以下字段：

- 订单号：String 类型，长度为 10。

- 产品名称：String 类型，长度为 20。
- 客户名称：String 类型，长度为 20。
- 订单金额：Double 类型，范围为 0~10000。
- 订单时间：Long 类型，UNIX 时间戳。

示例数据：

```
订单号,产品名称,客户名称,订单金额,订单时间
100000001,Product A,John Doe,2000.0,1631241600000
100000002,Product B,Jane Smith,3000.0,1631245200000
100000003,Product C,John Doe,5000.0,1631248800000
100000004,Product A,Bob Johnson,1000.0,1631252400000
100000005,Product D,Alice Williams,1500.0,1631256000000
100000006,Product B,John Doe,2500.0,1631259600000
```

计算每个客户的总销售金额，按降序排列后将数据写入 Kafka 消息队列中。

5）在 ClickHouse 中导入任意数据，并利用 Superset 连接 ClickHouse 制作多张图表，组合为仪表盘。

# 第 10 章 Flink 数据仓库项目实战

本章将提供一个实际的数据仓库项目实战案例。读者将通过案例了解如何使用 Flink 构建和部署一个完整的数据仓库应用程序，以应对实际业务需求。

## 10.1 数据仓库概述

### 10.1.1 基本概念

数据仓库（Data Warehouse）起源于 20 世纪 80 年代，是由美国 IBM 公司的科学家比尔·恩门首次提出的。数据仓库是一个存储大量历史数据并能支持复杂查询和分析的数据库系统。它不同于传统的在线事务处理系统，而是面向主题、集成、稳定、时间性和非易失性的。数据仓库可以帮助企业更好地管理和利用数据，支持决策制定、业务分析和市场预测等方面的工作。

在数据仓库中，数据被组织成多维数据模型，通常采用星型模型或雪花模型。其中，星型模型中心为一个事实表，周围是多个维度表，每个维度表都包含一个或多个维度。雪花模型基于星型模型，将维度表进一步拆分成多个关联表，以便更好地支持数据的规范化和冗余消除。

数据仓库中的数据不断增长，为了保证数据的一致性和可靠性，需要引入一些机制，如 ETL（Extract-Transform-Load）、数据清洗和去重、元数据管理、数据质量管理等。其中，ETL 是数据仓库中的核心机制，用于将分散在不同系统中的数据收集、清洗、转换和加载到数据仓库中。

比尔·恩门在 1991 年出版的《建立数据仓库》（*Building the Data Warehouse*）一书中提出的定义被广泛接受——数据仓库是一个面向主题的（Subject Oriented）、集成的（Integrated）、相对稳定的（Non-Volatile）、反映历史变化的（Time Variant）数据集合，用于支持管理决策（Decision Making Support）。

- 面向主题：操作型数据库的数据组织面向事务处理任务，而数据仓库中的数据是按照一定的主题域进行组织的。主题是指用户使用数据仓库进行决策时所关心的重点方面，一个主题通常与多个操作型信息系统相关。
- 集成：数据仓库的数据有些来自分散的操作型数据，将所需数据从原来的数据中抽取出来，进行加工与集成、统一与综合之后才能进入数据仓库。数据仓库中的数据是在对原有分散的数据库数据抽取、清理的基础上经过系统加工、汇总和整理得到的，必须消除源数据中的不一致性，以保证数据仓库内的信息是关于整个企业的一致的全局信息。
- 相对稳定：数据仓库的数据主要供企业决策分析，所涉及的数据操作主要是数据查询。某个数据进入数据仓库以后，一般情况下将被长期保留，也就是数据仓库中一般有大量的查询操作，但修改和删除操作很少，通常只需要定期地加载、刷新。

- 反映历史变化：数据仓库中的数据通常包含历史信息，系统记录了企业从过去某一时点（如开始应用数据仓库的时点）到当前的各个阶段的信息，通过这些信息，可以对企业的发展历程和未来趋势做出定量分析与预测。

总的来说，数据仓库是一个用于存储历史数据并支持复杂查询和分析的数据库系统，它通过多维数据模型和 ETL 等机制来保证数据的一致性与可靠性，为企业的决策制定和业务分析等提供有力支持。

### 10.1.2 与数据库比较

数据仓库和数据库都是用于存储数据的系统，但它们之间存在一些重要的区别。

数据库中的数据主要来自日常的事务处理，如银行交易、网上购物等，而数据仓库的数据来自各个业务应用系统。业务系统中的数据形式多种多样，可能是 Oracle、MySQL、SQL Server 等关系数据库里的结构化数据，也可能是文本、CSV 等平面文件或 Word、Excel 文档中的非结构化数据，还可能是 HTML、XML 等自描述的半结构化数据。这些业务数据经过一系列的数据抽取、转换、清洗，最终以一种统一的格式装载进数据仓库。数据仓库里的数据作为分析用的数据源，提供给后面的即席查询、分析系统、数据集市、报表系统、数据挖掘系统等。

从存储的角度看，数据仓库里的数据实际上已经存在于业务应用系统中，那么为什么不能直接操作数据库中的数据来进行分析，而要使用数据仓库呢？实际上，在数据仓库技术出现前，有很多数据分析人员都已经发现，简单的“直接访问”方式很难进行良好的工作，主要原因在于：

- 业务系统的版本变更很频繁，每次变更都可能会导致重写分析程序。
- 经常需要汇总分析多个业务系统中的数据生成报表，较难维护。
- 业务系统的表结构为事务处理性能而优化，不适合查询和分析。
- 业务系统的列名通常是硬编码，有时仅仅是无意义的字符串，这让编写分析系统更加困难。
- 极有可能影响业务系统的性能。

尽管需要增加软硬件的投入，但建立独立数据仓库与直接访问业务数据相比，无论是成本还是带来的好处，这样做都是值得的。随着处理器和存储成本的逐年降低，数据仓库方案的优势更加明显，在经济上也更具可行性。如表 10-1 所示，对数据仓库和数据库进行了详细的对比。

**表 10-1 数据仓库和数据库对比表**

| 对比内容 | 数据库 | 数据仓库 |
|---|---|---|
| 数据内容 | 当前值 | 历史的、存档的、归纳的、计算的数据 |
| 数据目标 | 面向业务操作程序，重复处理 | 面向主题域，分析应用，支持决策 |
| 数据特性 | 动态变化，按字段更新 | 静态、不能直接更新，只能定时添加、刷新 |
| 数据结构 | 高度结构化、复杂，适合操作计算 | 简单，适合分析 |
| 使用频率 | 高 | 中到低 |
| 数据访问量 | 每个事务只访问少量记录 | 需要访问大量记录 |
| 对响应时间的要求 | 以 s 为计算单位 | 以 s、min 甚至 h 为计算单位 |

### 10.1.3　OLTP 与 OLAP

OLTP 和 OLAP 是两种常见的数据库处理和分析技术，用于处理不同类型的业务需求。

**1. OLTP**

OLTP（Online Transaction Processing，在线事务处理）是一种面向业务应用的数据库处理模式，主要用于处理高并发的交易性业务，如银行的转账、支付业务等。OLTP 系统的特点是要求高并发、高可靠、高安全、高性能，通常采用关系型数据库管理系统（RDBMS）实现，采用的是基于 ACID（原子性、一致性、隔离性和持久性）的事务处理方式。

OLTP 的最大优点是可以即时地处理输入的数据，及时地回答。衡量在线事务处理系统的一个重要性能指标是系统性能，具体体现为实时响应时间（Response Time），即用户在终端上送入数据之后，到计算机对这个请求给出答复所需要的时间。OLTP 是由数据库引擎负责完成的。

例如，网上订购一件商品，通过锁定商品、付款、收货确认，每一步操作都是联机事务处理。

OLTP 系统一般采用关系型数据库作为平台，如 Oracle、MySQL 等，通常是高并发、高吞吐量的系统，具有大量检索、插入、更新操作，事务数量大，但每个事务影响的数据量相对较小。这样的系统很适合在线应用，这些应用有成千上万的用户在同时使用，并要求能够立即响应用户请求。OLTP 系统常被整合到面向服务的架构（SOA）和 Web 服务里。

在数据库使用上，OLTP 系统常用的操作是增、改、查，并且通常是插入与更新密集型的，同时会对数据库进行大量并发查询，而删除操作相对较少，事务型系统的特征是处理众多的、执行时间短的事务，并强调快速处理查询。针对以上特点，在数据库逻辑设计上，OLTP 系统的应用数据库大都使用规范化设计方法，通常要满足第三范式。这是因为规范化设计能最大限度地降低数据冗余，因而可以提供更快、更高效的方式执行数据库写操作。

**2. OLAP**

OLAP（Online Analytical Processing，在线分析处理）是一种用于支持在线分析处理的数据处理技术，它是数据仓库（Data Warehouse）的重要组成部分。OLAP 专门设计支持复杂分析的操作，侧重对决策人员和高层管理人员的决策支持，可以根据分析人员的要求快速、灵活地进行大数据量的复杂查询处理，并且以一种直观而易懂的形式将查询结果提供给决策人员，以便他们准确掌握企业（公司）的经营状况，了解对象的需求，制定正确的方案。

相比于 OLTP 系统，OLAP 系统更关注数据的分析和查询，适用于需要快速进行复杂的多维度分析的场景。例如，登录淘宝页面，经常得到优惠商品的推荐信息，这些信息是根据不同的人进行不同的商品推荐的，它的后面就是一个巨大的 OLAP 系统在支撑。

OLAP 系统主要针对归档和历史数据执行复杂的查询。在这类系统中，事务数量相对较少，但查询通常非常复杂并包含诸如聚合计算这样的操作，如对比今年与去年同期的数据、计算百分比变化趋势等。数据来源于企业级数据仓库，主要是整合过的历史数据，OLAP 系统中的操作大多数是读操作。对于这种分析型系统，吞吐量成为衡量其性能的关键指标。

OLAP 系统通常具有以下特点。

1）多维数据模型：OLAP 系统采用的是基于多维数据模型的存储和查询方式，能够很好地支持多维度的数据分析。

2）高速查询和分析：OLAP 系统采用了一系列的技术手段，如聚合、预计算、缓存等，来提高查询和分析的效率。

3）大规模数据处理：OLAP 系统通常处理的是大规模的数据集，需要支持并发查询和批处理任务，并能够快速响应用户查询请求。

**3. 详细对比**

OLTP 与 OLAP 是两种数据处理方法，它们的主要区别如表 10-2 所示。

**表 10-2　OLTP 与 OLAP 数据处理方法区别**

| 对　比　项 | OLTP | OLAP |
| --- | --- | --- |
| 数据源 | 一般是原始数据 | 历史的、归档的数据，一般来源于数据仓库 |
| 侧重点 | 数据更新 | 信息检索、生成报表 |
| 应用 | 管理系统、交易系统、在线应用等 | 报表系统、多维系统、决策支持系统等 |
| 用户 | 终端用户、系统管理员 | 管理人员、数据分析师、市场人员 |
| 任务 | 业务操作 | 数据分析 |
| 数据操作 | 增、删、改、查，要求快速执行 | 通常只涉及数据加载、查询 |
| 数据模型 | 实体关系模型 | 多维数据模型 |
| 设计方法 | 规范化设计，大量表和表之间的关系 | 星型模型、雪花模型，少量的表 |
| 数据时间范围 | 从天到年 | 几年或几十年 |
| 所需空间 | 系统数据量小，TB 级及以下 | 系统数据量大，从 TB 到 PB 级 |
| 冗余度 | 数据冗余很少 | 数据冗余较多 |

OLTP 系统更适合对已有数据的更新，所以是日常工作处理或在线系统的选择。相反，OLAP 系统提供在大量存储数据上的分析能力，所以这类系统更适合报表类应用。

OLAP 系统通常用于查询历史数据，这有助于得到更准确的分析报告。因为 OLTP 和 OLAP 这两种系统的目标完全不同，所以为了得到更好的性能，使用的数据模型和设计方法也不同。OLTP 系统数据库通常使用规范化设计，为普通查询和数据修改提供更好的性能。另外，OLAP 系统数据库具有典型的数据仓库组织形式。

基于这两个主要的不同点，我们可以推导出两种系统在其他方面的区别。在 OLTP 系统上执行的查询更少，而在 OLAP 系统上执行的查询要复杂得多，所以 OLTP 系统会比 OLAP 系统快很多。

OLTP 系统的数据会持续更新，并且更新会立即生效。而 OLAP 系统的数据更新，由预定义的处理作业同时装载大量的数据集合，并且在装载前需要做数据转换，因此整个数据更新过程需要很长的执行时间。

### 10.1.4　数据仓库的应用

数据仓库在现代企业中具有广泛而关键的应用价值，它不仅成为企业数据管理和分析的核心基础设施，而且对企业战略决策、业务流程优化和客户关系管理等方面产生了深远影响。通过整合和挖掘来自不同业务部门和系统的庞大数据资产，数据仓库为企业揭示了潜在的商业洞察，提升了运营效率，促进了创新发展。此外，数据仓库在金融、电信、零售、医疗、制造等行业中也发挥着突出的价值，为企业在激烈的市场竞争中保持领先地位提供了关键支持。其主要应用场景可以概况为以下 3 点。

1）商业智能（BI）：数据仓库为商业智能应用提供了基础数据支持，使企业能够分析其业务数据，从而提供决策支持、业务优化和竞争力提升。商业智能工具可以帮助企业创建报表、仪表盘、数据可视化以及更高级的分析功能，如预测分析、关联规则挖掘等。

2）数据挖掘：数据挖掘是从大量数据中提取有价值信息的过程。数据仓库通常包含大量历史数据，使数据挖掘成为可能。数据挖掘算法可以应用于数据仓库中的数据，以发现潜在的模式、关联关系和趋势，进而支持业务决策。

3）数据集成：数据仓库可以作为一个集中式存储系统，整合来自不同数据源（如关系数据库、NoSQL 数据库、文件系统等）的数据。这可以简化数据访问、统一数据模型和提高数据质量。数据集成通常涉及数据抽取、转换和加载（ETL）过程，将源数据转换为适合数据仓库的格式。

## 10.2　数据仓库架构与模型设计

### 10.2.1　数据仓库架构

**1. 架构组成**

数据仓库的架构通常可分为 3 层，分别是数据源层、数据仓库层和数据应用层。一个典型的数据仓库架构如图 10-1 所示。

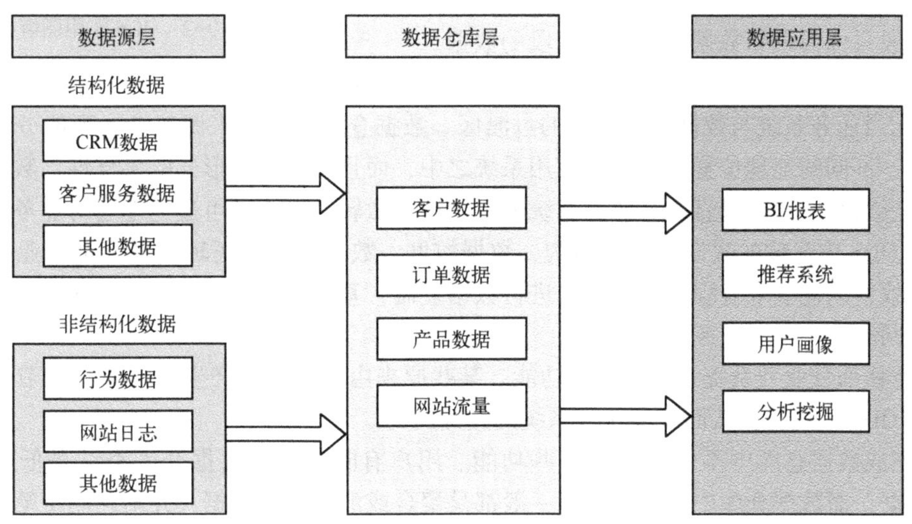


图 10-1　数据仓库架构组成

1）数据源层可以提供原始数据，如关系数据库、NoSQL 数据库、文件系统、APIs、日志文件系统等。数据源可能来自企业内部的业务系统，如 CRM、ERP、财务系统等，也可能来自外部数据提供商或公开数据集，数据可能是结构化、半结构化、非结构化的。这些数据经过抽取、转换和装载（ETL）过程进入数据仓库系统。

2）数据仓库层是数据仓库的核心，它负责存储和管理数据，为数据的快速查询和分析提供支持。操作型数据存储（ODS）是指原始数据的存储，一般采用关系型数据库，以支持事务处理；数据仓库（DW）则是对 ODS 中的数据进行整合、清洗和聚合后存储的地方，以支持数据分析和查询。数据仓库中的数据一般采用星型、雪花等数据模型进行组织，以支持快速的查询和分析。

3）数据应用层是数据仓库的最上层，它负责展示和呈现数据，为业务分析提供支持。数据应用层包括各种数据分析和报表工具，如 Excel、Tableau、Power BI、Cognos 等。数据应用层还可以进行在线分析处理（OLAP），以支持交互式分析和多维分析。数据应用层还可以通过 API、Web 服务等方式将数据集成到各种应用系统中，以支持业务流程和决策制定。

**2. ODS**

ODS（Operational Data Storage，操作型数据存储区）是指存储业务系统产生数据的数据库或系统。ODS 中的数据一般是原始数据，包括实时更新的业务数据和历史数据，可以进行增删改操作。ODS 层通常是数据仓库中的一个重要组成部分，它为数据仓库提供了可靠的数据源，同时也方便业务系统对数据进行操作和管理。ODS 通常包含多个数据表，每个数据表都对应着业务系统中的一个模块或一个功能（见图 10-2）。

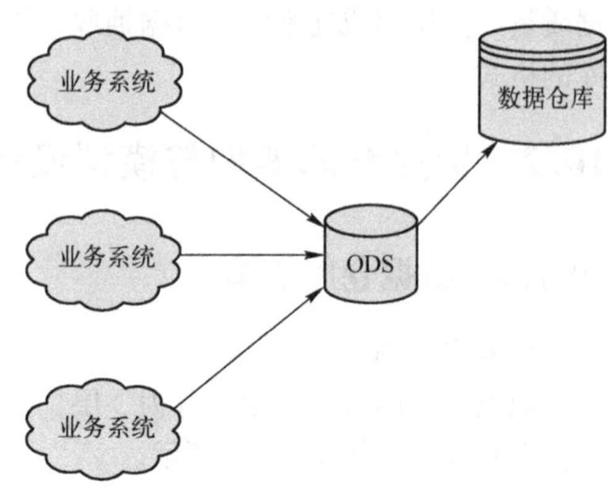

图 10-2　ODS 作用图解

它具备数据仓库的部分特征和 OLTP 系统的部分特征。它是“面向主题的、集成的、当前或接近当前的、随时间不断变化的”数据库系统。

ODS 在业务系统和数据仓库之间形成了一个隔离层，和源系统的表结构相同，表结构随着源系统变化，一般只保留最新数据或较短时间段的数据。

其主要作用如下。

1）充当业务系统与数据仓库之间的过渡区。数据仓库的数据来源复杂，可能分布在不同的数据库、不同的地理位置、不同的应用系统之中，而且由于数据形式的多样性，数据转换的规则往往极为复杂。如果直接从业务系统抽取数据并做转换，则不可避免地会对业务系统造成影响。而 ODS 中存放的数据从数据结构、数据粒度、数据之间的逻辑关系上都与业务系统基本保持一致，因此抽取过程只需简单地进行数据复制，基本不再需要做数据转换，大大降低了复杂性，同时最小化对业务系统的侵入。

2）转移部分业务系统细节查询的功能。某些原来由业务系统产生的报表、细节数据的查询能够在 ODS 中进行，从而降低业务系统的查询压力。

3）完成数据仓库中不能完成的一些功能。用户有时会要求数据仓库查询最低粒度级别的细节数据，而数据仓库中存储的数据一般都是聚合或汇总过的数据，并不存储每笔交易产生的细节数据。这时就需要把细节数据查询的功能转移到 ODS 来完成，数据仓库从宏观角度满足企业的决策支持要求，而 ODS 层则从微观角度反映细节交易数据或者低粒度的数据查询要求。

**3. 数据集市**

数据集市（Data Mart）是数据仓库中的一种特定形式，它是为特定业务或部门所设计和建立的数据集合，通常包含少量的表和数据，一般是从数据仓库中抽取一部分数据，侧重于某一个领域或应用的需求，是数据仓库的一个子集。数据集市提供了对公司的操作性数据的深入了解，如销售、市场、库存和人力资源等。数据集市可将数据仓库数据精炼并组织成面向业务部门的信息资产。相较于数据仓库，数据集市更加灵活和高效，可以更快地响应业务需求和变化，对于部门和业务单位的信息管理提供了很大的便利。

数据集市可以独立部署，也可以与数据仓库结合使用。数据集市作为数据仓库的一个子集，可以辅助数据仓库完成更加精细化的数据分析和处理工作，为企业提供更加准确和有效的数据决策支持。

数据集市通常具有以下特点：

1）面向某个业务领域或部门，通常不涉及跨部门的数据。

2）数据集市的规模一般小于数据仓库，往往只包含数据仓库的一部分数据。

3）数据集市的建立和维护时间周期短，适应性强，能快速响应业务需求。

表 10-3 所示为数据仓库与数据集市的主要区别。

**表 10-3 数据仓库与数据集市的主要区别**

| 对 比 项 | 数 据 仓 库 | 数 据 集 市 |
| --- | --- | --- |
| 范围 | 企业级 | 部门级或业务线 |
| 主题 | 多个主题 | 单一主题 |
| 数据源 | 外部的多个数据源 | 数据仓库或事务系统的少量数据源 |
| 数据粒度 | 较细的粒度 | 较粗的粒度 |
| 数据结构 | 通常是规范化结构（3NF） | 星型模型、雪花模型、两者混合 |
| 历史数据 | 全部历史数据 | 部分历史数据 |
| 完成需要的时间 | 几个月到几年 | 几个月 |

数据集市主要用于部门级别的分析型应用，数据大都经过了汇总和聚合操作，粒度级别较高。数据集市一般采用维度模型设计方法，数据结构使用星型模式或雪花模式。

**4. 元数据管理**

元数据管理在数据仓库中起着至关重要的作用。元数据是关于数据的数据，描述了数据仓库中数据的结构、属性、来源、质量、使用情况等信息。对元数据管理，可以帮助企业更好地理解和使用数据仓库，提高数据质量，确保数据的一致性和可追溯性。

数据仓库的元数据管理主要包括以下几个方面。

1）技术元数据：技术元数据描述了数据仓库中数据的物理结构、存储格式、数据模型、访问方式等信息。这些信息有助于数据库管理员和开发人员了解数据仓库的底层实现，以及进行性能优化、故障排查等工作。

2）业务元数据：业务元数据描述了数据仓库中数据的业务含义、业务规则、数据质量标准等信息。业务元数据有助于业务用户了解数据的含义和使用场景，提高数据分析的准确性和有效性。

3）操作元数据：操作元数据记录了数据仓库中数据的使用情况、数据处理过程（如 ETL 过程）的执行状态、性能指标等信息。这些信息有助于监控数据仓库的运行状况，以及进行性能调优、资源规划等工作。

4）数据血统元数据：数据血统元数据描述了数据仓库中数据的来源、数据处理和转换过程、数据依赖关系等信息。数据血统元数据有助于追溯数据的来源，确保数据的可追溯性，提高数据质量。

为了实现有效的元数据管理，企业通常需要采用专门的元数据管理工具或平台，用于存储、管理和查询元数据。元数据管理工具或平台应具有以下功能。

1）元数据存储：用于存储元数据的数据库或数据存储系统。

2）元数据抽取和加载：用于从数据仓库、数据源、ETL 工具等系统抽取元数据，并加载到元数据存储中的工具或接口。

3）元数据查询和报告：用于查询元数据，生成报告，可视化元数据信息的界面和工具。

4）元数据治理：用于维护元数据质量，确保元数据的一致性和准确性。

通过实施元数据管理，企业可以更好地理解和利用数据仓库，提高数据质量，支持数据驱动的决策和业务优化。

## 10.2.2 数据 ETL

**1. 基本概念**

ETL（Extract、Transform、Load，抽取、转换、装载）是建立数据仓库最重要的处理过程，也是最体现工作量的环节，一般会占到整个数据仓库项目工作量的一半以上。

- 抽取：从操作型数据源获取数据。
- 转换：转换数据，使之转换为适用于查询及分析的形式和结构。
- 装载：将转换后的数据导入最终的目标数据仓库。

建立一个数据仓库，就是要把来自多个异构的源系统的数据集成在一起，放置于一个集中的位置以用于数据分析。如果一开始这些源系统的数据就是兼容的当然最好，但情况往往不是这样的。ETL 系统的工作就是要把异构的数据转换成同构的。如果没有 ETL，则不可能对异构的数据进行程序化的分析。

**2. 数据抽取**

数据抽取是 ETL 处理的第一步，也是最重要的一步，其目的是从源系统获取数据以在后续的数据仓库环境使用。如果不能正确地获取数据，那么后续的转换和装载步骤就无从谈起，因此数据抽取的成功与否直接关系到整个数据仓库处理过程的成败。

数据仓库的典型源系统是事务处理应用，例如，一个销售分析数据仓库的源系统之一可能是一个订单录入系统，其中包含当前销售订单相关操作的全部记录。然而，设计和建立数据抽取过程通常是一项较为耗时的任务，因为源系统往往非常复杂，缺少相应的文档，决定抽取哪些数据也非常困难。

此外，数据通常不只抽取一次，而需要以一定的时间间隔反复抽取，以确保数据的时效性。因此，抽取过程需要能够适应源系统的要求，不会对其性能和可用性产生负面影响。由于源系统一般不允许外部系统对其进行修改，因此数据仓库的抽取过程也需要在这些限制下进行。考虑到这些因素，从源系统抽取数据的方法需要仔细考虑和设计。常见的抽取方法可以分为全量抽取和增量抽取。

（1）全量抽取

全量抽取指源系统的数据全部被抽取。因为这种抽取类型影响源系统中当前所有有效的数据，所以不需要跟踪自上次成功抽取以来的数据变化。源系统只需要原样提供现有的数据即可，而不需要附加的逻辑信息（如时间戳等）。一个全表导出的数据文件或者一个查询源表所有数据的 SQL 语句，都是全量抽取的例子。

（2）增量抽取

增量抽取指只抽取某个事件发生的特定时间点之后的数据。通过该事件发生的时间顺序能够反映数据的历史变化，它可能是最后一次成功抽取，也可能是一个复杂的业务事件，如最后一次财务结算等。增量抽取必须能够标识出特定时间点之后所有的数据变化。这些发生变化的数据可以由源系统自身来提供，如能够反映数据最后发生变化的时间戳列，或者是一个原始事务处理之外的只用于跟踪数据变化的变更日志表。大多数情况下，使用后者意味着需要在源系统上增加抽取逻辑。

在许多数据仓库中，抽取过程不含任何变化数据捕获技术。取而代之的是，把源系统中的整个表抽取到数据仓库过渡区，然后将这个表的数据和上次从源系统抽取得到的表数据进行比对，从而找出发生变化的数据。虽然这种方法不会对源系统造成很大的影响，但显然需要考虑给数据仓库处理增加的负担，尤其是当数据量很大的时候。

抽取处理需要重点考虑增量抽取，也称为变化数据捕获（Change Data Capture，CDC）。CDC 用于捕获关系型数据库管理系统（RDBMS）中的数据变更，并将其传递给其他系统。CDC 允许在源数据库的表中进行数据更改时自动在目标系统中相应地进行更新，而无须手动干预。CDC 技术可用于许多不同的应用程序场景，如数据复制、数据同步、ETL 和数据集成等。通过 CDC 技术，可以将数据从一个数据存储系统复制到另一个数据存储系统中，而无须停止生产应用程序或暂停生产数据流。

一般情况下，数据仓库系统每晚都会在业务低峰期从操作型源系统抽取数据。在这种情况下，只需要增量抽取过去 24 h 内发生变化的数据即可，这是建立准实时数据仓库的关键技术之一。准确捕获最近发生变化的数据，能够使得后续的转换、装载操作更加高效，因为要处理的数据量会更少。然而，很多源系统很难识别出最近变化的数据，或者需要对源系统进行侵入式修改。因此，变化数据捕获是数据抽取过程中的典型技术挑战。

为解决这个问题，常用的变化数据捕获方法有 4 种：时间戳、快照、触发器和日志。其中，时间戳方法需要源系统中有相应的数据记录最后的数据变化时间；快照方法可以利用数据库系统自带的机制来实现，如 Oracle 的物化视图技术，也可以自己实现相关逻辑，但可能比较复杂。

**3. 数据转换**

数据从操作型源系统获取后，需要经历各种转换操作，如统一数据类型、处理拼写错误、消除数据歧义以及解析为标准格式。数据转换通常是 ETL 开发中最复杂且耗时最长的部分，涉及从简单的数据类型转换到高度复杂的数据清洗技术。

在数据转换阶段，为了顺利装载数据到数据仓库，需要在抽取的数据上应用一系列规则和函数。部分数据可能在无须转换的情况下直接导入数据仓库。数据转换的重要功能之一是清洗数据，确保只有符合规范的数据进入目标数据仓库。在不同系统间交互和通信时，这一步尤为关键，例如，一个系统的字符集在另一个系统中可能无效。

基于业务和技术需求，需要进行多种数据转换，包括以下情况。

- 选择性装载：如不装载某列为空的数据。
- 数据编码统一：如将性别字段统一为“M”和“F”。
- 预计算与优化：如产品单价×购买数量=金额，或根据规则重新排序以提高查询性能。
- 数据合并与去重：合并多个数据源的数据并去重，或合并重复列。
- 数据聚合：如汇总销售数据。
- 行列转换：进行行列转置或将一列拆分为多列，如将逗号分隔的字符串拆分成多列单个值。
- 预连接：查询多个关联表的数据。
- 数据验证：根据验证结果采取不同处理，如通过验证的数据进入装载步骤，验证失败的数据可直接丢弃或记录下来以便进一步检查。

**4. 数据装载**

ETL 的最后一步是将转换后的数据装载到目标数据仓库中。在这个过程中，需要关注两个核心问题：装载效率和处理装载失败的情况。

尽管已经进行了转换、过滤和清洗以去除噪声数据，但待装载的数据量仍然很大。一次数据装载可能耗费数小时，因此需要确保充足的系统资源，配置高性能服务器，并独占资源。在数据装载时，暂时禁用数据库约束和索引，待装载完成后再启用它们并重建索引。这将显著提高装载速度。通常情况下，数据仓库环境不使用数据库外键约束，而由 ETL 工具或程序来维护。

数据装载过程可能因各种原因失败，如源表与目标表结构不一致。这种情况下，需要记录失败点，并在装载程序中处理相关逻辑，以实现可重复装载。此外，装载成功后，数据可能发生变化，需要重新执行装载过程。在数据量较大的情况下，重新执行时只需装载失败的部分。简单的实现方式包括先删除再插入，或使用类似于 replaceinto、mergeinto 的操作。

最后，装载到数据仓库的数据会经过汇总、聚合等处理，然后传递给多维立方体、数据可视化、仪表盘等报表工具和 BI 工具，以进行更深入的数据分析。

### 10.2.3 维度数据模型

维度数据模型（Dimensional Data Model）是一种数据建模技术，它利用事实表和维度表来组织数据，是一种基于维度和度量的模型，旨在将数据以一种易于理解的方式组织起来，以便于高效地进行数据分析和报表生成。维度是指数据的基础属性，通常包括时间、地理位置、产品、客户等。维度可以将数据按照不同的特征进行分类和归类，以帮助用户更好地理解和分析数据。度量是指可以量化和度量的数据，通常包括销售额、数量、利润等。

维度数据模型的核心组成部分包括事实表（Fact Table）和维度表（Dimension Table）。

事实表是维度数据模型的核心，用于存储度量数据，即针对业务过程的度量值，如销售额、订单数量等。事实表通常包含数值型数据，这些数据可以进行加总、平均等聚合操作。事实表还包含维度表的外键，用于关联维度表。维度表用于描述事实表中度量数据的上下文信息。它们包含维度的属性，如客户姓名、产品分类等。维度表通常包含文本型数据，这些数据用于对事实表数据进行分类、分组和筛选。

**1. 建模过程**

维度数据模型的建模过程主要包括确定业务流程、粒度、维度和事实等关键步骤。这些步骤有助于确保维度模型和数据仓库的可用性和易用性等。

在开始建模过程时，首先需要描述需要建模的业务流程。业务流程是数据仓库的基础，因此需要清晰地定义哪些业务处理流程需要被数据仓库覆盖。例如，一个零售店的销售情况分析，需要关注与该零售店销售相关的所有业务流程。可以通过简单地使用纯文本记录相关内容，或者采用业务流程建模标注（BPMN）、统一建模语言（UML）等方法描述业务流程。

确定了业务流程后，就需要声明维度模型的粒度。粒度用于确定事实中表示的是什么，如一个零售店顾客在购物小票上的一个购买条目。在选择维度和事实前，必须先声明粒度，以确保每个候选维度或事实与定义的粒度保持一致。在一个事实所对应的所有维度设计中，强制实行粒度一致性是保证数据仓库应用性能和易用性的关键。建议从原始粒度数据开始设计，因为原始记录能够满足无法预期的用户查询。

完成粒度声明后，需要确认模型的维度。维度的粒度必须与声明的粒度保持一致。维度表是事实表的基础，它说明了事实表的数据来源。典型的维度都是名词，如日期、商店、地点等。维度表存储了某一维度的所有相关数据，例如，日期维度应该包括年、季度、月、周、日等数据。

在确认维度之后，维度模型建模过程的最后一步是确认事实。这一步识别数字化的度量，构成事实表的记录。事实表的度量与业务用户密切相关，因为用户正是通过对事实表的访问获取数据仓库存储数据的。大部分事实表的度量都是数字类型的，可累加，可计算，如成本、数量、金额等。

通过以上步骤，维度数据模型的建模过程得以完成。这些关键步骤确保了维度模型和数据仓库的可用性和易用性等，从而满足各种业务需求。

**2. 维度数据模型的特点**

维度数据模型具有易于理解、高性能查询、对汇总和聚合友好、支持多维分析、追踪历史数据等特点，使其成为数据仓库和商业智能系统中最常用的数据模型之一。其特点可归纳为以下几个方面。

1）易于理解：维度数据模型采用了直观的结构，包括事实表和维度表。事实表存储度量数据，而维度表则描述事实的各个方面。这种模型设计符合业务用户的思维方式，使得非技术人员能够轻松理解并使用数据仓库。

2）高性能查询：维度模型针对数据分析和报表需求进行了优化，因此在处理大量数据时，查询速度相对较快。维度模型通常采用星型模型或雪花模型来组织表结构，这些模型有利于改进查询性能。

3）对汇总和聚合友好：维度数据模型能够方便地进行数据汇总和聚合。事实表中的度量值通常是可累加的，这使得在各个维度上对数据进行汇总、聚合和分组变得简单。

4）支持多维分析：维度数据模型可以与多维立方体（OLAP）技术相结合，从而支持多维分析。这使得业务用户可以从不同维度对数据进行切片、筛选和钻取，以深入挖掘潜在的信息和趋势。

5）追踪历史数据：维度数据模型可以通过慢变维技术（Slowly Changing Dimensions，SCD）来处理历史数据的变化。这使得数据仓库能够存储和跟踪维度数据的变化历史，方便分析数据的变化趋势。

**3. 星型模型**

星型模型（Star Schema）是一种常用于数据仓库和商业智能系统的维度数据模型。星型模型的核心特点是以事实表为中心，周围环绕着多个与事实表关联的维度表。这种结构类似于一个星型，因此得名星型模型。

在星型模型中，事实表中存储的是实际的业务事实数据，它们通常是数字类型的，如销售额、数量等。而维度表则描述事实表中这些业务事实的维度，如时间、地理位置、产品等。维度表中的每个记录都代表着一个唯一的维度值，例如，日期维度表中的每个记录都代表着一个具体的日期，如 2023 年 3 月 15 日。

事实表和维度表通过共同的关键字（通常称为外键）相连，以此建立关联关系。例如，一个销售事实表可能包含日期、地理位置、产品、客户和销售额等字段，而与之关联的维度表则包含日期维度表、地理位置维度表、产品维度表、客户维度表等。在数据查询过程中，可以使用这些维度表对事实表中的数据进行过滤、汇总和聚合等操作。

图 10-3 所示是一个典型的星型模型，其中，事实表中存储了销售数量和销售金额，周围的 4 个维度表中存储了地区、时间等维度信息，它们之间使用外键的方式进行关联。

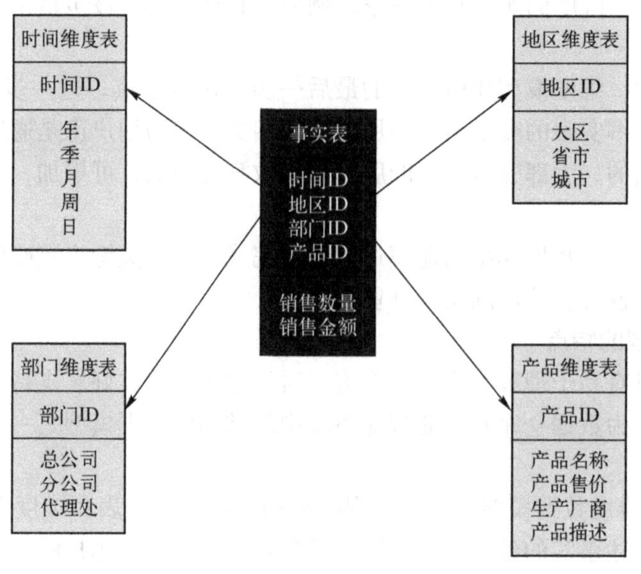


图 10-3　星型模型

星型模型的优点在于简单直观，易于理解和实现。它能够快速地支持数据仓库中的数据分析和查询需求，并且易于优化查询性能。此外，星型模型还能够支持增量的数据加载，使得数据仓库的数据始终保持最新。

不过，星型模型也存在一些缺点。例如，它的灵活性较差，难以支持复杂的数据分析需求。此外，如果维度表中包含的字段较多，则可能会导致数据冗余和存储空间的浪费。针对这些问题，可以采用其他类型的模型，如雪花模型、星座模型等。

**4. 雪花模型**

雪花模型是在星型模型的基础上进一步规范化的数据模型，其主要目的是节省存储空间和提高查询效率。与星型模型相比，雪花模型对维度表进行了进一步规范化，将多值属性拆分成多个表。因此，雪花模型的维度表通常比星型模型的维度表更复杂。

在雪花模型中，维度表的规范化通常是通过将多值属性拆分成多个表来实现的。例如，如果一个产品有多个品牌，那么在星型模型中，品牌属性通常是作为维度表的一个字段来表示的。但在雪花模型中，品牌属性将被拆分成一个品牌表和一个连接产品及品牌的表。品牌表存储品牌的详细信息，连接表存储产品和品牌之间的关系。

图 10-4 所示是一个典型的雪花模型，其中，地区维度表中的数据进行了进一步的划分，分为了大区维度表、省市维度表和城市维度表。

相比于星型模型，雪花模型的存储空间利用率更高，因为它能够避免在维度表中存储重复的信息。同时，由于维度表被拆分成多个表，因此查询性能也可以得到一定的提高。但是，雪花模型的查询复杂度也相应地增加了，因为需要对多个表进行连接操作。

在实践中，雪花模型通常用于需要存储大量数据且查询复杂度较高的数据仓库中。但是，在小型数据仓库中，星型模型通常更加适合，因为它能够更快地构建和查询。

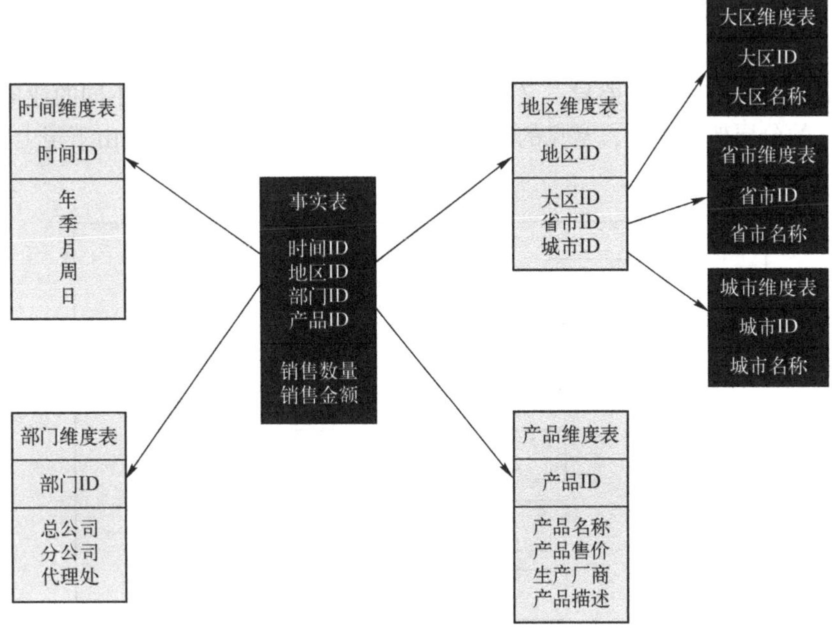


图 10-4　雪花模型

### 10.2.4　数据仓库分层

数据仓库的数据来自于各种不同的业务系统。要全面且深入地研究某一业务领域，通常需要跨越多个数据源和数据表进行关联处理。为了方便地考察、分析和应用这些数据，我们通常需要预先对数据进行加工和整合，形成具有不同粒度的数据整合体。这些不同粒度的数据整合体构建了数据仓库各个层次的结构。

图 10-5 所示为数据仓库分层图解，不同层次的数据支持不同粒度的应用，低层数据以应用为主导，低层数据贴近业务源数据，数据粒度依次由细变粗。

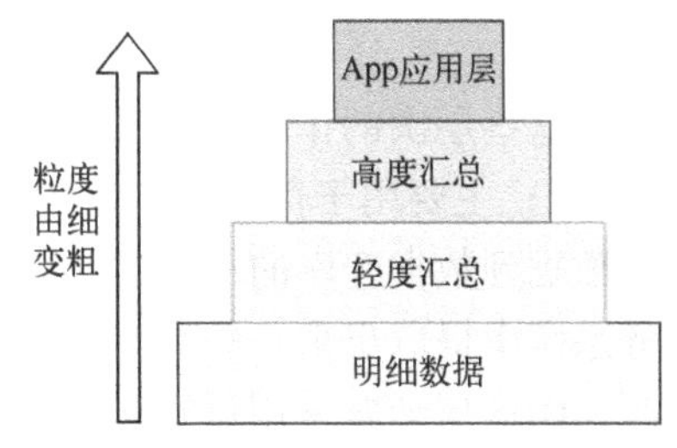


图 10-5　数据仓库分层图解

对数据仓库进行分层的原因主要有以下几点。

1）数据抽象和简化：将数据仓库划分为不同的层次，可以在每个层次上对数据进行抽象和简化。这样有助于将复杂的数据处理过程分解为更易于管理和理解的模块，提高数据处理和分析的效率。

2）数据质量和一致性：分层结构有助于在各个层次上对数据进行清洗、去重和规范化处理，从而提高数据质量和一致性。通过保证各层次之间的数据关联性，可以确保数据仓库中的数据具有高度的准确性和可靠性。

3）灵活性和可扩展性：数据仓库的分层结构允许在不同层次上对数据进行独立的处理和管理，使得数据仓库更加灵活和可扩展。当业务需求发生变化时，可以针对特定层次进行调整和优化，而不影响整个数据仓库的结构和功能。

4）适应不同的业务需求：分层结构可以满足不同层次的业务需求。例如，业务用户可能只关心汇总后的数据，而数据分析师可能需要对原始数据进行深入挖掘。对数据仓库进行分层，可以为不同类型的用户提供定制化的数据访问和分析服务。

5）提高性能：分层结构有助于提高数据仓库的性能。在不同层次上进行数据处理和计算，可以将计算负载分散到各个层次，降低单个层次的性能压力。此外，对不同层次的数据，可以执行特定的优化措施，例如，使用索引、物化视图等技术来进一步提高查询和分析的速度。

根据业务场景不同和需求差异，又可细分为若干层，不同的企业、不同的业务场景，可能会衍生出不同的分层架构模式，常见的数据仓库 4 层架构（见图 10-6）由下至上依次为 ODS、DWD、DWS、ADS。

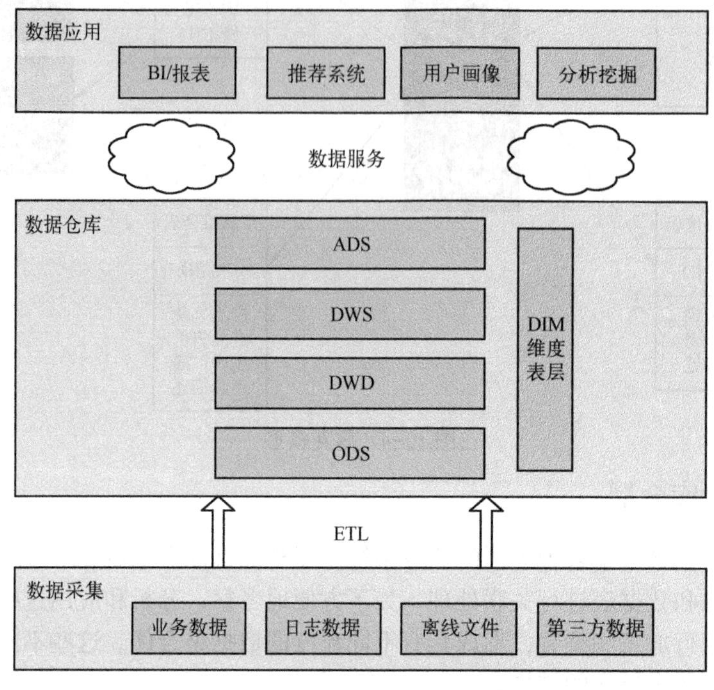


图 10-6　数据仓库架构图

这些层次的作用和关系如下：

1）主要用于存储来自业务系统的原始数据。ODS（Operational Data Store）层，是作为原始数据到数据仓库的一种过渡，数据结构一般与数据来源结构保持一致，其目的是将数据从业务系统中提取出来，并存储在数据仓库中，为后续的数据清洗、转换和装载等处理提供数据来源。ODS 层通常采用近实时的方式将业务系统的数据抽取到数据仓库中，因此 ODS 层的数据一般不做聚合处理。

2）DWD（Data Warehouse Detail，数据仓库明细）层：DWD 层是数据仓库的明细数据层，主要用于存储经过清洗、转换和聚合后的数据。DWD 层的数据来源是 ODS 层，数据经过处理后可以用于构建数据仓库的报表和分析，也可以作为其他层次的数据来源。DWD 层的数据一般以事实表和维度表的形式组织，通过事实表和维度表之间的关联来描述业务过程中的事件和维度。DWD 层的数据一般按天或者按周的粒度进行聚合，不做更细粒度的处理。

3）DWS（Data Warehouse Summary，数据仓库汇总）层：DWS 层是数据仓库的汇总数据层，主要对 DWD 层的数据进行聚合、统计和计算，形成不同粒度的汇总数据。DWS 层的数据是从 DWD 层中汇总而来的，按照业务需求进行聚合和汇总处理，如按月或者按季度进行聚合。DWS 层可以满足业务用户对汇总数据的快速查询和分析需求，提高查询性能。

4）ADS（Application Data Store，应用数据存储）层：ADS 层是数据仓库的应用层，为最终用户提供数据访问和分析服务。在这一层，数据通常会以报表、仪表盘、数据可视化和 BI

工具等形式呈现给用户。ADS 层可以根据不同用户的需求提供定制化的数据服务，支持数据驱动的决策制定。

### 10.2.5　离线数据仓库与实时数据仓库

根据数据处理、存储和分析方面不同的应用场景，可以将数据仓库分为离线数据仓库和实时数据仓库两种类型。

离线数据仓库（Offline Data Warehouse）是指以批处理方式对大批量历史数据进行处理和分析的数据仓库。它的数据来源包括内部和外部数据，如企业自己的交易数据、营销数据、社交媒体数据等，还包括政府、金融机构、第三方数据供应商等外部数据。数据处理以批量方式进行，通常是在业务低峰期进行数据抽取、转换和加载（ETL），通过离线处理方式生成数据仓库中的汇总数据和指标数据。离线数据仓库的优点是数据处理方式简单，成本低，可以存储大量历史数据，并支持灵活的数据分析和挖掘功能。它的缺点是处理时效性较低，数据更新延迟大，对于实时决策支持有限。

离线数据仓库通常会涉及数据抽取、数据处理、数据存储和数据查询等环节。表 10-4 所示是一些常用的开源工具，用于构建和管理离线数据仓库。

**表 10-4　构建和管理离线数据仓库常用的开源工具**

| 功　能 | 开源工具 | 介　绍 |
| --- | --- | --- |
| 数据抽取 | Apache Sqoop | Sqoop 是在关系型数据库和 Hadoop 之间移动数据的工具。它支持导入和导出数据，并提供了在 Hadoop 和关系型数据库之间进行转换的功能。Sqoop 支持各种数据库系统，如 MySQL、Oracle、SQL Server 等 |
| 数据抽取 | Apache Flume | Flume 是一个分布式、可靠、高可用的日志收集系统，可以从多个数据源收集数据并将其传输到 Hadoop 集群中的指定位置。Flume 支持多种数据源，包括本地文件、网络流、Syslog 等 |
| 数据处理 | Apache Hadoop | Hadoop 是一个分布式计算系统，用于在大规模集群上处理数据。它支持 MapReduce 编程模型和 Hadoop 分布式文件系统（HDFS），这使得它可以处理 PB 级别的数据，并提供数据的可扩展性和容错性 |
| 数据处理 | Apache Spark | Spark 是一个快速、通用、分布式计算引擎，可以在 Hadoop 上运行。Spark 提供了一个强大的 API，支持多种编程语言，包括 Java、Scala、Python 和 R |
| 数据仓库平台 | Apache Hive | Hive 是基于 Hadoop 的数据仓库工具，提供类似 SQL 的查询接口。它将 HQL（Hive Query Language）转换为 MapReduce 任务，以便在 Hadoop 集群上执行查询。Hive 还提供了 ETL 功能，可用于从不同的数据源中提取、转换和加载数据 |
| 数据仓库平台 | Apache Impala | Impala 是一个高性能的、分布式的 SQL 查询引擎，用于快速分析和查询存储在 Hadoop 分布式文件系统中的数据，可以与 Hadoop 和 Kudu 集成使用。Impala 支持 SQL 语法，包括 JOIN、GROUP BY、ORDER BY 等，可在 Hadoop 生态系统中实现实时、交互式的数据分析和查询 |
| ETL 与任务调度 | Airflow | Airflow 是一个基于 Python 的开源数据管道工作流管理和任务调度平台，可以帮助数据工程师、数据科学家和数据分析师轻松地创建、调度和监控数据 ETL 流程。Airflow 支持可编程的工作流定义，任务调度、执行和监控，同时提供了丰富的 UI 和 CLI，对任务依赖性、任务重试、失败任务的处理，以及对 SLA 警报等功能的支持。由于其开放的架构和强大的功能，Airflow 已经成为数据仓库和数据湖的核心组件之一 |
| ETL 与任务调度 | Oozie | Oozie 是一个开源的、基于 Java 的工作流调度器，专门用于 Hadoop 作业（如 MapReduce、Pig、Hive 等）的管理和调度。Oozie 可以将多个 Hadoop 作业组合成工作流，支持定时和条件触发工作流，支持任务重试和错误处理，并且具有丰富的监控和日志记录功能。Oozie 能够帮助开发人员和管理员管理大规模、复杂的 Hadoop 作业，并提高作业的可靠性和可维护性 |

（续）

| 功　　能 | 开 源 工 具 | 介　　绍 |
| --- | --- | --- |
| 数据查询引擎 | Presto | Presto 是一个分布式的 SQL 查询引擎，用于处理大规模数据。它最初由 Facebook 开发，旨在解决大规模数据处理和分析的需求。Presto 支持 SQL 查询和标准的 JDBC/ODBC 接口，可以连接多个数据源，如 Hadoop HDFS、Cassandra、MySQL、PostgreSQL 等，能够快速执行交互式查询和大规模数据处理任务 |
| 数据查询引擎 | Drill | Drill 是一个分布式的 SQL 查询引擎，旨在支持大规模数据处理。它提供了一个统一的查询接口，使用户能够使用 SQL 在多个不同的数据源上进行查询，包括 Hadoop、NoSQL 和云存储等。Drill 使用分布式的架构来查询和分析数据，可以利用多个计算节点的计算能力，从而实现快速的查询和分析 |

这些工具协作的流程通常如下：

1）使用 Sqoop 从关系型数据库中抽取数据，并将数据导入 Hadoop HDFS，使用 Flume 从其他非关系型数据源（如日志文件）导入 Hadoop HDFS。

2）使用 Spark 对原始数据执行复杂的处理任务，如数据清洗、数据转换、机器学习模型训练等。结果数据存储在 HDFS 或其他支持的存储系统中。

3）使用 Hive 或 Impala 在处理后的数据上创建表，使得数据更易于查询和分析，使用 HiveQL 或 Impala SQL 语句进行数据查询和报表生成。

4）使用 Airflow 或 Oozie 编写 ETL 工作流程，包括数据抽取、数据处理、数据加载等任务。使用调度器定期运行 ETL 任务，监控任务执行状态，确保数据及时更新。

5）使用 Presto 或 Drill 在数据仓库中执行低延迟、高并发的查询操作，支持多种数据源的联合查询。将查询结果展示在 BI 工具或自定义报表中，供业务用户分析和决策。

在整个离线数据仓库协作过程中，这些工具各自发挥独特的优势，共同完成数据的采集、处理、存储和查询等任务。具体的协作方式和工具选择会根据企业的技术栈和业务需求进行调整。

实时数据仓库（Real-time Data Warehouse）是指以实时或准实时方式对流式数据进行处理和分析的数据仓库。它的数据来源主要是实时流式数据，如网络日志、传感器数据、交易数据等，也包括一部分离线数据。数据处理是通过流式处理或微批处理方式进行的，数据在到达数据仓库之前就已经进行过处理，或者通过流式处理管道进行实时处理。实时数据仓库的优点是处理时效性高，可以实现数据实时更新和实时分析，对于实时决策有很大的支持作用。但它的缺点是数据处理成本高，对大数据量的历史数据处理不如离线数据仓库效率高，对数据处理的稳定性要求高。

实时数据仓库通常使用以下开源工具进行协作，以便在低延迟的情况下处理和分析数据，其中的部分工具与离线数据仓库相同，如表 10-5 所示。

**表 10-5　实时数据仓库开源工具**

| 功　　能 | 开 源 工 具 | 介　　绍 |
| --- | --- | --- |
| 数据抽取 | Flink CDC | Flink CDC（Change Data Capture）是 Flink 社区提供的一种数据捕获技术，用于捕获和处理流式数据源中的变化。它可以将变化的数据实时捕获，并将其转换为流式数据，以便进行实时分析和处理 |
| 数据抽取 | Flume | 同离线数据仓库 |
| 数据抽取 | Canal | Canal 是阿里巴巴开源的一个基于 MySQL 数据库增量日志解析和数据同步引擎的工具，支持从 MySQL 数据库的 binlog（归档日志）中解析出增量数据，并将其同步到其他数据存储或消息队列中 |

（续）

| 功　　能 | 开 源 工 具 | 介　　绍 |
| --- | --- | --- |
| 数据处理 | Flink | Flink 是一个开源的分布式流处理框架，具有高性能、高可靠性、低延迟等特点。它支持流处理和批处理两种模式，可以对数据流进行实时处理，并且能够对有限数据集进行批量处理 |
| 数据处理 | Spark Streaming | Spark Streaming 是 Spark 的一个扩展，提供了实时流数据处理的能力。它允许用户使用类似于 Spark 的 API 来编写流处理程序，并可以与批处理程序无缝集成，从而实现了对大规模实时数据流的高吞吐量、低延迟处理 |
| 数据仓库和存储 | HBase | HBase 是一种开源的、分布式的、非关系型的数据库，是 Hadoop 生态系统的重要组成部分之一。它基于 Google 的 Bigtable 论文设计，具有高可靠性、高扩展性、高性能、实时读写等特点 |
| 数据仓库和存储 | Kafka | Kafka 在实时数据仓库中可以用作数据缓存、传输实时数据流、数据采集等多个场景 |
| 数据仓库和存储 | ClickHouse | ClickHouse 是一个开源的列式数据库管理系统。由于其列式存储和高度优化的查询执行引擎，ClickHouse 可以在数秒内对数十亿或数千亿行的数据进行查询，从而为用户提供几乎实时的分析结果 |
| ETL 与任务调度 | Airflow | 同离线数仓 |
| ETL 与任务调度 | Oozie | 同离线数仓 |
| 数据查询引擎 | Presto | 同离线数仓 |

这些工具协作的流程通常如下：

1）Canal 将 MySQL 的 binlog 解析成结构化的数据并推送到 Kafka，Flume 负责从其他数据源中收集数据并将数据发送到 Kafka 中。

2）Flink 从 Kafka 中消费数据并进行实时处理和计算，处理完的数据可以存储到 HBase 中。

3）Kafka 作为一个分布式的消息队列，承载实时流数据并提供高吞吐量和低延迟的消息传递。Kafka 中的数据也可以存储到 HBase 中。

4）Airflow 用于调度和监控数据管道工作流程，支持创建、调度和监控数据 ETL 流程。

5）ClickHouse 作为一个高性能的列式数据库，用于支持实时数据分析和报表，可以通过实时流数据存储在 Kafka 和 HBase 中，也可以通过批处理的方式将数据导入 ClickHouse 中。

在实际应用中，离线数据仓库和实时数据仓库通常会被同时使用，形成离线和实时数据处理的双重架构。离线数据仓库主要用于历史数据分析和长期趋势分析，实时数据仓库主要用于实时业务决策和操作支持。这样就能够满足企业在数据分析和决策支持方面的多重需求。

## 10.3 实时数据仓库环境准备

### 10.3.1 项目需求

本项目将通过实时采集 Nginx 网站的访问日志，对日志中的各项字段进行提取和分析，并完成以下指标的统计。

1）访问量统计：对按分钟、小时或天进行聚合的每个 URL 的访问量进行分析，得出每个 URL 的热门程度，以及在不同时间段中用户访问行为的变化情况。

2）地理位置分布：通过分析用户访问 IP 地址，可以获取访问者的国家、地区和城市分布情况，可以将分析结果以地图或柱状图形式进行展示，以便更加直观地了解不同地区的用户访问情况。

3）客户端信息：分析用户代理（User Agent）信息，可以获取访问者的浏览器类型、操作系统等信息。这些信息可以以饼图或柱状图的形式进行展示，以便更好地了解不同浏览器类型和操作系统的用户的访问情况。

4）访问量峰值时段：通过分析访问量在一天内的分布情况，可以找出访问量的高峰时段，这有助于网站管理员对高峰时段进行网站性能优化，提升用户体验。

在该项目中，首先需要编写一个 Python 脚本来模拟 Nginx 日志的实时生成。然后，使用 Flume 采集工具采集数据并发送到 Kafka 消息队列中。接下来，使用 Flink 实时消费 Kafka 中的数据以进行处理和分析，实现各项指标的统计。处理后的结果将存储在 ClickHouse 中，最终我们将使用 SuperSet 连接 ClickHouse 来绘制实时仪表盘，以便对数据进行可视化分析和展示。整个流程通过各项技术的有机结合，实现了从数据采集到数据可视化的全流程实时处理，为业务决策提供了更有价值的参考。

### 10.3.2 Nginx 日志数据模拟

数据仓库项目中的数据源采用程序自动生成，模拟 Nginx 日志的实时生成需要创建一个 Python 脚本来不断地生成模拟数据，并将其发送到 Kafka 或其他流式数据处理平台。在脚本中，需要指定生成的日志格式，包括请求时间、请求方法、请求路径、响应状态码等信息。生成的数据可以随机生成，也可以按照一定的规律生成，例如，某时间段内请求频率的增加或减少，或者请求的路径和方法出现的特定模式等。生成的数据量也需要考虑实际应用的场景和处理能力，可以设置生成数据的速率和总量。模拟 Nginx 日志的实时生成，可以有效地模拟真实的请求场景，并提供测试和评估数据流处理平台的性能与稳定性的途径。

接下来创建一个名为 generate_nginx_logs.py 的 Python 文件，并输入以下代码：

```
import time
import random
from datetime import datetime
from faker import Faker

fake = Faker()

log_file_path = '/tmp/nginx_logs/nginx.log'

while True:
    timestamp = datetime.utcnow().strftime('%d/%b/%Y:%H:%M:%S %z')
    ip = fake.ipv4()
    method = random.choice(['GET', 'POST', 'PUT', 'DELETE'])
    url = fake.uri_path()
    status = random.choice([200, 201, 204, 400, 401, 403, 404, 500])
    user_agent = fake.user_agent()

    log_line = f'{ip} - - [{timestamp}] "{method} {url} HTTP/1.1" {status} {random.randint(100,
10000)} "{fake.url()}" "{user_agent}"\n'

    with open(log_file_path, 'a') as log_file:
        log_file.write(log_line)

    time.sleep(random.uniform(0.1, 2))
```

上述代码中使用了第三方库 Faker 来生成模拟的随机数据，包括 IP 地址、HTTP 请求方式、URL 路径、状态码、用户代理等，并将这些数据按照 Nginx 日志的格式将其追加到/tmp/nginx_logs/nginx. log 文件中。同时，为了模拟实时数据生成，使用了 time 库的 sleep( ) 函数来随机休眠一段时间，日志生成的频率在 0. 1 到 2 s 之间随机。这样的数据生成脚本可以用于测试和验证日志处理系统的性能及准确性。

### 10. 3. 3　安装和配置 Flume

日志脚本编写完毕后，需要通过日志采集工具监听文件的变化并实时采集，本项目中使用 Flume 采集生成的日志并将其发送到 Kafka。Flume 是 Apache 的一个分布式、可靠、可配置且可拓展的系统，用于高效地采集、聚合、移动大量的日志数据和事件数据。它主要用于大数据场景中，能够将各种数据源的数据采集到集中式的数据存储中，如 Hadoop、HBase、Kafka 等。

Flume 的基本工作单元由 Source、Channel、Sink 这 3 部分组成。

1） Source：数据源，从日志文件、网络端口等位置采集数据。

2） Channel：缓存，用于在 Source 和 Sink 之间缓存数据，通常采用内存或者磁盘存储。

3） Sink：数据的最终目的地，可以是文件、HDFS、HBase、Kafka 等。

接下来详细说明 Flume 的安装与配置方法。

第一步，访问 Flume 官网，地址为 https://archive. apache. org/dist/flume/，下载 Flume 安装包。本项目使用 Flume 1. 9. 0 版本。解压 Flume 后，需要注意 Flume 的运行依赖 Java 环境，确保 Java 环境已正确配置。以下是解压命令：

```
tar -xvf apache-flume-1.9.0-bin.tar.gz
```

第二步，解压完毕后，还需要通过配置文件描述数据的采集和传输方式，也就是配置 Flume Agent 的 Source、Channel、Sink 等组件。Flume 提供了多种类型的 Source、Channel 和 Sink 组件，可以根据实际需求灵活选择和配置。同时，Flume 还支持多种数据格式的解析和转换，以及支持自定义的拦截器进行数据加工和过滤，可扩展性和灵活性较高。

在 Flume 的 conf 目录下创建一个名为 flume_nginx_kafka. conf 的配置文件并输入以下内容：

```
#定义 Source、Channel、Sink
agent.sources =nginx_log_source
agent.channels = memory_channel
agent.sinks = kafka_sink

#配置 Source (exec)
agent.sources.nginx_log_source.type = exec
agent.sources.nginx_log_source.command = tail -F /tmp/nginx_logs/nginx.log
agent.sources.nginx_log_source.channels = memory_channel

#配置 Channel (memory)
agent.channels.memory_channel.type = memory
agent.channels.memory_channel.capacity = 1000
agent.channels.memory_channel.transactionCapacity = 100

#配置 Sink (Kafka)
agent.sinks.kafka_sink.type = org.apache.flume.sink.kafka.KafkaSink
agent.sinks.kafka_sink.topic =nginx_logs
agent.sinks.kafka_sink.brokerList = 192.168.80.100:9092
```

```
agent.sinks.kafka_sink.batchSize = 20
agent.sinks.kafka_sink.requiredAcks = 1
agent.sinks.kafka_sink.channel = memory_channel
```

该配置文件定义了一个名为“agent”的 Flume Agent。该 Agent 包含 3 个组件：Source、Channel 和 Sink，其中源为“nginx_log_source”、通道为“memory_channel”、目标为“kafka_sink”。

nginx_log_source 定义为“exec”类型，通过“tail -F”配置为监视一个 Nginx 日志文件，同时将读取到的日志数据传递给“memory_channel”。memory_channel 定义为“memory”类型，该通道使用内存存储数据，并设置了缓冲区大小为 1000，事务容量为 100。

kafka_sink 定义为“org.apache.flume.sink.kafka.KafkaSink”类型，该组件将数据传递到 Kafka 中，并设置了 Kafka 的主题为“nginx_logs”，broker 为“192.168.80.100：9092”，每个批次大小为 20，确认级别为 1，同时从“memory_channel”获取数据。

第三步，在 Kafka 中创建 Topic 以用于存储数据，命令如下：

```
bin/kafka-topics.sh --create --topic nginx_logs --bootstrap-server 192.168.80.100:9092
```

第四步，运行 Flume Agent，开始采集流程。使用以下命令在终端中运行 Flume Agent：

```
./apache-flume-1.9.0-bin/bin/flume-ng agent --conf ./apache-flume-1.9.0-bin/conf/ -f ./apache-flume
-1.9.0-bin/conf/flume_nginx_kafka.conf -n agent -Dflume.root.logger=INFO,console
```

现在，Flume Agent 已经配置并运行，它会实时地将生成的 Nginx 日志发送到 Kafka。

Flume 启动后，就可以运行模拟 Nginx 日志生成脚本了。要在 CentOS 7 中运行此 Python 脚本，首先确保已安装 Python 以及所需的库（如 faker）。接下来，按照以下步骤操作。

首先，在 CentOS 7 中安装 Python 3（如果尚未安装），以下为安装命令：

```
yum install python3
```

如果 yum 命令下载过慢，则可以采用如下方法修改 yum 镜像，提高下载速度：

```
# 1. 备份原有的 CentOS-Base.repo 文件：
sudo cp /etc/yum.repos.d/CentOS-Base.repo /etc/yum.repos.d/CentOS-Base.repo.backup
# 2. 下载阿里云的 CentOS-Base.repo 文件：
sudo wget -O /etc/yum.repos.d/CentOS-Base.repo http://mirrors.aliyun.com/repo/Centos-7.repo
# 3. 清除缓存并生成新的缓存：
sudo yum clean all
sudo yum makecache
```

其次，使用 pip 安装 faker 库，此处使用了清华的镜像源来加快下载速度，命令如下：

```
pip3 install --user faker -i https://pypi.tuna.tsinghua.edu.cn/simple
```

最后，运行之前创建的 generate_nginx_logs.py 脚本，命令如下：

```
python3 generate_nginx_logs.py
```

应确保/tmp/nginx_logs 目录存在，否则脚本将无法写入日志文件。如果需要，可以使用以下命令创建目录：

```
mkdir -p /tmp/nginx_logs
```

此脚本将开始生成模拟的 Nginx 日志并将它们写入/tmp/nginx_logs/nginx.log 文件中。Flume Agent 会实时监控该文件，并将新生成的日志发送到 Kafka。

至此，已经成功使用 Flume 采集模拟的 Nginx 日志并将它们发送到 Kafka。可以在 Kafka

中创建一个消费者来验证日志是否已成功传输，命令如下：

```
bin/kafka-console-consumer.sh --bootstrap-server 192.168.80.100:9092 --topic nginx_logs
```

效果如图 10-7 所示。

```
212.31.252.117 - - [31/Mar/2023:08:40:40 ] "DELETE posts/tags/main HTTP/1.1" 400 4503 "https://www.turner.info/" "
Mozilla/5.0 (Windows; U; Windows 98; Win 9x 4.90) AppleWebKit/531.19.5 (KHTML, like Gecko) Version/4.1 Safari/531.
19.5"
190.190.223.107 - - [31/Mar/2023:08:40:42 ] "DELETE explore/category HTTP/1.1" 404 4959 "http://www.fowler.com/" "
Opera/8.37.(X11; Linux x86_64; bho-IN) Presto/2.9.175 Version/12.00"
177.252.139.168 - - [31/Mar/2023:08:40:43 ] "GET main/categories HTTP/1.1" 201 4909 "https://www.adams.com/" "Mozi
lla/5.0 (iPod; U; CPU iPhone OS 3_3 like Mac OS X; ar-BH) AppleWebKit/534.15.4 (KHTML, like Gecko) Version/3.0.5 M
obile/8B111 Safari/6534.15.4"
46.208.39.221 - - [31/Mar/2023:08:40:45 ] "DELETE list/list HTTP/1.1" 404 1212 "http://carlson-mitchell.net/" "Moz
illa/5.0 (Windows NT 6.0) AppleWebKit/534.0 (KHTML, like Gecko) Chrome/37.0.812.0 Safari/534.0"
4.211.123.222 - - [31/Mar/2023:08:40:47 ] "PUT tags HTTP/1.1" 400 8668 "https://www.gallagher.com/" "Mozilla/5.0 (
Windows NT 5.2) AppleWebKit/536.2 (KHTML, like Gecko) Chrome/47.0.821.0 Safari/536.2"
137.44.179.29 - - [31/Mar/2023:08:40:47 ] "POST category/wp-content/tags HTTP/1.1" 200 274 "http://smith.org/" "Op
era/8.51.(Windows NT 5.0; ve-ZA) Presto/2.9.184 Version/10.00"
68.153.87.109 - - [31/Mar/2023:08:40:48 ] "DELETE category/wp-content HTTP/1.1" 201 7691 "http://www.salazar.com/"
 "Opera/8.23.(X11; Linux i686; or-IN) Presto/2.9.179 Version/10.00"
121.87.153.222 - - [31/Mar/2023:08:40:49 ] "DELETE app/search/explore HTTP/1.1" 400 2950 "https://torres.com/" "Mo
zilla/5.0 (Windows 95) AppleWebKit/535.2 (KHTML, like Gecko) Chrome/18.0.827.0 Safari/535.2"
62.86.61.40 - - [31/Mar/2023:08:40:50 ] "GET wp-content HTTP/1.1" 201 8083 "https://www.martinez.biz/" "Mozilla/5.
0 (Android 4.3; Mobile; rv:23.0) Gecko/23.0 Firefox/23.0"
121.14.24.9 - - [31/Mar/2023:08:40:52 ] "DELETE main/app HTTP/1.1" 204 683 "https://jimenez.com/" "Mozilla/5.0 (Wi
ndows NT 5.2) AppleWebKit/534.2 (KHTML, like Gecko) Chrome/21.0.838.0 Safari/534.2"
155.239.223.225 - - [31/Mar/2023:08:40:53 ] "PUT tags/tag/main HTTP/1.1" 403 4471 "https://wallace-davis.org/" "Mo
zilla/5.0 (iPhone; CPU iPhone OS 14_2_1 like Mac OS X) AppleWebKit/532.0 (KHTML, like Gecko) CriOS/46.0.863.0 Mobi
le/14I813 Safari/532.0"
```

图 10-7　Kafka 消费者消息日志效果

## 10.4　项目具体实现

### 10.4.1　数据处理

**1. 定义样例类**

数据源准备完毕后，就可以编写 Flink 程序连接 Kafka，消费其中的日志数据了。为了在程序中便捷地处理日志信息，首先定义样例类，用于表示日志信息，代码如下：

```
case class NginxLog(ip: String, timestamp: Long, method: String, url: String, status: Int, userAgent: String,
referer: String)
```

这段代码定义了一个名为 NginxLog 的 Case Class，其包括如下参数。

- ip：String 类型，表示客户端 IP 地址。
- timestamp：Long 类型，表示日志时间戳。
- method：String 类型，表示请求方法。
- url：String 类型，表示请求的 URL。
- status：Int 类型，表示请求的 HTTP 状态码。
- userAgent：String 类型，表示客户端的 User-Agent。
- referer：String 类型，表示客户端的 Referer。

**2. 解析日志**

为了后续能够分析日志中的各项指标，需要提取日志中的字段。接下来，定义解析日志的函数，代码如下：

```
def parseLogLine(logLine: String): NginxLog = {
    val pattern = """^(\S+) - - \[(.+)\] "(\S+) (\S+) HTTP/1.1" (\d+) \d+ "(\S+)""(.*)"$""".r
    logLine match {
```

```
        case pattern(ip, timestamp, method, url, status,referer, userAgent) =>
        val dateFormat =new SimpleDateFormat("dd/MMM/yyyy:HH:mm:ss",Locale.ENGLISH)
        val eventTime = dateFormat.parse(timestamp).getTime
        NginxLog(ip, eventTime, method, url, status.toInt, userAgent, referer)
        case_=> throw new RuntimeException(s"Cannot parse log line: $logLine")
    }
}
```

这段代码定义了一个 parseLogLine()函数，它接收一个字符串类型的 Nginx 日志行，并将其解析为一个 NginxLog 类型的对象。具体实现如下：

首先，定义一个正则表达式模式 pattern，用于匹配 Nginx 日志行中的各个字段。模式包含多个用于匹配具体字段的分组，例如，(\S+)匹配一个或多个非空白字符，(.+)匹配一个或多个任意字符。

然后，使用 match 关键字对 logLine 进行模式匹配。如果 logLine 能够匹配 pattern，则将匹配结果中的各个字段提取出来，并使用 SimpleDateFormat 将时间戳字符串 timestamp 解析为时间戳数值 eventTime。最后，将提取出来的字段构造成一个 NginxLog 对象并返回。如果 logLine 无法匹配 pattern，则会抛出一个运行时异常，表示无法解析该行日志。

**3. 生成水位线**

这里连接 Kafka 消费数据，并在数据流中生成水位线，具体代码如下：

```
val env = StreamExecutionEnvironment.getExecutionEnvironment
val source:KafkaSource[String] = KafkaSource
.builder()
.setBootstrapServers("192.168.80.100:9092")
.setTopics("nginx_logs")
.setGroupId("test-group")
.setStartingOffsets(OffsetsInitializer.earliest())
.setValueOnlyDeserializer(newSimpleStringSchema())
.build()
//使用 KafkaSource
val kafkaStream: DataStream[String] = env.fromSource(
    source,
    WatermarkStrategy.noWatermarks(),
"Kafka Source"
)
val nginxLogs: DataStream[NginxLog] = kafkaStream
.map(parseLogLine(_))
.assignTimestampsAndWatermarks(
    WatermarkStrategy //(log: NginxLog, _) => log.timestamp
    .forBoundedOutOfOrderness[NginxLog](Duration.ofSeconds(10))
    .withTimestampAssigner(new SerializableTimestampAssigner[NginxLog] {
        override def extractTimestamp(element: NginxLog, recordTimestamp: Long): Long =element.timestamp

    })
)
```

上述代码使用 Flink Kafka Connector 中的 KafkaSource 从 Kafka Topic "nginx_logs"中读取数据。首先，使用 StreamExecutionEnvironment.getExecutionEnvironment 获取 Flink 执行环境。接着，创建 KafkaSource 实例，设置 Kafka Broker 地址、Topic 名称、消费者组 ID、反序列化器等属性。然后，使用 env.fromSource()方法将 KafkaSource 转换为 DataStream，同时指定水印策略

为 noWatermarks( )，即不引入水印。随后，通过 . map( parseLogLine( _ ) ) 对 DataStream 中的字符串格式的日志信息进行解析，转换为 NginxLog 样例类的对象。最后，使用 . assignTimestampsAndWatermarks( ) 方法指定水印策略，使用 . forBoundedOutOfOrderness 指定延迟上界，即允许数据最多延迟 10 s，并使用 extractTimestamp( ) 方法指定时间戳字段。

**4. IP 处理**

为了根据 IP 地址计算其地理位置，可以利用 IP 地理位置数据库或 IP 地理位置 API 服务。常用的 IP 地理位置数据库包括 MaxMind GeoIP 和 IP2Location 等，它们可以提供 IP 地址的国家、省/州、城市、经纬度等信息。

在本项目中，我们选择使用 MaxMind GeoIP2 数据库对日志中的 IP 进行解析。可以从 MaxMind GeoLite2 下载页面（https://dev. maxmind. com/geoip/geolite2-free-geolocation-data）获取免费版本的数据库。下载完成后，将 GeoLite2-City. mmdb 文件放置在程序可以调用的合适位置。此外，在 Maven 项目中使用 MaxMind GeoIP2 数据库，还需要在项目的 pom. xml 文件中添加相应的依赖项。

```
<dependency>
<groupId>com. maxmind. geoip2</groupId>
<artifactId>geoip2</artifactId>
<version>2. 16. 0</version>
</dependency>
<!--处理 UserAgent 工具类-->
<dependency>
<groupId>eu. bitwalker</groupId>
<artifactId>UserAgentUtils</artifactId>
<version>1. 21</version>
</dependency>
```

依赖配置完毕后，编写 Flink 程序，使用 MaxMind GeoIP2 数据库查询 IP 地址的地理位置信息，创建 GeoIPHelper. scala 文件，具体代码如下：

```
import com. maxmind. geoip2. DatabaseReader
import com. maxmind. geoip2. model. CityResponse
import java. io. File
import java. net. InetAddress

object GeoIPHelper {
  private val databaseReader = new DatabaseReader. Builder( new File( "path/to/GeoLite2-City. mmdb" ) )
. build( )

  def getLocation( ip: String) : Option[ CityResponse ] = {
    try {
      val ipAddress = InetAddress. getByName( ip)
      Some( databaseReader. city( ipAddress) )
    } catch {
      case _:Throwable => None
    }
  }
}
```

上述代码是一个工具类，主要使用了 MaxMind GeoIP2 数据库来解析 IP 地址对应的地理位置信息。首先在对象初始化时创建了一个 DatabaseReader 对象，指定了 GeoLite2-City. mmdb

数据库的位置，以便后续的查询使用。然后，提供了一个 getLocation( )方法，用于根据传入的 IP 地址获取地理位置信息。在方法内部，首先将 IP 地址转换为 InetAddress 对象，然后调用 databaseReader. city(ipAddress)方法获取对应的 CityResponse 对象，最后将其包装在 Some 中返回。如果解析失败，则返回 None。

为了封装解析后的地址信息，增加新的样例类，其中包含 NginxLog 的所有字段以及地理位置字段，代码如下：

```
case class NginxLogWithLocation(
  ip: String,
  timestamp: Long,
  method: String,
  url: String,
  status: Int,
  userAgent: String,
  countryCode: String,
  regionName: String,
  cityName: String,
  referer: String
)
```

NginxLogWithLocation 是一个 Case Class，它的属性包括：

- ip：String 类型，表示 IP 地址。
- timestamp：Long 类型，表示事件发生的时间戳。
- method：String 类型，表示 HTTP 请求方法。
- url：String 类型，表示请求的 URL 路径。
- status：Int 类型，表示 HTTP 响应状态码。
- userAgent：String 类型，表示客户端的 User-Agent 信息。
- countryCode：String 类型，表示 IP 所在的国家代码，此项将在 Superset 中显示地图。
- regionName：String 类型，表示 IP 所在的地区名称。
- cityName：String 类型，表示 IP 所在的城市名称。
- referer：String 类型，表示请求来源 URL。

最后将地理位置信息映射到新的 Case Class 中：

```
val webLogWithLocationStream:DataStream[NginxLogWithLocation] = nginxLogs
.map(log => {
    val location = GeoIPHelper.getLocation(log.ip)
    val countryCode = location.map(_.getCountry.getIsoCode).getOrElse("N/A")
    val regionName = location.map(_.getMostSpecificSubdivision.getName)
        .getOrElse("N/A")
    val cityName = location.map(_.getCity.getName).getOrElse("N/A")

    NginxLogWithLocation(log.ip, log.timestamp, log.method, log.url, log.status, log.userAgent, country-
Code, regionName, cityName,log.referer)
})
```

上述代码将上一步得到的 DataStream[NginxLog]转换为 DataStream[NginxLogWithLocation]。对于每个 NginxLog 对象，它使用 GeoIPHelper. getLocation( )方法获取 IP 地址的地理位置信息，然后根据该信息构造一个新的 NginxLogWithLocation 对象，将原始对象中的 IP 地址、时间戳、HTTP 方法、URL、HTTP 状态码、用户代理、Referer，以及新添加的国家代码、省份名称和城市名称字段包含在其中。如果无法获取 IP 地址的地理位置信息，则使用字符串“N/A”填充缺失字段。最后，返回转换后的 DataStream[NginxLogWithLocation]。

## 10.4.2 数据分析

### 1. 定义样例类

日志数据在处理完毕后，就可以根据需求对各项指标进行统计分析了。在代码中增加样例类，用于表示各项指标信息，具体代码如下：

```
//访问量统计
case class UrlCount(url: String, count: Long)
//地理位置分布
case class LocationCount(country:String, region:String, city:String, count:Long)
//客户端信息
case class ClientInfoCount(browser: String, os: String, count: Long)
//访问量峰值时段
case class RefererCount(referer: String, count: Long)
```

### 2. 指标统计

编写流处理程序，通过事件时间窗口统计各项指标信息，具体代码如下：

```
//访问量统计
val urlCounts = webLogWithLocationStream
.map(log =>UrlCount(log.url, 1))
.keyBy(_.url)
.window(TumblingEventTimeWindows.of(Time.minutes(1)))
.reduce((l1,l2) => UrlCount(l1.url, l1.count + l2.count))
urlCounts.print()
//地理位置分布
val locationCounts = webLogWithLocationStream
.map(log =>LocationCount(log.countryCode, log.regionName, log.cityName, 1))
.keyBy(log => (log.country, log.region, log.city))
.window(TumblingEventTimeWindows.of(Time.minutes(1)))
.reduce((l1,l2) => LocationCount(l1.country,l1.region,l1.city,l1.count+l2.count))
//客户端信息
val clientInfoCounts = webLogWithLocationStream
.map(log => {
    val userAgent = UserAgent.parseUserAgentString(log.userAgent)
    val browser =userAgent.getBrowser.getName
    val os =userAgent.getOperatingSystem.getName
    ClientInfoCount(browser, os, 1)
})
.keyBy(log => (log.browser, log.os))
.window(TumblingEventTimeWindows.of(Time.minutes(1)))
.reduce((l1,l2) => ClientInfoCount(l1.browser, l1.os, l1.count + l2.count))
//访问量峰值时段
val timePeriodCounts = webLogWithLocationStream
.map(log => {
    val timePeriod = LocalDateTime.ofInstant(Instant.ofEpochMilli(log.timestamp), ZoneOffset.UTC).getHour
    TimePeriodCount(timePeriod.toString, 1)
})
.keyBy(_.timePeriod)
.window(TumblingEventTimeWindows.of(Time.minutes(1)))
.reduce((l1,l2) => TimePeriodCount(l1.timePeriod, l1.count + l2.count))
```

上述代码主要使用 Flink 对 Nginx 日志数据进行统计分析，计算以下指标。

1）访问量统计：通过 map 操作将日志数据映射成 URL 计数器对象（UrlCount），再通过 keyBy 操作将 URL 相同的数据分到同一个分区，最后使用滚动窗口（TumblingEventTimeWindows）对这个分区内的数据进行累加。

2）地理位置分布：通过 map 操作将日志数据映射成地理位置计数器对象（LocationCount），再通过 keyBy 操作将国家、省、市相同的数据分到同一个分区，最后使用滚动窗口对这个分区内的数据进行累加。

3）客户端信息：通过 map 操作将日志数据映射成客户端信息计数器对象（ClientInfoCount），再通过 keyBy 操作将浏览器类型、操作系统相同的数据分到同一个分区，最后使用滚动窗口对这个分区内的数据进行累加。

4）访问量峰值时段：通过 map 操作将日志数据映射成时间段计数器对象（TimePeriodCount），再通过 keyBy 操作将时间段相同的数据分到同一个分区，最后使用滚动窗口对这个分区内的数据进行累加。

## 10.4.3 数据存储

日志各项指标分析完毕后，需要在 ClickHouse 中创建相应的表结构存储数据，登录 ClickHouse 并执行以下 SQL 代码，创建用于存储分析结果的表：

```
CREATE TABLE url_counts (
  url String,
  count UInt64,
  ts DateTime64
) ENGINE =MergeTree()
ORDER BY ts;

CREATE TABLE location_counts (
  country String,
  region String,
  city String,
  count UInt64,
  ts DateTime64
) ENGINE =MergeTree()
ORDER BY ts;

CREATE TABLE client_info_counts (
  browser String,
  os String,
  count UInt64,
  ts DateTime64
) ENGINE =MergeTree()
ORDER BY ts;

CREATE TABLE time_period_counts (
  time_period String,
  count UInt64,
  ts DateTime64
) ENGINE =MergeTree()
ORDER BY ts;
```

完成表结构的创建后，便可以将实时分析结果写入 ClickHouse 中，供后续的查询和展示使用。这里需要创建一个 RichSinkFunction 类，该类将 Flink 输出数据写入 ClickHouse。例如，对于 UrlCount 类，可以创建一个名为 ClickHouseUrlCountSink 的类，代码如下：

```
import org.apache.flink.configuration.Configuration
import org.apache.flink.streaming.api.functions.sink.RichSinkFunction
import ru.yandex.clickhouse.ClickHouseDataSource
import ru.yandex.clickhouse.settings.ClickHouseProperties

import java.sql.Connection
import java.sql.PreparedStatement

class ClickHouseUrlCountSink(clickHouseUrl:String) extends RichSinkFunction[UrlCount] {

  private var connection: Connection = _
  private var preparedInsert: PreparedStatement = _

  override def open(parameters: Configuration): Unit = {
    val properties = new ClickHouseProperties()
    val dataSource = new ClickHouseDataSource(clickHouseUrl, properties)
    connection = dataSource.getConnection
    connection.setAutoCommit(false)

    val sql = "INSERT INTO url_counts (url, count) VALUES (?, ?)"
    preparedInsert = connection.prepareStatement(sql)
  }

  override def invoke(value:UrlCount): Unit = {
    preparedInsert.setString(1, value.url)
    preparedInsert.setLong(2, value.count)

    preparedInsert.addBatch()
    preparedInsert.executeBatch()
    connection.commit()
  }

  override def close(): Unit = {
    preparedInsert.close()
    connection.close()
  }
}
```

接着调用 addSink( )将数据写入 ClickHouse 中：

```
val clickHouseUrl = "jdbc:clickhouse://192.168.80.100:8123/default"
urlCounts.addSink(new ClickHouseUrlCountSink(clickHouseUrl))
```

类似地，将其他几项指标全部写入。ClickHouseLocationCountSink 代码如下：

```
import org.apache.flink.configuration.Configuration
import org.apache.flink.streaming.api.functions.sink.RichSinkFunction
import ru.yandex.clickhouse.ClickHouseDataSource
import ru.yandex.clickhouse.settings.ClickHouseProperties

import java.sql.Connection
import java.sql.PreparedStatement
```

```
class ClickHouseLocationCountSink(clickHouseUrl: String) extends RichSinkFunction[LocationCount] {
  private var connection: Connection = _
  private var preparedInsert: PreparedStatement = _

  override def open(parameters: Configuration): Unit = {
    val properties = new ClickHouseProperties()
    val dataSource = new ClickHouseDataSource(clickHouseUrl, properties)
    connection = dataSource.getConnection
    connection.setAutoCommit(false)

    val sql = "INSERT INTO location_counts (country, region, city, count) VALUES (?, ?, ?, ?)"
    preparedInsert = connection.prepareStatement(sql)
  }

  override def invoke(value:LocationCount): Unit = {
    preparedInsert.setString(1, value.country)
    preparedInsert.setString(2, value.region)
    preparedInsert.setString(3, value.city)
    preparedInsert.setLong(4, value.count)

    preparedInsert.addBatch()
    preparedInsert.executeBatch()
    connection.commit()
  }

  override def close(): Unit = {
    preparedInsert.close()
    connection.close()
  }
}
```

ClickHouseClientInfoCountSink 代码如下：

```
import org.apache.flink.configuration.Configuration
import org.apache.flink.streaming.api.functions.sink.RichSinkFunction
import ru.yandex.clickhouse.ClickHouseDataSource
import ru.yandex.clickhouse.settings.ClickHouseProperties

import java.sql.Connection
import java.sql.PreparedStatement

class ClickHouseClientInfoCountSink(clickHouseUrl:String) extends RichSinkFunction[ClientInfoCount] {

  private var connection: Connection = _
  private var preparedInsert: PreparedStatement = _

  override def open(parameters: Configuration): Unit = {
    val properties = new ClickHouseProperties()
    val dataSource = new ClickHouseDataSource(clickHouseUrl, properties)
    connection = dataSource.getConnection
    connection.setAutoCommit(false)

    val sql = "INSERT INTO client_info_counts (browser,os,count) VALUES (?, ?, ?)"
    preparedInsert = connection.prepareStatement(sql)
  }
```

```
  override def invoke(value:ClientInfoCount): Unit = {
    preparedInsert.setString(1, value.browser)
    preparedInsert.setString(2, value.os)
    preparedInsert.setLong(3, value.count)

    preparedInsert.addBatch()
    preparedInsert.executeBatch()
    connection.commit()
  }
  override def close(): Unit = {
    preparedInsert.close()
    connection.close()
  }
}
```

ClickHouseTimePeriodCountSink 代码如下：

```
import org.apache.flink.configuration.Configuration
import org.apache.flink.streaming.api.functions.sink.RichSinkFunction
import ru.yandex.clickhouse.ClickHouseDataSource
import ru.yandex.clickhouse.settings.ClickHouseProperties

import java.sql.Connection
import java.sql.PreparedStatement

class ClickHouseTimePeriodCountSink(clickHouseUrl:String) extends RichSinkFunction[TimePeriodCount] {

  private var connection: Connection = _
  private var preparedInsert: PreparedStatement = _

  override def open(parameters: Configuration): Unit = {
    val properties = new ClickHouseProperties()
    val dataSource = new ClickHouseDataSource(clickHouseUrl, properties)
    connection = dataSource.getConnection
    connection.setAutoCommit(false)
    val sql = "INSERT INTO time_period_counts (time_period, count) VALUES (?, ?)"
    preparedInsert = connection.prepareStatement(sql)
  }
  override def invoke(value:TimePeriodCount): Unit = {
    preparedInsert.setString(1, value.timePeriod)
    preparedInsert.setLong(2, value.count)

    preparedInsert.addBatch()
    preparedInsert.executeBatch()
    connection.commit()
  }
  override def close(): Unit = {
    preparedInsert.close()
    connection.close()
  }
}
```

汇总后的数据写入 ClickHouse：

```
//写入 ClickHouse
val clickHouseUrl = "jdbc:clickhouse://192.168.80.100:8123/default"
```

```
urlCounts.addSink(new ClickHouseUrlCountSink(clickHouseUrl))
locationCounts.addSink(new ClickHouseLocationCountSink(clickHouseUrl))
clientInfoCounts.addSink(new ClickHouseClientInfoCountSink(clickHouseUrl))
timePeriodCounts.addSink(new ClickHouseTimePeriodCountSink(clickHouseUrl))
//执行 Flink 作业
env.execute("Flink Kafka Source Example")
```

### 10.4.4 数据可视化

在 ClickHouse 中存储完各项指标后，就可以利用 Superset 工具进行可视化了。首先，需要在 Superset 中添加 ClickHouse 的各项数据集，将 ClickHouse 中的 4 个数据表全部添加到 Superset 中，如图 10-8 所示。

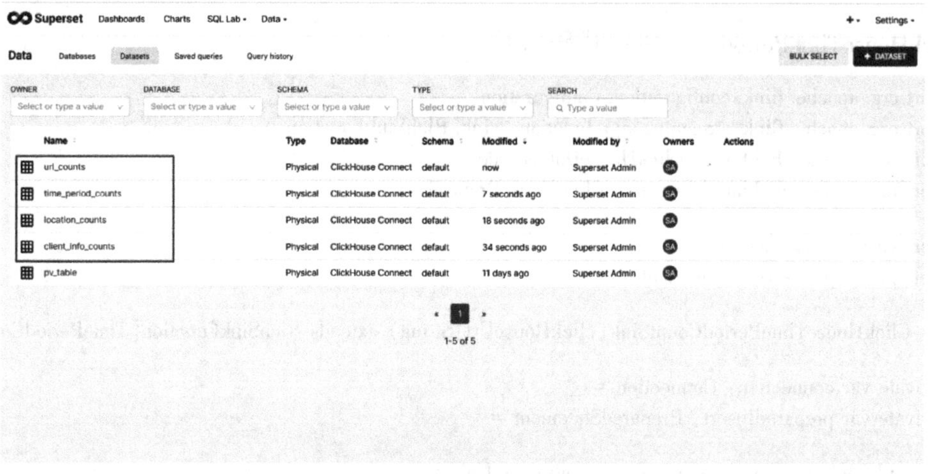


图 10-8 添加表到 Superset 中

由于指标较多，在创建图表之前可以先创建一个仪表盘，用于组合多个图表。在 Superset 页面左上方的菜单中选择“Dashboards”选项，接着单击右侧的“+DASHBOARD”按钮，进入仪表盘编辑页面，然后单击仪表盘编辑页面上方的“Save”按钮保存仪表盘，如图 10-9 所示。

图 10-9 创建仪表盘

仪表盘创建完毕后，根据之前导入的数据集新建图表，根据 url_counts 表统计 URL 的访问量，查看图表如图 10-10 所示。

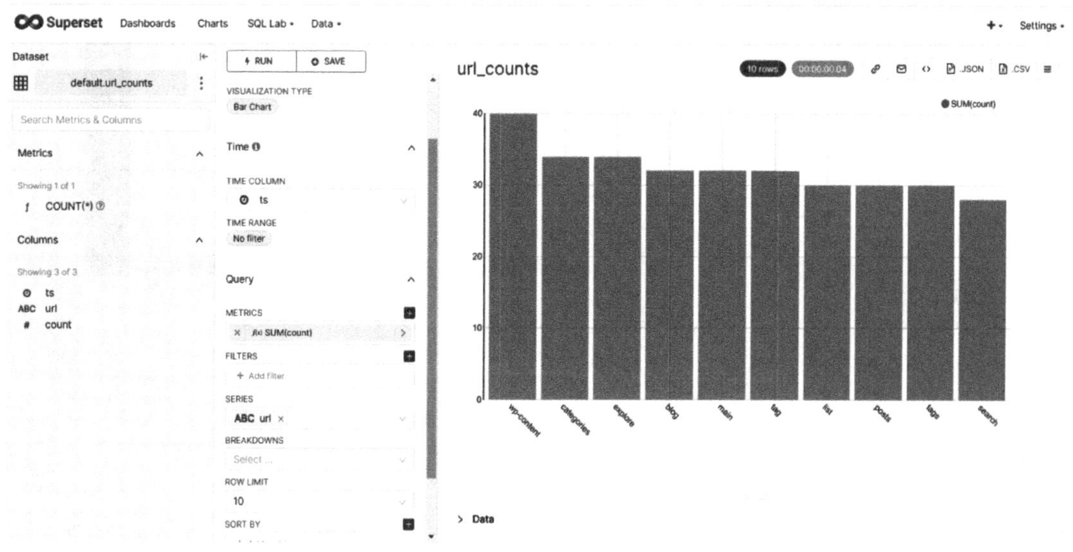


图 10-10　查看图表

然后将创建好的图表保存到仪表盘中，如图 10-11 所示。

图 10-11　将图表保存到仪表盘

再根据 location_counts 表中的国家地理数据新建区域图表，如图 10-12 所示。

根据 client_info_counts 表完成浏览器图表的绘制，如图 10-13 所示。

同上步操作，根据 client_info_counts 表完成操作系统图表的绘制，如图 10-14 所示。

最终在仪表盘中对之前创建的 4 张图表进行组合，如图 10-15 所示。

至此，整个日志实时分析项目的全部流程已经完成，Superset 中的图表可以根据数据源的实时生成进行自动更新。

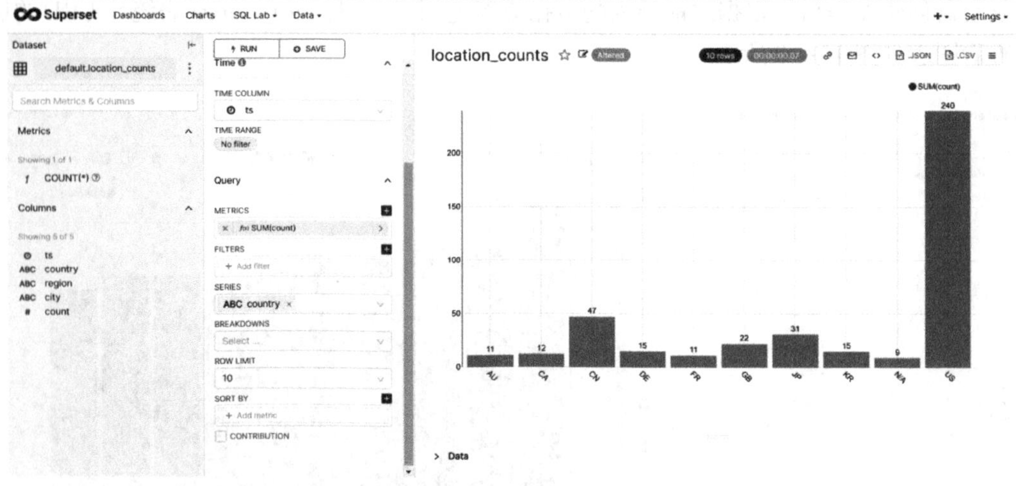

图 10-12　新建区域图表

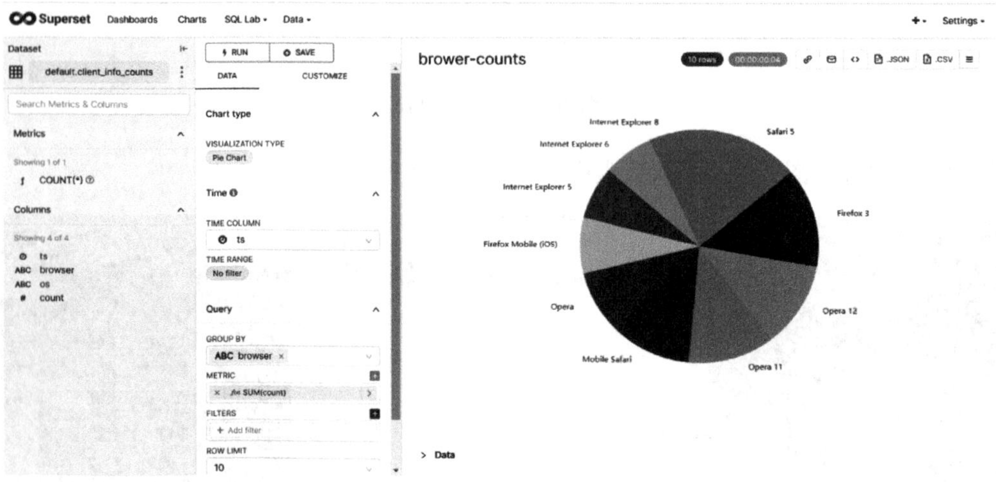

图 10-13　绘制浏览器图表

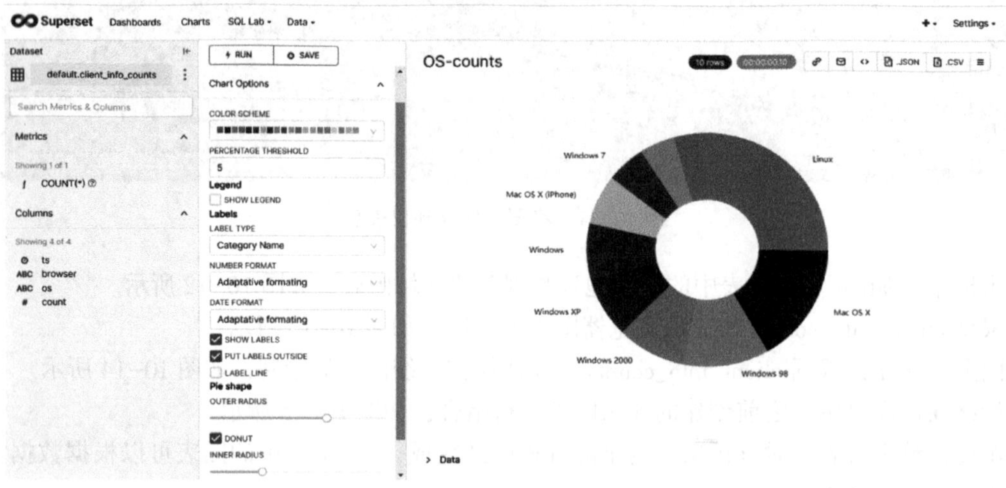

图 10-14　绘制操作系统图表

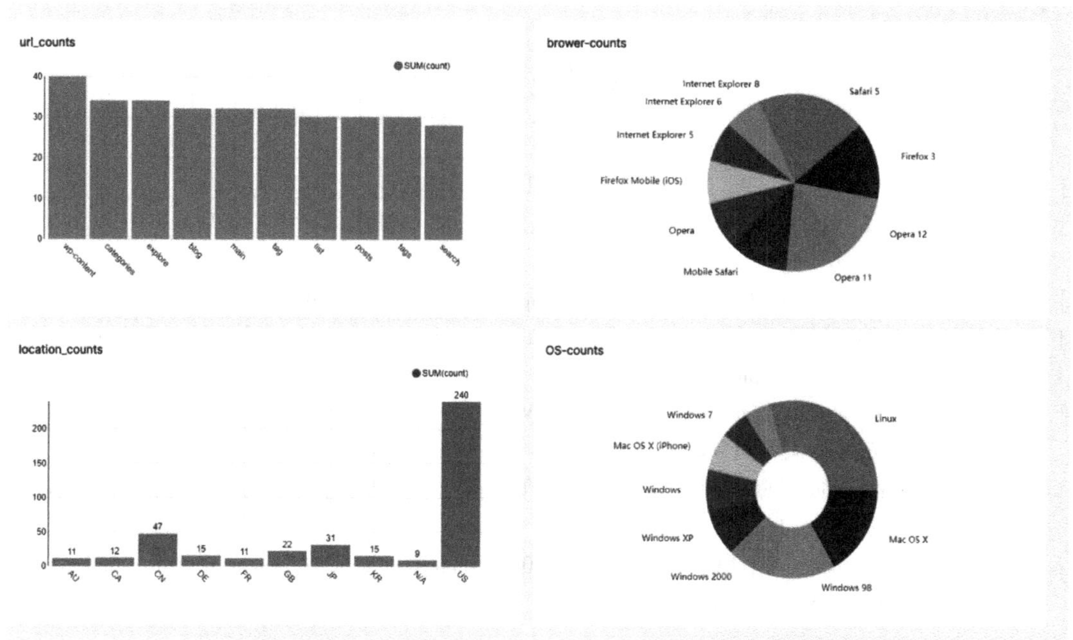
url_counts
SUM(count)
40
30
20
10
0
wp-content
categories
explore
blog
main
tag
list
posts
tags
search
brower-counts
Internet Explorer 8
Safari 5
Internet Explorer 6
Internet Explorer 5
Firefox 3
Firefox Mobile (iOS)
Opera
Opera 12
Mobile Safari
Opera 11
location_counts
SUM(count)
240
200
150
100
50
0
11
12
47
15
11
22
31
15
9
AU
CA
CN
DE
FR
GB
JP
KR
N/A
US
OS-counts
Windows 7
Linux
Mac OS X (iPhone)
Windows
Windows XP
Mac OS X
Windows 2000
Windows 98

图 10-15　组合各图表

# 参考文献


[1] 鲁蔚征．Flink 原理与实践［M］．北京：人民邮电出版社，2021.

[2] HUESKE F，KALAVRI V. 基于 Apache Flink 的流处理［M］．崔星灿，译．北京：中国电力出版社，2019.

[3] Flink［EB/OL］．［2023-10-12］．https://nightlies. apache. org/flink/flink-docs-release-1. 15/.

[4] Flink. User-defined Functions［EB/OL］．［2023-10-12］．https://nightlies. apache. org/flink/flink-docs-release-1. 15/docs/dev/table/functions/udfs/.

[5] Flink. Windowing table-valued functions：Windowing TVFs［EB/OL］．［2023-10-12］．https://nightlies. apache. org/flink/flink-docs-release-1. 15/zh/docs/dev/table/sql/queries/window-tvf/.

[6] Flink. Window Aggregation［EB/OL］．［2023-10-12］．https://nightlies. apache. org/flink/flink-docs-release-1. 15/zh/docs/dev/table/sql/queries/window-agg/.

[7] Flink. Concepts & Common API［EB/OL］．［2023-10-12］．https://nightlies. apache. org/flink/flink-docs-release-1. 15/docs/dev/table/common/.